计算机系列教材

尚晓航 主编
安继芳 郭正昊 副主编

Internet
技术与应用基础

清华大学出版社
北京

内 容 简 介

全书分为3个独立篇：Internet与网络技术基础篇、基本应用篇和深入应用篇。本书选材新颖、内容丰富、各部分相对独立，分别包含了不同层次的教学内容，便于教师根据自身的教学需求进行取舍与组合。

本书融入了作者多年来在网络技术和Internet技术与应用领域的丰富实践和教学经验，适合作为计算机网络技术、Internet应用技术基础、计算机基础、网络基础等相关课程的教材。特别适合各大专院校的非网络、非计算机专业的本科生、高职高专类学校的学生。此外，本书更适用于希望学习和掌握最新Internet知识与应用技能的读者，对广大接触和使用计算机或网络工作的读者也具有很好的参考价值。

图书在版编目(CIP)数据

Internet技术与应用基础/尚晓航主编；安继芳，郭正昊副主编. --北京：清华大学出版社，2014
(2016.12重印)
计算机系列教材
ISBN 978-7-302-36882-3

Ⅰ. ①I… Ⅱ. ①尚… ②安… ③郭… Ⅲ. ①互联网络－高等学校－教材 Ⅳ. ①TP393.4

中国版本图书馆CIP数据核字(2014)第131381号

责任编辑：白立军
封面设计：常雪影
责任校对：时翠兰
责任印制：王静怡

出版发行：清华大学出版社
网　　址：http://www.tup.com.cn，http://www.wqbook.com
地　　址：北京清华大学学研大厦A座　　邮　　编：100084
社 总 机：010-62770175　　邮　　购：010-62786544
投稿与读者服务：010-62776969，c-service@tup.tsinghua.edu.cn
质 量 反 馈：010-62772015，zhiliang@tup.tsinghua.edu.cn
课 件 下 载：http://www.tup.com.cn,010-62795954

印 刷 者：北京富博印刷有限公司
装 订 者：北京市密云县京文制本装订厂
经　　销：全国新华书店
开　　本：185mm×260mm　　**印　张**：23.5　　**字　　数**：533千字
版　　次：2014年9月第1版　　**印　　次**：2016年12月第4次印刷
印　　数：4501～6500
定　　价：39.50元

产品编号：055990-01

前言

本书作者从 1994 年开始使用 Internet，一直从事网络方面的管理、教学、科研和创作工作，曾主编或参与创作了几十本计算机网络基础、网络技术、网络管理与网络应用方面的图书。主编的教材或创作的书籍，曾先后获得过“2009 年度国家级普通高等教育精品教材”、“第五届全国优秀科普图书类三等奖”和提名奖，先后两次获得“北京高等教育精品教材”；此外，还在多个出版社先后出版了多本普通高等教育“十五”、“十一五”国家级规划教材。

本书的主编和本书作者曾尝试在各类本专科的计算机科学与技术、通信工程、信息工程、自动化、网络传媒、计算机应用、网络服务与应用、办公自动化、计算机网络管理员、计算机网络与应用等多个专业的学生中，开设过有关 Internet 应用、网络技术和网络基础的课程。例如，Internet 技术基础、Internet 实用技能、计算机网络原理、计算机网络与应用、电子商务基础等课程，均收到良好的效果并受到学生的普遍欢迎。作者还曾在某外企担任计算机和网络部门的主管。本书就是作者结合教学、科研，以及在组网和 Internet 方面的实践经验编写而成。考虑实用性和可操作性，本书采用了由浅入深和目标驱动的方法，逐步将读者引入 Internet 王国。

本书作者开设过的与 Internet 技术及应用、网络技术、网络应用、计算机应用和网络管理相关的课程有很多，例如，计算机网络、网络原理、计算机网络基础、计算机网络技术、计算机网络与应用、网站规划与建设、网络管理、Internet 技术基础、电子商务基础等课程；大都收到良好的效果和受到学生的普遍欢迎。

为了便于不同学时、不同专业、不同课程的灵活选择，本书内容分为 3 篇，共 11 章。

第一篇　Internet 与网络技术基础篇：介绍互联网中涉及的基本知识与技术，包含 Internet 与网络基础、局域网与 Intranet 网络技术、Internet 接入技术 3 章。第 1 章介绍现代计算机网络的结构，Internet 的起源、发展与特点，网络主要的性能指标，提供的主要服务资源与管理机构等与 Internet 密切相关的基础知识；此外，还介绍计算机网络的两种体系结构模型，即 OSI 七层参考模型与 TCP/IP 四层相关的分层、IP 地址、域名地址与域名服务、TCP/IP 参数的设置与管理、IPv6 等网络基础方面的基本理论与知识。第 2 章详细介绍网络的组成、Intranet 的结构与特点、网络系统的工作模式、组建小型工作组网络，以及网络测试等有关组建网络的技术基础与应用技术。第 3 章比较详细地介绍 Internet 和 Intranet 中常用的各种接入技术与相关知识，例如，单机、局域网中有线与无线路由器、Wi-Fi 共享、ICS、移动(1G～4G)、蓝牙等各种主流接入技术。

第二篇　基本应用篇：重点介绍互联网的 3 大服务，包括 WWW 中的信息浏览与获取技术、电子邮件、文件的传输与下载 3 章内容。第 4 章，详细介绍 WWW 信息浏览的基础知识，包含了 WWW 的发展、工作机制与原理；Web 客户端软件 IE 和 360 浏览器的基本应用;搜索引擎的类别、特点、应用与技巧。第 5 章详细介绍电子邮件的基础知识、工作原理、基本术语,以及邮件客户端软件 Microsoft Office Outlook 的基本应用与技巧。第 6 章全面介绍互联网中文件下载的基本知识、原理、FTP、Usenet、P2S、P2P、PP4S、云技术、云盘和网盘等多种最新下载和传输技术的基本概念和理念,详细介绍专用下载工具迅雷、网际快车、微云与百度云的具体应用技术。

第三篇　深入应用篇:全面而深入地介绍与 Internet 相关的应用与技术,包括电子商务基础及应用、网络即时通信与交流、Internet 安全技术、网页的制作与网站建设、Internet 中流行的服务与应用共 5 章内容。第 7 章较为详细地介绍电子商务的定义、特点、交易特征、7 个基本类型、电子商务系统的组成、物流配送和支付等基本理论与概念;详细介绍电子商务网站的 B2C 与 C2C 的实际应用技术。第 8 章介绍网络即时交流中的术语、工作方式、通讯类型、聊天工具等基本知识,详细介绍网络通话的软硬件条件,微信与 QQ 的基本应用技术,微信的图片、文字、音频、视频和文件资源的共享等多种交流方式。第 9 章从 Internet 安全现状入手,详细介绍系统平台加固方法、主要网络安全技术,以及数字证书安全等问题。第 10 章从网页的本质出发,比较全面地介绍网站建设过程中如何进行策划和设计,以及在静态页面上添加多种网页元素的方法,并且扩展到如何使用主流网页制作工具建立基本的动态网站。第 11 章,简要介绍目前 Internet 中流行的服务与应用,着重讲述流媒体服务器及视频网站的主要技术,扩展介绍典型移动互联应用的形式及运行机制,并且概述性介绍下一代主要的 Internet 技术。

本书层次清晰,概念简洁、准确,叙述通顺,图文并茂,内容安排深入浅出,符合认知规律,实用性强。书中既有适度的基础理论的介绍,又有比较详细的组网、管网和用网方面实用技术。每章后面附有大量习题和思考题,需要实验的章节还附有实训环境、目标和主要内容方面的建议。

总之,本书适合作为计算机网络技术、Internet 应用技术基础、计算机基础、网络基础等相关课程的教材。特别适合各大专院校的非网络、非计算机专业的本科生、高职高专类学校的学生。此外,本书更适用于希望学习和掌握最新 Internet 知识与应用技能的读者,对广大接触和使用计算机或网络工作的读者也具有很好的参考价值。

全书选材新颖、内容丰富、相对独立,分别包含了不同层次的教学内容,便于教师根据自身的教学需求进行取舍与组合。

学习 Internet 技术与应用基础课程的学生应当注意,首先,不应当将 Internet 技术与应用基础作为一门理论课程学习,而应当将其当作一门应用技术的课程来学习;其次,只有将各种网络设备、智能终端设备、应用软件和各种技术基础理论密切结合在一起,才能更好地体会互联网资源的浩瀚,技术的多变。在 Internet 技术与应用的学习过程中,只有那些将 Internet 的知识、理论与实践紧密结合，不断尝试，不断进取的人才能取得事半功倍的效果。

推荐的学时分配表

篇号	序号	授课内容	学时分配	
			讲课	实训
第一篇　Internet 与网络技术基础篇	第 1 章	Internet 与网络基础	4	2
	第 2 章	局域网与 Intranet 网络技术	2	2
	第 3 章	Internet 接入技术	2	6
第二篇　基本应用篇	第 4 章	WWW 中的信息浏览与获取技术	2	4
	第 5 章	电子邮件	2	2
	第 6 章	文件的传输与下载	4	6
第三篇　深入应用篇	第 7 章	电子商务基础及应用	4	4
	第 8 章	网络即时通信与交流	2	4
	第 9 章	Internet 安全技术	2	6
	第 10 章	网页制作与网站建设	4	8
	第 11 章	Internet 中流行的服务与应用	4	4
合　计			32	48

本书由尚晓航担任主编，安继芳和郭正昊担任副主编。其中，尚晓航和郭正昊负责第 1～第 8 章的主要编写任务；安继芳负责第 3、9、10、11 章的主要编写任务；马楠、王勇丽、陈明坤、郭文荣、郭利民、余洋等同志参与了一些章节的编写或其他辅助工作；此外，尚晓航负责全书的主审与定稿任务。

由于 Internet、计算机网络、硬件、软件与信息技术发展迅速，作者的学识水平有限，时间仓促，书中难免存在不妥之处，恳请广大读者批评指正。

编　者

2014 年 4 月

目 录

第一篇 Internet 与网络技术基础篇

第二篇 基本应用篇

第 一 篇

Internet 与网络技术基础篇

第 1 章　Internet 与网络基础

随着 Internet 与网络的飞速发展，Internet 已经全方位地进入人们的日常生活。人们通过网络获取知识与服务、信息与娱乐。那么，人们每天访问的现代计算机网络的结构如何？Internet 的起源、发展、组成是什么？现代 Internet 中的资源、服务又有哪些？什么是网络的体系结构？OSI 网络七层模型和 TCP/IP 模型是什么？Internet 中使用的地址如何表示和分类？为什么要使用域名地址？Internet 中域名地址的结构如何？怎样配置管理 TCP/IP 网络和计算机？为什么要使用新一代网络的 IPv6？在 IPv6 中是如何表示地址的？这些都是本章要解决的问题。

本章内容与要求

- 了解：Internet 的发展、组成结构与基本知识。
- 掌握：Internet 网络通信中涉及的主要指标。
- 掌握：Internet 的基本知识、组成结构与基本构件。
- 了解：Internet 提供的主要服务与应用。
- 了解：计算机网络体系结构和 OSI 七层参考模型。
- 掌握：TCP/IP 四层参考模型及主要协议。
- 掌握：TCP/IP 网络的 3 个基本参数。
- 掌握：IPv4 地址的结构、分类与使用。
- 了解：IPv6 的作用与地址的表示方法。
- 掌握：TCP/IP 网络的管理方法。
- 了解：域名的表示与域名系统的作用。

1.1　Internet 基础与现代计算机网络的结构

目前，Internet 已成为人们生活的一部分，很多人都会通过 Internet 获取所需的服务和信息。现代网络的实际结构与早期的结构相比，发生了明显变化。早期那种个人用户通过终端、各种类型的计算机接入网络的份额逐步减少；更多的个人计算机或终端设备通过局域网、电话网、电视网、电力网或移动通信网连入广域网，进而接入 Internet。

1.1.1　Internet 的起源与发展

Internet（因特网）于 1969 年创建于美国，Internet 不仅是全球性的网络，也是一种公用信息的载体；它与报纸、广播、电视一样是一种大众传媒。Internet 一经问世，就以日新月异的速度不断发展。下面简要介绍其在世界和中国的发展状况。

1. Internet 的发展史

美国的 ARPANet 网络被认为是网络和 Internet 的起源。为了方便美国各研究机构和政府部门使用,美国国防部的高级研究计划署(ARPA)于 1968 年提出了 ARPANet 的研制计划。

1969 年,4 个节点的实验性质的 ARPANet 问世后,其计算机的数目增长迅速。到 1983 年就已经发展到 300 多台计算机。

1984 年,ARPANet 分解为两个网络。一个网络沿用 ARPANet 的称谓,作为民用科研网;另一个网络是 MILNET,其性质是军用计算机网络。

1985 年,美国国家科学基金会(National Science Foundation,NSF)提出了建立 NSFNet 网络的计划,该计划的主要任务是围绕着其 5 个大型计算机中心建设计算机网络。作为实施该计划的第一步,NSF 首先将全美的五大超级计算机中心利用通信干线连接起来,组成了全国范围的科学技术网 NSFNet,成为美国 Internet 的第二个主干网,传输速率为 56kbps。

1986 年,NSF 建立起国家科学基金网 NSFNet,它是一个三级计算机网络,分为主干网、地区网和校园网,覆盖了全美国主要的大学和研究所。NSFNet 后来接管了 ARPANet,并将网络改名为 Internet。

1987 年,NSF 采用招标方式,由三家公司(IBM、MCI 和 MERIT)合作建立了作为美国 Internet 网的主干网,由全美 13 个主干结点构成。

1991 年,Internet 的容量满足不了需要,于是美国政府决定将 Internet 主干网转交给私人公司来经营,并开始对接入 Internet 的单位收费。

1993 年,Internet 主干网的速率提高到 45Mbps。

1996 年,速率为 155Mbps 的 Internet 主干网建成。

当前,Internet 的主干线在各国的发展速度不同,但大多都能够达到 Gbps 数量级。

2. 骨干网

骨干网又称为“主干网”,它是用来连接多个局部区域或地区的高速网络。在 Internet 中,为了能与其他骨干网进行互联,每个骨干网中至少含有一个进行包交换的连接点。不同的供应商分别拥有属于自己的骨干网。简言之,主干网通常是指国家与国家、省与省之间的网络;中国目前的主干网的带宽在 10Gbps 上下,而城市内部网的带宽,一般在 1Gbps 上下。

3. Internet 在中国发展的两个主要阶段

中国在 20 世纪 80 年代中期开始与 Internet 进行初步联系。于 1994 年正式加入 Internet,并由 NCFC(中国国家计算机和网络设施)代表中国正式向 InterNIC(国际互联网络信息中心)进行了注册。从此开始标志着中国开始了 Internet 的新纪元,并建立了代表中国的域名 CN,有了自己正式的行政代表与技术代表。这也意味着中国用户从此能全方位地使用和访问 Internet 中的资源,并能直接使用 Internet 的主干网 NSFNet。

说明：美国国家科学基金会(National Science Foundation,NSF)是美国的独立联邦机构。它成立于1950年,其任务是通过对基础研究计划的资助,改进科学教育,发展科学信息和增进国际科学合作等办法促进美国科学的发展。

1）第一阶段：初步互联,研究试用

第一阶段是指从1987至1993年的阶段,在这一阶段中,中国的一些科研部门初步开展了与Internet联网的科研课题和科技合作工作,通过拨号X.25实现了与Internet电子邮件转发系统的连接;此外,还在小范围内为国内的一些重点院校、研究所提供了国际Internet电子邮件的服务。

1989年11月我国建成了第一个公用分组交换网(CNPAC)。我国从此进入网络和Internet发展的新时代。20世纪末,我国的公安、银行、军队和科研机构相继建立起自己的专有计算机局域网和广域网。这些网络的建成,形成了更大规模的信息资源共享,从而进一步推进我国Internet和网络技术的发展、全面互联与应用。

1994年4月,我国首条64kbps的专线正式接入了国际互联网,从此拉开了我国互联网发展的序幕。

2）第二阶段：全面互联,迅速发展

第二阶段是指从1994年到现在的阶段。在这一阶段中,Internet在我国得到了迅速发展,不但实现了与Internet的TCP/IP方式的互联,还提供了Internet的各种功能的全面服务;进入了全面互联的长足和快速发展阶段。

1.1.2 中国互联网基础资源的发展状况数据

中国Internet上网的计算机、用户人数、用户分布、信息流量分布、域名注册等方面情况的统计信息,对国家动态地掌握Internet在我国的发展情况,提供决策依据有着十分重要的意义。经国务院信息办和中国互联网络信息中心工作委员会研究,决定由中国互联网络信息中心(CNNIC)联合主要的互联网络单位来实施这项工作。为此,CNNIC自1998年以来,形成了于每年1月和7月定期发布《中国互联网络发展状况统计报告》的惯例。统计报告形成了自己的内容和风格,对我国网民规模、结构特征、接入方式和网络应用等情况进行了连续的调查研究。

1. 中国互联网络发展状况统计报告

1）第1次中国互联网络发展状况统计报告

CNNIC于1997年发布了《第1次中国互联网络发展状况统计报告》,那也是第一次对中国Internet的发展状况做出的全面、准确的权威性统计报告。该报告参照国际惯例,采用网上计算机自动搜寻、联机调查,以及发放用户问卷等多种方式进行统计;其统计方法先进,抽样范围广,从而保证了统计结果的准确性。

第一次统计报告的数据的截止日期是1997年10月31日。那时中国上网的计算机数只有29.9万台,其中直接上网的计算机为4.9万台,拨号上网的计算机为25万台;全国的CN下的注册域名数仅为4066个;WWW站点数大约为1500个;国际出口线路的总带宽(容量)仅为 25.408Mbps。

2) 第 32 次中国互联网络发展状况统计报告

随着互联网络的飞速发展,CNNIC 不断发布新的统计报告,截至 2013 年 7 月 17 日,CNNIC 就在京发布了其《第 32 次中国互联网络发展状况统计报告》。该报告的数据截至 2013 年 6 月底,其中的中国互联网基础资源的发展状况的对比(2012 年 12 月至 2013 年 6 月)如表 1-1 所示。其他主要数据显示,中国网民规模达到 5.91 亿,较 2012 年底增加 4379 万人,网民中使用手机上网的人群占比提升至 78.5%。3G 的普及、无线网络的发展和手机应用的创新促成了我国手机网民数量的快速提升。

表 1-1 2012 年 12 月至 2013 年 6 月中国互联网基础资源对比

	2012 年 12 月	2013 年 6 月	半年增长量	半年增长率
IPv4/个	330 534 912	330 617 088	82 176	0.02%
IPv6/块/32	12 535	14 607	2 072	16.53%
域名/个	13 412 079	14 694 769	1 282 690	9.56%
其中.CN 域名/个	7 507 759	7 808 360	300 601	4.00%
网站/个	2 680 702	2 939 232	258 530	9.64%
其中.CN 下网站/个	1 036 864	1 145 367	108 503	10.46%
国际出口带宽/Mbps	1 899 792	2 098 150	198 358	10.44%

现将 CNNIC 的第 32 次报告中的部分基础数据简述如下。

(1) 网民发展。中国网民规模继续呈现持续快速发展的趋势,网民的规模达 5.91 亿,半年共计新增网民 2656 万人。互联网普及率为 44.1%,较 2012 年底提升了 2.0 个百分点。中国新增网民中使用手机上网的比例高达 70.0%,高于其他设备上网的网民比例,说明手机对互联网普及的促进作用重大,是目前互联网增长的主要来源。

(2) 国际出口带宽的发展。目前中国国际出口带宽继续发展,中国国际出口带宽为 2 098 150Mbps,半年增长率为 10.4%。

(3) 网站的发展。中国网站数量为 294 万个,半年增长 26 万个,增长率为 9.6%。

(4) 域名的发展。中国域名总数增至 1469 万个,相比 2012 年底增速为 9.6%。

(5) IP 地址资源的发展。中国 IPv6 地址数量为 14 607 块/32,较去年同期大幅增长 16.5%,位列世界第二位。当前,各大运营商都在大力推进 IPv6 产业链,积极开展试点和试商用,逐步扩大 IPv6 用户和网络规模。

2. 整体互联网应用状况

CNNIC 的第 32 次报告数据显示,在 2013 年上半年,我国网民互联网应用状况基本保持 2012 年的发展趋势,发展较为平稳,其中手机应用成为发展的亮点,而 PC 的应用增长趋于平缓。

1) 手机应用的发展状况

手机即时通信网民规模为 3.97 亿,较 2012 年底增长了 4520 万,使用率为 85.7%,增长率和使用率均超过即时通信整体水平。

2）互联网应用类型的发展状况

在各种应用类型的发展中，即时通信作为第一大上网应用，网民规模继续上升；电子商务类应用继续保持快速发展；电子邮件、论坛等传统应用的使用率继续走低。

（1）网络即时通信网民规模增长最多，手机端应用的发展超过整体应用水平。

（2）手机端娱乐应用成为重要的突破点，而PC端娱乐类应用增长乏力。

（3）手机端电子商务类应用使用率整体上升，手机支付涨幅最大：电子商务类应用在手机端应用发展迅速，相对其他类应用的涨幅最大，例如，手机在线支付使用率的涨幅最大；此外，手机购物、手机网上银行、手机团购的使用率相比2012年底分别增长了3.3％、2.7％和2.1％。

3. 中国Internet的主干网

在NCFC（教育与科研示范网络，即中国国家计算机网络设施）的基础上，中国建成了国家承认的对内具有互联网络服务功能、对外具有独立国际信息出口（连接国际Internet信息线路）的中国主干网。中国国际出口带宽反映了中国与其他国家或地区互联网连接的能力。在目前网民网络应用日趋丰富、各种视频应用快速发展的情况下，只有国际出口带宽持续增长，网民的互联网连接质量才会改善。目前，由国家投入大量资金开通多路国际出口通路，分别连接到美国、加拿大、澳大利亚、英国、德国、法国、日本等国家。CNNIC于2013年7月17日发布的数据显示，中国已建成和正在建设中的骨干网络的出口带宽和负责单位如表1-2所示。

表1-2 主要骨干网络的国际出口带宽

骨干网络名称	国际出口带宽数/Mbps
中国电信	1 118 249
中国联通(UNINET)	677 205
中国移动互联网(CMNET)	244 594
中国科技网(CSTNET)	22 600
中国教育和科研计算机网(CERNET)	35 500
中国国际经济贸易互联网(CIETNET)	2
合计	2 098 150

1.1.3 Internet的基本知识

在现代网络中，Internet占有重要的地位，各种网络都需要接入Internet。例如，局域网与局域网、局域网与广域网、广域网与广域网等都可以通过路由器进行互相连接。在Internet中，用户计算机往往先通过校园网、企业网或ISP（Internet服务商）的网络，进而接入地区主干网；地区主干网再通过国家主干网连入国家间的高速主干网。这样的逐级连接后，就形成了如图1-1所示的，由路由器和TCP/IP互联而成的大型、层次结构的Internet网络结构示意图。现代网络的实际结构非常复杂，为了便于用户理解，因此用图1-1来示意Internet的网络系统结构。

1. Internet 的名称与定义

Internet 一词来源于英文的 Interconnect networks 即“互联各个网络”，简称“互联网络”，又名“因特网”。Internet 是世界上最大的网络，它覆盖了全球，是全球信息高速公路的基础。因此，Internet 是当今社会中最大的一个网络，也是拥有最多信息资源的宝库。

Internet 的简单定义：Internet 是由多个不同结构的网络（广域网、城域网、局域网）或单机，通过统一的协议和网络设备（即 TCP/IP 和路由器等）互相连接而成的、跨越国界的、世界范围的大型计算机互联网络。Internet 可以在全球范围内，提供电子邮件、WWW 信息浏览与查询、文件传输、电子新闻、多媒体通信等服务功能。

2. 为什么要建立 Internet

建立 Internet 的最主要目的就是在世界范围进行计算机之间的信息交换和资源共享，例如，通过 Internet 浏览、检索、传递信息与文件，进行网上交流和购物等。因此，Internet 是当今世界上最大的信息数据库，也是最经济、快捷的联络沟通途径。

3. Internet 的公用语言——TCP/IP

TCP/IP 是 Internet 中使用的公用语言。TCP/IP 及其包含的各种实用程序为 Internet 上的各种不同用户和计算机提供了互连和互相访问的能力。因此，若要充分利用 Internet 上的各种资源，必须熟练掌握该协议的安装、配置、检测和使用技术。

4. Internet 的技术特点

(1) Internet 提供了当今时代广为流行的、建立在 TCP/IP 基础之上的 WWW (World Wide Web，Web)站点浏览服务。

(2) 在 Internet 上采用了 HTTP、FTP、SMTP 等各种公开标准，以及 HTML；其中，HTTP 是超文本传输协议；FTP 是文件传输协议；SMTP 是电子邮件使用的协议；而 HTML 是超文本标记语言，即 Web 的通用语言。

(3) Internet 采用的 DNS 域名服务器系统，巧妙地解决了计算机和用户之间的“地址”翻译问题。

1.1.4 Internet 的组成与结构

Internet 为全世界分布的网络，它没有统一的结构，而是由各国的基础网络组成。

1. Internet 的组成结构

Internet 采用了多层网络结构，如美国、中国等许多国家的 Internet 采用的是如下所示的三层网络结构。

(1) 主干网：是 Internet 的基础和支柱，一般由政府提供的多个主干网络互联而成。

(2) 中间层网：由地区网络和商业网络构成。

(3) 低层网：主要由基层的大学、企业、单位等的网络构成。

2. Internet 的硬件结构

Internet 的硬件结构如图 1-1 所示。根据定义，Internet 是由分布在世界各地的、各种不同规模、不同物理技术的网络通过交换机、路由器、网关等网络互连设备组成的大型综合信息网络。

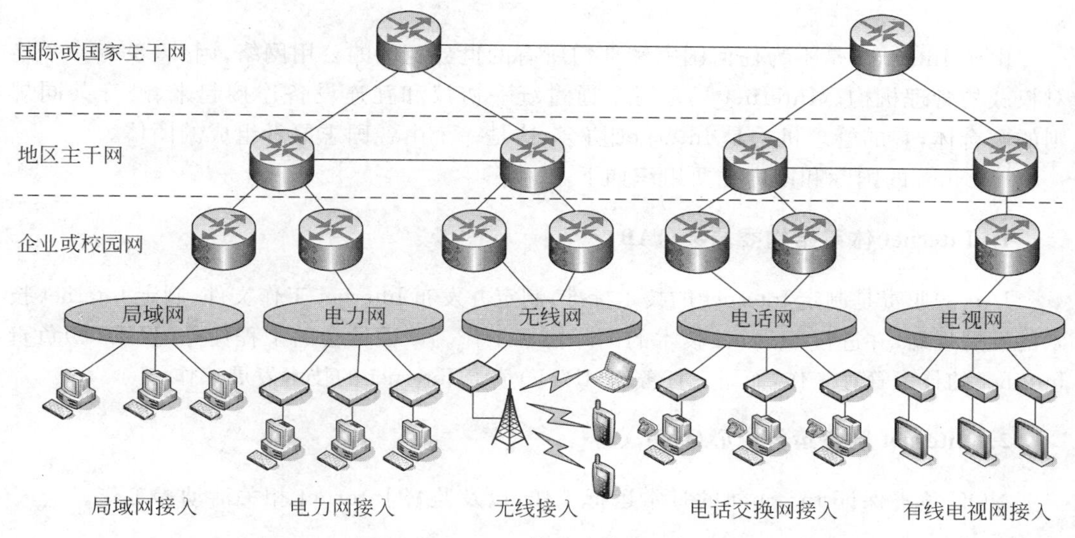

图 1-1 Internet 的基本结构示意图

3. Internet 的组成

如图 1-1 所示，Internet 由通信网络、通信线路、路由器、主机等硬件，以及分布在主机内的软件和信息资源组成。

(1) 通信网络：分布在世界各地。对一般用户来讲主要指局域网或个人主机接入 Internet 时使用的各种广域网，如 X.25、FR(帧中继)、DDN、PSTN、ADSL、ISDN 等。

(2) 通信线路：主要指主机、局域网接入广域网的线路。

(3) 路由器：是指连接世界各地局域网和 Internet 的互连设备。由于 Internet 是分布在世界各地的复杂网络，在信息浏览时，目的主机和源主机之间的可能路径会有多条，因此，路由器的路选功能是 Internet 中必不可少的。所以，路由器是使用最多的局域网与通信网络或局域网和 Internet 的连接设备。

(4) 接入终端(主机、平板电脑、智能手机)：接入设备不但是资源子网的主要成员，也是 Internet 上各节点的主要设备。其不但起着数据处理的任务，还是 Internet 上分布信息资源的载体，以及各种服务的提供者。接入设备的硬件不但可以是各种小型终端设备，如计算机(笔记本)、平板电脑(PAD)、智能手机，也可以是从小型机到大型机的各类计算机系统。

(5) 信息资源：Internet 不但为广大互联网用户提供了便利的交流手段，更是一座丰富的信息资源宝库。它的信息资源可以是文本、图像、声音、视频等多种媒体形式，用户通过自己的浏览器(如 IE)，以及分布在世界各地的 WWW 服务器来检索和使用这些信息资源。随着 Internet 的普及，信息资源的发布和访问已经成为局域网和个人计算机必须考虑和解决的首要问题之一。

1.1.5 Internet 的管理机构

由于 Internet 是不为任何国家和部门所有的世界范围的公用网络，因此，没有一个绝对权威的管理机构。Internet 只是一个通过统一协议和互连设备连接起来、遵守共同规则的联合体，它的管理机构是 Internet 协会，这是一个由各国志愿者组成的团体。

Internet 的国际和国内主要组织如下。

1. Internet 体系结构委员会(IAB)

IAB 的职责是制定 Internet 的技术标准、制定并发布 Internet 工作文件、制定 Internet 技术的发展规划，并进行 Internet 技术的国际协调工作。该委员会的工程任务组(IETF)负责 Internet 的技术管理工作，而研究任务组(IRTF)负责 Internet 的技术发展工作。

2. Internet 网络运行中心(NOC)

NOC 负责保证 Internet 的日常运行工作，以及监督 Internet 相关活动等工作。

3. Internet 网络信息中心(NIC)

NIC 为 Internet 代理服务商及广大用户提供信息支持。

4. 中国 Internet 的组织(CNNIC)

中国 Internet 最著名的组织就是"中国互联网络信息中心"，其英文缩写为 CNNIC。

在 1997 年 6 月 3 日，受国务院信息化工作领导小组办公室的委托，中国科学院在中国科学院计算机网络信息中心的基础上组建了中国互联网络信息中心 CNNIC。它行使国家互联网络信息中心的职责。目前 CNNIC 的主要成员是国内 Internet 专家以及国内的五大互联网，其主要职责如下。

(1) 向中国的国际互联网用户提供域名注册、IP 地址分配等服务。

(2) 向中国的互联网用户提供政策法规、网络技术资料、入网方法、用户培训资料等 Internet 方面的信息服务。

(3) 向中国的互联网用户提供网络通信目录、主页目录与各种信息库的目录服务。

1.2 Internet 提供的主要服务与资源

Internet 作为一个整体，给使用者提供了越来越完善的信息与服务，以及取之不尽的丰富资源。信息是 Internet 上最重要的资源，也是人们经常希望获得的东西，例如，新闻、旅游、气象、商业、房产、各种商品及服务等。因特网为人们提供了丰富的交流手段,浩瀚的资源,便捷的服务。Internet 不但是当今世界上最大的信息数据库,也具有当今最为经济的联络沟通手段。

1.2.1 Internet 中的主要应用

CNNIC 的发布的第 32 次最新报告的统计显示,因特网中应用较多的有 14 项,位列前 5 位的分别是即时通信、搜索引擎、网络新闻、网络音乐和博客/个人空间,其他应用参见表 1-3。Internet 中的各种应用,从服务类型看主要分为信息服务、通信服务和交易服务三类。对表中的各种应用进行分析可见,大部分的应用都属于信息服务;而网络的交易服务增长得最快;使用通信服务的比例最高。

表 1-3 中国网民对各类网络应用的使用率与服务类型

应用类型	2013 年 6 月		2012 年 12 月		半年增长率(%)	服务类型
	网民规模(万)	使用率(%)	网民规模(万)	使用率(%)		
即时通信	49 706	84.2	46 775	82.9	6.3	通信服务
搜索引擎	47 038	79.6	45 110	80.0	4.3	信息服务
网络新闻	46 092	78.0	39 232	73.0	17.5	信息服务
网络音乐	45 614	77.2	43 586	77.3	4.7	信息服务
博客/个人空间	40 138	68.0	37 299	66.1	7.6	通信服务
网络视频	38 861	65.8	37 183	65.9	4.5	信息服务
网络游戏	34 533	58.5	33 569	59.5	2.9	信息服务
微博	33 077	56.0	30 861	54.7	7.2	信息服务
社交网站	28 800	48.8	27 505	48.8	4.7	通信服务
网络购物	27 091	45.9	24 202	42.9	11.9	交易服务
网络文学	24 837	42.1	23 344	41.4	6.4	信息服务
电子邮件	24 665	41.8	25 080	44.5	−1.7	通信服务
网上支付	24 438	41.4	22 065	39.1	10.8	交易服务
网上银行	24 084	40.8	22 148	39.3	8.7	交易服务

1.2.2 Internet 中的主要服务

Internet 中的主要服务类型及其提供的服务如下。

1. 即时通信(Instant Messaging,IM)

IM 是一种终端服务,它通过基于软件的消息客户端(如腾讯 QQ、淘宝旺旺、微信、Skype、MSN 等),允许两点或多点的设备持有人通过网络,进行文字、语音、视频、绘画或档案等信息的即时交流。

从 1998 年以后,即时通信的功能日益丰富,逐渐集成了电子邮件、博客、音乐、电视、游戏和搜索等多种功能。即时通信已经不再是初期一个单纯的聊天工具,它已经发展成集交流、资讯、娱乐、搜索、电子商务、办公协作和企业客户服务等为一体的综合化信息平台。随着移动互联网的发展,互联网即时通信也在向移动化扩张。目前,微软的MSN、Skype、腾讯的QQ与微信、中国移动飞信等重要的即时通信提供商都提供了通过移动终端设备(如手机)接入互联网即时通信的业务。因此,用户可以通过手机、平板电脑、计算机等已经安装了相应客户端软件的终端设备来即时收发消息。

2. 搜索引擎(Search Engine)

搜索引擎是指根据一定的策略、运用特定的计算机程序搜集互联网上的信息,在对信息进行组织和处理后,为用户提供检索服务的系统。常用的代表性产品主要有IE、Google、Baidu、sogou、soso、360等。

3. 万维网(World Wide Web,WWW)及其信息服务

WWW又称为Web,其中文译名为万维网或环球网。在WWW创建之前,几乎所有的信息发布都是通过E-mail、FTP和Telnet等。由于Internet上的信息无规律地分布在世界各处,因此除非准确地知道所需信息资源的位置(地址),否则将无法对信息进行搜索,WWW的创建巧妙地解决了Internet上信息传递问题。

WWW信息服务系统提供了一种交互式的查询方式,通过超文本链接功能将文本、图像、声音和其他Internet上的资源紧密地结合起来,并显示在浏览器上。在超文本链接中,用户单击链接处,就可以链接到另一处地理位置、页面完全不同的Internet资源中。链接的目标可以是同一服务器的当前WWW页面,也可以是Internet上的任何一处页面。这样人们使用各自的浏览器,通过其中的协议,如HTTP(超文本传输协议),便可以轻松地访问和浏览到五彩缤纷的因特网世界。人们可以在最短的时间内了解到最新新闻、最新技术、最新时尚、最新产品等一切最新鲜的事物。

4. 网络新闻(Network News)

网络新闻突破了传统新闻的传播概念,在视、听、感方面给人们以全新的体验。它将无序化的新闻进行有序的整合,并且大大压缩了信息的厚度,让人们在最短的时间内获得最有效的新闻信息。WWW技术的出现,促使网络新闻的组织方式发生了革命性的变化,例如,各大网站(新浪、搜狐、百度、腾讯)大都提供新闻服务。

通过邮件客户端程序和传统的新闻服务Usenet(新闻组)协议,用户还可以订阅自己感兴趣的新闻。Usenet与下面的BBS的功能相似,人们不但可以向新闻服务器张贴邮件,新闻服务器还会转发这些邮件。这样,张贴的邮件就可能被许多人阅读。因此,也可以把新闻组看作是一个巨大的电子论坛。

5. BBS、博客、微博与个人空间

随着互联网应用的普及,人们的学习、生活、工作与交流思想的方式发生了巨大变化,先后出现了BBS、博客、微博、个人空间与贴吧等。下面简要介绍这些概念。

1）电子公告板系统(Bulletin Board System,BBS)服务

BBS是Internet上早期最著名的信息、交流服务系统之一，它发展的非常迅速，几乎遍及整个Internet。它所提供的信息服务涉及的主题相当广泛，如科学研究、时事评论等各个方面，世界各地的人们可以开展讨论，交流思想，寻求帮助。各个BBS站为用户开辟一块展示“公告”信息的公用存储空间作为“公告板”。

2）博客

“博客(Blog或Weblog)”源于“Web Log(网络日志)”一词的缩写，它是一种简单易学的个人信息发布方式；也有人称其为部落格(部落阁)。通常，这是一种由个人管理、不定期张贴新文章的网站。Blog是继E-mail、BBS、ICQ(电子邮件、电子公告板系统、网上寻呼)之后出现的一种新的网络交流方式。

从专业角度看，博客服务是一种通过特定软件，在网络上出版、发表和张贴个人文章的服务。网络中的博客网站五彩缤纷、各具特色，这是由于它们可能使用了不同的编码，因此其相互间不一定兼容。简言之，Blog服务是以网络作为载体，让人们可以简易、迅速、便捷地发布自己的心得，及时、方便、快捷地与他人进行交流的一个综合性平台。由于Blog是以超链接方式发表的网络日记；因此，它不仅能够充分发挥个人的表达和想象力，还可以广交朋友，与博友进行深度的交流与沟通。

通过提供“博客”服务的网站，编写个人的博客网页已不再是专业人员的事。大部分用户都能够很快掌握，并迅速完成个人博客网页的创建、发布和更新工作。在博客服务中，下面介绍的微型博客(微博)是全球最受欢迎的形式。

3）微博

微型博客又称为“微博客”，简称微博。它是博客的简化形式，也是一个基于用户关系的信息分享、传播、获取的平台。与博客不同的是，微博作者不需要撰写复杂的文章，只需书写简短的心情文字即可。常见的微型博客有twitter、随心微博、Follow5、网易微博、腾讯微博、叽歪等；其中，美国的twitter是最早出现的，也是最著名的微博。

通常，博客与私人日记是不同的，它不仅会展现和记录自己，更注重于帮助他人。因此有人说，博客是永远共享与分享精神的体现。

4）个人空间

互联网上的个人空间又称为个人主页，个人主页是用户个人通过软件编辑出的网页；通常会去某个网站申请一个位置空间，之后，再将自己的个人主页，通过FTP或HTTP上传到属于用户自己是位置空间。从某种程度看个人空间也具有博客的功能，自个人空间问世以来，它也受到众多网友的喜爱。例如，在QQ空间上，可以通过书写日记、上传图片、聆听音乐、撰写游记等多种方式来展现自我。

通常，博客与个人空间有相像之处，但两者的侧重是不同的。个人空间主要是记录、展现自己，而博客不仅会记录自己，更注重于帮助他人。

5）贴吧

贴吧是全球最大的中文社区，是百度旗下的独立品牌，它是结合搜索引擎建立的一个在线交流平台。贴吧能够将对同一个话题感兴趣的人们聚集在一起。它是一种基于关键

词的主题交流社区。由于它是和搜索引擎紧密结合在一起的，因此，它可以准确地把握用户的需求，通过用户输入的关键词，自动生成讨论区，使用户能在线参与、及时交流，并发布自己感兴趣话题的信息与想法。

6. 电子邮件(Electronic Mail，E-mail)服务

电子邮件能够以非常高的速度被发送到世界上任何提供此服务的地方。理论上讲，可以即发即到，也就是说用户的电子邮件可以在瞬间发送到对方的邮件服务器上，在几分钟之内传递到收件人手中，而所需要的费用却是极其低廉的。

7. FTP(文件传输)服务

Internet 是一座装满了各式各样计算机文件的宝库，其中有许多免费和共享软件、二进制的图片文件，声音、图像和动画文件，当然还有各种信息库、书籍和参考资料。对于上述内容，可以采用几种办法传输到计算机上，其中最主要的办法就是通过 FTP(文件传输协议)。使用这项服务，人们坐在家中，就可以查阅和下载美国国家图书馆里的资料。通过 Internet 的 FTP 服务，大量的文件和共享软件可以迅速被传递，而在此过程中所使用的动态查询技术是传统手段无法比拟和实现的。

8. Telnet(远程登录)服务

远程登录(Remote Login)是早期 Internet 提供的基本信息服务之一。Telnet 是提供远程连接服务的终端仿真协议，通过它可以使用户的计算机远程登录到 Internet 上的另一台计算机上。此时，该用户的计算机就仿佛成为所登录计算机的一个终端，因此，可以远程使用那台计算机上的资源。例如，从美国可以远程登录到国内的局域网，并使用其中的数据和磁盘等资源。Telnet 提供了大量的命令，这些命令可用于建立终端与远程主机的交互式对话，可使本地用户执行远程主机的命令。

9. 电子商务

电子商务(Electronic Commerce/Electronic Business，EC/EB)的概念有广义和狭义之分。狭义的电子商务主要是指利用因特网(Internet)进行的商务活动。广义的电子商务指所有利用电子工具从事的商务活动，如市场分析、客户联系、物资调配等。这些商务活动可以发生于公司内部、公司之间及公司与客户之间。

电子商务系统由软件、硬件系统和通信网络三要素组成。它作为一种新的商务形式具有的明显特征有商务性、低成本、电子化、服务性、集成性、可扩展性、安全性等。人们把主要基于因特网的商务活动称为现代电子商务。现代电子商务已成为人们不可缺少的一项服务，越来越多的人通过 Internet 进行各种商务活动，例如，银行转账、网上书店、网上商店、网上购票，以及各种各样的网上服务。从各国的 Internet 发展状况来看，电子商务是计算机网络高速发展的产物。这是因为电子商务一般要求网络支持多种媒体，如视频、音频、文字、图像；此外，网络的电子支付还要求更高的安全性能。

10. 网络游戏

通过Internet网络，人们可以连接到世界上任何一个游戏网站，使得网络上的游戏迷可以通过网络与同是孤独的对方在一起，大过游戏之瘾；同时，许多最新的多用户在线游戏，使得众多的用户流连忘返。

11. 其他服务

Internet上几乎为人们提供所需的一切，如网上的电话、会议、视频、地图、天气预报、购物商城、交友、交易、远程教学等。

总之，在上面列举的各种服务中，互联网中传统的五大基本服务（WWW、E-mail、FTP、BBS、Telnet）已经成为过去。今天的互联网是百花争艳、百舸争流，与人们学习、工作、生活、购物等密切相关的各种信息、通信、娱乐等服务都在不断地、高速发展着，同时也正在极大地影响着产业及相应人员的结构变化。

在Internet上，大量的信息和服务资源存储在各个具体网络的计算机系统上，所有计算机系统存储的信息组成信息资源的大海洋。使用Internet中的资源时，用户应当知道存储信息的资源服务器（或数据库）的地址、访问资源的方式（包括应用工具、进入方式、路径和选择项等）。因此，对于经常使用Internet的用户来说，一个重要的任务就是要积累信息资源的地址。不少人在Internet上查找自己所需要的信息资源时，往往只注意通过计算机系统获取信息，却忽略了从Internet上的"人"资源那里获取信息。

应当指出，在Internet上有几千万人在从事信息活动，Internet本身又在急剧扩展，所以网上的信息资源几乎每天都在增加和更新，重要的是要掌握信息资源的查找方法。另外，由于历史的原因，目前Internet上的信息资源主要来自美国，反映其他国家和地区的信息资源相对较少。目前在网上以中文形式存储的信息资源还不多，随着Internet在我国的发展，特别是各大主干网在国内实现了互联，为中文的信息网提供了良好的国内网络环境。

1.2.3 Internet网络通信中涉及的主要指标

计算机网络和通信系统的性能通常由其性能指标来描述。在信息时代的日常生活和工作中经常会遇到各种性能指标，例如，选择ADSL线路接入Internet时，会面临选择512kbps、1Mbps、10Mbps、20Mbps带宽的性能指标；购买网卡时，会遇到100Mbps、1000Mbps速率的选择；购买内存或硬盘时，会遇到容量是2GB、1TB的选择。

下面将简要介绍一些与计算机、网络和通信系统相关的指标。

1. 传输速率*S*（比特率）

在局域网中，计算机与计算机直接通信时，通常传输的信号为数字信号，其传输速率用S表示。S是指在信道的有效带宽上，单位时间内所传送的二进制代码的有效位（b）的数目。S的单位为bps、kbps（1×10^3bps）、Mbps（1×10^6bps）、Gbps（1×10^9bps）或Tbps

(1×10^{12} bps)等单位来表示。

说明：在计算机领域与通信领域中的千、兆、吉和太等的含义略有不同，例如，在计算机领域中用大写的 K 表示 2^{10}，即 1024；而在通信领域中用小写的 k 表示 10^3，即 1000。

2. 带宽(Bandwidth)

对于模拟信道，带宽是指某个信号或者物理信道的频带宽度，其本来的意思是指信道允许传送信号的最高频率和最低频率之差，单位为赫兹(Hz)、千赫(kHz)、兆赫(MHz)等，例如，电话语音信号的标准带宽是 3.1kHz(300～3400Hz)。

说明：在计算机网络中，带宽常用来表示网络中通信线路所能传输数据的能力。因此，在描述网络时的"带宽"实际上是指在网络中能够传送数字信号的最大传输速率 S，此时，带宽的单位就是位每秒(bps)，常用 bps、kbps、Mbps、Gbps、Tbps 等表示。

3. 存储容量(Storage Capacity)或内存容量(Memory Capacity)

(1) 存储容量。在涉及计算机或网络时，经常会遇到存储容量的概念。它是指存储设备能够存储信息的最大量；例如，计算机硬盘的存储容量是 1TB；SD 存储卡的存储容量是 16GB；手机内存储卡的容量是 1GB 等；无论外存还是内存都使用存储容量来描述。

(2) 存储容量的表示。通常存储在存储设备中的数字文件是以二进制方式表示的，而表述数字信息大小的基本单位是"字节(B)"，而每个字节都是由 8b 二进制数 0 或 1 构成的字符串；例如，一个纯英文字母(半角状态)由 1B 的信息构成，一个汉字是由 2B 的信息构成；大部分信息都可以用一个或多个字节的二进制位来表示。为此，存储容量的单位从小到大可以依次表示为 B、KB、MB、GB、TB；各种单位之间的换算关系是 1TB＝1024GB，1GB＝1024MB，1MB＝1024KB，1KB＝1024B。通常，人们会把后面的 B 去掉，而使用简称，如 M、G、T 等，因此，2G 手机的外存储卡是指其存储容量为 2GB 的存储量既可以表示为 1024×2MB，也可以表示为 2×1024×1024×1024×B。

外存储器(外存)和内存储器(内存)的区别：两者的作用和功能不同，外存通常是用来保存永久数据的，而内存则是用来保存临时数据的。例如，硬盘、手机外存储卡都可以用来保存永久数据，而计算机或智能手机的内存则是用来保存临时数据的。

1.3 计算机网络体系结构

1974 年，美国的 IBM 公司提出了世界上第 1 个网络体系结构 SNA 后，凡是遵循 SNA 结构的设备就可以方便地进行互连。随之而来的是，很多公司纷纷推出了自己的网络体系结构，如 Digital 公司的 DNA、ARPANet 的参考模型 ARM 等。

1.3.1 计算机网络体系结构的基本知识

计算机网络问世以来，出现了众多的网络体系结构模型。虽说每种模型所划分的层次、功能、采用的技术与术语等各不相同，但是其共同之处就在于大都采用了分层结构的层次技术。在使用 Internet 时，应当了解网络体系结构的划分原则与工作特点。

1.3.2 OSI 七层参考模型

国际标准化组织(ISO)由美国国家标准组织 ANSI，以及其他各国的标准化组织的代表组成。ISO 对网络最主要的贡献是建立并于 1981 年颁布了开放系统互连参考模型(OSI/RM)，也就是七层网络通信模型的格式，通常称为“七层模型”，其颁布促使所有的计算机网络走向标准化，从而具备了互联的条件。

1. OSI 参考模型的基本知识

ISO 国际标准化组织制定出著名的开放系统互连参考模型(Open System Interconnection Reference Model，OSI/RM)，并且最终将其开发成全球性的网络结构模型。

OSI/RM 体系结构模型分为七层，如图 1-2 所示。从上到下依次为应用层、表示层、会话层、传输层、网络层、数据链路层和物理层。由图 1-2 可知，两台计算机直接连接通信时，OSI 的七层模型就位于这两台计算机中。

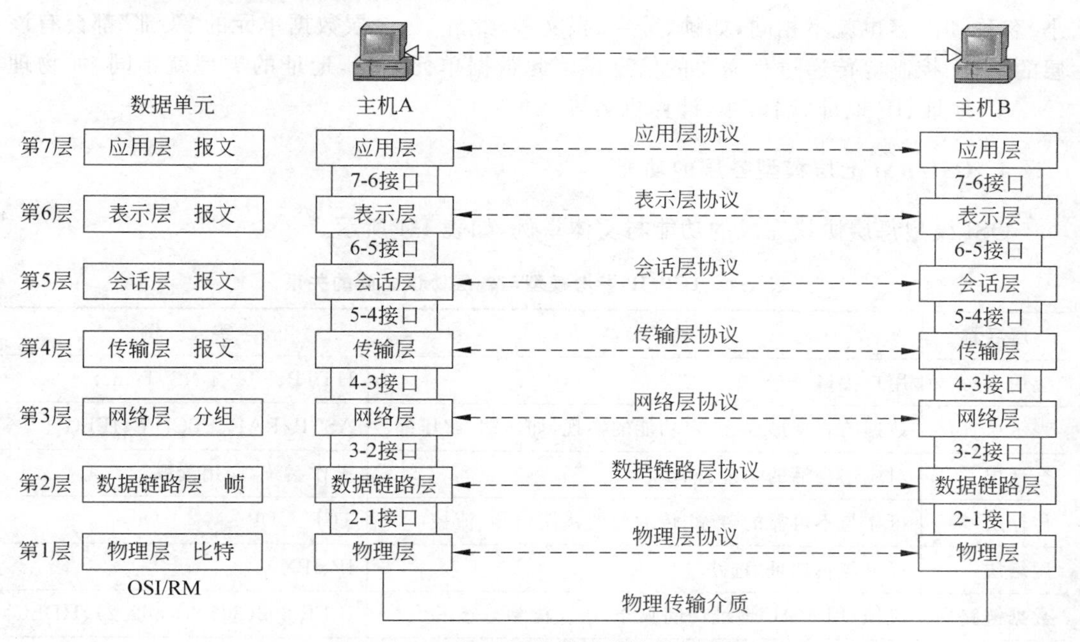

图 1-2 OSI/RM 网络模型的结构示意图

2. OSI 参考模型的层次划分原则

OSI 模型将协议组织成分层结构，每层都包含一个或几个协议功能，并且分别对上一层负责。OSI 模型符合分而治之的原则，将整个通信功能划分为 7 个层次，每一层都对整个网络提供服务，不同的层次定义了不同的功能。其划分原则如下所示。

(1) 网络中各结点都划分为相同的层次结构，图 1-2 所示的计算机都划分为 7 层。

(2) 不同结点的相同层次都有相同的功能。

(3) 同一结点内各相邻层次之间通过层间接口，并按照接口协议进行通信。

(4) 每一层直接使用下面一层提供的服务，间接地使用下面所有层服务。

(5) 每一层都向上一层提供服务。

(6) 不同结点之间按同等层的同层协议的规定，实现对等层之间的通信。

网络中还有其他的体系结构的模型，其分层数目虽然各不相同，如分为 4 层、5 层或 6 层；但目的都是类似的，即都能够让各种计算机在共同的网络环境中运行，并实现彼此之间的数据通信和交换。

3. 数据单元(Data Unit)

在数据传输时，通常将较大的数据块(如报文)分割成较小的数据单元(如分组)，并在每一段数据上附加一些信息。这些数据单元及其附加的信息在一起被称为“数据单元”。其中附加的信息通常是序号、地址及校验码等。

在 OSI 参考模型的不同结点内的对等层传送的是相同名称的数据包。这种网络中传输的数据包称为“数据单元”。由于每一个层次完成的功能不同，处理的数据单元的大小、名称和内容也就不相同，如帧、分组、报文等；此外，每一层数据单元的“头部”都会有该层的地址、控制等传递过程需要的信息。因此数据单元不同，地址的类型就不同，如物理(MAC)地址、IP 地址、端口号、计算机名等。

4. OSI/RM 七层模型各层的功能

OSI 模型每层协议完成的功能与实体举例，如表 1-4 所示。

表 1-4 TCP/IP 参考模型与各层协议之间的关系

层名称	功　能	实　例
应用层	用户接口	HTTP、FTP、DNS、Telnet
表示层	数据的表现形式、特定功能的实现，如压缩、解压缩	ASCII、RAR、EBCDIC、JPEG
会话层	对应用会话的管理、同步	操作系统/应用读取
传输层	可靠与不可靠的传输、传输前的错误检测、流控	TCP、UDP
网络层	提供逻辑地址、选路	IP、IPX
数据链路层	成帧、用 MAC 地址访问媒介、错误检测与修正	IEEE 802(802.3、802.2)、HDLC
物理层	设备之间的比特流的传输、物理接口、电气特性、机械特性和规程特性	EIA/TIA-232、V.35

OSI 模型各层处理的数据单元，以及包头中的地址等基本信息简介如下所示。

1) 应用层(Application)

(1) 功能：为了满足用户的需要，根据计算机进程之间的通信性质，负责完成用户要完成的各种程序或网络服务的接口工作，例如，通过邮件程序来完成邮件的处理及传输服务。

(2) 处理的数据单元：报文。

(3) 处理的地址：进程标识、端口号，例如，80代表HTTP使用的程序代码。

2) 表示层(Presentation)

(1) 功能：保证一个系统应用层发出的信息能够被另一个系统的应用层理解，即处理结点间或通信系统间信息表示方式方面的问题，例如，数据格式的转换、压缩与恢复，以及加密与解密等。

(2) 处理的数据单元：报文。

3) 会话层(Session)

(1) 功能：会话层的主要作用是组织并协商两个应用进程之间的会话，并管理它们之间的数据交换。

(2) 会话的含义：一个会话可能是一个用户通过网络登录到服务器，或在两台主机之间传递文件。因此，简单地说，会话层的功能就是在不同主机的应用进程之间建立、维持联系。会话在开始时可以进行身份验证、确定会话的通信方式、建立会话；当会话建立后，其任务就是管理和维持会话；会话结束时，负责断开会话。

(3) 处理的数据单元：报文。

4) 运输层(Transport)

(1) 功能：负责主机中两个进程之间的通信，即在两个端系统(源站和目的站)的会话层之间建立一条可靠或不可靠的运输连接，以透明的方式传送报文。

(2) 处理的数据单元：报文段。

(3) 处理的地址：进程标识，如TCP和UDP端口号。

5) 网络层(Network)

(1) 功能：使用逻辑地址(IP地址)进行寻址，通过路由选择算法为数据分组通过通信子网选择最适当的路径，并提供网络互联及拥塞控制功能。

(2) 处理的数据单元：分组(又称为IP数据报或数据包)。

(3) 处理的地址：逻辑地址，例如，计算机或路由器端口的IP地址"192.168.1.1"。

6) 数据链路层(Data Link)

(1) 功能：负责在两个相邻结点间的线路上，无差错地传送以"帧"为单位的数据。是指在物理层服务的基础上，通过各种控制协议，将有差错的实际物理信道变为无差错的、能可靠传输数据的数据链路。

(2) 处理的数据单元：数据帧。

(3) 处理的地址：硬件的物理地址，如网卡的MAC地址"20-C2-FF-01-0A-0B"。

7) 物理层(Physical)

(1) 功能：为上一层的"数据链路层"提供一个物理连接。物理层规定了传输的电平、线速和电缆引脚，在介质上传送二进制的比特流。这层定义了以下4个规章特性，用以确定如何使用物理传输介质来实现两个结点间的物理连接。

① 机械性能：接口的形状，几何尺寸的大小，引脚的数目和排列方式等。

② 电气性能：接口规定信号的电压、电流、阻抗、波形、速率及平衡特性等。

③ 工程规范：接口引脚的意义、特性、标准。

④ 工作方式：确定二进制数据位流的传输方式，如单工、半双工或全双工。

（2）物理层协议。

① 美国电子工业协会（EIA）：RS-232、RS-422、RS-423 和 RS-485 等。

② 国际电报电话咨询委员会（CCITT）：X. 25 和 X. 21 等。

③ IEEE 802：802. 3 和 802. 5 等局域网的物理层规范。

（3）处理的数据：二进制比特信号，如二进制的基带信号或模拟信号。

（4）处理的地址：直接面向物理端口的各个引脚，如 RS-232 的引脚。

说明：

第一，物理层直接与物理信道相连接，因此物理层是 7 层中唯一的“实连接层”；而其他各层由于都间接地使用到物理层的功能，因此为“虚连接层”。

第二，“透明”是一个很重要的术语。它表示的是某一个实际存在的事物看起来却好像不存在一样。例如，由于计算机网络中有许多物理设备和各种传输介质，因此物理层对数据链路层的真正作用就是要尽可能地屏蔽掉各种媒体和设备的具体特性，使得数据链路层感觉不到其差异的存在。这样，数据链路层就可以只考虑本层的协议和服务功能。

第三，OSI 模型仅仅是一个定义得非常好的协议规范集，它是一个理论的指导性的模型。OSI 模型仅仅说明了每一层应该做什么，它与实现模型（如 TCP/IP 模型）最大的不同是：其本身并未确切地描述用于各层的具体服务和协议。

1.3.3 TCP/IP 参考模型

TCP/IP（Transmission Control Protocol/Internet Protocol）的中文名称为“传输控制协议/网际协议”。它是一个 32b 的、可路由的符合工业标准的协议集，也是目前使用最为广泛的通信协议。为了规范网络中计算机的通信与连接，TCP/IP 模型中定义了许多通信标准。TCP/IP 是由上百个功能协议组成的“协议栈”。按照体系结构的层次化设计思想，TCP/IP 参考模型由上至下划分为如图 1-3 所示的 4 层，即网络接口层、网际层、传输层和应用层。“协议栈”的总体目标就是把数据从物理层通过接口和电缆，传送到应用层的用户手中；或者反过来，把用户的数据通过应用层传送到物理层的电缆上。

应用层	Telnet	FTP	SMTP	HTTP	DNS	SNMP	TFTP
传输层	TCP					UDP	
网际层	IP						
		ARP		RARP			
网络接口层	Ethernet		Token Ring		X.25	其他协议	

图 1-3　TCP/IP 参考模型与各层协议之间的关系

TCP/IP 是世界上应用最广的异种网互联的标准协议，利用它，异种机型和使用不同操作系统的计算机网络系统就可以方便地构成单一协议的互联网络。TCP/IP 参考模型的4个层次中,只有最上边的3个层次包含了实际的协议。

1. 网络接口层

网络接口层为TCP/IP模型的底层(也称为网络访问层或主机-网络层)。该层与OSI模型的下两层(物理层与数据链路层)相对应;它没有定义具体的网络接口协议,但是可以与当前流行的大多数类型的网络接口进行连接,如可以与局域网的以太网或广域网的物理接口进行连接。

2. 网际层

TCP/IP模型的网际层(IP),也称为IP层、互联网络层或网间网络层。网际层与OSI模型的网络层相对应。IP层中各个主要协议的具体功能如下。

(1) 网际协议(Internet Protocol,IP):它的任务是为IP数据包进行寻址和路由,它使用IP地址确定收发端,并将数据包从一个网络转发到另一个网络。

(2) 网际控制报文协议(Internet Control Message Protocol,ICMP):用于处理路由、协助IP层实现报文传送的控制机制,为IP提供差错报告。

(3) 地址解析协议(Address Resolution Protocol,ARP):用于完成主机的IP(Internet)地址向物理地址的转换,这种转换又称为“映射”。

(4) 逆向地址解析协议(Reverse Address Resolution Protocol,RARP):用来完成主机的物理地址到IP地址的转换或映射功能。

3. 传输层

TCP/IP模型的传输层(TCP)在IP层之上,它与OSI模型中的传输层的功能相对应。传输层提供端到端的通信服务,即网络结点之间应用程序的通信服务,并确保所有传送到某个系统的数据能够正确无误地到达该系统。

1) TCP和UDP是传输层的两个主要协议

传输层的两个主要协议都是建立在IP的基础上的,其功能如下所示。

(1) TCP:是一种面向连接的、高可靠性的、提供流量与拥塞控制的传输层协议。

(2) UDP:是一种面向无连接的、不可靠的、没有流量控制的传输层协议。

2) TCP/IP的TCP或UDP端口

端口是计算机内部一个应用程序的标识符。端口直接与传输层的TCP或UDP相联系。端口号的长度为16b,因此端口号可以为0~65 535之间的任意整数。TCP/IP给每一种应用程序分配了确定的全局端口号,这个端口号为默认端口号,每个客户进程都知道相应服务器的默认端口号。为了避免与其他应用程序混淆,默认端口号的值定义在0~1023范围内,例如,FTP应用程序使用TCP的20和21号端口;SNMP应用程序使用UDP的161号端口。

3) 套接字(Socket)

套接字是IP地址和TCP端口或UDP端口的组合。应用程序通过指定该计算机的IP地址、服务类型(TCP或UDP),以及应用程序监控的端口来创建套接字。套接字中的

IP 地址组件可以协助标识和定位目标计算机，而其中的端口则决定数据所要送达的具体应用程序。

4. 应用层

TCP/IP 模型的应用层与 OSI 模型的上 3 层相对应。应用层向用户提供调用和访问网络中各种应用程序的接口，并向用户提供各种标准的应用程序及相应的协议。用户还可以根据需要建立自己的应用程序。

应用层的协议有很多种，主要包括以下几类。

(1) 依赖于 TCP 的应用层协议。

① Telnet：远程终端服务，也称为网络虚拟终端协议。它使用默认端口 23，用于实现 Internet 或互联网络中的远程登录功能。它允许一台主机上的用户登录到另一台远程主机，并在该主机上进行工作，用户所在主机仿佛是远程主机上的一个终端。

② HTTP：超文本传输协议(Hypertext Transfer Protocol)使用默认端口 80，用于 WWW 服务，实现用户与 WWW 服务器之间的超文本数据传输功能。

③ SMTP：简单邮件传输协议(Simple Mail Transfer Protocol)使用默认端口 25。该协议定义了电子邮件的格式，以及传输邮件的标准。在 Internet 中，电子邮件的传递是依靠 SMTP 进行的，即服务器之间的邮件的传送主要由 SMTP 负责。当用户主机发送电子邮件时，首先使用 SMTP 将邮件发送到本地的 SMTP 服务器上，该服务器再将邮件发送到 Internet 上。因此，用户计算机上需要填写 SMTP 服务器的域名或 IP 地址，例如，新浪的 smtp.vip.sina.com。

④ POP3：邮件代理协议(Post Office Protocol)，由于目前的版本为 POP 第 3 版，因此又称为 POP3。POP3 主要负责接收邮件，当用户计算机与邮件服务器连通时，它负责将电子邮件服务器邮箱中的邮件直接传递到用户的本地计算机上。因此，用户计算机上需要填写 POP3 服务器的域名或 IP 地址，例如，新浪的 pop3.vip.sina.com。

⑤ FTP：文件传输协议(File Transfer Protocol)使用默认端口 20/21。用于实现 Internet 中交互式文件传输的功能。FTP 为文件的传输提供了途径，它允许将数据从一台主机上传输到另一台主机上，也可以从 FTP 服务器上下载文件，或者是向 FTP 服务器上传文件。

(2) 依赖于无连接的 UDP 的应用层协议。

① SNMP：简单网络管理协议(Simple Network Management Protocol)使用默认端口 161，用于管理与监控网络设备。

② TFTP：它使用默认端口 69，提供单纯的文件传输服务功能。

③ RPC：它使用默认端口 111，实现远程过程的调用功能。

(3) 既依赖于 TCP 又依赖于 UDP 的应用层协议。

① DNS：域名系统(Domain Name System)服务协议使用默认端口 53，用于实现网络设备名字到 IP 地址映射的网络服务功能。

② CMOT：通用管理信息协议。

（4）非标准化协议。

非标准化协议指属于用户自己开发的专用应用程序，它们建立在TCP/IP协议簇基础之上，但无法标准化的程序。例如，Windows Sockets API为使用TCP和UDP的软件提供了Microsoft Windows下的标准应用程序接口，在Windows Sockets API上的应用软件可以在TCP/IP的许多版本上运行。

1.4 TCP/IP网络中的地址

在使用TCP/IP的网络中，使用的有IP地址和域名地址两种。本章仅介绍IP地址，域名地址是一种更高级的地址形式，将在后面进行介绍。

1.4.1 网络中地址的基本概念

在Internet中，会为每台计算机或设备分配一个IP地址。IP地址可以在因特网中唯一地标识这台主机，因此，也称为Internet地址。目前，根据使用的协议的版本不同，IP地址又分为IPv4和IPv6两种。

1. 网络中地址的含义

在网络中，地址被用来标识网络中的各种对象，因此又称为“标识符”。标识符有3类，即名字(name)、地址(address)和路由(route，路径)；它们分别告诉人们：对象是什么、去何处，以及怎样去寻找该对象。

2. 物理地址和逻辑地址

网络中的地址还可以按物理地址和逻辑地址进行分类。一般地，前者由硬件来处理，后者由软件来处理；通常前者是固定不变的，后者是可以变化的。

1）物理地址(Physical Address)

在任何一个物理网络中，各个站点的机器必须都有一个可以识别的唯一地址，才能使信息在其中进行交换，这个地址称为物理地址。在局域网中，物理地址体现在数据链路层，物理地址也称为“硬件地址”或“媒体访问控制地址”，即MAC地址。MAC地址通常被固化在网卡中，在网络中它是唯一的，一般用12个十六进制数字表示，总共48b二进制数位，例如，某主机网卡的MAC地址为00-51-20-DF-A0-81。

2）逻辑地址(Logic Address)

逻辑地址是指用户程序中使用的地址。通常网络层的IP地址、传输层的端口号，以及应用层的主机名等都称为逻辑地址，其中IP地址是最常用的逻辑地址。

IP提供了一种全网统一的地址格式。在统一方式的管理下进行地址的分配，从而保证了一个地址对应一台主机(包括路由器或网关)。这样，物理地址的差异就被IP层所屏蔽。这个地址就是Internet上使用的地址，简称为“IP地址”。

1.4.2 IPv4

IPv4 是指当前广泛使用的协议，即互联网协议（Internet Protocol，IP）的第 4 版，它是奠定互联网技术的基石。Jon Postel 于 1981 年，在 RFC791 中定义了 IPv4 中使用的地址为 IPv4 地址，以下简称 IP 地址。

1. IP 地址的表示

在使用 TCP/IP IPv4 的网络中，每台 TCP/IP 主机都必须分配一个唯一的地址，即 IP 地址。在 IPv4 中，IP 地址表示为 32b 二进制数，分为 4 段；每段用 8b；书写时为 4 段，如 W. X. Y. Z。由于二进制组成的 IP 地址不便理解和记忆，因此，在 Internet 中采用了“点分十进制”的表示方法，即每段的 8b 二进制表示为一个十进制数（取值 1～255），段与段之间用圆点“.”进行分隔，如 192.168.0.1。

2. IP 地址的结构

Internet 是使用 TCP/IP，通过 IP 路由器或网关等设备，将各种物理网络互联而成的虚拟网络。在 Internet 中，每一台计算机（主机）都有一个唯一的 IP 地址。这个 IP 地址在网络中的作用就像住户的地址，根据这个 IP 地址，可以找到该计算机所在网络的编号，以及其在该网络上的主机编号。IP 地址的结构如图 1-4 所示。每一个 IP 地址都由两部分组成，即网络地址（网络 ID 或网络编号）和主机地址（主机 ID 或主机编号）。在 IP 地址的网络地址中的前几位为 LB，它代表地址的类别。

图 1-4 TCP/IP 网络中 IP 地址的结构

1）网络地址

网络地址也称为网络编号、网络 ID 或网络标识。网络地址用于辨认网络，同一网络上的所有 TCP/IP 主机的网络地址都相同。

2）主机地址

主机地址也称为主机 ID、主机编号或主机标识，它用于辨认网络中的主机。

3. IP 地址的类别

每台运行 TCP/IP 主机的 IP 地址必须唯一，否则就会发生 IP 地址的冲突，导致计算机之间不能很好通信。根据网络的大小，Internet 委员会定义了 5 种标准的 IP 地址类型，以适应不同规模的网络。在局域网中仍沿用这个分类方法，5 类地址的格式如图 1-5 所示。

1）A 类地址

A 类地址分配给拥有大量主机的网络。A 类地址的 W 字段内高端的第 1 位（位）为 LB，其值总为 0，接下来的 7 位表示网络 ID。剩余的 24 位（即 X、Y、Z 字段）表示主机编

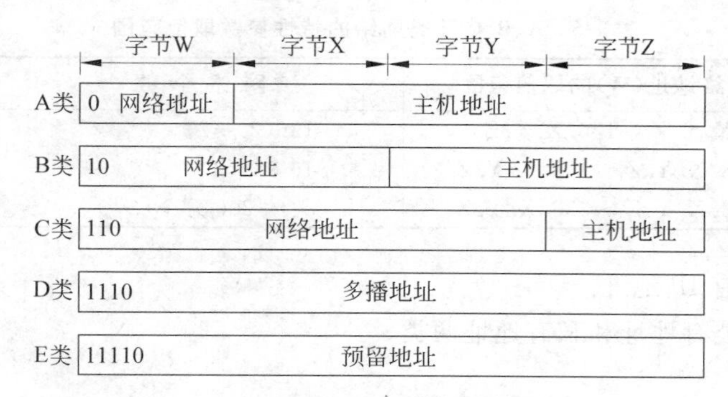

图 1-5　IP 地址的分类结构

号。A 类网络有 126 个，每个网络有大约 1700 万个主机。

2) B 类地址

B 类地址一般分配给中等规模的网络。B 类地址的 W 字段内的高端的前 2 位为 LB，其值为 10，接下来的 14 位表示网络 ID。其余的 16 位(即 Y、Z 字段)表示主机编号。B 类网络有 16 384 个，每个网络有大约 65 000 个主机。

3) C 类地址

C 类地址一般分配给小规模的网络。C 类地址的 W 字段内的高端的前 3 位为 LB，其值为 110，接下来的 21 位表示网络地址(ID)。其余的 8 位(即 Z 字段)表示主机编号。C 类网络约有 200 万个，每个网络有 254 个主机。IP 地址的类型定义了网络地址(ID)使用哪些位，主机编号(ID)使用哪些位，同时也定义了每类网络中包含的网络数目和每类网络中可能包含的主机数目。

4) D 类地址

D 类地址的 W 字段内的高端的前 4 位为 LB，其值为 1110。D 类地址用于多播，多播就是把数据同时发送给一组主机，只有那些登记过可以接收多播地址的主机才能接收多播数据包。D 类地址的范围是 224.0.0.0～239.255.255.255。

5) E 类地址

E 类地址的 W 字段内的高端的前 4 位为 LB，其值为 11110。E 类地址是为将来预留的，也可以作为实验目的，但是不能分配给主机使用。D 类地址的范围是 240.0.0.0～247.255.255.254。

说明：表 1-5、表 1-6 表明了 A、B、C 类 IP 地址的定义、网络地址和主机编号字段的取值范围。在 Internet 中，标准 IP 地址的使用和分配由专门机构管理，但局域网中却不必受这些规定的约束。

表 1-5　网络类别、网络地址和主机编号字段的取值范围

网络类别	IP 地址	网络地址	主机编号	网络地址中 W 的取值范围	主机近似个数
A	W.X.Y.Z	W	X.Y.Z	1～126	1700 万左右
B	W.X.Y.Z	W.X	Y.Z	128～191	65 000
C	W.X.Y.Z	W.X.Y	Z	192～223	254

表 1-6 A、B、C 三类网络的特性参数取值范围

网络类别	网络地址(W)的取值范围	网络个数	主机个数
A	1.X.Y.Z ～126.X.Y.Z	126(2^7-2)	$2^{24}-2$
B	128.X.Y.Z ～191.X.Y.Z	16 384(2^{14})	$2^{16}-2$
C	192.X.Y.Z ～223.X.Y.Z	大约 200 万个(2^{21})	2^8-2

6) 私有和公有 IP 地址

IP 地址分为公有地址和私有地址两类。

(1) 公有地址。

为了确保 IP 地址在全球的唯一性，在 Internet(公网)中使用 IP 地址前，必须先到指定的机构 InterNIC(Internet 网络信息中心)去申请。申请到的通常是网络的 IP 地址，其中的主机地址通常由该网络的管理员进行管理。“公有地址”是指可以在 Internet 中使用的 IP 地址；因此，使用公有地址的网络称为公有网络。

(2) 私有地址。

在 Internet 上无效，只能在内部网络中使用的 IP 地址被称为“私有地址”。为此，使用私有地址的网络称为“私有网络”。私有网络中的主机，只能在私有网络的内部进行通信，而不能与 Internet 上的其他网络或主机进行通信或互连。但是，私有网络中的主机可以通过路由器或代理服务器的“代理”与 Internet 上的主机通信。通过路由器或独立服务器提供的私有地址与公有地址之间的自动转换服务，私有网络中的主机既可以访问公网上的主机，也可以有效地保证私有网络的安全。

InterNIC 在 IP 地址中专门保留了 3 个区域作为私有地址，这些地址的范围如下。

① 10.0.0.0/8：8 表示 32b 二进制中的前 8b 是网络地址，IP 地址的范围是 10.0.0.0～10.255.255.255。

② 172.16.0.0/12：12 表示 32b 中的前 12b 是网络地址，IP 地址的范围是 172.16.0.0～172.31.255.255。

③ 192.168.0.0/16：16 表示 32b 中的前 16b 是网络地址，IP 地址的范围是 192.168.0.0～192.168.255.255。

4. IP 地址中网络地址的使用规则

无论在 Internet 上还是在局域网上，分配网络地址(即网络 ID)时，常用的 A、B 和 C 三类网络的地址取值范围参见表 1-6。配置和使用 IP 地址时，应遵循以下规则。

(1) 网络地址必须唯一。

(2) 网络地址中 W 字段的各位不能全为 1(即，十进制的 255)。255 为广播地址。

(3) 网络地址不能以 127 开头。因为 127 保留给诊断用的回送函数使用。

(4) 网络地址中 W 字段的各位不能全为 0，0 表示本地网络上的特定主机，不能传送。例如，当主机或路由器发送信息的源地址为 200.200.200.1，目的地址为 0.0.0.2 时，表示将应当发送到这个网络的 2 号主机上，即 200.200.200.2 主机会接收信息。

(5) 网络地址的各位不能全为 1，全为 1 时，仅在本网络上进行广播，各路由器均不转发。

5. IP 地址中主机地址的使用规则

(1) IP 地址中主机编号的各位不能全为 0,全为 0 表示本网络的 IP 地址,如 200.1.1.0。

(2) IP 地址中主机编号的各位不能全为 1,全为 1 用作本网的广播地址,如 200.1.1.255。

(3) 在网络地址相同时,即在同一网络中,主机地址(编号)必须唯一。

(4) 127.0.0.1 代表本地主机的 IP 地址,用于测试;因此,该地址不能分配给网络上的任何计算机使用。

1.4.3 配置 TCP/IP 的 3 个重要参数

在配置和使用 TCP/IP 或网络时,有 3 个重要参数,即 IP 地址、子网掩码和默认网关。在网络中,主机和路由器通常会配置 3 个参数,至少会配置 IP 地址和子网掩码两个参数;有时可能需要配置更多的参数,如 DNS、WINS 服务器地址等。

下面对 TCP/IP 配置的一些常用参数进行简要介绍。

1. IP 地址

在使用 TCP/IP 的网络中,IP 地址用于标识网络中的每一台计算机或设备。因此,网络中的每一台 TCP/IP 主机都被分配一个在网络上唯一的 IP 地址。

(1) 网络地址部分:用于辨认网络,同一网络上所有 TCP/IP 主机的网络地址都相同。

(2) 主机地址部分:用于辨认和标识网络中的每一个 TCP/IP 主机。

2. 子网掩码(Subnet Masks)

子网掩码具有如下两大功能。

1) 区分 IP 地址中的网络地址和主机地址

通过"目的主机"和"源主机"IP 地址中的"网络地址"部分,可以判断通信是否在同一个子网;当网络地址相同时,表示这两台主机在同一子网上,可以直接通信;反之,如果两者的网络地址不相同,则表示目的主机在另一个子网上,需要通过网络中的路由器或其他的默认网关设备进行转发。

2) 划分子网

子网掩码的另一个功能是用来划分子网,即将一个网络分为多个子网。由于从 Internet 到此网络的路径都是一样的(即申请到的 IP 地址的网络地址部分不变),因此,外界到此网络中各子网的路由都是一样的。这种情况下,外部路由将所有子网看成一个网络,而内部的路由器可以区分出不同子网的各网段。

3) 默认子网掩码的类型

在没有划分子网的 TCP/IP 网络中使用的是默认子网掩码。不同类型的网络的默认子网掩码的值是不同的,表 1-7 给出了各类网络所使用的默认子网掩码。

表 1-7　各类网络默认的子网掩码

网络类别	子网掩码(以二进制位表示)	子网掩码(以十进制表示)
A	11111111.00000000.00000000.00000000	255.0.0.0
B	11111111.11111111.00000000.00000000	255.255.0.0
C	11111111.11111111.11111111.00000000	255.255.255.0

4）子网掩码的组成、类型与应用

子网掩码与 IP 地址一样也使用 32b 二进制表示，它是由前面连续的 1 和后面连续的 0 组成。通常，子网掩码中 1 对应的 IP 地址部分是“网络地址”；0 对应的部分是“主机地址”。例如，某 A 类网络中，某主机配置的 IP 地址为 64.128.8.1，子网掩码为 255.0.0.0；因此，十进制 255 用二进制表示为 8 位 1，其所对应的 IP 地址的部分就是网络号，其值为 64；而十进制 0.0.0 表示为二进制数为 24 位 0，其对应的主机号的值为 128.8.1。

5）子网掩码的具体应用

在主机之间通信时，计算机会自动将目的主机的 IP 地址(二进制表示)与子网掩码(二进制表示)按位进行与运算。这样通过屏蔽掉 IP 地址中的一部分，区分出 IP 地址中的网络号和主机号。同时，还可以进一步区分出目的主机是在本地网络上，还是在远程网络上。

【示例 1】 源主机 64.128.8.1 向目的主机 64.128.8.2 发送信息包的过程。

(1) 将源主机 IP 地址和子网掩码转换为二进制，并进行与运算，结果如下：

64.128.8.1 →0100000 10000000 0001000 00000001
255.0.0.0 →1111111 00000000 0000000 00000000
———————————————————————
按位与运算→01000000 00000000 0000000 00000000
十进制表示的源网络的 IP 地址 → 64.0.0.0

(2) 将目的主机的 IP 地址，以及源主机的子网掩码转换为二进制，并进行与运算，结果如下：

64.128.8.2 →0100000 10000000 0001000 00000010
255.0.0.0 →1111111 00000000 0000000 00000000
———————————————————————
按位与运算→01000000 00000000 0000000 00000000
十进制表示的目的网络的 IP 地址 → 64.0.0.0

(3) 由运算结果可知，目的网络和源网络的“网络地址”是相同的；因此，判断出这两台主机位于同一个网段；可以将数据包直接发送给目的主机。

3. 默认网关(Default Gateway)或 IP 路由器

默认网关又称为 IP 路由器。

(1) 路由。路由是指数据包从一个结点传输到另一个结点的过程，它包括确定最佳路径和通过网络传输信息两个基本动作。实现路由功能的设备通常为路由器。在 TCP/

IP环境下，通过IP数据分组携带的头部信息来确定路由，从而使IP数据分组能够沿着选定的路径传送到目的IP地址指明的主机或设备处。

(2) 作用。默认网关指向本网络的出口IP地址。在远程子网或本地子网之间进行通信时，主机通过默认网关或IP路由器将数据发送给其他子网的目的主机。因此，默认网关就是发送给远程网络(目的主机)信息包的地方。

(3) 设置。在配置TCP/IP时，在不同IP子网之间通信时，必须配置默认网关。如果没有指明默认网关，则通信仅局限于本地网络。同一个网络段(包含子网段)的计算机之间可以直接通信；不同网络段中的计算机通信时，则需要通过网关或者路由器。其中，内部子网的通信通过内部网关或内部路由器；外部网络之间的计算机通信时一般通过外部路由器(或外部网关)；内部子网与外部网络之间的计算机通信时，也要通过外部路由器(或网关)。

(4) 硬件。默认网关的硬件通常为路由器、第三层交换机、代理服务器、Internet接入服务器等。其中，路由器是一种专用、智能性的网络设备。它通过读取每一个数据包(即数据分组)中的地址来决定如何传送数据包。路由器可以是专门购置的硬件设备，也可以是加装了路由软件的专用计算机。

4. DNS服务器地址

配置TCP/IP时，该地址指向提供域名服务的DNS服务器。在没有设置DNS服务器的网络中，用户只能使用IP地址访问网络资源或服务。在Intranet中，这个地址通常是本地DNS服务器的地址。当设置的首选DNS服务器没有工作时，才会指向所设置的第二个DNS服务器。接入Internet公网计算机的DNS服务器地址一般指向ISP(Internet服务商)设置的DNS服务器。

5. IP地址和子网掩码的分配与使用原则

在Internet中IP地址的分配由指定的机构进行。在局域网或Intranet内的IP地址分配可以不受限制。由上面的分析可知，无论在Internet中，还是在局域网中，为了区分网络和主机，IP地址的分配应遵循如下原则。

(1) 同一个网络内的所有主机应当分配相同的网络地址，而同一个网络内的所有主机必须分配不同的主机编号。例如，网络132.112.0.0中的A主机和B主机分别使用的IP地址为132.112.0.1和132.112.0.2。

(2) 不同网络内的主机必须分配不相同的网络地址，但是可以分配相同的主机编号。例如，不同网络132.112.0.0和152.112.0.0中的A主机和X主机的地址分别为132.112.0.1和152.112.0.1。

(3) 因为仅使用IP地址无法区分网络地址和主机编号，因此，必须结合子网掩码一起使用。否则，上例中的132.112.0.1，在局域网中可以认为其网络地址为132，也可以认为是132.112；而在Internet上其网络地址只能是132.112。

(4) 未划分子网的TCP/IP网络，通常使用默认的子网掩码；在划分了子网的网络中使用包含子网号的非默认的子网掩码，例如，C类网络中使用了255.255.255.192的子网掩码。

1.4.4 TCP/IP 的两种管理方法

人们常将 TCP/IP 网络的管理说成“IP 地址管理”，其实并非只是 IP 地址的管理，而是包括了 TCP/IP 的 IP 地址、子网掩码、默认网关等多个相关参数的管理。TCP/IP 网络的管理方法主要有两类。

(1) 静态 IP 地址管理。

(2) 动态 IP 地址管理。

在这两种管理方式中，第一种方法主要用在小型 TCP/IP 网络中；第二种方法常常用在大中型网络中。正确选择和使用 TCP/IP 的管理方法，这也是网络管理员必须掌握的网络维护的重要工作内容。

1. 静态 IP 地址及 TCP/IP 的静态管理

1) 静态 IP 地址

静态 IP 地址是指为一个主机配置的 IP 地址是固定不变的，可以理解为是静态(即手工)分配的 IP 地址。

2) TCP/IP 的静态管理

TCP/IP 的静态管理是指在进行 IP 地址的规划之后，由网络管理员对网络中的每一个主机及各种网络设备(交换机、路由器或网关)进行手工配置。这些配置包括与 TCP/IP 有关的各种信息，如 IP 地址、子网掩码、默认网关地址、DNS 地址等。

3) 适用场合

在较小的局域网中，经常使用静态管理方式。配置时，网络管理员对网络中的各种设备的 TCP/IP 逐一进行手工配置。在局域网内部，所配置的 IP 地址通常没有特殊的要求；而在 Internet 上使用的静态 IP 地址，则需要先到指定机构申请才能使用。

2. 动态 IP 地址及 DHCP 的动态管理

1) 动态 IP 地址

动态 IP 地址是指由网络中的 DHCP 服务器动态分配的 IP 地址。一个使用 DHCP 服务的设备，如主机，每次入网所使用的 IP 地址可以是不同的。这是由于各主机连入网络时，会向 DHCP 服务器临时租借一个 IP 地址，用过之后还会归还给 DHCP 服务器。这种临时租借的 IP 地址，每次的值不一定相同，因此称为动态 IP 地址。

2) 动态主机配置协议(Dynamic Host Configuration Protocol，DHCP)

DHCP 是一种简化主机“IP 配置管理”的 TCP/IP 高层协议。DHCP 标准为动态管理 IP 地址、自动配置 DHCP 客户机的 TCP/IP 参数提供了有效的管理手段。

3) TCP/IP 的动态管理

当网络中主机数目较多时，为了方便管理，网络中通常配置有一个或多个 DHCP(动态主机配置协议)服务器。它们负责为网络中的客户机提供动态的 IP 地址，并对 TCP/IP 有关的各种配置信息进行统一管理。因此，在 Internet 上，各 ISP(Internet 服务商)向用户提供服务时，除了提供给用户主机一个动态 IP 地址外，还会同时提供其他各种有关的信息。这种由管理员配置的 DHCP 服务器，为网络客户自动提供配置信息服务的方式就是 TCP/IP 的动态管理。

4）适用场合

适用于具有较多主机的场合，例如，大中型局域网，以及各 ISP 等，都无一例外地使用了 TCP/IP 的动态管理。此时，只要在客户机上选择了“自动获得 IP 地址”和“自动获得 DNS 服务器地址”选项，客户机就可以自动获得 TCP/IP 配置所需要的各种信息。此外，还适用于主机数量较多，但是所获得的静态 IP 地址数量不够多的场合。在一些 Intranet 或 ISP 站点中，由于 IP 地址紧缺，经常只能获得少于网络结点数目的 IP 地址，例如，一个具有 1000 个结点的网络，仅获得一个 C 类网络地址，如果使用静态 IP 地址管理的话，最多只能配置 254 个结点。但是，网络中的 1000 个结点并非同时工作，因此，如果同时工作的结点最大数目不超过 254 个，则使用 DHCP 服务是解决这个问题的最佳途径。

在使用 TCP/IP 的网络上是利用 IP 地址来表示网络中的每台计算机的。为此，网络中每一台使用 TCP/IP 的主机都必须分配一个唯一的 IP 地址及其他相关参数。因此，作为管理员应当对 TCP/IP 的两种管理方式的操作都十分熟悉；而作为一般用户，对两种管理方法也应有所了解，如从 ISP 处得到的 IP 地址大都是 DHCP 服务器提供的。

1.4.5 IPv6

IPv6 是互联网协议的第 6 版，最初它被称为互联网新一代网际协议。目前，正式广泛使用的 IPv6 是互联网新一代网际协议 IPv6 的第 2 版。IPv6 的设计更加适应当前 Internet 的结构，它克服了 IPv4 的局限性，不但提供了更多的 IP 地址空间，还提高了协议的效率与安全性。

1. 解决 IPv4 地址耗尽的技术措施

为了解决 IPv4 地址即将耗尽的问题，人们采取了 3 种主要措施。

(1) 采用无类别编址(CIDR)，使现有的 IPv4 地址的分配与管理更加合理。

(2) 采用 NAT (网络地址转换)方法，以节省全球 IP 地址资源，即在局域网内部使用不受限制的私有地址，接入 Internet 时，再转换为在 Internet 上是有效的公有地址。

(3) 放弃 IPv4，采用具有更大地址空间的新版本 IPv6。

2. IPv6 的主要功能和特征

1）增加 IP 地址的长度与数量

IPv6 地址从现在 IPv4 的 32b 增大到 128b，使得 IP 地址的空间增大了 296 倍。由于 IPv6 采用了 128b 的二进制(16B)的地址，因此，理论上可以使用有 $2^{128} \approx 10^{40}$ 个不同的 IP 地址。

2）技术改善与功能扩充

(1) 改变的协议报头。改善后的 IPv6 报头可以加快路由器的处理速度。

(2) 更加有效的地址结构。IPv6 的地址结构的划分，使其更加适应 Internet 的路由层次与现代 Internet 网络的结构特点。

(3) 利于管理。IPv6 支持地址的自动配置,因此,简化了使用,提高了管理效率。

(4) 安全性。IPv6 增强了网络的安全性能。

(5) 良好的兼容性。IPv6 可以与 IPv4 向下兼容。

(6) 内置安全性。IPv6 支持 IPSec 协议,为网络安全性提供了一种标准的解决方案。

(7) 协议更加简洁。ICMPv6 具备了 ICMPv4 的所有基本功能,合并了 ICMP、IGMP 与 ARP 等多个协议的功能,使协议体系变得更加简洁。

(8) 可扩展性。协议添加新的扩展协议头,可以很方便地实现功能的扩展。

3. IPv6 的冒号十六进制(Colon Hexadecimal)表示法

RFC 2373 对 IPv6 地址空间结构与地址基本表示方法进行了定义,其中 RFC 是与 Internet 相关标准密切相关的文档。

1) IPv6 地址的"冒号十六进制"完整表示形式

如前所述,IPv4 的地址长度为 32b。书写 IPv4 时采用了点分十进制表示方法,例如,8.1.64.128。对于长度为 128b 的 IPv6 地址,考虑 IPv6 地址的长度是原来的 4 倍,RFC 1884 规定的标准语法建议把 IPv6 地址的 128b(16B)采用冒号十六进制的表示方法,例如,3FFE:3201:1401:0001:0280:C8FF:FE4D:DB39,即采用了 8 个十六进制的无符号整数位段,每个整数用 4b 十六进制数表示;位段之间用冒号":"分隔。

【示例 2】 将二进制格式表示的 128b 的 IPv6 地址表示为"冒号十六进制"形式。

(1) 二进制表示。

00100001110110100000000000000000　00000000000000000000000000000000
00000010101010100000000000001111　11111110000010001001110001011010

(2) 十六进制完整表示。

① 分段。首先将 128b 的 IPv6 地址划分为每段 16b 二进制的 8 个位段,结果如下:

0010000111011010　0000000000000000
0000000000000000　0000000000000000
0000001010101010　0000000000001111
1111111000001000　1001110001011010

② 完整表示。

21DA:0000:0000:0000:02AA:000F:FE08:9C5A

2) IPv6 地址表示为"冒号十六进制"前导零压缩形式

【示例 3】 将示例 1 表示为"冒号十六进制"的前导零压缩形式。

结果:21DA:0:0:0:02AA:000F:FE08:9C5A

3) IPv6 地址为"冒号十六进制"双冒号压缩形式

IPv6 规定可以用符号"::"表示一系列的 0,其规则是如果 IPv6 地址的几个连续位段的值为 0,则可以简写用"::"替代这些 0。

【示例 4】 将示例 2 的数据表示为"冒号十六进制"双冒号压缩形式。

结果:21DA::02AA:000F:FE08:9C5A

【示例 5】 将 1080::8800:200C:417A:0:A00:1 地址写为"冒号十六进制"的完整形式。

结果:1080:0000:8800:200C:417A:0000:0A00:0001

4) IPv6 地址表示时需要注意的几个问题

(1) 在使用零压缩法时,不能把一个位段内部的有效 0 也压缩掉,例如,不能将 FF08:80:0:0:0:0:0:5 简写为 FF8:8::5。

(2) "::"双冒号在 IPv6 地址中只能出现一次,例如,地址 0:0:0:2AA:12:0:0:0 不能表示为::2AA:12::。

4. IPv4 到 IPv6 的过渡

1) 双协议栈

在完全过渡到 IPv6 之前,使一部分主机和路由器装有两个协议,即 IPv4 和 IPv6。

2) 隧道技术

在 IPv4 区域中打通了一个 IPv6 隧道来传输 IPv6 数据分组。

1.5 域名系统

在 Internet 或 Intranet 环境中,为了进行通信必须知道各自计算机的地址,但那些枯燥且无意义的 IP 地址是很难记住的。为了使用 Internet 或 Intranet 上的各种资源,又必须使计算机能够识别 IP 地址或计算机的物理地址。人们通过 DNS 服务系统解决这些问题。在使用 Internet 技术的网络中,计算机依赖 DNS 系统实现对网络中各种对象的访问。

1. 域名系统(Domain Name System,DNS)的作用与组成

DNS 服务器是使用 Internet 技术的各种网络中最重要的一个服务器,也是各种企业 Intranet 网络中最基本的一个服务器。

(1) 工作原理。DNS 按照 C/S 模式工作,因此,DNS 系统是由提供服务的 DNS 服务器程序和使用服务的 DNS 客户机程序两个基本部分组成。

(2) 作用。在 TCP/IP 网络中,IP 地址唯一定位了资源所在的计算机,因此,通过主机的 IP 地址,才能找到主机,实现彼此的通信。由于 IP 地址枯燥难记,人们习惯使用那些容易记忆的主机域名。因而,发明了 DNS 服务器,解决了容易记忆的主机域名与 IP 地址的自动翻译工作。DNS 为用户提供从主机名到 IP 地址的解析,正因为如此也为 Internet、Intranet 和 Extranet 网带来了额外的时延和流量。

(3) 组成。在互联网中,域名系统包括分布在世界各地的 DNS 服务器和客户机。当前,在 Internet、Intranet、Extranet 中,一般都会配置有 DNS 服务器。这样,当用户在 DNS 客户机中,才能够使用主机域名而不是 IP 地址来访问各种资源和服务,例如,在企业内联网的某台主机的浏览器输入某网站的地址 http://www.sxhnet.edu 后,该客户机中指定的 DNS 服务器就会自动将其解析为网站对应的 IP 地址,并定位到该网站。

(4) 协议。DNS 协议运行在传输层的 UDP 之上,使用的默认端口号是 53。

2. 域名(Domain Name,DN)的基本知识

1) 为什么要使用域名

在 DNS 系统中,用域名表示站点主机的名字。域名又称为主机域名、主机标识符或主机名。主机域名是一种更高级的地址形式,如 www. sina. com 或 www. sohu. com 等;也是 Internet 网络中最多的一种逻辑地址。采用域名的原因是由于数字型的 IP 地址很难记忆,而主机域名具有直观、明了、容易记忆、由有规律的字符串组成等特点。因此,在使用 Internet 技术的网络中,广泛地使用了主机域名来代表网络上主机的 IP 地址。

2) DNS 中的 DN 的组成

完整的 DNS 名字由不超过 255 个英文字符组成。在 DNS 的域名系统中,每一层的名字都不得超过 63 个字符,而且在其所在的层必须唯一。这样,才能保证整个域名,在世界范围内不会重复。

3) 完全合格的域名(Full Qualified Domain Name,FQDN)

在 Intranet 内部使用的域名,只要符合规定即可称为 FQDN;而在 Internet 中使用的域名,必须是符合规定,并经过申请的域名,因此,FQDN 有时也称为"授权域名"。

3. Internet 的域名管理机构

管理员应当了解使用和申请域名时的国际和国内域名管理结构的名称及职责。

1) Internet 的国际域名管理机构

InterNIC 是 Internet 国际域名的管理机构。

2) Internet 的中国域名管理机构

CNNIC 是中国的 Internet 的域名管理机构。CNNIC 的主要业务之一是进行域名的注册服务,CNNIC 对域名的管理严格遵循《中国互联网络域名注册暂行管理办法》和《中国互联网络域名注册实施细则》的规定。CNNIC 是一个非盈利性管理和服务机构,负责对我国互联网络的发展、方针、政策及管理提出建议,协助国务院信息办实施对中国互联网络的管理。

4. DNS 名称的树状组织及域名空间结构

在 Internet 或 Intranet 上整个域名系统数据库类似于计算机中文件系统的结构。整个数据库仿佛是一棵倒立的树,如图 1-6 所示。该树状结构表示出整个域名空间。

1) DNS 名称的树状组织结构及表示

DNS 的域名称空间从上至下分为 5 级,分别是根域、顶级域、二级域、子域和主机(资源)名称。图 1-6 所示"域树"的顶部为"根域";树中的每一个结点只能代表整个 DNS 数据库中的某一部分,即域名系统中的某个区域;每一个域结点还可以进一步划分出"子域"或"结点";每个分支的最后一级是叶结点。叶结点不能再创建其他的结点。每一个结点都有一个域名,用于定义它在域名数据库中的位置。

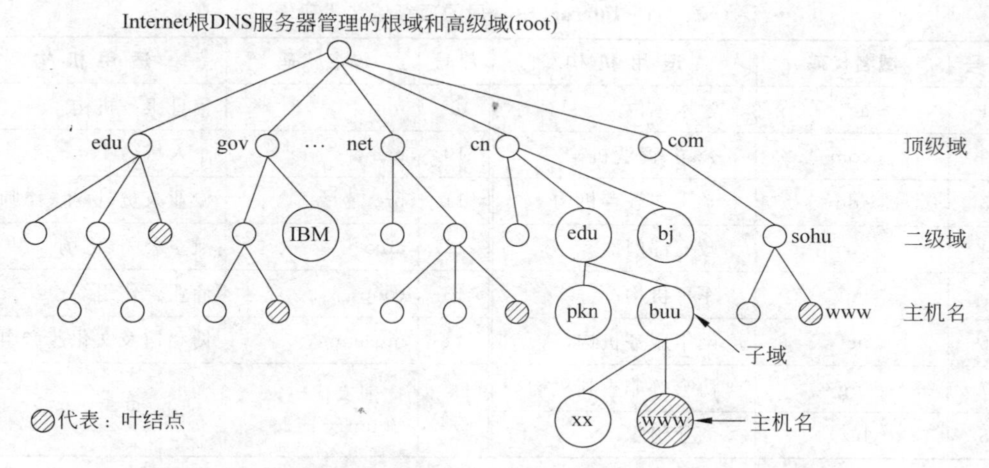

图 1-6　Internet 的 DNS 层次型域名称空间树状结构示意图

在域名系统中，任何一个连接到 Internet 的主机或路由器，都有一个唯一的层次结构的名字，即 FQDN(完全合格域名)。书写时，从上到下直到叶结点，按照从左至右的顺序进行书写，如图 1-6 域树中的 www. buu. edu. cn 就是北京联合大学 WWW 服务器主机的完整域名。从树状结构图上看，是从叶结点开始依次向上直到根的所有标记组成的串，标记之间由"."分隔开。总之，FQDN 是从主机名向上直到根的所有标记组成的串，标记之间由"."分隔开。

2) 根域(root)

根域位于图 1-6 所示的域树结构的顶部。它代表整个 Internet 或 Intranet，根名也可以表示为空标记，但在文本格式中被写成"."；根域是未命名的级别。在 Internet 中，根域包括 13 个根域 DNS 服务器，用来管理 Internet 的根和最高域。实际上，根域由多个组织机构进行管理，其中最著名的有 Inter NIC，它是"Internet 网络信息中心"的英文缩写。Inter NIC 负责整个域名空间和域名登录的授权管理，它由分布在各地的分支机构组成，例如，在中国负责域名管理的机构为 CNNIC。

3) 顶级域(一级域)

位于根域下面的第一级域名称为顶级域名，如 com、edu、gov、cn 等。顶级域由多个组织机构组成，包含多台 DNS 服务器，分别进行管理。负责一级域名管理的组织机构是 IAHC(Internet 国际特别委员会)。IAHC 在全世界 7 个大区，选择不超过 28 个的注册中心来接受通用型顶级域名的注册与申请工作。早期的顶级域名有 7 类，分别是 ac、com、edu、mil、net、gov、org；后来，由于域名资源日趋枯竭，因此，于 2000 年 11 月又增加了 7 个类别，即 biz、info、name、pro、areo、coop、musem，如表 1-8 所示。

说明：如果按照地理模式，美国的所有主机应当归入顶级域名的 US 域中；但是，实际上，美国的很多组织不使用顶级域名，其定义的顶级域名与其他国家的二级域名相仿。

4) 组织模式

组织模式是按组织管理的层次结构划分所产生的组织型域名，由 3 个字母组成。

表 1-8　Internet 中常用的顶级域名代码表

序号	域名代码	适 用 机 构	序号	域名代码	适 用 机 构
1	ac	学术单位	9	info	信息服务机构
2	com	公司、商业机构	10	name	个人域名
3	edu	学术与教育机构	11	pro	专业人员(医生、律师)
4	gov	政府部门	12	areo	航空公司、机场
5	mil	军事机构	13	coop	商业合作组织
6	net	网络服务机构	14	museum	博物馆及文化遗产组织
7	org	协会等非盈利机构	15	＜国家代码，Country code＞	cn、de，见表 1-9
8	biz	商业组织			

5）地理模式

在通用的顶级域名代码表中，第 15 个域名对应于地理模式。地理模式就是根据国家的类别而所产生的地理区域型域名。这类域名是世界各国的名称，规定由两个字母组成，其大小写字母等价，如 CN、cn 均代表中国，参见表 1-9。

表 1-9　顶级域名中的国家或地区的部分代码

地区代码	国家或地区	地区代码	国家或地区	地区代码	国家或地区	地区代码	国家或地区
AR	阿根廷	EG	埃及	IT	意大利	RU	俄罗斯
AU	澳大利亚	FI	苏兰	JP	日本	SG	新加坡
AT	奥地利	FR	法国	KR	韩国	ZA	南非
BE	比利时	DE	德国	MO	中国澳门	ES	西班牙
BR	巴西	GR	希腊	MY	马来西亚	SE	瑞典
CA	加拿大	HK	中国香港	MX	墨西哥	CH	瑞士
CL	智利	ID	印度尼西亚	NL	荷兰	TW	中国台湾
CN	中国	IE	爱尔兰	NZ	新西兰	TH	泰国
CU	古巴	IL	以色列	NO	挪威	UK	英国
DK	丹麦	IN	印度	PT	葡萄牙	US	美国

6）二级域

顶级域名下面细化为多个二级域。它由分布在各地的 Inter NIC 子机构负责管理。二级域名是长度由不定的字符组成，但名字必须唯一。因此，在 Internet 中，使用二级域之前，必须向 Inter NIC 的子机构注册。例如，用户需要使用顶级域名 cn 下面的二级域名时，就应当向中国的域名管理机构 CNNIC 提出申请，如 cn 下的二级域，可以是 edu(教育)、net(网络)、com(商业机构)等按照组织形式表示的域名，也可以根据国家内的各省所对应的地理区域型域名，如 bj(北京)、hb(河北)等。

由此可见，第二级域名的名字空间的划分是基于“组名”(Group Name)的，它在各个网点内，又分出了若干个“管理组”(Administrative Group)，如 edu. cn 是中国的教育机构向 CNNIC 申请到的。

7）子域

三级及以下的域名都被称为“子域”，通常由已登记注册的二级域名的单位来创建和指派。该单位可以在申请到的组名下面添加子域，子域下面还可以划分任意多个低层子域，如edu.cn中的tsinghua、buu，因此，这些子域的名称称为“本地名”，如buu.edu.cn是由edu.cn指派的；www.buu.edu.cn是由buu.edu.cn指派的。

8）主机或资源名

主机或资源名称是DNS目录树中的叶结点（叶结点是指不能再创建其他结点的结点），它用来标识特定主机或资源的名称，在DNS服务器中它用于定位主机的IP地址。

9）域名应用中的注意事项

（1）虽说每个子域内部的名称是可以随便设置的；然而，在Internet或Intranet中的5级或5级以上的主机域名是很少见的，记忆起来也不太方便。建议不要采用。

（2）需要在Internet上使用的主机域名，需要事先到指定机构去申请，如CNNIC。

（3）Intranet是企业内联网，因此，其内部使用的域名是不受约束的；如图1-6所示的北京联合大学网站的完整域名是www.buu.edu.cn，自右向左的顶级域名是cn，代表中国；二级域名是edu，代表教育机构；三级域名是buu，它作为edu的一个子域，表示北京联合大学；而最后的主机名（叶结点）www，则代表了北京联合大学的Web网站。假定该主机对应的IP地址是202.204.224.4，那么在Internet上，访问该主机时，既可以使用上述的完整域名，也可以使用它的IP地址。

5. DNS系统的工作过程

（1）客户机。用户通过客户机上的程序，如在IE浏览器中输入http://www.sohu.com，提出服务请求，该请求会被提交给客户机指定的首选DNS服务器。之后，DNS服务器会将请求的结果www.sohu.com主机对应的IP地址返回给浏览器。

（2）服务器。DNS本地服务器会接受客户机提出查询请求，并返回查询结果。

6. DNS服务器应具有的基本功能

为了完成DNS客户机的服务请求工作，DNS服务器必须具有以下基本功能。

（1）具有保存“主机”（即网络上的计算机）对应“IP”地址的数据库，即管理一个或多个区域（Zone）的数据。

（2）能够接受DNS客户机提出的“主机域名”对应IP地址的查询请求。

（3）查询所请求的数据，若不在本服务器中，能够自动向其他“DNS服务器”查询。

（4）向DNS客户机提供其“主机名称”对应的IP地址的查询结果。

通常DNS客户程序在向DNS服务器申请域名解析服务时，申请的是FQDN的解析，而不是区域名称的解析。例如，对www.sina.com请求的是整个主机域名的IP地址，而不是域名sina.com所对应的IP地址。

7. FQDN与IP地址之间的解析方向

DNS系统的域名解析包括正向解析和逆向解析。

(1) 正向解析是指从主机域名到 IP 地址的解析。

(2) 逆向解析是指从 IP 地址到主机域名的解析。

例如,正向解析将用户习惯使用的域名(如 www.sina.com)解析为其对应的 IP 地址;反向解析将新浪网站的 IP 地址解析为主机域名。

DNS 系统中的正向区域存储着正向解析需要的数据,而反向区域中存储着逆向解析需要的数据。无论是 DNS 的服务器,还是客户机,以及服务器中的区域只有经过管理员配置后,才能完成 FQDN(完全合格域名)到 IP 之间的解析任务。

8. IP 地址与物理地址之间的解析方向

在 TCP/IP 网络中,IP 地址统一了各自为政的物理地址;这种统一仅表现在自 IP 层以上使用了统一形式的 IP 地址;然而,这种统一并非取消了设备实际的物理地址,而是将其隐藏起来。因此,在使用 Internet 技术的网络中必然存在两种地址,即 IP 地址和各种物理网络的物理地址。若想把这两种地址统一起来,就必须建立两者之间的映射关系。

(1) 正向地址解析是指从 IP 地址到物理地址(如 MAC 地址)之间的解析。在 TCP/IP 网络中,由正向地址解析协议(ARP)自动完成正向地址的解析任务。

(2) 逆向地址解析是指从物理地址(如 MAC 地址)到 IP 地址的解析。在 TCP/IP 网络中,由逆向地址解析协议(RARP)自动完成逆向地址的解析任务。

9. 两级地址解析的实现

Internet 利用 DNS 的地址解析功能将用户使用的主机域名的地址,先解析为 IP 地址,再解析为目的主机最终的物理地址,中间经历了如下两层地址解析工作。

(1) IP 地址与主机域名间的解析。当 TCP/IP 与 DNS 系统均设置完成后,主机域名与 IP 地址之间的转换即可自动完成。

(2) 物理地址与 IP 地址间的解析。只要设置了 TCP/IP,系统就可以自动实现 IP 地址与物理地址之间的转换工作。

习题

1. 中国有哪些主要骨干网络? 写出国际带宽位列前 3 位的骨干网名称。
2. 什么是 Internet? 其主要技术特点是什么? Internet 的中外管理机构是什么?
3. 根据最新统计数据,写出中国 Internet 应用位列前 5 位的名称和服务内容。
4. Internet 提供的主要资源、应用有哪些? 传统的五大基本服务是指哪些服务?
5. 我国的某单位需要申请 IP 地址和域名,应当向谁提出申请?
6. OSI 参考模型包括哪些层次? 每个层次表示的功能是什么?
7. OSI 参考模型每一层传输的数据单元是什么? 处理的地址是什么?
8. TCP/IP 参考模型分为几层? 各层的功能如何? 各层包含的主要协议有哪些?
9. 什么是端口号? 什么是全局端口号? 什么是套接字? 它们的取值范围是多少?
10. 什么是 IP 地址? 它包含哪两个主要部分,每个部分的使用规则是什么? 结合

Internet 上的 IP 地址 130.8.4.2 进行分析、说明。

11. 解决 IPv4 地址耗尽的技术措施有哪些？为什么要使用 IPv6？

12. IPv4 与 IPv6 在 IP 地址的表示上有什么区别？

13. 请登录 http://www.cnnic.cn 下载最新版的《中国互联网络发展状况统计报告》，并查询出 IPv4 和 IPv6 地址的申请步骤。

14. 将 IPv6 地址 FF8:6::6 写成 IPv6 地址的完整形式。

15. 将 IPv6 地址 0:0:0:6CA:86:0:0:0 写成双冒号压缩方式。

16. 什么是 IP 地址、子网掩码、默认网关和首选 DNS 服务器地址？

17. TCP/IP 网络有哪两种主要管理方法？它们各自适用于什么场合？

18. 如果通信只局限在局域网内部，至少应当配置 TCP/IP 的哪几个参数？

19. 在局域网内部和 Internet 中 IP 地址的使用是否一样？如果不一样，请说明理由。

20. 什么是公有地址和私有地址？写出私有地址的使用范围。

21. 完整的 DNS 名字最多可以由多少字符组成？

22. 什么是 DNS 系统？它在网络中起什么作用？DNS 服务器应具有哪些基本功能？

23. FQDN 与 IP 地址之间的解析方向有哪两种？分别由谁，完成什么解析功能？

24. IP 地址与物理地址的解析方向有哪两种？分别由谁，完成什么解析功能？

25. 写出域名 www.sina.com.cn 中各级域和子域的名称和含义。

第 2 章　局域网与 Intranet

局域网是应用最多的一种网络，也是最基本的网络类型。它是很多用户接入 Internet 的平台，也是提供用户通过智能终端接入互联网的主要渠道。那么，局域网和 Intranet 是如何组成的？其硬件结构和工作模式是什么样的？如何组建小型的办公室或家庭网络？如何使用检测命令判断网络的工作状态？这些都是本章要解决的问题。

本章内容与要求

- 掌握：局域网的硬件和软件组成。
- 了解：局域网与 Intranet 的关系。
- 掌握：P2P、C/S、B/S 网络模式的特点与结构。
- 了解：中小型 Intranet 网络建设流程。
- 掌握：组建小型工作组网络的技术。
- 掌握：常用的网络测试命令。

2.1　局域网与 Intranet 的关系

局域网和 Intranet 密切相关，现在的局域网很多都是 Intranet 网络，因此我们应当知道这两者的关系与区别。

2.1.1　局域网的组成

局域网可以划分为网络软件系统和硬件系统两大组成部分，各部分的组成如下。

1. 局域网的软件系统

局域网的软件系统通常包括网络操作系统、网络管理软件和网络应用软件。其中网络操作系统和网络管理软件是整个网络的核心，用来实现对网络的控制和管理，并向网络用户提供各种网络资源和服务。例如，计算机上安装的 Windows7/8、杀毒软件、数据库管理系统和 Office 2007 等。

2. 局域网的硬件系统

局域网是一种分布范围较小的计算机网络。现代局域网一般采用基于服务器的网络管理类型；局域网常采用交换式的以太网，其实际物理结构如图 2-1 中的虚线部分所示。

局域网的硬件系统通常由网络服务器、工作站（客户机）、网络适配器（网卡）、网络传输介质和网络互连设备等部分组成。

(1) 网络服务器(Server)。它是网络的服务中心，通常由一台或多台规模大、功能强

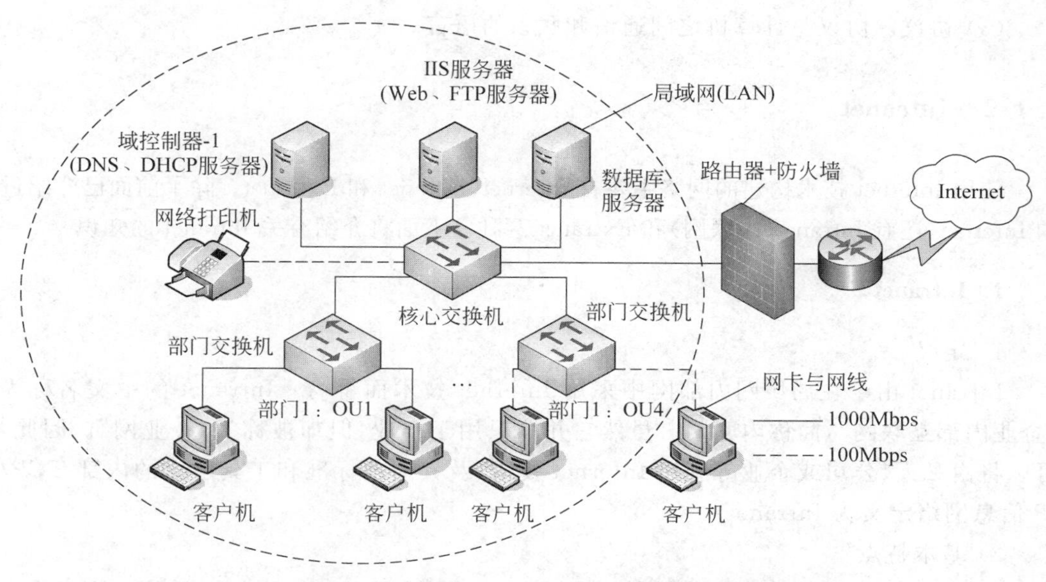

图 2-1 局域网与 Intranet 的物理组成结构图

的计算机担任，它们可以同时为网络上的多个计算机或用户提供服务。服务器可以具有多个 CPU，因此，具有高速处理能力；并配置有大容量内存，以及有快速存储能力的、大容量存储空间的外存，如磁盘或光盘存储器。局域网中常见的服务器有域控制器、数据库、应用程序（Web、FTP）、DNS、DHCP、打印和邮件等管理功能各不相同的服务器。

（2）工作站（Workstation）。连接到网络上的用户使用的各种终端（如计算机等）都可以称为网络工作站，其功能通常比服务器弱。网络用户（客户）通过工作站中的各种客户端程序来使用服务器提供的各种服务与资源，网络工作站也称为客户机。当前，很多用户会通过其智能手机或 PAD（平板电脑）经局域网路由器提供的 Wi-Fi 功能接入 Internet 或局域网。

（3）网络适配器（Network Adapter）。简称为“网卡”，它是实现网络连接的接口电路板。各种服务器或者工作站都必须安装网卡，才能实现网络通信或者资源共享。在局域网中，网卡是通信子网的主要部件；常用的有有线网卡和无线网卡两种。

（4）网络传输介质。简称为“网线”，它是实现网络物理连接的线路，它可以是各种有线或无线传输介质，如双绞线、同轴电缆、光纤、微波、红外线等及其相应的配件。

（5）网络连接与互连设备。除了上述部件外，其余的网络连接设备还有很多，如收发器、中继器、集线器、网桥、交换机、路由器和网关等。这些连接与互连的设备被网络上的多个结点共享，因此也称为网络共享部件（设备）。各种网络应根据自身功能的要求来确定这些设备的配置。

3. 局域网中的其他组件

（1）网络资源。在网络上任何用户可以获得的东西，均可以称为资源。例如，打印机、扫描仪、数据、应用程序、系统软件和信息等都是资源。

（2）用户。任何使用客户机访问网络资源的人。

(3) 协议。协议是计算机之间通信和联系的语言。

2.1.2 Intranet

使用 Internet 技术构建的网络主要有 Internet、Intranet 和 Extranet。除了前面已介绍过的 Internet,还有 Intranet(内联网)和 Extranet 两种。下面将介绍有关 Intranet 的知识。

1. Intranet

1) 定义

Intranet 由于在局域网内部网中采用 Internet 技术而得名。Intranet 的中文名称为“企业内部互联网”,简称内联网。虽然它并非只用于企业,但却被称为“企业网”。因此,可以将由私人、公司或企业等利用 Internet 技术,及其通信标准和工具建立的内部 TCP/IP 信息网络定义为 Intranet。

2) 基本特点

Intranet 是一种企业内部的计算机信息网络,它是利用 Internet 技术开发的开放式计算机信息网络,使用了统一的基于 WWW 的浏览器/服务器(B/S)技术去开发客户端软件;它能够为用户提供友好、统一的用户浏览信息的界面,其使用方式与 Internet 类似;其文件格式与 Internet 的具有一致性,有利于两种系统间的交换;但它一般都具有较强的安全防范措施。

2. Intranet 的逻辑结构

目前,大中规模的局域网大都组建成 Intranet 网络。大中型的系统逻辑结构如图 2-2 所示,而其实际的物理结构如图 2-1 所示。

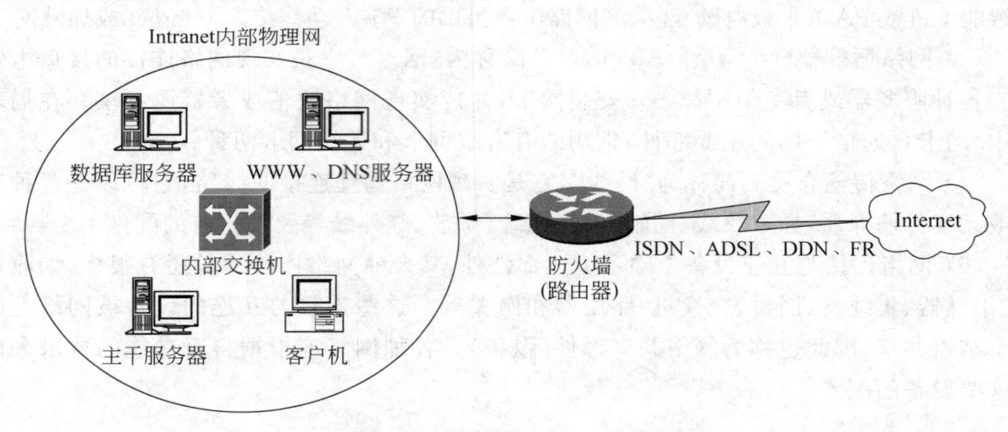

图 2-2 Intranet 的逻辑结构

3. Intranet 的组成

每个 Intranet 的物理网络都可以看作是由通信线路、主机(服务器和工作站)、网络共享设备(交换机、路由器)等硬件设备,以及分布在主机内的软件和信息资源组成。

(1) 通信线路。主要指局域网本身的连接介质,以及接入广域网的线路组成。

(2) 物理网络。是指构成 Intranet 主体的局域网硬件,其结构可大可小。常见结构如图 2-1 所示。

(3) 主机。是指 Intranet 或 Internet 网络中提供资源的各结点设备。主机起着数据处理的任务,是 Intranet 或 Internet 上分布信息资源的载体;此外,主机还是各种网络服务的提供者。主机的硬件可以是用户的普通计算机,也可以是从小型机到大型机的各类计算机系统。此外,根据作用不同,主机又分为服务器或客户机。

(4) 防火墙(路由器)。是指连接世界各地局域网和 Internet 的互连和安全设备,可以是两个物理设备,也可以是一个物理设备。由于 Internet 是分布在世界各地的复杂网络,在浏览信息时,目的主机和源主机之间的可能路径会有多条,因此,路由器的路选功能是 Internet 中必不可少的。所以,路由器是使用最多的 Intranet 与通信网络或局域网和 Internet 的连接设备。此外,为了保证局域网的安全,在 Intranet 用户与 Internet 互相连接时还需要安装软件或硬件的防火墙。

(5) 信息资源。Internet 不但为广大互联网用户提供了便利的交流手段,而且其本身更是一座丰富的信息资源宝库。与 Internet 类似,Intranet 中的信息资源也可以是文本、图像、声音、视频等多种媒体形式,用户通过自己的浏览器(如 IE)以及分布在世界各地的 WWW 服务器来检索和使用这些信息资源。随着 Internet 技术的普及,信息资源的发布和访问已经成为 Intranet 和个人计算机必须考虑和解决的首要问题之一。

4. Intranet 的技术

如图 2-2 所示,通常的 Intranet 都连入了 Internet;另外一些 Intranet 虽然没有连入 Internet,但是却使用了 Internet 的通信标准、工具和技术。例如,某公司组建的内部网络与 Internet 一样都使用了 TCP/IP,安装了 WWW(Web)服务器,用于内部员工发布公司业务通信、销售图表及其他的公共文档。公司员工使用 Web 浏览器可以访问其他员工发布的信息,因此,这样的网络也称为 Intranet。其基本技术特点除了与 Internet 类似的 3 点之外,还包含以下几方面。

(1) Intranet 是把 Internet 技术应用于企业内部管理的局域网络。

(2) Intranet 提供了 6 项基于标准的服务:文件共享、目录查询服务、打印共享管理、用户管理、电子邮件和网络管理。

(3) Intranet 具备了 Internet 的开放性和灵活性,它在服务于内部的信息网络的同时,还可以对外开放部分信息。

5. Intranet 的特点

Intranet 具有以下一些显而易见的特点。

(1) Intranet 是一种企业内部的计算机信息网络。

(2) Intranet 是一种利用 Internet 技术开发的开放式计算机信息网络。

(3) Intranet 采用了统一的基于 WWW 的服务器/浏览器(B/S)技术去开发客户端软

件。Intranet 用户使用的内部信息资源访问方式，具有友好和统一的用户界面，与使用 Internet 时类似。因此，文件格式具有一致性，有利于 Internet 与 Intranet 系统间的交换。

（4）Intranet 使用的基于浏览器的瘦客户技术，成本低，网络伸缩性好，简化了用户培训的过程。

（5）Intranet 改善了用户的通信和交流环境，例如，其用户可以方便地使用和访问 Internet 上提供的各种服务和资源，同时 Internet 上的用户也可以方便地访问 Intranet 内部开放的不保密资源。

（6）Intranet 为企业管理现代化提供了途径。例如，在企业内部不但可以传送电子邮件、各种公文、报表和各种各样文档；还可以实时传递"在线"的控制和管理信息，召开多媒体网络会议，使得企业的无纸办公成为可能。

（7）Intranet 一般具有安全防范措施。例如，企业内部的信息一般分为两类，一类是供企业内部使用的保密信息；另一类是向社会开放的公开信息，如产品广告和销售信息等。为了保证企业内部信息及网络的安全性通常需要使用防火墙等安全装置。

6. WWW 技术是 Intranet 的核心

Intranet 的核心技术是 WWW。WWW 是一种以图形用户界面和超文本链接方式来组织信息页面的先进技术，它的 3 个关键组成部分是 URL、HTTP 和 HTML。Intranet 的几个基本组成部分如下所述。

（1）网络协议。TCP/IP 协议集为核心。

（2）硬件结构。以局域网的物理网络为网络硬件结构的基础。选择一定的接入技术与 Internet 互联。

（3）软件结构。其软件结构由浏览器、WWW 服务器、中间件和数据库组成。

7. Internet 和 Intranet 的区别

（1）Intranet 是属于某个企事业单位部门自己组建的内部计算机信息网络，而 Internet 是一种面向全世界用户开放的不属于任何部门所有的公共信息网络，这是两者在功能上的主要区别之一。

（2）Internet 允许任何人从任何一个站点访问其中的资源，而 Intranet 上的内部保密信息则必须严格地进行保护，为此，Intranet 一般通过"防火墙"与 Internet 相连。

（3）Intranet 内部的信息分为两类，一类是企业内部的保密信息；另一类是向社会公众开放的企业产品广告等信息。前一类信息不允许任何外部用户访问，而后一类信息则希望社会上广大用户尽可能多地访问。

2.2 网络系统的计算模式

不同网络模型的工作特点和所提供的服务是不同的，因此用户应当根据所运行的应用程序的需要来选择自己适宜的网络计算模式的类型。网络上的数据或信息可以分别由工作站、服务器或者是客户机和服务器双方的计算机共同进行处理。因此，网络模型

(Network Model)是指网络上计算机之间处理信息的方式,又称为网络计算模式。常见的有 3 种,其组成结构与应用特点将是本书介绍的重点。

2.2.1 客户/服务器模式的应用

客户/服务器(Client/Server)模式,简称为 C/S 模式,又称为主/从模式。客户/服务器模式是指前端客户机(计算机或工作站)通过其上的应用程序向服务器上的服务程序提出服务请求,并得到结果;后端服务器(大中型机)中的程序,接受客户机程序的服务请求,并将其运行结果返回给客户机的计算结构。

计算机与计算机之间进程通信的实质是系统进程之间的相互作用,因此,客户与服务器之间的通信就是客户应用进程与服务器应用进程之间的相互作用。

1. 客户(Client)与服务器(Server)

在 C/S 模式工作的网络或应用程序的体系结构中,分为服务器和客户机端两种程序。因此,服务器和客户机并不是指其硬件,而是指运行在计算机中的两种程序。

(1) 在名为服务器的计算机中,运行着一个总是打开的程序,它负责接收客户端程序的服务请求,并为其提供服务。

(2) 在客户机中,运行着另一个程序,这个程序可能总是打开,也可能时而打开,时而关闭。在 C/S 系统中,客户机之间很少直接通信。

例如,发送邮件的系统中,SMTP 服务器总是打开,并向客户端程序提供发送邮件的服务和响应;而发送邮件的客户端程序只在发送邮件时打开,并提出服务的请求。

2. TCP/IP 网络的 C/S 工作模式

在应用 TCP/IP 的 Internet、Intranet(内联网)和 Extranet(外联网)的各个计算机之间,应用进程之间的相互作用大都采用了著名的客户/服务器模式。例如,通过邮件客户端程序中的 SMTP(客户进程)来访问 SMTP 服务器(发件服务器进程),以及通过 Web 客户端程序浏览器访问 Web 服务器都是典型的 C/S 模式。

3. C/S 系统的工作原理与实现技术

1) C/S 系统的工作原理

在 C/S 模式工作的网络中,"客户"表示位于客户机上的应用进程,"服务器"表示位于服务器上的应用进程,而非两台计算机。那么,在一次应用进程之间的相互通信过程中,谁是客户进程? 谁是服务器进程?

(1) 客户。向服务器提出服务请求,并接受服务器的响应结果。因此,客户是指发起本次通信的进程。

(2) 服务器。接受客户提出的服务请求,并作出响应,提供客户请求的服务。因此,服务器是指提供服务的进程。

总之,在以 C/S 模式工作的网络或应用程序体系结构中,采用的是客户进程的"请求驱动机制”，即每一次通信都是由客户进程随机启动的；而服务器的进程则处于等待状态，以便及时响应客户服务请求。

在分布式网络中，由于服务器硬件的数量大大少于客户计算机的数量；在同一时刻内，服务器可能会同时接到多个客户进程的服务请求。因此，服务器必须具有处理这些接受和处理并发请求的能力。为此，每台公用服务器要有足够的硬件技术与资源的支持，例如，具有大硬盘、高性能内存、多 CPU、高性能总线等；此外，通常还要安装能够进行多进程、多任务处理的操作系统软件。因此，公用服务器上通常需要安装网络操作系统，例如，Windows Server 2008，而不是桌面操作系统 Windows XP/7。

2）C/S 系统的实现结构

实现 C/S 网络的系统结构如图 2-1 所示。在使用微软系统的 C/S 模式网络时，其中的 S 称为“域控制器”；而加入域的其他计算机称为“域客户机(或工作站)”。

作为域控制器的主控服务器的计算机硬件，不但充当整个域网络的管理者，还可以同时充当其他多种服务器的角色，例如，安装了 Windows Server 2008 的计算机，可以同时充当域控制器、DNS 和文件服务器的角色，因此，该计算机具有处理所有客户的并发应用进程的能力，该主机根据客户进程请求的 IP 地址、端口号与传输层协议的类型可以区分客户进程所请求的服务进程的类型。

4. 客户/服务器的组成结构

C/S 结构的网络是一种开放结构、集中管理、协作式处理方式的、主从式结构的网络。目前的网络结构大都是 C/S 结构，这也是网络与信息技术发展的主要方向；其发展迅速的主要原因在于其开放式结构、低廉的价格、高度的灵活性、简单的资源共享方式以及良好的扩充性和工作性能。

5. C/S 模式的主要特点

(1) 开放结构。指系统是开放的，具有良好的扩充性；在需要时，可以随时添加新的客户和服务器，或增添新的网络服务。这里的扩充性是指系统的开放程度，主要指在系统的硬件或软件改变时，系统仍具有连接的能力。

(2) 集中管理与协同工作。主要指网络操作系统对网络和网络用户的集中控制与管理；而协作处理是指客户机与服务器协同工作，共享处理能力。

(3) 物理结构。初学者应当注意的是多个客户和服务器程序可以安装在一台计算机的硬件上，也可以安装在多台计算机的硬件中，物理结构与逻辑结构并不相同。例如，在公司网络中，作为服务器的物理计算机只有一台，但是，它安装了 DHCP、DNS 服务器功能后，既可作为 DHCP 服务器，也可作为 DNS 服务器。

(4) 身份灵活。在 C/S 结构的网络中，可以将多种需要处理的工作任务分别分配给相应的客户机和服务器来完成。网络中的客户机和服务器并没有一定的界限，必要时两者的角色可以互换。在 C/S 网络中，到底谁为客户机、谁为服务器完全按照其当时所扮演的角色来确定。例如，数据库服务器上的用户在使用网络打印服务时，该服务器的身份就是打印客户机；而在其为用户提供数据和信息检索服务时，其身份就是数据库服务器。

6. 应用场合

C/S 模式的适用性广泛，常被应用于 TCP/IP 网络中的各种服务，如 DNS、DHCP、邮件、数据库打印等各种服务。使用 C/S 方式管理的分布式 Intranet 网络，更适用于安全性能较高、便于管理、具有各种微机档次的中小型单位网络，例如，应用于公司、企事业单位的办公网络、校园网等各类网络。

2.2.2 浏览器/服务器模式的应用

浏览器/服务器模式(Browser/Server,B/S)是 20 世纪 90 年代中期(1996 年)后开始出现，并迅速流行的一种网络模式。B/S 模式专指基于浏览器、WWW 服务器和应用服务器的计算结构。严格说，B/S 模式并不是一种独立的模式，而是按照 C/S 模式工作的一种流行应用模式。

1. 浏览器/服务器网络结构

B/S 模式继承了传统 C/S 模式中的网络软、硬件平台和应用，所不同的是更开放、与软硬件平台无关、应用开发速度快、生命周期长、应用扩充和系统维护升级方便等。

在各种应用信息系统中，大都采用 B/S 模式。由于 B/S 模式的客户端程序采用人们普遍使用的浏览器，因此，它是一个简单的、低廉的、以 Web 技术为基础的“瘦”型系统。B/S 网络结构的示意图如图 2-3 所示，其实现时的网络结构参见图 2-1。在 B/S 模式的应用网络中的服务器端增添了高效的 Web 和 DNS 服务器。因此，各种 C/S 模式工作的应用进程都演变为 B 与 S 之间的相互作用。

图 2-3 B/S 三层模式的网络结构示意图

(1) 浏览器。用户通过浏览器提出服务请求，即发起进程通信的一方是浏览器进程。

(2) 服务器。Web 服务器中的 Web 服务器进程将接受客户浏览器进程的请求，并提供 Web 方式的服务。而其他应用服务器往往通过中间件间接进行连接；例如，Web 方式访问数据库的客户浏览器程序，通过 Web 服务器的服务程序以及 Windows 中的内置中间件来访问数据库服务器。

基于 B/S 模式的网络信息系统，通常采用三层或更多层的结构：

客户机(浏览器)—Web 服务器—数据库服务器

2. B/S 网络的工作特点

B/S 模式以 Web 服务器为系统的中心，客户机端通过其浏览器进程向 Web 服务器进程提出 HTTP 方式的查询请求，Web 服务器根据需要向数据库服务器发出数据请求。数据库则根据查询或查询的条件返回相应的数据结果给 Web 服务器，最后 Web 服务器再将结果翻译成为 HTML 或各类脚本语言的格式，并传送到客户机上的浏览器，用户通过浏览器即可浏览自己所需的结果。

使用 B/S 结构的浏览器访问数据库的三层方式，与 C/S 结构的二层结构相比，具有成本低；易于更新和改动；用户可以自行安装浏览器软件，并使用通用的浏览器进行访问；与网络平台完全无关；客户端软件廉价；安全保密控制灵活等显著的优点。

3. 适用场合

B/S 结构的网络是现在网络应用系统的主流工作方式，因此，适用于各种规模的网络应用系统。例如，基于 Web 的信息管理系统、办公系统、人事管理系统等。

2.2.3 对等式网络模式的应用

对等模式（Peer-to-Peer）又称为 P2P 模式，它是应用程序体系结构中的另一种主要形式。按照这种模式工作时，所有计算机结点是“平等”的；这种结构中，没有一个总是打开的服务器程序，在任意一对主机上的应用程序可以直接相互通信。

1. 对等式计算模式

从网络中计算机的管理方式看，在基于服务器网络中的“客户机/服务器”结构出现的同时，出现了另一种新型的网络系统结构——“对等式”网络结构。在这种模式的网络中，服务器与客户端的界限消失了，网络上所有的结点都可以“平等”地共享其他结点的资源与服务。按照这种模式工作的程序，彼此可以共享自己主机中的资源，例如，P2P 下载文件时，每台主机都可以从其他主机下载文件资源，同时也向其他主机提供本主机上的资源。

在分布式的 P2P 网络中，对等机通过和相邻对等机之间的连接遍历整个网络体系。每个对等机在功能上都是相似的。由于没有专门的服务器，对等机必须依靠它们所在的分布网络来查找文件和定位其他对等机。由于搜索请求要经过整个网络或非常大的范围才能得到结果，因此，这种模式通常占用非常多的带宽，而且需要花费非常长的时间才能有返回结果。P2P 技术打破了传统的 C/S 模式。在对等网络中，每个结点的地位都是相同的，每个结点都具备了客户端和服务器的双重特性，可以同时作为服务使用者和服务提供者。

2. 对等式网络的构成

P2P 模式组建的网络是一种用于不同主机用户之间、不经过中继设备直接交换数据或服务的技术。按照对等模型工作的网络称为“对等网”，在使用微软操作系统的网络中，对等网又称为“工作组”。对等网使用的拓扑结构、硬件、通信连接等方面与“客户机/服务器”和“浏览器/服务器”结构几乎相同，唯一不同的硬件差别是服务器。在对等网中，无须功能强大的、对网络进行集中控制与管理的主控服务器，如域控制器或文件服务器，因而，也就无须购置专门的服务器硬件和网络操作系统，其网络的硬件组成结构可以使用各种类型的局域网，如 100BASETX 以太网。

总之,“对等”模式的网络与“客户/服务器”模式的网络结构之间的主要差别是网络服务器、资源的逻辑编排和网络操作系统的不同。在对等网中,没有专用服务器,每一个计算机既可以起客户机作用,也可以起服务器作用,其物理网络结构如图 2-4 所示。

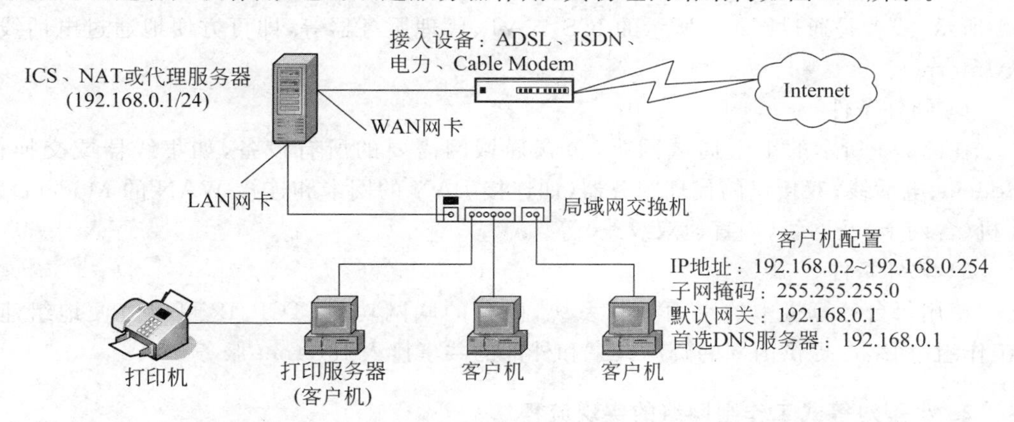

图 2-4　对等式的小型“工作组”网络通过共享 Modem 接入 Internet 的结构

对等网中没有专用的服务器,每台计算机的管理员(即用户)都有绝对的自主权。各台主机中的用户可以自由地直接交换文件资源,并且可以自行管理自己的资源和账号。

3. 适用场合

“对等网”适用于小型办公室、实验室、游戏厅和家庭等小规模网络。常见的操作系统都具有内置“对等网”的功能,因此,使用计算机上已安装的操作系统就可以方便地组建对等网。例如,在图 2-4 所示的每台计算机中,安装好微软公司的操作系统 Windows XP/7/8,即可组建“工作组”网络。

4. 对等网的特点

对于以资源共享为主要目的小型办公室来说,对等网是最好的选择。究其原因:第一,允许用户自己处理本机的安全问题,省去了专职的管理员;第二,省去庞大而昂贵的服务器;第三,充分利用了计算机中原有操作系统中的内置联网功能,无须购置专门的网络操作系统,因而使总成本大为减少。但是,在“对等网”中,由于每台计算机的管理员自行管理安全和资源,因此,与基于服务器的 C/S 网络相比,其高度灵活性的代价是分散管理使得网络安全性降低;在用户管理、文件管理、分布资源的管理和多任务处理等方面存在明显的不足。

2.3　组建小型工作组网络

对于小型办公室或家庭网络来说,不仅需要接入 Internet,还需要组建成小型的工作组网络。这样,工作组用户就可以既能享受 Internet 服务,也能够实现公司网络中的资源共享。本节仅解决组建小型工作组网络和网内资源的共享问题,有关接入的技术详见第 3 章。

1. 小型局域网的连接结构

多台计算机组成小型共享式局域网，如“工作组”网络；之后，使用硬件路由器，参见图 2-1 所示；或者是通过图 2-4 所示的 ICS、NAT、代理服务器等，即可方便地通过电话线接入 Internet。

1）硬件条件

在图 2-4 所示的小型局域网中，包含局域网需要的所有设备，如集线器或交换机、Modem、电话线、双接口的代理服务器（如连接 LAN 的网卡和连接 WAN 的 Modem）、计算机（含网卡）及网线（如直通双绞线）等。

2）软件条件

使用每台计算机中的桌面操作系统，内置的联网功能、TCP/IP 可以方便地组建成“工作组”网络。提供内部的资源共享和外部的共享接入 Internet 服务。

2. 小型对等式工作组网络的实现流程

（1）准备硬件。应当选购好网卡、RJ-45 头、网线，以及网络连接设备。

（2）连接硬件。经过制作网线接头、穿管、布线、测试网线、连接网络硬件设备、安装网卡、连接网卡等网络硬件系统的实现过程。

（3）安装操作系统。根据各自的需要安装好 Windows XP/2003/2008/7 等。

（4）安装硬件驱动。安装好网卡、声卡、显卡、Modem 等驱动程序。

（5）设置网络功能。设置好网络的客户、协议和服务等。

（6）设置常规信息。根据选定“工作组”方式，设置好计算机、工作组名称等信息。

（7）网络应用软件。安装和设置必要的应用软件，如 Web 服务器、主页制作、代理服务器和安全防护等软件。

（8）网络资源的安全共享。在各个计算机中，开放共享目录、打印机等共享资源，并为其设置好用户的访问权限。

（9）网络资源的访问。采用映射驱动器、直接访问、UNC 等方法都可以访问网络中的共享资源。

2.3.1 网络基本配置

在配置各种网络时，虽然网络操作系统或桌面操作系统各不相同，网络的模式各不相同，但是，配置时却存在许多共同之处。这些共同之处就是有关网络硬件、系统软件、网卡的安装、网络组件的安装和配置，以及网络中常规信息等部分的配置。这些部分的设置是完成网络连通性的关键，也是管理其他网络服务的起点和不可缺失的步骤。

1. 配置网络功能或网络组件

由于同一台计算机的不同网卡会连接不同的网络，因此，网络功能（组件）是针对网卡进行设置的。管理员必须针对网卡所连接的网络进行相应的设置。另外，Windows 7/

2008 以前的版本，如 Windows 2003/XP，将“网络功能”称为“网络组件”。

在网络中有许多网络功能，但是，最基本的网络功能是协议、客户和服务。

1）网络协议

网络中的“协议”是网络中计算机之间通信的语言和基础，是网络中相互通信的规程和约定。在 Windows XP/7 中常用的协议和功能如下。

(1) TCP/IP。为广域网设计的一套工业标准，也是 Internet 上唯一公认的标准。它能够连接各种不同网络或产品的协议，它也是 Internet 和 Intranet 的首选协议。其优点是通用性好、可路由、当网络较大时路由效果好；其缺点是速度慢、占用内存多、配置较为复杂。TCP/IP 有 IPv4 和 IPv6 两个版本，当前经常设置的是 IPv4。

(2) AppleTalk 协议。使用该协议可以实现 Apple 计算机与微软网络中的计算机和打印机通信。该协议为可路由协议。

(3) Microsoft TCP/IP 版本 6。用于兼容 IPv6 设备。

(4) NWlink IPX/SPX/NetBIOS Compatible Protocol。用于与 Novell 网络中的计算机，以及安装了 Windows 9x 的计算机通信。

(5) 可靠的多播协议。用于实现多播服务，即发送到多点的通信服务。

(6) 网络监视器驱动程序。用于实现服务器的网络监视。

当人们对常用的协议有所了解之后，应当能够对其进行正确的选择。由于只有协议相同才能相互通信，因此，选择和配置协议的原则是协议相同。例如，服务器上应当选择所有客户机上需要使用的协议，客户机应当安装服务器中有的协议；如某台安装了微软操作系统的计算机需要与 Novell 网通信时，必须选择它支持的协议，如 NWlink IPX/SPX/NetBIOS Compatible Protocol；建设一个 Intranet 网络，或者接入 Internet 时就必须采用 TCP/IP。

2）网络客户

网络中的“客户”组件提供了网络资源访问的条件。在 Windows 中，通常提供以下两种网络客户类型。

(1) Microsoft 网络客户端。选择这个选项的计算机，可以访问 Microsoft 网络上的各种软硬件资源。

(2) NetWare 网络客户端。选择这个选项的计算机，不用安装 NetWare 客户端软件，就可以访问 Novell 网络 NetWare 服务器和客户机上的各种软硬件资源。

3）网络服务

网络中的“服务”组件是网络中可以提供给用户的各种网络功能。在 Windows Server 2003/2008 中，提供了以下两种基本的服务类型。

(1) Microsoft 网络的文件和打印机共享服务是最基本的服务类型。

(2) Microsoft 服务广告协议。

总之，管理员必须针对网卡进行网络组件的选择和设置，通常已经添加的不再显示。微软网络中的任何一台计算机都需要进行网络组件的设置，操作都相似。但是，操作系统不同设置的位置会有所变化，下面仅以微软公司的 Windows XP 和 Windows 7 为例。

2. 早期 Windows 中有线网卡“网络组件”的设置

【示例 1】 在 Windows 2003/XP 设置网络组件。

(1) 依次选择“开始”→“连接到”→“显示所有连接”选项；在打开的窗口中，右击“本地连接”，在快捷菜单中选择“属性”选项，打开图 2-5。

(2) 在图 2-5 所示的对话框，选中“常规”选项卡，即可进行网络组件的设置，如确认“Microsoft 网络客户端”、“Microsoft 网络的文件和打印机共享”复选框选中后，选中“Internet 协议 (TCP/IP)”复选框，单击“属性”按钮，打开图 2-6。

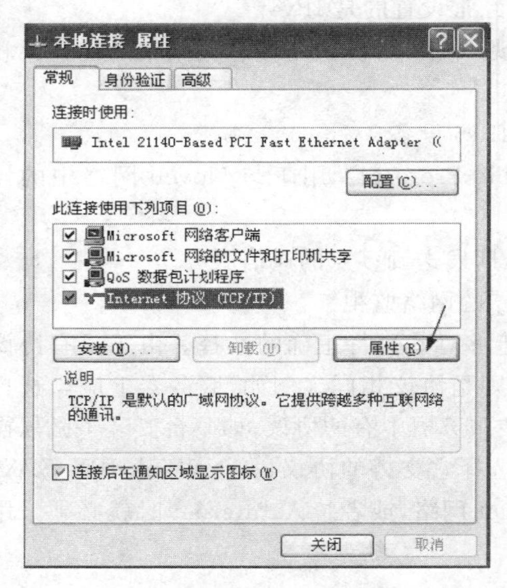

图 2-5 “本地连接 属性”对话框

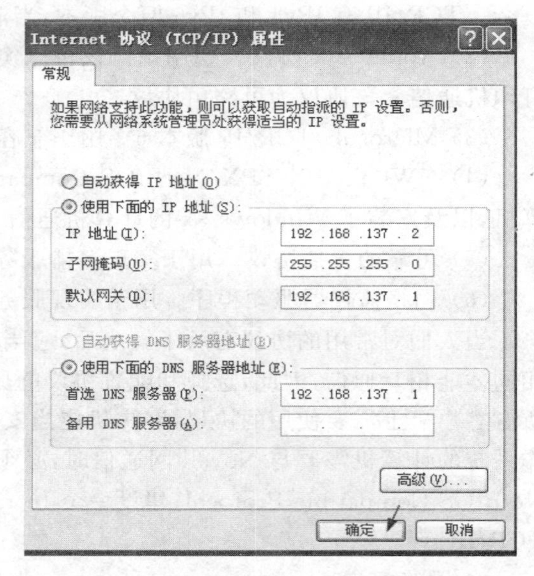

图 2-6 “Internet 协议(TCP/IP)属性”对话框

(3) 在图 2-6 所示的对话框，将 IP 地址设为 192.168.137.2、子网掩码设为 255.255.255.0；之后，依次单击“确定”按钮，关闭图 2-6 和图 2-5。

3. Windows 7 中有线网卡 “网络功能”的设置

【示例 2】 在 Windows 7 中设置有线网卡的网络功能。

(1) 在图 2-7 所示的 Windows 7 虚拟机桌面，第一，单击任务栏右侧的“网络”图标；第二，在激活的快捷菜单中，单击“打开网络和共享中心”选项，打开图 2-8。

(2) 在图 2-8 所示的 Windows 7 的“网络和共享中心”窗口，如看到一个无线网络的连接和一个有线网络的连接；单击要设置的连接，如 LAN 选项，打开图 2-9。

(3) 在图 2-9 所示的“LAN 状态”对话框，单击“属性”按钮，打开图 2-10。

图 2-7 Windows 7 系统的桌面

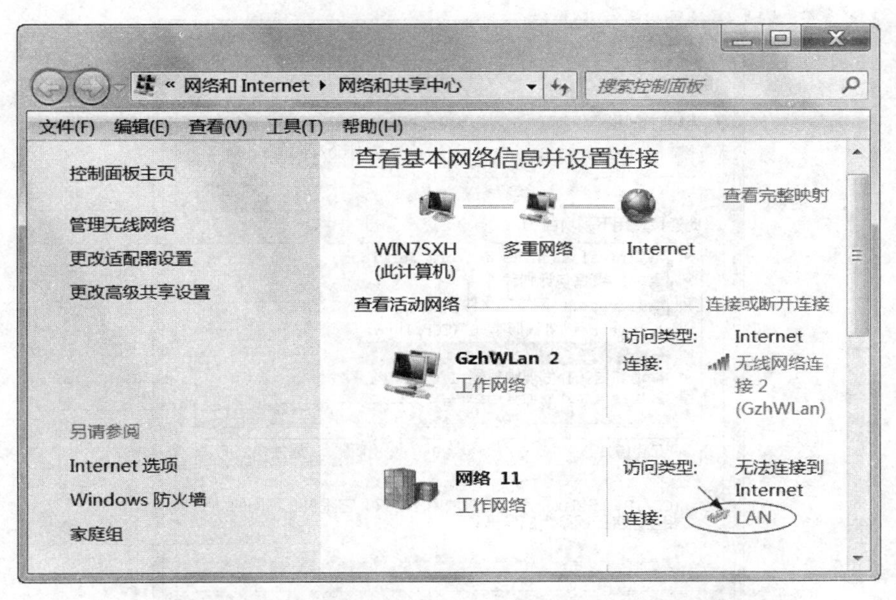

图 2-8　Windows 7 的“网络和共享中心”窗口

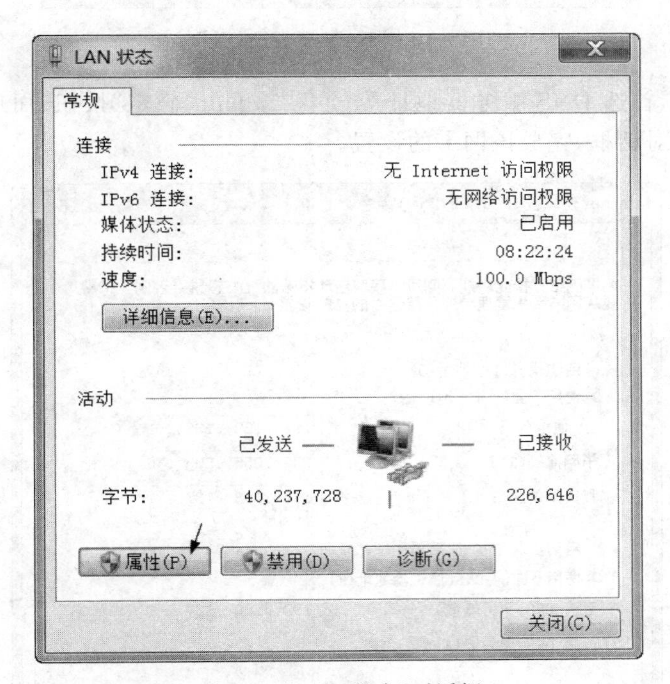

图 2-9　“LAN 状态”对话框

(4) 在图 2-10 所示的 Windows 7 的“LAN 属性”对话框，第一，取消“Internet 协议版本 6”前的复选框；第二，选中“Internet 协议版本 4”复选框后，单击“属性”按钮。

(5) 在图 2-11 所示的“Internet 协议版本 4(TCP/IPv4)属性-常规”选项卡，第一，将 IP 地址设为 192.168.137.1、子网掩码设为 255.255.255.0；如果需要接入 Internet，还应

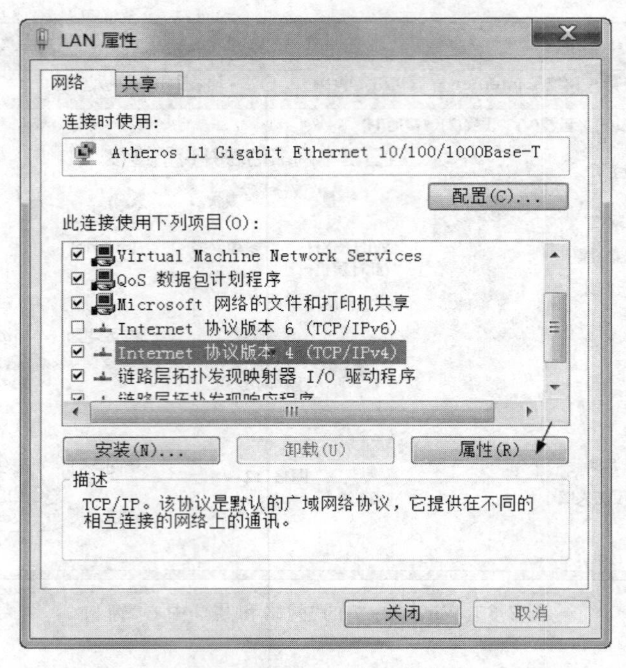

图 2-10 “LAN 属性”对话框

当设置默认网关、首选 DNS 服务器地址等。第二，单击“确定”按钮；而后，依次单击“关闭”按钮，关闭各对话框，完成该网卡的设置。

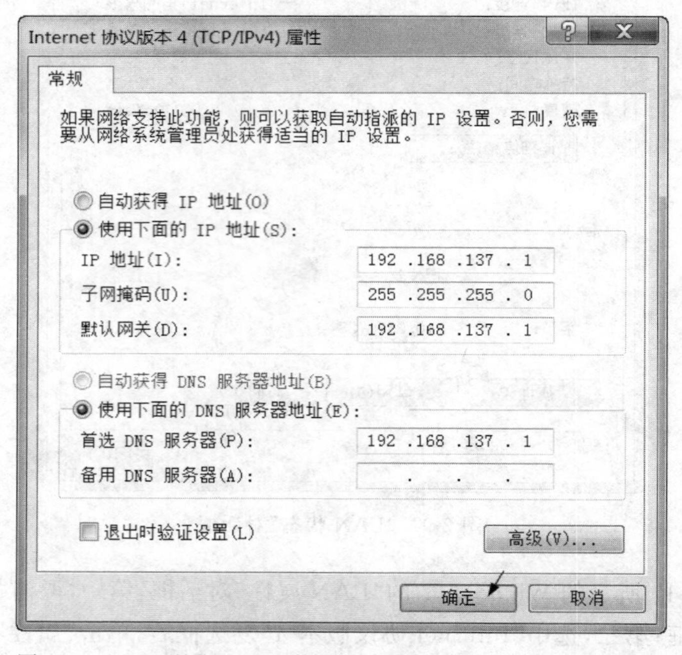

图 2-11 LAN 的“Internet 协议版本 4(TCP/IPv4)属性”对话框

4. Windows 7 中无线网卡的设置

现在,有线网络非常普及,每个用户的终端设备上几乎都提供了无线接入功能,如计算机上的 WLAN 网卡;手机或 iPAD 上的 Wi-Fi。使用无线网卡连接工作组网络时,设置的方法和步骤与有线网卡十分相似。

【示例 3】 Windows 7 中设置无线网卡的“网络功能”。

(1) 打开图 2-8 所示的 Windows 7 的“网络和共享中心”窗口,单击连接中的“无线网络连接 2”选项。

(2) 在打开的“无线网络连接 2 状态”对话框(与图 2-9 相似),单击“属性”按钮。

(3) 在打开的 Windows 7 的“无线网络连接 2 属性”对话框(与图 2-10 相似),第一,取消“Internet 协议版本 6”前的复选框;第二,选中“Internet 协议版本 4”后,单击“属性”按钮,打开图 2-12。

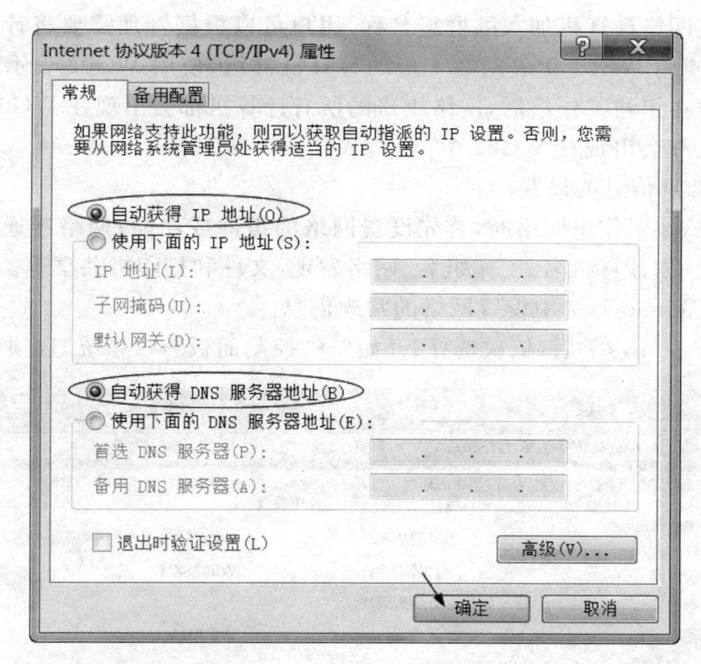

图 2-12 WLAN 的“Internet 协议版本 4(TCP/IPv4)属性”对话框

(4) 在图 2-12 所示的对话框中,可以设置 IP 地址、子网掩码等参数;本例中设置的是“自动获得……”,这是指从 DHCP 服务器获得需要的参数。

2.3.2 建立网络工作组

在微软的网络中,以“对等”模式工作的网络称为工作组(Workgroup)。工作组网络中的账户和资源管理是由分散在每台计算机上的管理员分散进行的。通过本节学习,读者应正确理解“工作组”网络与“对等”模式之间的关系。熟练掌握建立网络工作组的步骤,并清楚工作组基于"本机(地)"的账户与资源管理方法,以及安全访问和使用网络资源的方法。

1. 设置 Windows 7 主机的常规信息

在工作组网络的硬件、软件、驱动和网络功能(组件),以及网络测试工作完成后,应当进行的是常规信息的设置,如,"计算机"和"工作组"名称等的设置。

1) 计算机名

计算机名称用于识别网络上的计算机。连接到网络中的每台计算机都有唯一的名称。计算机名不能与其他计算机的名称相同。当两台计算机名称相同时,就会导致计算机通信冲突的出现。计算机名称最多为 15 个字符,但是,不能包含有空格或下述专用字符:

; : " < > * + = \ → ? ,

2) 工作组名

工作组名是网络计算机加入的群组名称,用户可以根据管理需要将计算机组成多个工作组。例如,使用 WG01 代表网络 1 班的计算机群组,使用 WG02 表示网络 2 班的计算机群组。这样在组建工作组后,网络 1 班的所有计算机都会出现在 WG01 中;而网络 2 班的所有计算机都会出现在 WG02 中。

3) 网络中常规信息的设置

组建 Windows 工作组网络时,首先设置网络的组件或功能;网络连通后就应对网络的常规进行设置,如计算机名、工作组名、网络发现、文件和打印机共享等。

【示例 4】 Windows 7 中设置网络的常规信息。

(1) 启动 Windows 7 后,依次选择"开始"→"控制面板"→"系统"选项,打开图 2-13。

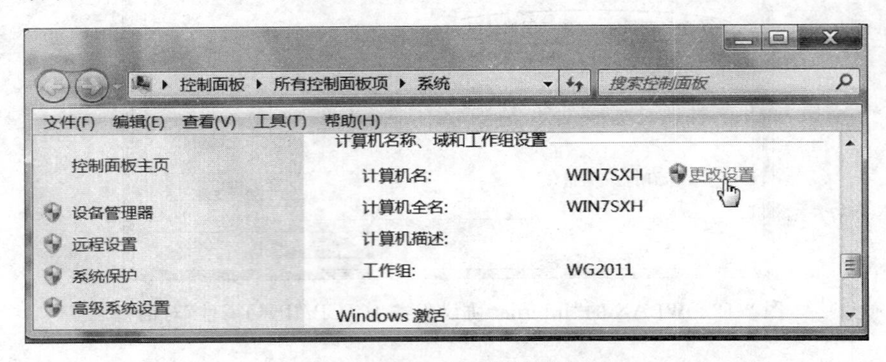

图 2-13 Windows 7 的"系统"窗口

(2) 在图 2-13 所示的 Windows 7"系统"窗口中,选中"更改设置"选项,打开图 2-14。

(3) 在图 2-14 所示的 Windows 7 的"系统属性"对话框,核对"计算机全名"和"工作组";要更改时,单击"更改"按钮,打开图 2-15 进行修改;否则,单击"确定"按钮。

(4) 在图 2-15 所示的"计算机名/域更改"对话框,可以进行更改计算机名和工作组名;更改信息后,应单击"确定"按钮,重新启动计算机使设置生效。

(5) 在图 2-8 所示的 Windows 7 的"网络和共享中心"窗口左侧,选中"更改高级共享设置"选项;打开图 2-16。

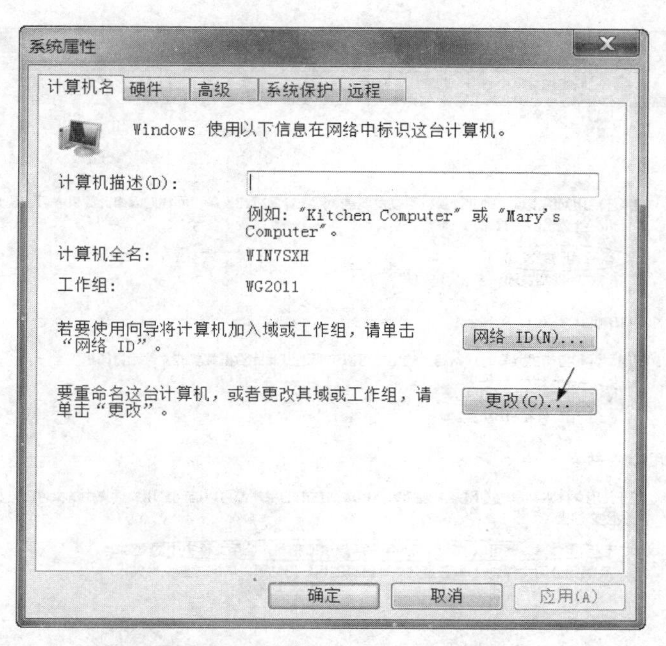

图 2-14　Windows 7 的“系统属性”对话框

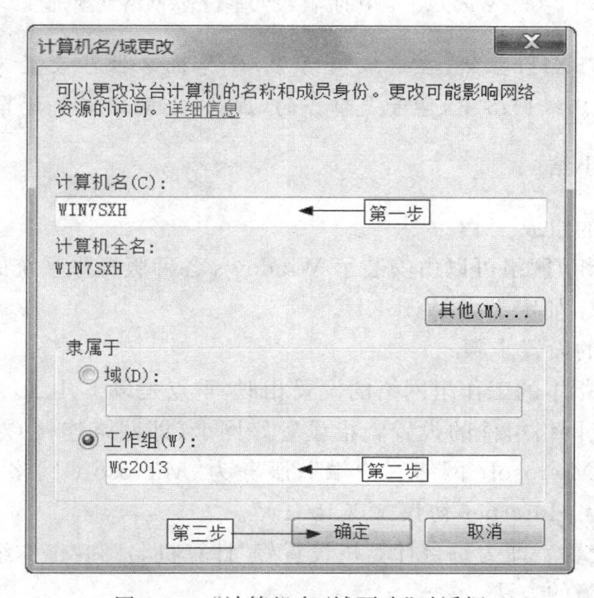

图 2-15　“计算机名/域更改”对话框

(6) 在图 2-16 所示的“高级共享设置”窗口，第一，选中“启用网络发现”单选按钮；第二，选中“启用文件和打印机共享”按钮；最后，单击“保存修改”按钮。

至此，已经完成 Windows 7 工作组有关的常规信息设置。

说明：同一工作组中计算机的“工作组”的名称应当一致，而计算机名不能与网络中的其他计算机的相同。如本示例中将所有计算机的工作组名都设为 WG2013，本机的计

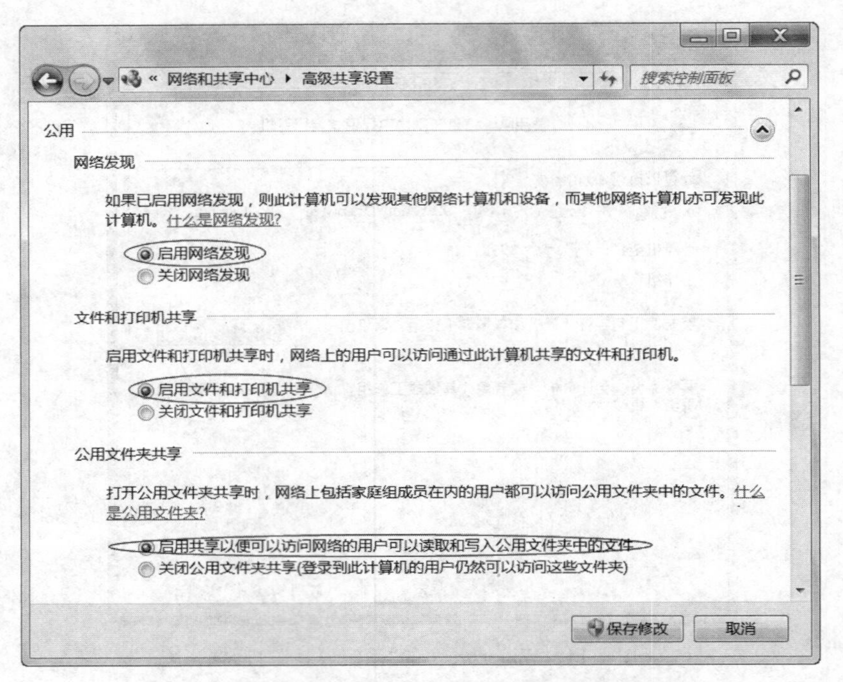

图 2-16　Windows 7 中的“高级共享设置-网络发现”窗口

算机名设为了 WIN7SXH；当然，在班级网络中，计算机名推荐设置为 PC20XX(其中的 XX 为学号)，由于在班级网络中，学号是唯一的，因此，也就保证了计算机名的唯一性。

2. 工作组设置小结

1）工作组网络的组成

小公司的“工作组”网络可以由安装了 Windows 各种版操作系统的计算机组成，其工作组名可以自行定义，如定义为 WGSXH。

2）工作组网络的设置步骤

不同 Windows 版本的工作组网络的设置相似，重点是以下几点。

(1) 网络功能或网络组件的设置。指设置好网卡(即网络连接)对应的客户、服务和协议；其中，客户为“Microsoft 网络客户端”；服务为“Microsoft 网络的文件和打印机共享”选项；协议通常为 “Internet 协议 (TCP/IP)”。

(2) 常规信息设置。即为每台计算机设置好“计算机名”和“工作组名”。

3）检查网络故障的方法

在微软工作组网络中各个计算机的桌面上，双击“网上邻居”图标，可以检查工作组是否包括了各个计算机的图标，如果“有”，则表示工作组已经正确组建成功；否则，可能说明工作组有问题。这种情况下，应当按照下面的步骤依次检查各项的配置内容。

(1) 应先排除硬件连接故障。观看集线器和交换机上的指示灯，并使用测试、管理的专用软件工具等确定和排除硬件故障。

(2) 检查网卡。即网卡驱动程序的安装是否正确。

(3) 检查协议是否安装正确。如在 DOS 的"命令提示符"窗口,使用 ping 命令来检测 TCP/IP 的安装,测试网络的连通性。

(4) 双击各计算机桌面上的"网络邻居"图标,查看各个计算机是否已经正确加入到指定的工作组中,例如,所有由计算机名称代表的计算机已正确加入到名为 WGSXH 工作组之中。如果其他计算机的图标已经出现在工作组中,则表示小型的工作组网络已经初步组建成功。

2.4 网络测试命令

无论是在服务器端,还是在客户机上,网络管理员经常通过各种网络命令工具来诊断和检测 TCP/IP 网络的连通和工作状况。因此,使用网络工具程序是网络管理员的基本技能,也是判断网络故障、分析网络性能的主要手段。网络功能或组件设置好后,应首先进行网络连通性测试,以验证网络的连接是否正常。

通过本节的学习,应当掌握 TCP/IP 网络管理中,最常用的网络命令诊断与检测工具的使用方法;并能够初步判断网络的连通性好坏,以及网络的各种配置参数是否正确。

2.4.1 网络连通性测试程序

管理员经常使用操作系统内置的一些程序来判断网络的状态及参数,如 ping 命令。

1. ping 命令的功能

ping 命令是用于测试网络结点在网络层连通性的命令工具。由于 ping 命令常被用来诊断网络的连接问题,因此也称为诊断工具。

2. ping 命令的原理

ping 命令是通过向网络上的设备发送 Internet 控制报文协议(ICMP)包来检验网络的连接性。使用时,大部分设备会返回一些信息,通过这些信息,能判断两个 TCP/IP 主机在网络层是否工作正常,即判断 IP 数据包是否可达。

3. ping 命令应用环境

打开"命令提示符"窗口,即可输入"ping 命令"及其参数。

4. ping 命令的应用

【示例 5】 Windows 中 ping 命令的应用。

1) ping 127.0.0.1

(1) 命令格式:ping 127.0.0.1。

(2) 作用:用来验证网卡是否可以正常加载、运行 TCP/IP。

(3) 操作步骤如下。

① 单击“开始”命令，在“搜索和运行程序”文本框中，输入 cmd 命令；之后，按 Enter 键。

② 在“命令提示符”窗口，输入“ping 127.0.0.1”，按 Enter 键；正常时，应显示“……丢失＝0(0%丢失)”，这表示用于测试数据包的丢包率为 0；当显示“请求超时……丢失＝4(100%丢失)”时，表示测试用的数据包全部丢失。因此，该网卡不能正常运行 TCP/IP。

(4) 结果分析：正常时将显示与图 2-17 所示相似的结果；如果显示的信息是“目标主机无法访问”时，则表示该网卡不能正常运行 TCP/IP。

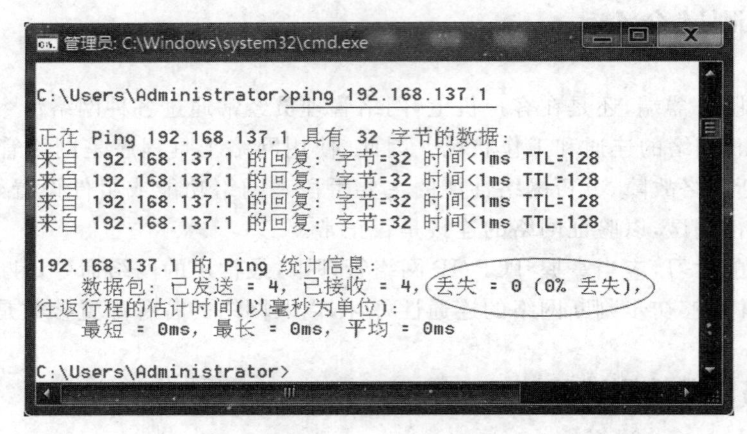

图 2-17 “ping 本机 IP 地址”正常时的响应

(5) 故障处理：重新安装网卡驱动程序、设置 TCP/IP，如果还有问题，则应更换网卡。

说明：使用“ping 127.0.0.1”命令正常时，这仅表示发出的 4 个数据包通过网卡的“输出缓冲区”从“输入缓冲区”直接返回，没有离开网卡；因此，不能判断网络的状况。

2) ping 本机 IP 地址

(1) 命令格式：ping“本机 IP 地址”。

(2) 作用：验证本主机使用的 IP 地址是否与网络上其他计算机使用的 IP 发生冲突。

(3) 操作步骤：输入“ping 192.168.137.1(ping 本机 IP 地址)”，参见图 2-17。

(4) 结果分析：正常的响应如图 2-17 所示，应显示“……丢失＝0(0%丢失)”，这表明本机 IP 地址已经正确入网；如果显示的信息是“请求超时……丢失＝4(100%丢失)”时，则表示所设置的 IP 地址、子网掩码等有问题。

(5) 故障处理：如果 IP 地址冲突，则应当更改 IP 地址参数，重新进行设置和检测。

3) ping 同网段其他主机 IP 地址

(1) 命令格式：ping“本网段已正常入网的其他主机的 IP 地址”。

(2) 作用：检查网络连通性好坏。

(3) 操作步骤：输入“ping 192.168.137.2(本网段其他主机的 IP 地址)”，参见图 2-18。

(4) 结果分析：正常的响应窗口如图 2-18 所示，即显示为“……丢失＝0(0%丢失)”等信息；这就表明本机可以和目标主机正常通信；如果出现“请求超时……丢失＝4(100%丢失)”时，则表示本机不能通过网络与目标主机正常连接。

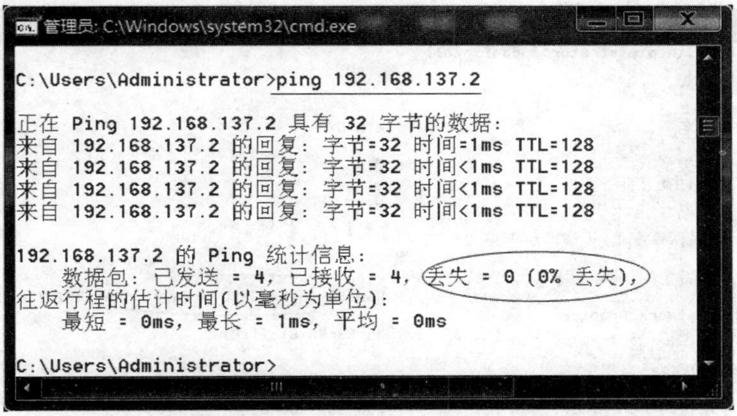

```
管理员: C:\Windows\system32\cmd.exe

C:\Users\Administrator>ping 192.168.137.2

正在 Ping 192.168.137.2 具有 32 字节的数据:
来自 192.168.137.2 的回复: 字节=32 时间=1ms TTL=128
来自 192.168.137.2 的回复: 字节=32 时间<1ms TTL=128
来自 192.168.137.2 的回复: 字节=32 时间<1ms TTL=128
来自 192.168.137.2 的回复: 字节=32 时间<1ms TTL=128

192.168.137.2 的 Ping 统计信息:
    数据包: 已发送 = 4, 已接收 = 4, 丢失 = 0 (0% 丢失),
往返行程的估计时间(以毫秒为单位):
    最短 = 0ms, 最长 = 1ms, 平均 = 0ms

C:\Users\Administrator>
```

图 2-18 “ping 其他主机 IP”正常时的响应

(5) 故障处理：应当分别检查集线器(交换机)、网卡、网线、协议及所配置的 IP 地址是否与其他主机位于同一网段等,并进行相应的更改。

2.4.2 配置显示程序

ipconfig 的中文名称是“IP 配置协议”。它既是一个协议的名称,也是一个实用程序。与 ping 命令的使用相似,该命令也在 Windows 的“命令提示符”窗口中使用。

1. ipconfig 的功能

ipconfig 命令不但可以检测计算机的 TCP/IP 通信协议是否已经正常加载,还可以检测本主机使用的 IP 地址是否与其他计算机重复;此外,通过这个命令能够快速查看到 TCP/IP 配置的各种参数,例如,本台主机内各个网卡配置的 IP 地址、MAC 地址、子网掩码、DHCP 服务器、DNS 服务器和默认网关地址等信息。

2. ipconfig 命令显示所有配置信息

无论我们是进入局域网,还是接入 Internet,经常会使用“ipconfig /all”命令来测试所在的主机是否已经获取到正常的参数,从而来判断主机是否可以正常接入网络。

3. ipconfig 命令程序的应用

【示例 6】 Windows 中 ipconfig 命令的应用。

(1) 依次选择“开始”→“运行”→cmd 命令选项,打开命令提示符窗口。在该窗口中,输入 ipconfig/all 后,按 Enter 键,正常时的响应如图 2-19 所示。

(2) 如果所输入的 IP 地址符合规定,但输入 ipconfig 命令后,显示的信息如图 2-20 所示时,则表示该主机的 IP 地址与网络上其他主机使用的相同,即出现了 IP 地址的冲突,此时建议用户更换 IP,以解决冲突。

图 2-19　ipconfig/all 正常时的响应窗口

```
命令提示符
C:\>ipconfig

Windows 2000 IP Configuration

Ethernet adapter 本地连接:

        Connection-specific DNS Suffix  . :
        IP Address. . . . . . . . . . . . : 0.0.0.0
        Subnet Mask . . . . . . . . . . . : 0.0.0.0
        Default Gateway . . . . . . . . . :
```

表示该主机IP地址在网络上有重复

图 2-20　ipconfig 主机配置不正常的响应窗口

说明：执行 ipconfig/all 命令后，显示信息的含义如表 2-1 所示。

表 2-1　ipconfig 执行时显示信息的含义

名　　称	解　　释
Host Name	主机名(计算机名)
Primary DNS Suffix	主 DNS 后缀名

续表

名　称	解　释
Node Type	通信结点类型
IP Routing Enabled	IP 路由启动状况
WINS Proxy Enabled	WINS 代理功能启动状况
Ethernet Adapter 本地连接	以太网卡-本地连接的名称、类型及参数
Connection-specific DNS Suffix	指定连接的域后缀名
Description	网卡型号
Physical Address	网卡的物理(MAC)地址
DHCP Enabled	DHCP 启用状态
Autoconfiguration Enabled	自动配置启用状态
Autoconfiguration IP Address	自动配置的 IP 地址
Subnet Mask	子网掩码
Default Gateway	默认网关
DNS Servers	DNS 服务器,有时为多个
PPP Adapter ADSL	点对点 ADSL 适配器

习题

1. 局域网由哪两个部分组成? 每个部分又由哪些部件组成?
2. 什么是 Intranet? 它由哪些部分组成? 它与 Internet 有什么相同与不同?
3. 请画出 Intranet 的逻辑结构图,以及二层结构的交换网络的网络结构示意图。
4. Intranet 有哪些特点? 其核心技术是什么?
5. 什么是网络系统的计算模式? 常见的网络计算模式有哪几种?
6. 什么是 C/S 模式? C/S 模式有哪些主要特点? 画出 C/S 系统的实现结构图。
7. 什么是 B/S 模式? 它与 C/S 模式有何不同? B/S 模式又有哪些主要特点?
8. 什么是对等模式? 它有哪些主要特点? 适用于什么场合?
9. 在 Windows 网络中,按 P2P 模式工作的网络叫什么名字?
10. 小型局域网的硬件系统由哪些主要部分组成?
11. 一个具有 20 台计算机的小型单位已经使用了 100BASE-T 交换式局域网,现在需要与 Internet 连接。请为其设计通过路由器接入 Internet 的方案。第一,画出设计方案的连接示意图;第二,列出局域网组成部件的清单。
12. 请写出使用 Windows 组建小型"工作组"网络,并实现资源共享的主要步骤。
13. 常用的网络测试命令有哪些?

本章实训环境和条件

(1) 网络环境:指已建好的小型 10/100/1000BASE 以太网。以太网的硬件应当包括集线器(交换机)、双绞线(标准线)、带有计算机网卡的两台以上数量的计算机。

(2) 安装 Windows XP/7/8 或 Windows 其他版本的计算机。

(3) 本实训中的XX为学号，如，01、02、…、36。

实训项目

1. 实训1：组建 Windows XP 工作组网络

1) 实训目标

(1) 掌握在 Windows XP 中，网络组件的类型与设置步骤。

(2) 掌握组建 Windows XP 工作组网络的步骤。

(3) 掌握在 Windows XP 工作组中发布与使用共享文件夹的步骤。

2) 实训内容

(1) 设置网络组件。

(2) 组建包含两台计算机，工作组名为 WG03 XX 的工作组网络。

(3) 使用 ping 命令检测两台主机的连通性。

(4) 在每台计算机上使用 ipconfig，记录基本配置信息。

(5) 在 Windows XP 或 Windows 2003 中，按照实训的目标要求设置和测试 Windows 网络。完成示例1、示例5、示例6中的内容。

2. 实训2：组建 Windows 7 工作组网络

1) 实训目标

(1) 组建包含两台计算机，工作组名为 WGXX 的 Windows 7 工作组网络。

(2) 掌握 Windows 7 中，网络组件的类型与设置步骤。

(3) 掌握组建 Windows 7 工作组网络的步骤。

(4) 掌握在 Windows 7 工作组中，发布与使用共享文件夹的步骤。

2) 实训内容

按照实训的目标要求设置和测试 Windows 7 网络：完成示例2～示例6。

3. 实训3：TCP/IP 中常用测试命令工具的应用

1) 实训目标

掌握和理解常用测试工具程序的使用。

2) 实训内容

(1) 在"命令提示符"对话框中，使用 ipconfig /all 命令程序，检测和记录所在主机配置的 TCP/IP 有关的各种信息，并对其响应进行分析和记录，例如，IP 地址、网卡的 MAC 地址、子网掩码和网关地址，以及 IP 地址是否重复等。

(2) 在"命令提示符"对话框中，使用 ipconfig /? 命令程序，记录3个主要参数的含义。

(3) 在"命令提示符"对话框中，使用"ping 同网段主机 IP"命令，确认与该主机的连通性好坏。

第3章 Internet 接入技术

现在，几乎每个人都希望随时随地与 Internet 连接。无论是个人用户还是企业用户，都面临着要通过不同的技术和服务商连接到 Internet 的问题。选择接入技术时，需要考虑哪种接入技术更方便快捷？哪种接入技术费用更低、连接速度更快？哪种接入技术可靠性更高？随着技术的不断进步，Internet 的接入技术也不断推陈出新，用户应根据不同条件选择适当的方法，进行正确的操作配置，实现与 Internet 的即连即用。

本章内容与要求

- 了解：Internet 主要接入技术。
- 掌握：单机通过局域网接入 Internet 的方法。
- 掌握：单机用户通过 ADSL 接入 Internet 的方法。
- 掌握：小型局域网通过 ICS 共享接入 Internet 的方法。
- 掌握：小型局域网通过无线路由器接入 Internet 的方法。
- 了解：IEEE 802.11 和 Wi-Fi 的相关知识。
- 了解：四代移动通信技术。
- 了解：Bluetooth、IrDA、HomeRF、UWB、ZigBee 5 种无线通信技术。

3.1 Internet 接入技术概述

对于用户来说，想要连接 Internet，都需要通过互联网服务提供商。了解不同的 Internet 接入技术，才能根据自身环境选择适当的方案。

3.1.1 了解 ISP

1. 什么是 ISP

ISP(Internet Service Provider)即互联网服务提供商，是向广大用户综合提供互联网接入业务、信息业务和增值业务的电信运营商。ISP 是经国家主管部门批准的正式运营企业，享受国家法律保护，没有 ISP 提供连接 Internet 的途径，用户是无法自己连接到 Internet 上的。

不同的 ISP 提供了多种不同带宽、不同价格、不同可靠性的接入方法。在上网之前，应先对 ISP 提供的各种上网方式进行了解和选择，然后联系 ISP，办理手续，交纳费用，再获得供上网的用户账号和密码，最后通过接入设备及软件的相应配置，就可以连接 Internet。

2. 如何选择 ISP

选择 ISP 时，需要综合考虑上网的速率、一次投资和维持费用等多种因素。中国大陆地区三大基础运营商如下。

(1) 中国电信。提供拨号上网、ADSL、1X、CDMA 1X、EVDO rev. A、FTTx 服务。

(2) 中国移动。提供 GPRS 及 EDGE 无线上网、TD-SCDMA 无线上网，一少部分 FTTx 服务。

(3) 中国联通。提供 GPRS、W-CDMA 无线上网、拨号上网、ADSL、FTTx 服务。

2008 年电信重组之后，中国移动与中国铁通合并，运营 TD-SCDMA 网络，中国电信与中国联通 C 网(CDMA 网)合并运营 CDMA2000，而中国网通和中国联通 G 网(GSM 网)合并运营 WCDMA。

在中国大陆，还有几大二级运营商，其中"歌华有线宽带"提供有线电视线路接入、"北京电信通"提供光纤接入、"长城宽带"提供宽频接入等。

另外，值得一提的是，2013 年 12 月，工业和信息化部向中国联通、中国电信、中国移动正式发放了第四代移动通信业务牌照(即 4G 牌照)，此举标志着中国电信产业正式进入了 4G 时代。

3.1.2 Internet 接入技术的概念

Internet 接入技术通常是指一个 PC 或局域网与 Internet 相互连接的技术，或者是两个远程局域网之间的相互连接技术。接入的介质包括电话线或数据专线等。

3.1.3 主要 Internet 接入技术

根据传输介质的不同，目前的接入技术主要分为以下几类。

1. 铜线接入

铜线接入是指使用普通的电话铜线作为传输介质的接入技术。为了提高铜线的传输速率，必须采用各种先进的调制技术和编码技术。常用的铜线接入技术类型有 3 种。

(1) PSTN 接入。公用交换电话网(Public Switched Telephone Network，PSTN)接入指的是使用 Modem 和 PSTN 线路，以拨号方式接入 Internet。

(2) DSL 接入数字用户线路(Digital Subscriber Line，DSL)是以铜质电话线为传输介质的传输技术，一般统称为 xDSL 技术。xDSL 技术包括 HDSL、SDSL、VDSL、ADSL 和 RADSL 等多种技术，其中最常见的是 ADSL(非对称数字用户线路)。

(3) 电源线接入。指通过"电 Modem"和电源线接入 Internet 的技术。

2. Cable Modem 接入

Cable Modem 接入是指通过有线电视的同轴电缆和机顶盒接入 Internet 的方式。

3. 光纤接入

目前光纤接入一般是指光纤到社区,双绞线或其他电缆线入户接入 Internet 的技术。光纤是目前传输带宽最宽的传输介质,被广泛地应用在局域网的主干网上。光纤技术正在飞速地发展和普及,且价格也在下降。我国的"宽带中国"战略提出加快宽带网络的升级改造,加速推进光纤入户。光纤入户是未来几年甚至几十年电信网接入宽带化的目标。

4. 无线接入

无线接入是指笔记本电脑、手机等移动设备通过 ISP 接入 Internet 的方式。本书 3.4 节重点讲解无线接入技术。

3.2 单机接入 Internet

3.2.1 通过局域网接入

在学校和公司等单位,个人一般都是通过局域网接入 Internet。学校或公司等单位的局域网中会划为多个子网(VLAN),多个子网都需要借助统一的局域网网关(路由器)连接 Internet。作为个人主机用户,会分别处于不同的子网中,必须按照局域网内地址分配的要求来设置自己的 TCP/IP 属性,才能够正常地与局域网内的其他主机连通,再进一步连接 Internet。局域网内主机连接 Internet 的方法如图 3-1 所示。

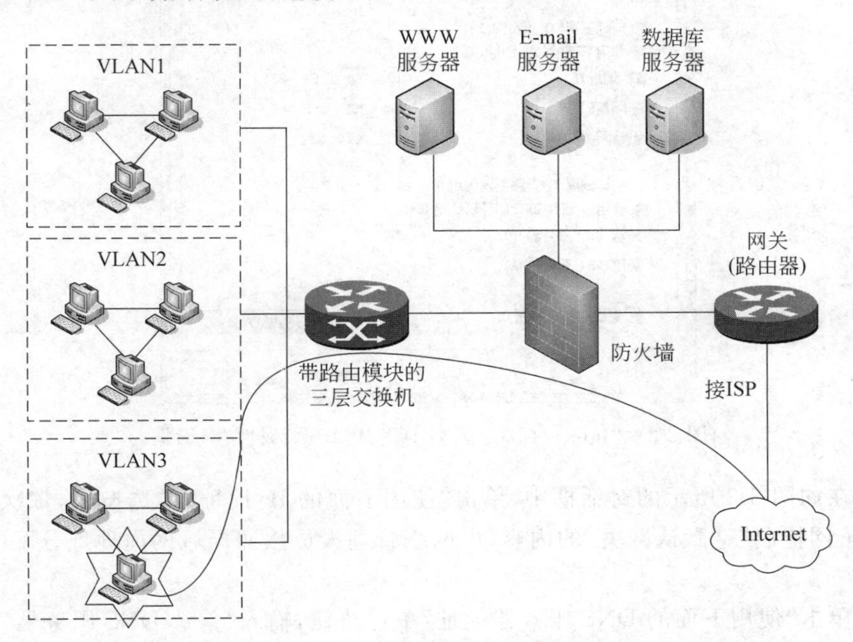

图 3-1 局域网主机接入 Internet 示意图

1. 网卡的安装与连接

局域网上的计算机如果没有安装网卡，则需要购置网卡，关闭电源，打开机箱，按网卡的总线类型将网卡插入相应的扩展槽中。打开主机电源，进入操作系统，系统会检测到新硬件，然后根据系统提示安装网卡驱动程序即可。

网卡要与网络进行连接，需要使用网线将网卡接口与办公室、小区或大厦布放的网线插座相连，或者与局域网内的 Hub 或交换机连接起来，保证其物理连通。网卡的指示灯一般有两个，其中绿色的是电源灯，这个灯亮着说明网卡已经正常通电。另外一个指示灯是信号灯，正常工作时这个黄色的灯会不停地闪烁。

2. TCP/IP 的配置

【示例 1】 Windows 7 中 TCP/IP 的配置过程。

(1) 右击桌面上的"网络"图标，依次选择"属性"→"更改适配器设置"选项。

(2) 双击"本地连接"图标，打开"本地连接属性"对话框。在"网络"选项卡的项目列表框中双击"Internet 协议版本 4(TCP/IPv4)"，打开"Internet 协议版本 4(TCP/IPv4)属性"对话框，如图 3-2 所示。

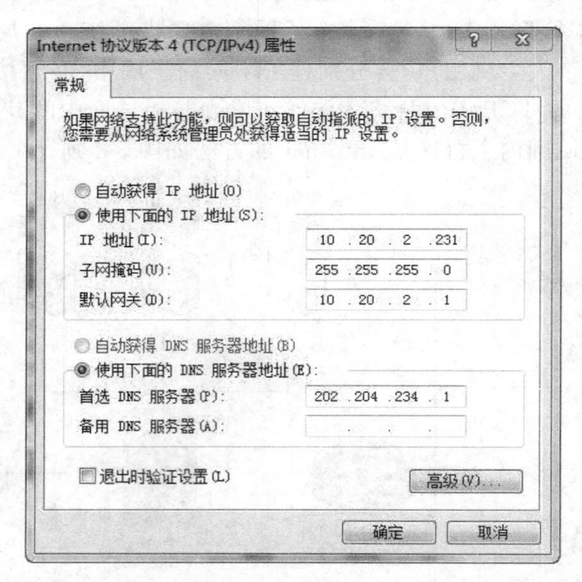

图 3-2 "Internet 协议版本 4(TCP/IPv4)属性"对话框

(3) 在如图 3-2 所示的对话框中，单击"使用下面的 IP 地址"单选按钮，依次输入"IP 地址"、"子网掩码"、"默认网关"的内容(由网络管理人员按照局域网内地址分配的要求进行分配)。

(4) 单击"使用下面的 DNS 服务器地址"单选按钮，输入"首选 DNS 服务器"和"备用 DNS 服务器"的地址，并确保能够与它们中的其中一个连通，由它们负责应用 Internet 时的域名解析工作。

(5) 单击"确定"按钮，完成配置。

完成上述安装配置过程后，即可使用 Internet 的各种服务。

3.2.2 通过 ADSL Modem 接入

1. ADSL 简介

非对称数字用户线路(Asymmetric Digital Subscriber Line，ADSL)是一种通过现有普通电话线为家庭、办公室提供宽带数据传输服务的技术。ADSL 能够在现有的铜双绞线，即普通电话线上提供最高为 8Mbps 的高速下行速率，而上行接入速率为 512kbps。

目前 ADSL 接入方式通常采用用户虚拟拨号方式(PPPoE)拨号。

ADSL 的局端设备和用户端设备之间通过普通的电话铜线连接，无须对入户线缆进行改造就可以为现有的大量电话用户提供 ADSL 宽带接入。根据实际测试数据和使用情况，在目前大量采用的 0.4mm 线径双绞电话线上，用户接入距离在 3km 以内为 ADSL 512kbps/1Mbps 速率保障区域，用户接入距离在 2.8km 以内为 ADSL 2Mbps 速率保障区域。ADSL 对距离和线路情况十分敏感，随着距离的增加和线路的恶化，速率会受影响。

2. ADSL 的功能特点

(1) 具有很高的传输速率。理论上，ADSL 的传输速率上行最高可达 512kbps，下行最高可达 8Mbps。用户可以在因特网自由冲浪，浏览新闻、娱乐、游戏、下载图片、享受高质量的视频点播服务等。

(2) 上网打电话互不干扰。ADSL 数据信号和电话音频信号以频分复用原理调制使各自频段互不干扰。在上网的同时可以使用电话，避免了拨号上网的烦恼。而且，由于数据传输不通过电话交换机，因此使用 ADSL 上网不需要缴纳拨号上网的电话费用，节省了通信费用。

(3) 安装快捷方便。在现有电话线上安装 ADSL，只需在用户端安装一台 ADSL Modem 和一个电话分离器，用户线路不用任何改动，极其方便。

3. 申请安装方式和资费方案

到 ADSL 安装地址所属营业厅进行申请，客户在营业厅办理 ADSL 相关手续并交费后，即可获得 ADSL 上网账号、用户名和密码。

目前用户使用 ADSL 需要支付一次性费用和宽带使用费用。

注意：各地上网的速率、服务和计费差别较大，因此，请用户先到当地 ISP 进行咨询。

一次性费用包括一次性接入费和综合工料费两部分。宽带使用费用方案有 3 种。

(1) 限时。根据不同的上网带宽和月接入时长，每月收取固定费用。

(2) 包月。对于个人用户来说，每月收取固定的费用，而使用时间不加限制。

(3) 计时。按带宽和实际上网时间收取费用，以分钟计。

4. 用户端的 ADSL 接入配置

1) ADSL Modem 的安装与连接

ADSL 接入的硬件连接如图 3-3 所示。其中，分离器为一个方形小盒，上有 3 个接口，分别标有 LINE、PHONE、ADSL，LINE 口接入户电话线，PHONE 口接电话机（如果要并分机请在此接口上进行），ADSL 口接入 ADSL Modem。

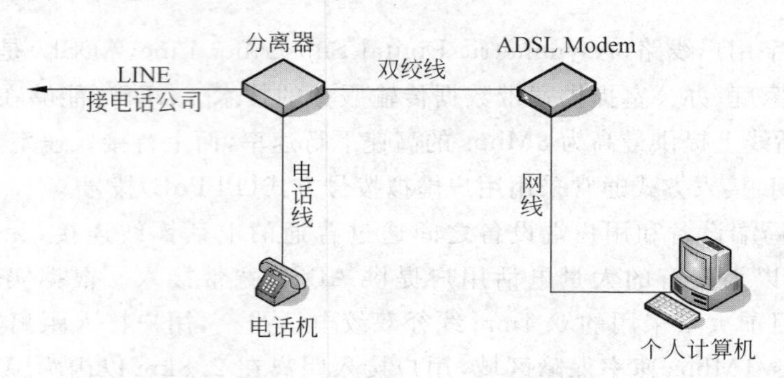

图 3-3　ADSL 接入示意图

(1) 将分离器的 LINE 口用电话线连接到墙面上的电话插口。

(2) 若同时使用固定电话，则用电话线将电话机连接到分离器的 PHONE 口上。

(3) 将 ADSL Modem 用电话线连接到分离器的 ADSL 口上。

(4) 将计算机的网卡与 ADSL Modem 用网线连接起来。

(5) 打开 ADSL Modem 电源，ADSL Modem 灯亮。

2) 用户端的软件配置

对于家庭 ADSL 用户，目前均采用虚拟拨号连接(PPPoE)的方式，在上网之前首先需要设置虚拟拨号连接，输入宽带账号密码后拨号上网。

【示例 2】 在 Windows 7 上实现 ADSL 接入 Internet。

通过 Windows 7 的功能，ADSL 的个人或局域网用户无须安装任何其他专用的 PPPoE 软件，即可方便地建立起自己的 ADSL 或局域网的虚拟拨号连接。下面具体说明在 Windows 7 计算机上实现 ADSL 接入 Internet 的操作方法。

(1) 依次选择“开始”→“控制面板”→“网络和 Internet”→“网络和共享中心”选项，打开如图 3-4 所示的窗口。

(2) 依次选择“设置新的连接或网络”→“连接到 Internet”→“宽带(PPPoE)(R)”选项，打开如图 3-5 所示的对话框。

(3) 在如图 3-5 所示的对话框中，需要填写由 ADSL 接入服务 ISP 提供的 ADSL 用户名和密码。在“连接名称”输入框中，可以输入用户为该连接设置的名称(用来区分不同的 ISP)，还可以勾选“记住此密码”复选框，方便每次的连接操作。然后单击“连接”按钮，打开如图 3-6 所示的对话框。

(4) 完成 ADSL 虚拟拨号连接的设置过程后，可以在“网络和共享中心”→“更改适配器设置”窗口中看到如图 3-7 所示的 ADSL“宽带连接”图标。需要连接 Internet 时，双击

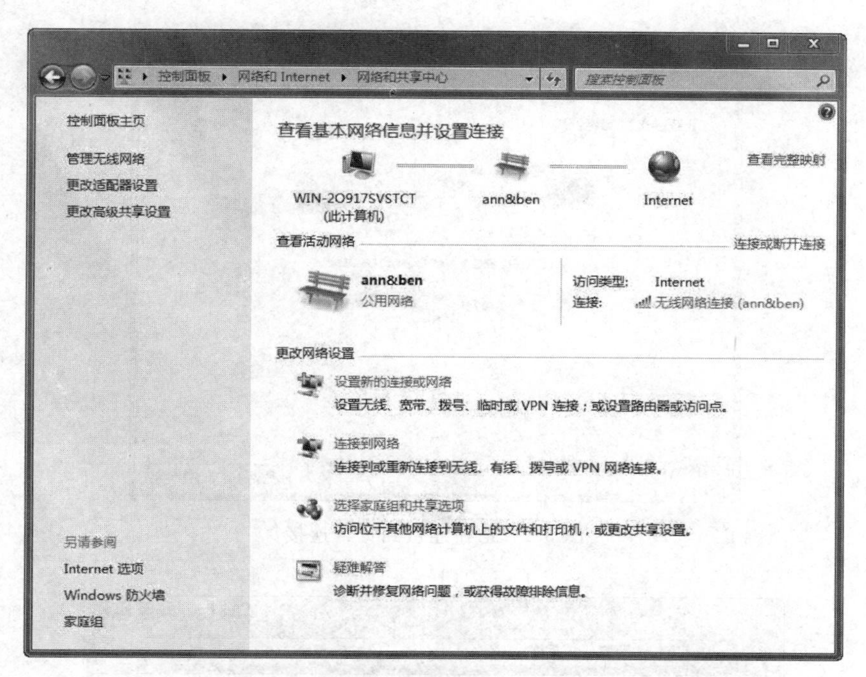

图 3-4　网络和共享中心

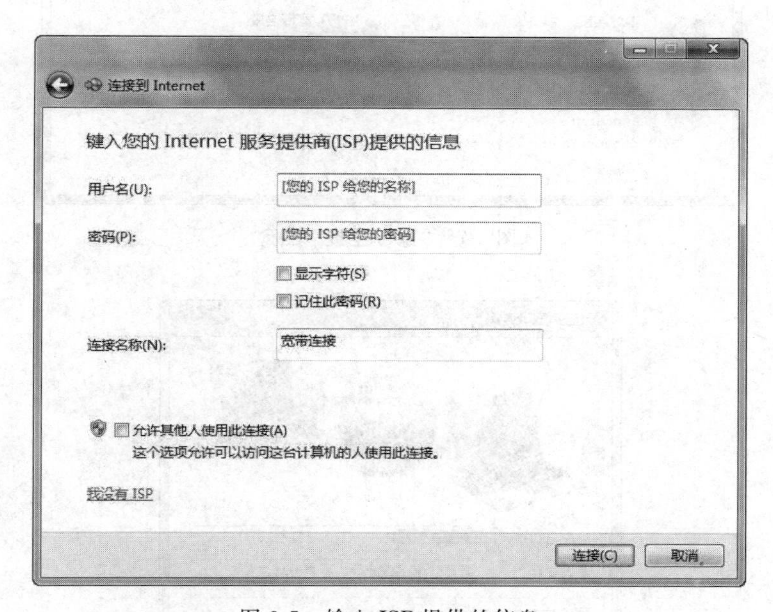

图 3-5　输入 ISP 提供的信息

“宽带连接”图标，即可打开如图 3-8 所示的“连接 宽带连接”对话框。

(5) 在如图 3-8 所示的连接对话框中，输入由 ISP 提供给用户的用户名和密码，单击“连接”按钮，即可接入 Internet。

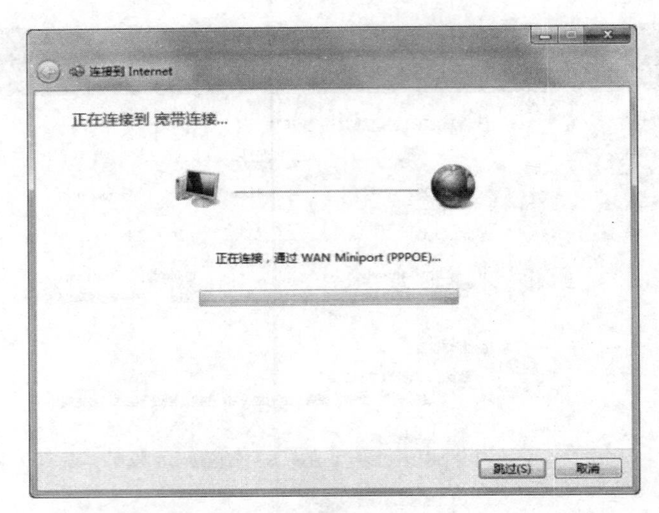

图 3-6　正在连接到宽带连接

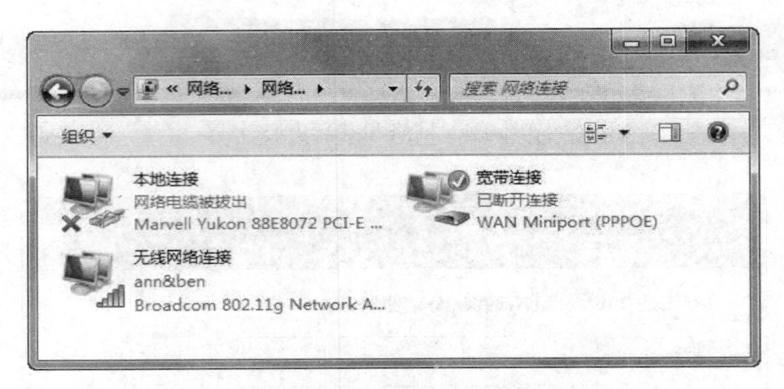

图 3-7　“宽带连接”图标

图 3-8　“连接 宽带连接”对话框

3.3 小型局域网接入 Internet

3.3.1 通过 ICS 共享接入 Internet

1. 了解 ICS

对于一个小公司、小办公室或者一个家庭的多台计算机，当需要共享同一个网络通路接入 Internet，最简单方便的方式就是 ICS。

Internet 连接共享(Internet Connection Sharing，ICS)是 Windows 系统对家庭网络或小型 Intranet 网络提供的一种 Internet 连接共享服务。

ICS 实际上相当于一种网络地址转换器。网络地址转换器就是当数据包向前传递的过程中，可以转换数据包中的 IP 地址和 TCP/UDP 端口等地址信息。有了网络地址转换器，将私有地址转换成 ISP 分配的单一的公用 IP 地址，从而实现对 Internet 的连接。

ICS 通常用于包含 2～10 台计算机的网络，是小型办公或家庭办公网络连接到 Internet 的一种简便方法。

开启了 ICS 服务，能够为客户端提供 ICS 共享服务的服务器称为 ICS 服务端。通过 ICS 服务端共享上网的计算机称为 ICS 客户端。

2. 实现 ICS 共享接入 Internet

ICS 共享接入 Internet 的配置方法简单方便，可以按照以下 4 步来完成。

(1) 确保 Internet 通路。确认 ICS 服务端能够正常上网。

(2) 组建对等网。确保各台计算机之间线路连通，可以相互通信。

(3) 配置 ICS 服务端。

(4) 配置 ICS 客户端。

【示例 3】 在 Windows 7 中配置 ICS 服务端。

本示例的网络环境如图 3-9 所示。网络中的 ICS 服务端需要安装两块网卡，一块命名为“WAN 连接”，一块命名为“LAN 连接”。示例的最终目标是实现 ICS 客户端与 ICS 服务端共享上网。

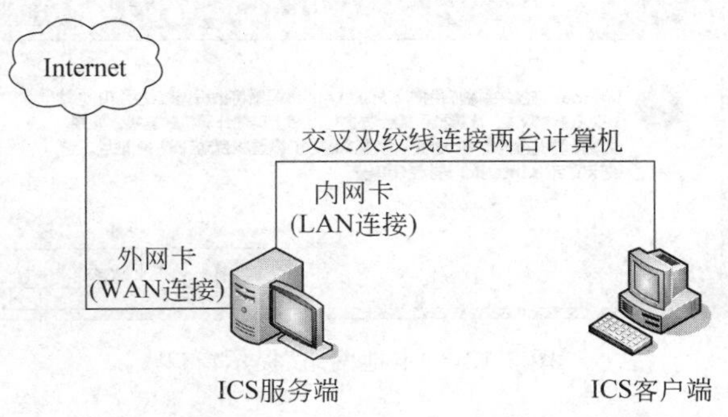

图 3-9 双机 ICS 共享的网络环境示意图

当需求扩展为多台共享时，可以用交换机或集线器作为局域网连接设备，网络环境如图 3-10 所示。

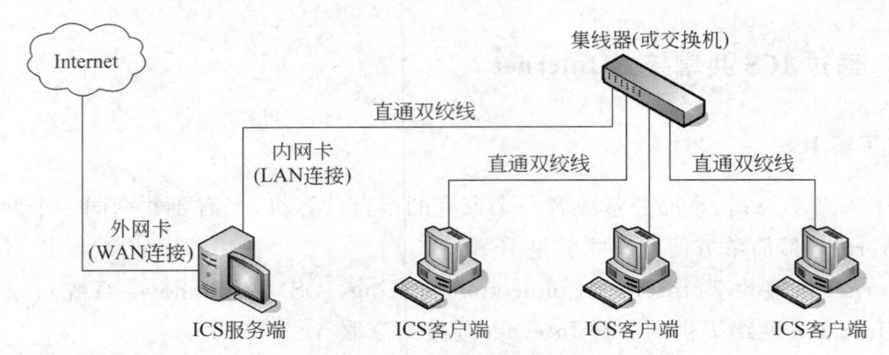

图 3-10　多机 ICS 共享的网络环境示意图

① 在 ICS 服务端计算机的桌面上右击“网络”图标，在弹出的快捷菜单中，单击“属性”选项，打开“网络和共享中心”窗口。

② 在窗口左边的任务窗格中选择“更改适配器设置”，打开“网络连接”窗口。本示例服务器安装有两块物理网卡，“LAN 连接”用于连接局域网内部其他主机，“WAN 连接”用于连接外部网络或 Internet（当然，WAN 连接也可以改变为无线接入方式）。

③ 右击“WAN 连接”，在弹出的快捷菜单中，单击“属性”选项。在“WAN 连接属性”窗口中选择“共享”选项卡，如图 3-11 所示。

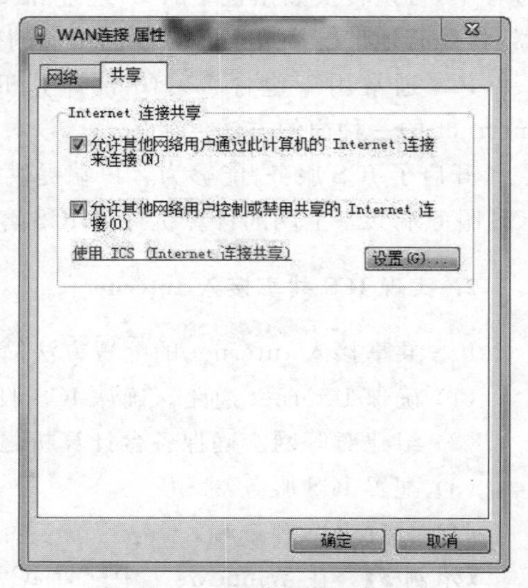

图 3-11　“共享”选项卡

④ 在该窗口中选中“允许其他网络用户通过此计算机的 Internet 连接来连接”复选框，然后，单击“确定”按钮，激活图 3-12 所示的窗口。单击“是”按钮完成 ICS 服务端的设置。

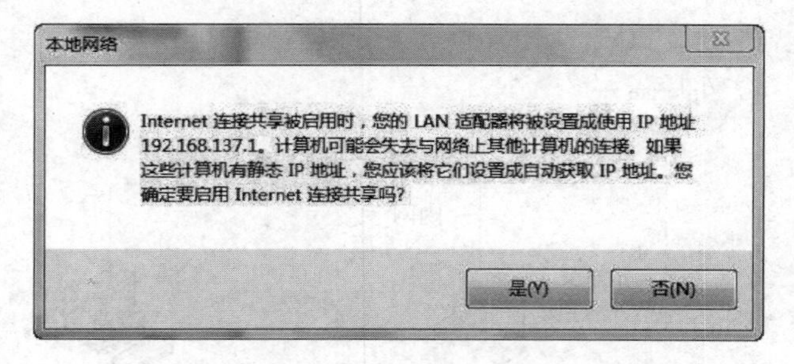

图 3-12　“本地网络”提示窗口

⑤ 设置完成后，“网络连接”窗口中两块网卡的状态如图 3-13 所示。

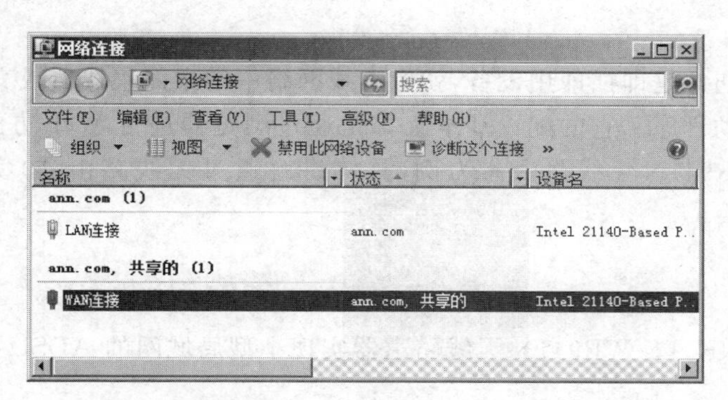

图 3-13 “网络连接”状态

⑥ 在“网络连接”窗口中,右击局域网卡“LAN 连接”,在弹出的快捷菜单中,单击“属性”选项。在“LAN 连接属性”窗口中,选中“Internet 协议版本 4(TCP/IPv4)”,单击“属性”按钮,激活 “Internet 协议版本 4(TCP/IPv4)属性”窗口,其 IP 地址已被自动设置为 192.168.137.1,子网掩码为 255.255.255.0。完成 ICS 服务端的共享设置。

【示例 4】 在 Windows 7 中配置 ICS 客户端。

① 在 ICS 客户端计算机上右击桌面上的“网络”图标,依次选择“属性”→“更改适配器设置”选项。双击“本地连接”图标,打开“本地连接属性”对话框。在“网络”选项卡的项目列表框中双击“Internet 协议版本 4(TCP/IPv4)”,打开“Internet 协议版本 4(TCP/IPv4)属性”对话框。

② 在该对话框中,要将 IP 地址设定成与 Internet 接入计算机的 LAN 网卡相同的网段,即 192.168.137.x(x 为 2～255 之间的自然数)。在本示例中,将 IP 地址指定为 192.168.137.2,子网掩码 255.255.255.0。由于采用网关方式共享 Internet,即把 Internet 接入计算机当成网关计算机,所以,默认网关应填写 Internet 接入计算机的 IP 地址 192.168.137.1,而首选 DNS 服务器也填写 192.168.137.1。本示例 ICS 客户端的 TCP/IP 属性设置如图 3-14 所示。

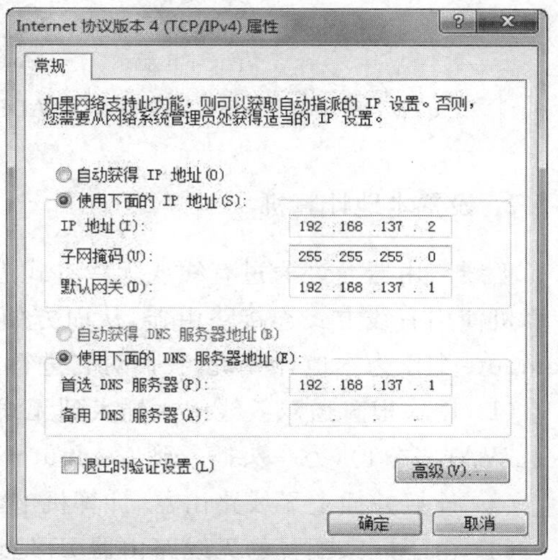

图 3-14 ICS 客户端的 TCP/IP 设置

③ 以上设置完成并单击“确定”按钮以后,返回系统桌面。此时,作为一台 ICS 的客户端计算机,可以通过 ICS 服务端作为网关,共享同一网络连接通路来连接 Internet。

3.3.2 通过无线路由器实现小型局域网的 ADSL 接入

在家庭或小型办公室网络中,可以方便地采用无线路由器来实现集中连接和共享上网两项任务,因为无线路由器同时兼备无线 AP(Access Point,无线接入点)的集中连接功能。

无线路由器通常是即插即用设备，就像有线网络中的桌面集线器或交换机一样，所以无须安装任何驱动程序。它的配置基本上都是通过浏览器进行 Web 方式配置。下面以 TP-LINK TL-WR941N 无线路由器为例，具体讲解通过无线路由器，实现小型局域网 ADSL 接入的方法。

1. 硬件连接

通过 TP-LINK TL-WR941N 无线路由器实现小型局域网的 ADSL 接入时的硬件连接如图 3-15 所示。

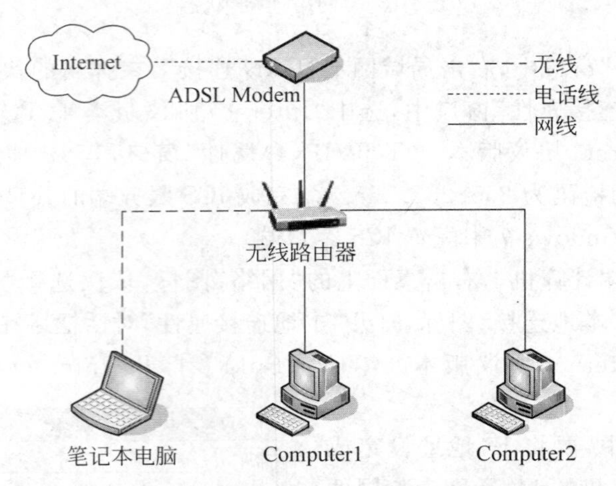

图 3-15　小型局域网 ADSL 共享接入硬件连接示意图

2. 设置本地计算机

无线路由器允许通过有线或无线方式进行连接，但是第一次配置时，需要有一台本地计算机使用有线方式连接路由器，从而方便对无线路由器进行初始化设置。图 3-15 中，Computer1 作为本地计算机，我们对它进行如下操作。

(1) 用一根直通双绞线一头插入到无线路由器的其中一个 LAN 交换端口上(注意：不是 WAN 端口)，另一头插入到 Computer1 计算机的有线网卡 RJ-45 接口上。

(2) 连接并插上无线路由器、计算机电源，开启计算机进入系统。

(3) 由于厂家配置的无线路由器 IP 地址为 192.168.1.1，为了与它连通并对它进行配置，需要将 Computer1 设置为与无线路由器同一网段，这样，才能使 Computer1 与无线路由器能够相互通信，例如，将 Computer1 的 IP 地址设置为 192.168.1.2，子网掩码为 255.255.255.0，默认网关和首选 DNS 地址则设为无线路由器地址，即 192.168.1.1。

3. 无线路由器的基本配置

在本地计算机 Computer1 中通过 Web 方式连接无线路由器的管理界面，即可对无线路由器进行基本配置工作。

【示例 5】 无线路由器基本配置(以 TP-LINK TL-WR941N 为例)。

(1) 打开 IE 浏览器,在地址栏中输入 http://192.168.1.1(见图 3-16),然后按回车键。

图 3-16 无线路由器的 Web 管理界面登录

(2) 随后将弹出一个新的对话框,如图 3-17 所示。输入无线路由器厂家默认的用户名和密码(出厂时默认用户名为 admin,密码为 admin),单击“确定”按钮登录无线路由器的 Web 管理界面。

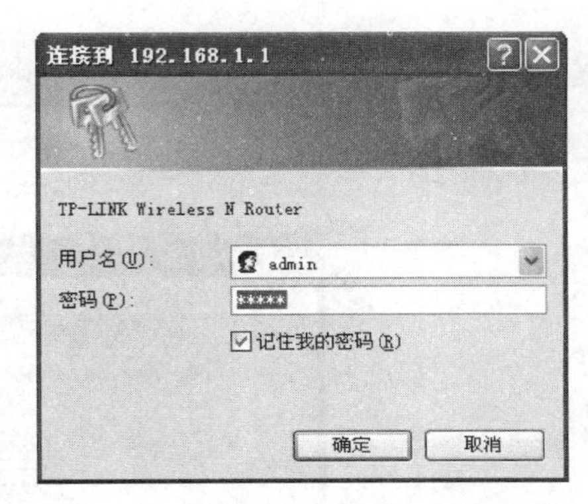

图 3-17 无线路由器“登录”对话框

(3) 进入路由器设置界面后,会打开如图 3-18 所示的“设置向导”对话框。如果没有弹出,请单击页面侧栏“设置向导”。

(4) 在如图 3-18 所示的设置向导中,单击“下一步”按钮,打开如图 3-19 所示的页面。在新的页面中,根据网络情况选择上网方式。TP-LINK 公司的这款无线路由器支持 3 种上网方式,即虚拟拨号 ADSL、动态 IP 以太网接入和静态 IP 以太网接入。此示例选择“ADSL 虚拟拨号(PPPoE)”单选项。

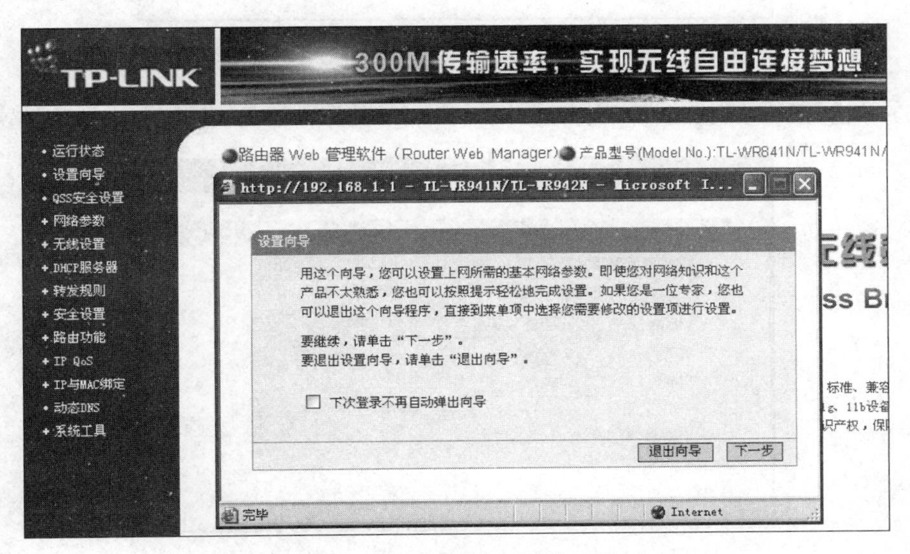

图 3-18 无线路由器 Web 管理界面

(5) 单击“下一步”按钮,即可打开如图 3-20 所示的页面。在此 ADSL 账号设置页面中,输入申请 ADSL 虚拟拨号服务时 ISP 提供的上网账号及口令。

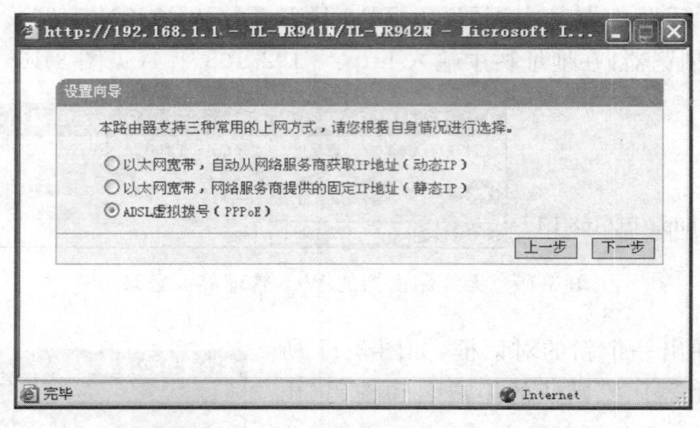

图 3-19　选择上网方式

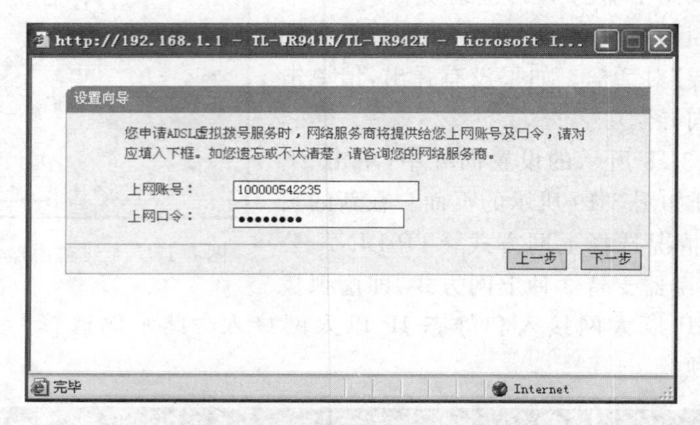

图 3-20　ADSL 账号和口令输入

(6) 单击"下一步"按钮，即可打开如图 3-21 所示的路由器无线网络基本参数设置页面。

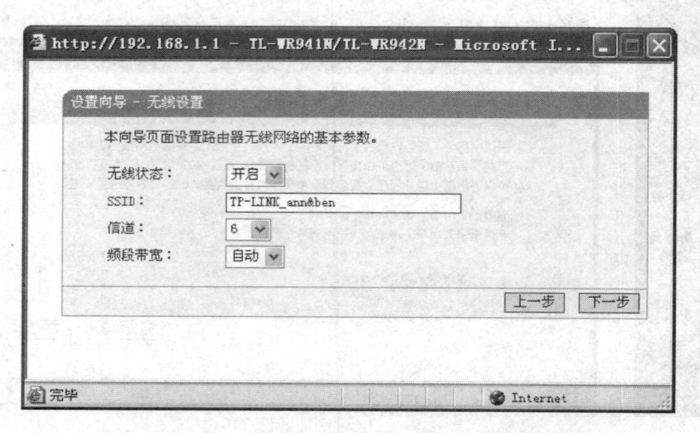

图 3-21　无线网络基本参数设置页面

① 无线状态：开启或者关闭路由器的无线功能设置无线网络参数。

② SSID：设置任意一个字符串来标明所设置的无线网络。

③ 信道：设置路由器的无线信号频段，推荐使用1、6、11频段。

④ 频段带宽：设置无线数据传输时所占用的信道宽度，可选项有20MHz、40MHz和自动。

注意：以上提到的信道宽度设置仅针对支持IEEE 802.11N协议的网络设备，对于不支持IEEE 802.11N协议的设备，此设置不生效。

然后，设置向导会打开设置完成页面，如图3-22所示，至此，路由器的基本设置已经完成。在路由器管理界面中的"运行状态"中，如果路由器WAN口已成功获得相应的IP地址、DNS服务器等信息（见图3-23），这时就可以享受Internet服务了。

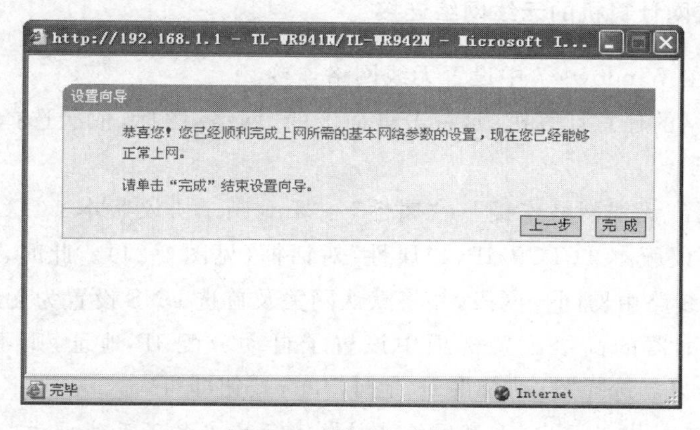

图3-22　设置完成提示

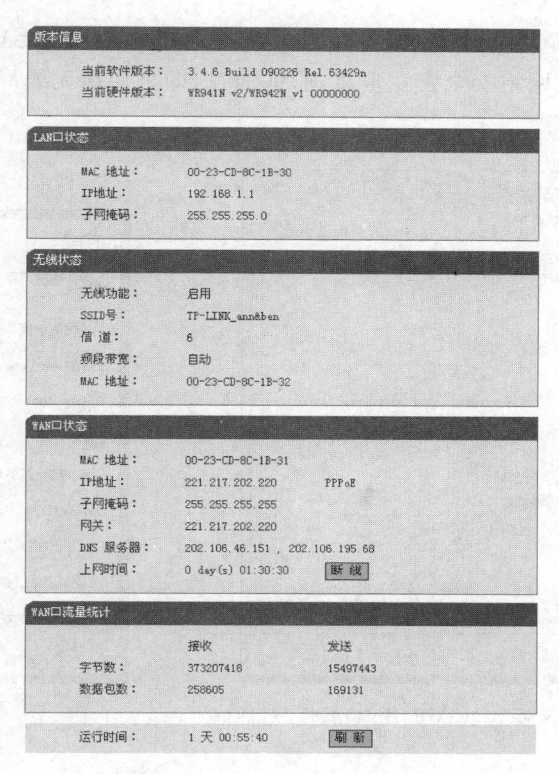

图3-23　路由器"运行状态"信息

4. 无线路由器高级配置

完成无线路由器的基本配置后，还需要进行一些对后面无线网络客户端配置影响较大的配置选项，如 IP 地址分配方式、无线网络安全认证方式、网络安全配置和管理员口令配置等。这些都关系到无线客户端的使用，也关系到无线网络的安全。在此不一一细述。请用户根据实际应用的无线路由器产品来进行详细配置。

5. 设置局域网计算机的无线网络连接

【示例 6】 在 Windows 7 中设置无线网络连接。

(1) 在局域网的任意计算机中，右击桌面上的"网络"图标，依次选择"属性"→"更改适配器设置"选项。

(2) 依次选择"无线网络连接"→"属性"→"Internet 协议版本 4(TCP/IPv4)"选项，打开"Internet 协议版本 4(TCP/IPv4)属性"对话框(见图 3-24)。此时，只需将 TCP/IP 参数设置为与无线路由器同一网段，并将默认网关及首选 DNS 设置为无线路由器地址即可(如果无线路由器的高级配置选项中设置了自动分配 IP 地址，则不需要手工设置 TCP/IP 的信息，只需选择"自动获得 IP 地址"单选按钮即可)。

提示： 网络连接中显示出"无线网络连接"，表示已安装了无线网卡。如果无此连接，请检查无线网卡是否可用。

(3) 双击无线网络连接，在如图 3-25 所示的所有可用连接中，选择适当的连接名称，在如图 3-26 所示输入网络安全密钥信息，验证通过，即可使用无线局域网，并且通过无线路由器连接 Internet 了。

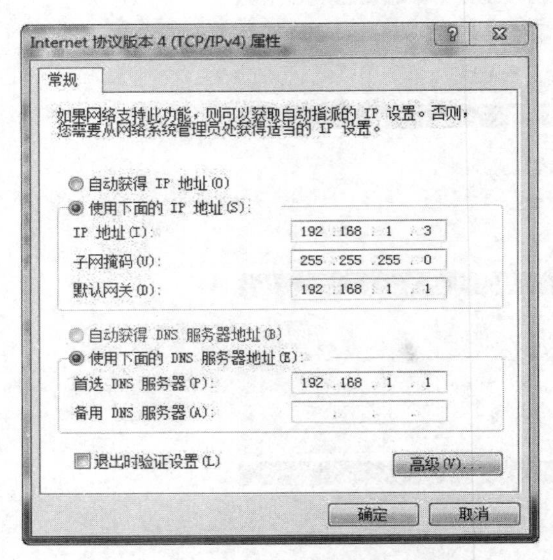

图 3-24 "Internet 协议版本 4(TCP/IPv4)属性"对话框

图 3-25 "可用连接"列表

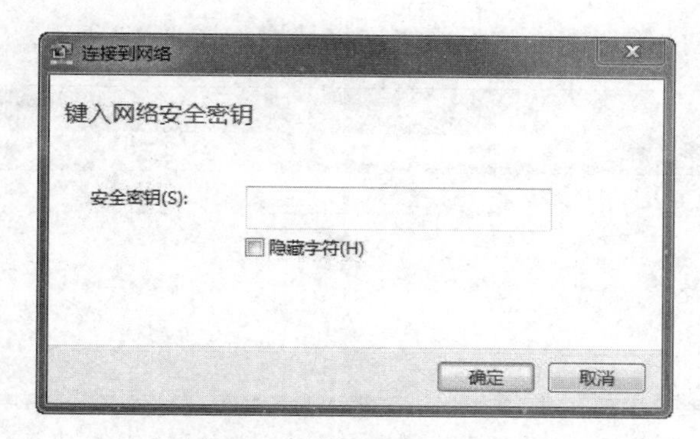

图 3-26 安全密钥输入窗口

3.4 无线接入 Internet

3.4.1 无线接入技术的概念

无线接入技术(Wireless Access Technology)是以无线技术(大部分是移动通信技术)为传输媒介将用户终端与网络结点连接起来,以实现用户与网络间的信息传递。

无线接入技术在当今社会发挥着巨大作用,主要应用于电话网、移动通信网、无绳通信系统、卫星移动通信系统、个人通信网等。

3.4.2 IEEE 802.11 和 Wi-Fi

IEEE 802.11 或无线保真(Wireless-Fidelity,Wi-Fi)技术致力于解决企业、家庭甚至公共"热点"位置(如机场、酒店及咖啡店)对无线局域网的需要。利用无线网络,用户可以在会议室、走廊、大厅、餐厅及教室中访问网络数据,而无须利用电缆连接到固定网络接口。

IEEE 802.11 是 IEEE(国际电子电气工程师协会)最初制定的一个无线网络标准,主要用于解决办公室局域网和校园网、用户与用户终端的无线接入。业务主要限于数据存取,速率可达 11Mbps 以上。Wi-Fi 由 Wi-Fi 联盟所持有,目的是改善基于 IEEE 802.11 标准的无线网络产品之间的互通性。

由于 IEEE 802.11 在速率和传输距离上都不能满足人们的需要。因此,IEEE 及 Wi-Fi 联盟联合相继推出了 IEEE 802.11b 和 IEEE 802.11a 两个新标准。802.11g、802.11i 等多种版本后来也加入了 Wi-Fi 标准阵营。802.11a 和 802.11b 分别运行在 5GHz 和 2.4GHz 的频段,分别支持 54Mbps 和 11Mbps 的速率。

【示例 7】 在 Windows 7 中设置 Wi-Fi 共享。

在没有 Wi-Fi 设备的情况,手机、Pad 无法使用 Wi-Fi 是一件非常郁闷的事,但是可以利用 Windows 7 系统自带的 DOS 命令把笔记本变身为一台无线 AP 发射器。以提供给手机和 Pad 等设备上网。

Windows 7 系统的笔记本电脑的网络连接情况如图 3-27 所示。

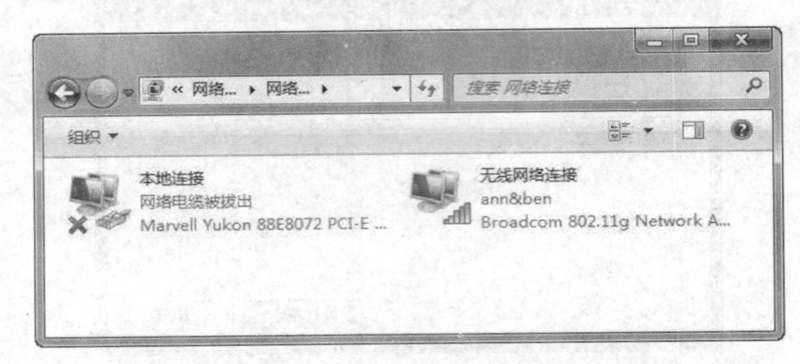

图 3-27　未设置无线网络连接共享时的网络连接情况

(1) 依次选择"开始"→"运行"选项，在"运行"对话框中的文本框中输入 cmd，出现命令提示符，输入命令"netsh wlan set hostednetwork mode＝allow ssid＝penny key＝12345678"，启动虚拟 Wi-Fi 网卡，其中"ssid＝"后的参数为网络名(可以自定义名称)，key 为密钥(设置 8 位以上)。输入命令后，按 Enter 键，会提示启动承载网络，如图 3-28 所示。如果不能启动，则关闭命令提示符，设置以管理员身份运行，再输入 netsh 这条命令即可。

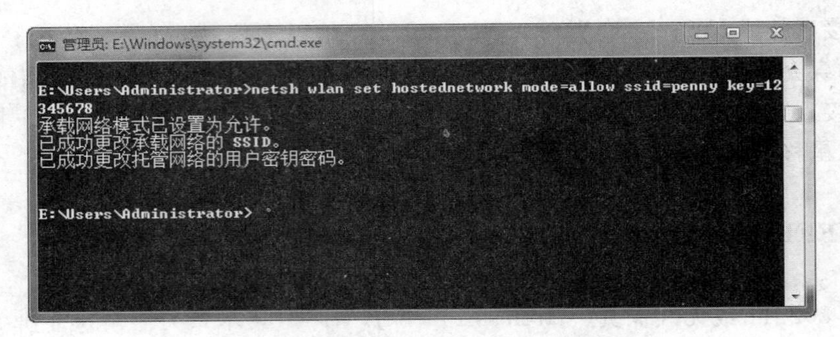

图 3-28　使用 DOS 命令允许承载网络模式

(2) 接下来，依次选择"网络共享中心"→"更改适配器"，会看到一个名为"无线网络连接 2"的网络连接，如图 3-29 所示，这就是 Windows 7 自带的虚拟 Wi-Fi 网卡，接着右击正在连接的"无线网络连接"，选择"属性"选项，看到"共享"选项卡，单击进入，勾选"允许其他网络用户通过此计算机的 Internet 连接来连接"复选框，并选择"无线网络连接 2"来连接，如图 3-30 所示。

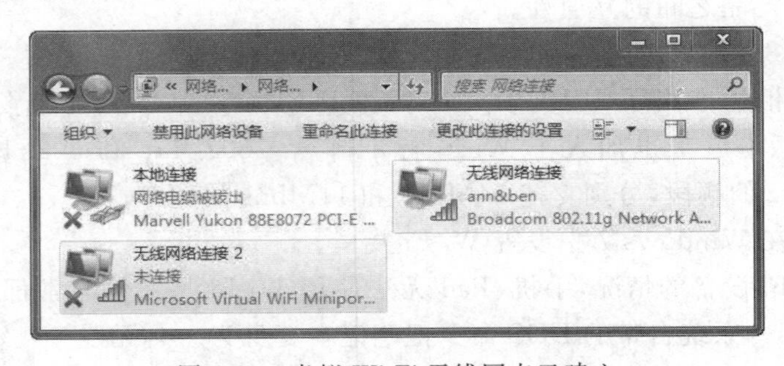

图 3-29　虚拟 Wi-Fi 无线网卡已建立

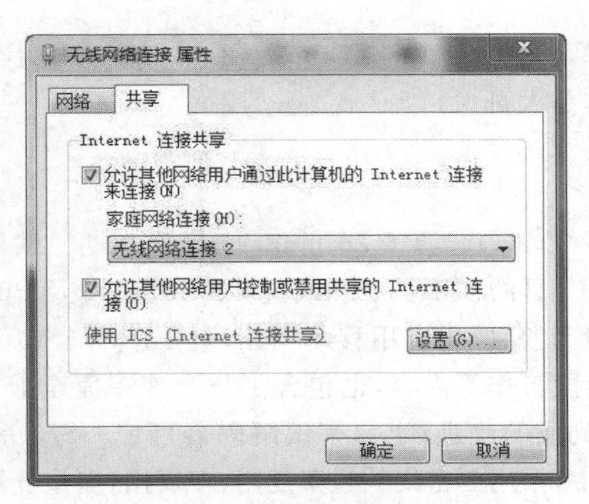

图 3-30 设置共享无线网络连接

(3) 打开命令提示符,输入命令"netsh wlan start hostednetwork",启动承载网络,如图 3-31 所示。

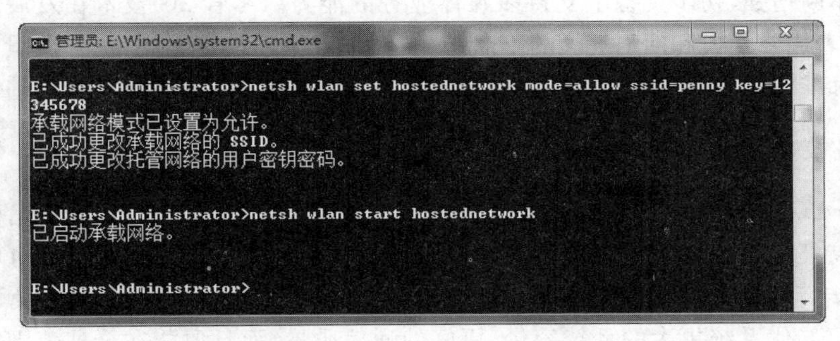

图 3-31 使用 DOS 命令启动承载网络

(4) 打开手机的无线局域网络设置界面,会搜索到一个刚刚定义的名为 penny 的网络,如图 3-32 所示,此时输入刚设好的密钥 12345678 即可以享受极速的手机免费 Wi-Fi。

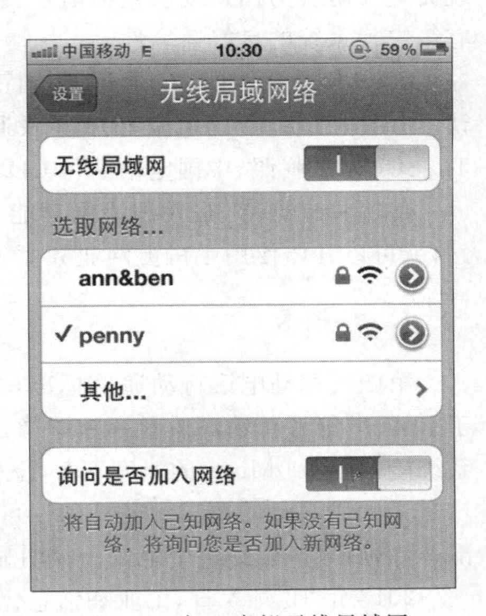

图 3-32 加入虚拟无线局域网

3.4.3 移动通信技术

G 是英文 Generation 的缩写,到目前为止,移动通信技术可以分为 4 代。

1. 1G 技术

第一代移动通信系统(1G)是在 20 世纪 80 年代初提出的。第一代移动通信系统是基于模拟传输的,其特点是业务量小、质量差、安全性差、没有加密和速度低。1G 主要基于蜂窝结构组网,直接使用模拟语音调制技术，传输速率约 2.4kbps。不同国家采用不同的工作系统。第一代模拟制式手机的代表作是大哥大。

2. 2G 技术

第二代移动通信系统(2G)起源于 20 世纪 90 年代初期。欧洲电信标准协会在 1996 年提出了 GSMPhase2+，目的在于扩展和改进 GSMPhase1 及 Phase2 中原定的业务和性能。它主要包括 CMAEL(客户化应用移动网络增强逻辑)、S0(支持最佳路由)、立即计费、GSM900/1800 双频段工作等内容，也包含了与全速率完全兼容的增强型话音编解码技术，使得话音质量得到质的改进；半速率编解码器可使 GSM 系统的容量提高近一倍。在 GSMPhase2+阶段中，采用更密集的频率复用、多复用、多重复用结构技术，引入智能天线技术、双频段等技术，有效地克服了随着业务量剧增所引发的 GSM 系统容量不足的缺陷；自适应语音编码(AMR)技术的应用，极大地提高了系统通话质量；GPRs/EDGE 技术的引入，使 GSM 与计算机通信/Internet 有机结合，数据传送速率可达 115/384kbps，从而使 GSM 功能得到不断增强，初步具备了支持多媒体业务的能力。尽管 2G 技术在发展中不断得到完善，但随着用户规模和网络规模的不断扩大，频率资源已接近枯竭，语音质量不能达到用户满意的标准，数据通信速率太低，无法在真正意义上满足移动多媒体业务的需求。

3. 3G 技术

3G(3rd Generation)指第三代移动通信技术，与前两代系统相比，第三代移动通信系统的主要特征是可提供丰富多彩的移动多媒体业务，其传输速率在高速移动环境中支持 144kbps，步行慢速移动环境中支持 384kbps，静止状态下支持 2Mbps。其设计目标是为了提供比第二代系统更大的系统容量、更好的通信质量，而且要能在全球范围内更好地实现无缝漫游及为用户提供包括话音、数据及多媒体等在内的多种业务，同时也要考虑与已有第二代系统的良好兼容性。

2009 年是我国的 3G 元年，我国正式进入第三代移动通信时代。工业和信息化部确认，为中国移动、中国电信和中国联通发放第三代移动通信(3G)牌照。中国移动获得 TD-SCDMA 牌照，中国电信获得 CDMA2000 牌照，而中国联通则获得 WCDMA 牌照。

使用具有支持 3G 手机上网功能的手机，单击上网键或者菜单访问手机上网门户网站，就可以开始使用手机上网业务。

4. 4G 技术

第四代移动电话行动通信标准，指的是第四代移动通信技术。4G 集 3G 与 WLAN 于一体，并能够传输高质量视频图像，它的图像传输质量与高清晰度电视不相上下。4G 系统能够以 100Mbps 的速度下载，上传的速度也能达到 20Mbps，并能够满足几乎所有用户对于无线服务的要求。此外，4G 可以在 DSL 和有线电视调制解调器没有覆盖的地方部署，然后再扩展到整个地区。很明显，4G 有着不可比拟的优越性。

2013 年 12 月 4 日，工业和信息化部向中国联通、中国电信、中国移动正式发放了第四代移动通信业务牌照(即 4G 牌照)，此举标志着我国电信产业正式进入 4G 时代。

3.4.4 其他无线接入技术

1. 蓝牙无线接入技术

蓝牙(Bluetooth)一词取自北欧海盗时代维京人国王 Harald Bluetooth 的名字。它是一种无线数据与语音通信的开放性全球规范，它能替代线缆使包括移动电话、掌上电脑、笔记本电脑、相关外设和家庭电器等众多设备在短距离之间进行无线信息交换。

蓝牙工作在全球通用的 2.4GHz ISM(即工业、科学、医学)频段。蓝牙的数据速率为 1Mbps，通信范围为 10～100m，可以同时支持数据和语音的传输。

蓝牙网络(见图 3-33)的基本单元是微微网(Piconet)，微微网由主设备(Master)单元(发起连接的设备)和从设备(Slave)单元构成。蓝牙采用自组式组网方式(Ad-hoc)，一个微微网中，有一个主设备单元和最多 7 个从设备单元。主设备单元负责提供时钟同步信号和跳频序列，从设备单元一般是受控同步的设备单元，接受主设备单元的控制。

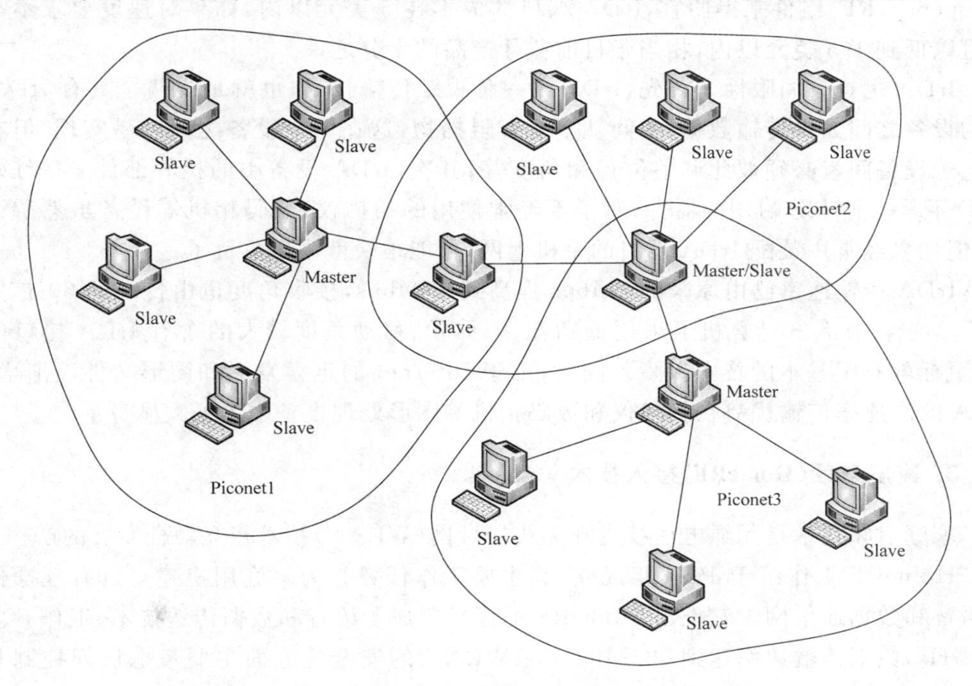

图 3-33 蓝牙网络示意图

例如，办公室的 PC 可以是一个主设备单元。主设备单元负责提供时钟同步信号和跳频序列，从设备单元一般是受控同步的设备单元，接受主设备单元的控制。如果办公室的 PC 是一个主设备单元，则无线键盘、无线鼠标和无线打印机可以充当从设备单元的角色。一组相互独立、以特定的方式连接在一起的微微网构成一个分布式网络(Scatternet)，一个微微网中的主设备单元同时也可以作为另一个微微网中的从设备单元，这种设备单元又称为复合设备单元。蓝牙独特的组网方式赋予了它无线接入的强大生命力，同时可以有 7 个移动蓝牙用户通过一个网络结点与因特网相连。

2. 红外数据(IrDA)接入技术

IrDA(Infra-red Data Association，红外线数据标准协会)是一种利用红外线进行点对点通信的技术，其相应的软件和硬件技术都已比较成熟。它在技术上的主要优点如下。

(1) 无须专门申请特定频率的使用执照，这一点在当前频率资源匮乏，频道使用费用增加的背景下非常重要。

(2) 具有移动通信设备所必需的体积小、功率低的特点。

(3) 传输速率在适合于家庭和办公室使用的微微网(Piconet)中是最高的，由于采用点到点的连接，数据传输所受到的干扰较少，速率可达 16Mbps。

除了在技术上有自己的技术特点外，IrDA 的市场优势也十分明显。目前，全世界有 5000 万台设备采用 IrDA 技术，并且仍然每年以 50%的速度增长。有 95%的手提电脑安装了 IrDA 接口。在成本上，红外线 LED 及接收器等组件远较一般射频(Radio Frequency，RF)组件来得便宜，IrDA 端口的成本在 5 美元以内，如果对速度要求不高甚至可以低到 1.5 美元以内，相当于目前蓝牙产品的十分之一。

IrDA 也具有局限性。首先，IrDA 是一种视距传输技术，也就是说两个具有 IrDA 端口的设备之间如果传输数据，中间就不能有阻挡物，这在两个设备之间容易实现，但在多个电子设备间就必须彼此调整位置和角度等；其次，IrDA 设备中的核心部件——红外线 LED 不是一种十分耐用的器件，对于不经常使用的扫描仪、数码相机等设备虽然游刃有余，但如果经常用装配 IrDA 端口的手机上网，可能很快就不堪重负了。

IrDA 传输速率已由原来的 4Mbps 提高到 16Mbps，接收角度也由传统的 30°扩展到 120°。这样，在台式计算机上采用低功耗、小体积、移动角度较大的含有 IrDA 接口的键盘、鼠标就有了基本的技术保障。同时，由于 Internet 的迅猛发展和图形文件逐渐增多，IrDA 的高速率传输优势在扫描仪和数码相机等图形处理设备中更可大显身手。

3. 家庭射频(HomeRF)接入技术

家庭射频技术是无绳电话技术和无线局域网(WLAN)技术相互融合发展的产物。

HomeRF 工作组于 1997 年成立，其主要工作任务是为家庭用户建立具有互操作性的语音和数据通信网。它推出 HomeRF 的标准集成了语音和数据传送技术，工作频段为 2.4GHz，数据传输速率达到 100Mbps，在 WLAN 的安全性方面主要考虑访问控制和加密技术。

HomeRF 无线标准是由 HomeRF 工作组开发的开放性行业标准，目的是在家庭范围内，使计算机与其他电子设备之间实现无线通信。

HomeRF 由微软、英特尔、惠普、摩托罗拉和康伯等公司提出，使用开放的 2.4GHz 频段，采用跳频扩频技术，跳频速率为 50 跳/秒，共有 75 个宽带为 1MHz 的跳频信道。HomeRF 基于共享无线接入协议(Shared Wireless Access Protocol，SWAP)。SWAP 使用 TDMA＋CSMA/CA 方式，适合语音和数据业务。在进行语音通信时，它采用数字增强无绳电话(DECT)标准，DECT 使用时分多址技术，适合于传送交互式语音和其他时间敏感性业务。在进行数据通信时它采用 IEEE 802.11 的 CSMA/CA,CSMA/CA 适合于传送高速分组数据。HomeRF 有效范围为 50m。调制方式分为 2FSK 和 4FSK 两种,在 2FSK 方式下,最大的数据传输速率为 1Mbps;在 4FSK 方式下,速率可达 2Mbps。

HomeRF 是对现有无线通信标准的综合和改进：当进行数据通信时,采用 IEEE 802.11 规范中的 TCP/IP 传输协议;当进行语音通信时,则采用数字增强型无绳通信标准。但是,该标准与 802.11b 不兼容,并占据了与 802.11b 和 Bluetooth 相同的 2.4GHz 频率段,所以在应用范围上会有很大的局限性,主要是在家庭网络中使用。

HomeRF 的特点是安全可靠;成本低廉;简单易行;不受墙壁和楼层的影响;传输交互式语音数据采用 TDMA 技术,传输高速数据分组则采用 CSMA/CA 技术;无线电干扰影响小;支持流媒体。

备注：RF 是 Radio Frequency 的缩写,表示可以辐射到空间的电磁频率,频率范围在 300kHz～30GHz 之间。RF 射频就是射频电流,它是一种高频交流变化电磁波的简称。每秒变化小于 1000 次的交流电称为低频电流,大于 10 000 次的称为高频电流,而射频就是这样一种高频电流。有线电视系统就是采用射频传输方式的。

4. 超宽带无线(UWB)接入技术

UWB(Ultra Wide Band)是一种无载波通信技术,利用纳秒至飞秒级的非正弦波窄脉冲传输数据。有人称它为无线电领域的一次革命性进展,认为它将成为未来短距离无线通信的主流技术。

UWB 不用载波,而采用时间间隔极短(小于 1ns)的脉冲进行通信,利用纳秒至飞秒级的非正弦波窄脉冲传输数据。通过在较宽的频谱上传送极低功率的信号,UWB 能在 10m 左右的范围内实现数百 Mbps 至数 Gbps 的数据传输速率。

这种技术抗干扰性能强,传输速率高,系统容量大发送功率非常小。UWB 系统发射功率非常小,通信设备可以用小于 1mW 的发射功率就能实现通信。低发射功率大大延长系统电源工作时间。而且,发射功率小,其电磁波辐射对人体的影响也会很小,应用面就广。

由于 UWB 具有强大的数据传输速率优势,同时受发射功率的限制,在短距离范围内提供高速无线数据传输将是 UWB 的重要应用领域,如当前 WLAN 和 WPAN 的各种应用。总之,UWB 主要分为军用和民用两个方面。在军用方面,主要应用于 UWB 雷达、UWBLPI/D 无线内通系统(预警机、舰船等)、战术手持和网络的 PLI/D 电台、警戒雷达、UAV/UGV 数据链、探测地雷、检测地下埋藏的军事目标或以叶簇伪装的物体。民用主要包括以下 3 个方面：地质勘探及可穿透障碍物的传感器;汽车防冲撞传感器等;家电设备及便携设备之间的无线数据通信等。

5. 近程双向无线(ZigBee)接入技术

ZigBee 是基于 IEEE 802.15.4 标准的低功耗个域网协议。根据这个协议规定的技术是一种短距离、低功耗的无线通信技术。这一名称来源于蜜蜂的"8"字舞,由于蜜蜂(bee)是靠飞翔和"走之字形"(zig)地抖动翅膀的"舞蹈"来与同伴传递花粉所在方位信息,也就是说蜜蜂依靠这样的方式构成了群体中的通信网络。

ZigBee 接入技术的特点是近距离、低复杂度、自组织、低功耗、高数据速率、低成本。主要适用于自动控制和远程控制领域,可以嵌入各种设备。简而言之,ZigBee 是一种便宜的、低功耗的近距离无线组网通信技术。

随着我国物联网正进入发展的快车道,ZigBee 也正逐步被国内越来越多的用户接受。ZigBee 技术也已在部分智能传感器场景中进行了应用。例如,在北京地铁 9 号线隧道施工过程中的考勤定位系统便采用的是 ZigBee,ZigBee 取代传统的 RFID 考勤系统实现了无漏读、方向判断准确、定位轨迹准确和可查询,提高了隧道安全施工的管理水平;在某些高档的老年公寓中,基于 ZigBee 网络的无线定位技术可在疗养院或老年社区内实现全区实时定位及求助功能。由于每个老人都随身携带一个移动报警器,遇到险情时,可以及时地按下求助按钮,不但使老人在户外活动时的安全监控及救援问题得到解决,而且,使用简单方便,可靠性高。

习题

1. 请说明以下专用名词的英文全称及中文解释。

ISP　ADSL　ICS　WAP　3G　IrDA　HomeRF　UWB

2. 主要的 Internet 接入技术有哪些?
3. ADSL 有哪些功能特点? 请访问当地 ISP 的网站,查看 ADSL 资费方案。
4. 请制定家庭小型局域网接入 Internet 的方案,并对这些方案进行比较。
5. 请在网上查询当前无线路由器的主流品牌、产品、价格及功能特点。
6. 通过手机实现移动上网的手段有哪些?
7. 四代移动通信技术各自能达到的最大传输速率是多少?
8. 请简述 Bluetooth、IrDA、HomeRF、UWB、ZigBee 5 种无线通信技术的主要特点。

本章实训环境和条件

(1) Modem 或网卡等接入设备,以及接入 Internet 的线路。
(2) ISP 的接入用户账户和密码。
(3) 已安装 Windows 7 操作系统的计算机。

实训项目

1. 实训 1: 通过 ICS 实现 ADSL 共享接入 Internet

1) 实训目标

(1) 掌握 ADSL Modem 的安装和设置方法。
(2) 掌握 ICS 共享接入的配置方法。

2）实训内容

（1）ADSL 硬件设备的安装及正确连接。

（2）局域网设备的连接，包括集线器、网线、网卡等。

（3）在 Windows 7/windows 8 中安装和设置 ADSL Modem，配置 ICS 服务端和客户端，从而实现几台计算机共享上网。

2. 实训 2：通过无线路由器实现 ADSL 共享接入 Internet

1）实训目标

（1）掌握无线路由器的安装和设置方法。

（2）掌握小型局域网通过 ADSL Modem 无线接入 Internet 的方法。

2）实训内容

（1）ADSL 硬件设备的安装及正确连接。

（2）无线路由器的安装及正确连接。

（3）配置无线路由器。

（4）无线局域网设备的连接，包括无线网卡的配置。

（5）实现计算机和带有无线网卡的笔记本使用 ADSL 线路共享上网。

3. 实训 3：共享笔记本的 Wi-Fi

1）实训目标

掌握共享笔记本 Wi-Fi 的设置方法。

2）实训内容

（1）使用 DOS 命令允许承载网络模式。

（2）建立虚拟无线网卡，并共享无线网络连接。

（3）使用 DOS 命令启动承载网络。

（4）手机搜索 Wi-Fi，并接入 Internet。

第 二 篇

基本应用篇

第4章　WWW 中的信息浏览与获取技术

Internet 是一座装满了各式各样信息文件的宝库，如专业、气象、旅游、服务、技术及无计其数的各类参考资料等；此外，还有许多免费的软件、视频、图片、音频、图像和动画等资源文件；总之，有人们想要的一切。如何才能在这座宝库中快速找到自己需要的资源？找到后，又如何下载和保存？如何打开浏览器就见到自己喜欢的网站？如何保存精彩网站的网址？这些都是这章要解决的基本问题。

本章内容与要求

- 了解：WWW 的发展、工作原理、客户端软件等基本知识。
- 掌握：Web 浏览器的功能与基本术语。
- 掌握：常用浏览器软件的名称、安装与设置方法。
- 掌握：通过浏览器搜索信息的技巧。
- 了解：常用搜索引擎的特点。
- 掌握：搜索引擎的应用技巧。
- 掌握：浏览器收藏夹的应用。
- 了解：通过订阅 RSS 源快速获取新闻的技术。

4.1　WWW 信息浏览基础

WWW 的出现被公认为是 Internet 发展史上的一个重要的里程碑。在 Internet 的发展过程中，WWW 与之密切结合，推动了 Internet 的广泛应用和飞速发展。

4.1.1　WWW 的发展历史

超文本的概念是特德·尼尔逊于 1969 年前后首先提出的，在随后的每两年举行一次的有关学术会议上，每次都会有上百篇左右的超文本方面的学术论文发表，可是谁也没有将超文本技术应用于 Internet 或计算机网络。蒂姆则及时地抓住了其思想的精髓，首先提出了超文本的数据结构，并把这种技术应用于描述和检索信息，实现了信息的高效率存取，从而发明了 WWW 的信息浏览服务方式。因此，蒂姆被认为是 WWW 的创始人。

1989 年 12 月，正式推出 World Wide Web 这个名词。

1991 年 3 月，CERN 向世界公布了 WWW 技术，基于字符界面的 Web 浏览器开始在 Internet 上运行。WWW 的出现，立即在世界引起轰动，并于 1991 年夏天召开了第一次 Web 研讨会。

1992 年开始，一些人开始在自己的主机上研制 WWW 服务器程序，以便通过 WWW 向 Internet 发送自己的信息；另一些人则致力于研制 WWW 浏览器，设计具有多媒体功能的用户使用界面。

1993 年 2 月，用于 Window 系统的测试版的 Mosaic 问世。正是这个著名的 Mosaic 使 WWW 迅速风行全世界。

Mosaic 的研制者是美国伊利诺伊大学的美国国家超级计算机应用中心 NCSA 的马克·安德里森。Mosaic 的研制成功使当时才 20 岁的马克在 WWW 领域中成为仅次于蒂姆的著名人物。

随后，WWW 的发展非常迅速，如今 WWW（Web）服务器已经成为 Internet 中最大和最重要的计算机群组。Web 服务器中文档之多、链接之广、超越时空、资源之丰富都是令人难以想象的。可以毫不夸张地说，WWW 不但是 Internet 发展中最具有开创性的一个环节；也是近年来在 Internet 中，发展最快、取得成就最多、最有影响的一个环节。

4.1.2 WWW 相关的基本概念

1. 万维网（World Wide Web，WWW）

WWW 的简称为 Web，也被称为“环球信息网”。Web 是由遍布全球的计算机所组成的网络。Web 中的所有计算机通过 Web 不但可以彼此联系，还可以在全球范围内，迅速、方便地获取各种需要的信息。因此，可以将 Web 理解为 Internet 中的多媒体信息查询平台。它是目前人们通过 Internet 在世界范围内查找信息和实现资源的最理想的途径。WWW 技术包含了 Internet、超文本和多媒体 3 种领先技术。

2. Web 的首页

1）Web 站点和网页

Web 信息存储于称为“网页”的文档中，而网页又存储于名为 Web 服务器（站点）的计算机上。那些通过 Internet 读取网页的计算机称为“Web 客户机”。在 Web 客户机中，用户通过“浏览器”的程序来查看网页。

总之，万维网是由许多 Web 站点构成的，每个站点又包括有许多 Web 页面。

2）Web 站点的主页

每个 Web 站点都有自己鲜明的主题，其起始的页面称为“主页或首页”（Home Page）。如果把 Web 看成是图书馆，Web 站点就是其中的一本书，每一个 Web 页面就是书中的一页，主页就是书的封面。

3）Web 站点的地址和协议

每个 Web 站点的主页都具有一个唯一的存放地址，这就是统一资源定位符 URL 地址。URL 不但指定了存储页面的计算机名，而且还给出了此页面的确切路径和访问的方式。

例如，URL 方式的地址 http://www.sina.com.cn/提供了下列信息。

(1) www.sina.com.cn：中国新浪网站的站点地址。

(2) http：访问 Web 站点使用的协议是 HTTP，即超文本传输协议。

(3) www：表示该WWW(Web)主机位于名为sina的站点上。

(4) com：表示该网点是商业机构。

(5) cn：表示该网点隶属于中国。

3. Web客户端浏览器的工作过程

(1) 接入Internet,如通过ADSL拨号连入到ISP(网通);之后,通过该ISP连入Internet。

(2) 启动客户机上的浏览器(又称为导航器),世界上最著名的浏览器工具软件为IE(Internet Explorer),使用微软操作系统Windows各个版本的计算机中,都内置了Internet Explorer程序。当然,也可以使用百度、火狐等客户端浏览器。

(3) 在客户端浏览器的地址栏中,输入以URL形式表示的待查询的Web页面的地址。按下回车键后,浏览器就会接受命令,自动地与地址指定的Web站点连通。

(4) 在指定的Web服务器上,找到用户需要的网页后,会返回给客户端的浏览器程序,并显示要求查询的页面内容。

(5) 用户可以通过单击Web页面上的任意的一个链接,实现与其他Web网页的链接,从而达到信息查询的目的。

4.1.3 WWW的工作机制和原理

从20世纪90年代中期(1996年)以后,B/S(浏览器/服务器)结构开始出现,并迅速流行起来。B/S模式的网络以Web服务器为系统的中心,客户端通过其浏览器程序向Web服务器提出查询请求(HTTP方式),Web服务器根据需要向数据库服务器发出数据请求。数据库则根据查询的条件返回相应的数据结果给Web服务器,最后Web服务器再将结果翻译成为HTML或各类脚本语言的格式,并传送给客户的浏览器,用户通过浏览器即可浏览自己所需的结果。从Web站点将用户需要的信息发送回来,HTTP定义了简单事务处理的4个步骤。

(1) 客户的浏览器与Web服务器建立连接。

(2) 客户通过浏览器向Web服务器递交请求,在请求中指明所要求的特定文件。

(3) 若请求被接纳,则Web服务器便发回一个应答。

(4) 客户与服务器结束连接。

4.1.4 WWW的客户端常用软件

WWW的客户端常用软件是浏览器,其中最早普及的就是微软公司的IE浏览器。然而,随着信息时代的到来,各种浏览器层出不穷,而且是各具特色,用户一般都会选择一款适合自己的计算机浏览器。随着智能移动设备(手机或平板电脑)的普及,触摸屏大量使用,因此,适用于触摸屏的浏览器也大量出现。

1. 国内外浏览器市场占有情况

2013 年 8 月全球浏览器市场总份额数据新鲜出炉，Chrome、IE 和火狐仍位居前三位，依目前发展态势看来，在短期内不太可能被超越。从 PC 市场上看，IE 浏览器市场占有率依然排名第一，雄霸了 50%以上的市场份额。而在手机浏览器方面，苹果的 Safari 浏览器完全占据第一的位置，主要得益于旗下的 iPhone、iPad 在全球市场的份额。

据 CNZZ 最新数据显示，2013 年 9 月份中国国内的浏览器市场份额排位如下。

(1) 第 1 位：微软的 IE 所占的市场份额为 46.14%。

(2) 第 2 位：奇虎的 360 浏览器系列所占的市场份额为 24.14%。

(3) 第 3 位：谷歌的 Chrome 浏览器所占的市场份额为 7.25%。

(4) 第 4 位：搜狗的浏览器所占的市场份额为 6.67%。

(5) 第 5 位：苹果的 Safari 浏览器所占的市场份额为 6.47%。Safari 原是苹果计算机操作系统 Mac OS X 中的浏览器；于 2007 年 6 月 11 日推出了支持 Windows XP 与 Windows Vista 的版本；在 2008 年 3 月 18 日，推出了支持 Windows 的正式版。

(6) 第 6 位：腾讯公司旗下的 TT 浏览器所占的市场份额为 2.68%。

(7) 第 7 位：遨游浏览器所占的市场份额为 2.09%。

(8) 其他浏览器所占份额：猎豹浏览器所占市场份额为 1.82%、火狐浏览器所占市场份额为 1.62%、Theworld 浏览器所占市场份额为 0.59%、淘宝浏览器所占市场份额为 0.24%，其他还有 Opera、枫树浏览器等。

2. 国内最常用的五大浏览器

如今，浏览器软件极为普及，每个人都会选择一款自己喜欢且方便使用的浏览器。据 2013 年 9 月的资料显示(见图 4-1)，目前国内应用最多的五大浏览器按占有率为微软公司的 IE、奇虎 360 旗下浏览器、Chrome 浏览器、搜狗浏览器、苹果公司的 Safari 浏览器。

由于普通用户对浏览器的使用较为熟悉，因此，本书仅以计算机中使用最多的 IE 浏览器为例，介绍浏览器的一些简单应用。

3. 微软公司的浏览器

早期，微软公司的 IE 浏览器通常被集成在其操作系统中，例如，Windows XP/2003 中集成了 IE 6.0，Windows Vista/2008 中集成了 IE 7.0，Windows 7 中集成了 IE 8.0，Windows 8 中集成的是 IE 9.0 和 IE 10。因此，使用 IE 的用户数目之多，普及之广是其他浏览器无可比拟的。随着触摸操作的大量应用，IE 10 与 Windows 8 一样，在外观上与操控上，将更加适应触摸。

据 CNZZ 2013 年 11 月份发布的最新数据表明，在 IE 的各版本中，位列第一位的是 IE 8.0，其市场份额为 15.73%；位列第二位的是 IE 6.0，其市场份额为 14.6%；位列第三位的是 IE 7.0，其市场份额为 7.05%；而 IE 9.0 的市场份额仅为 3.94%。

微软公司于 2013 年 11 月 8 日正式面向 Windows 7 平台发布了 IE 11 浏览器的正式版，其对系统的要求是 Windows 7 SP1(32b 和 64b)及 Windows Server 2008 R2 SP1

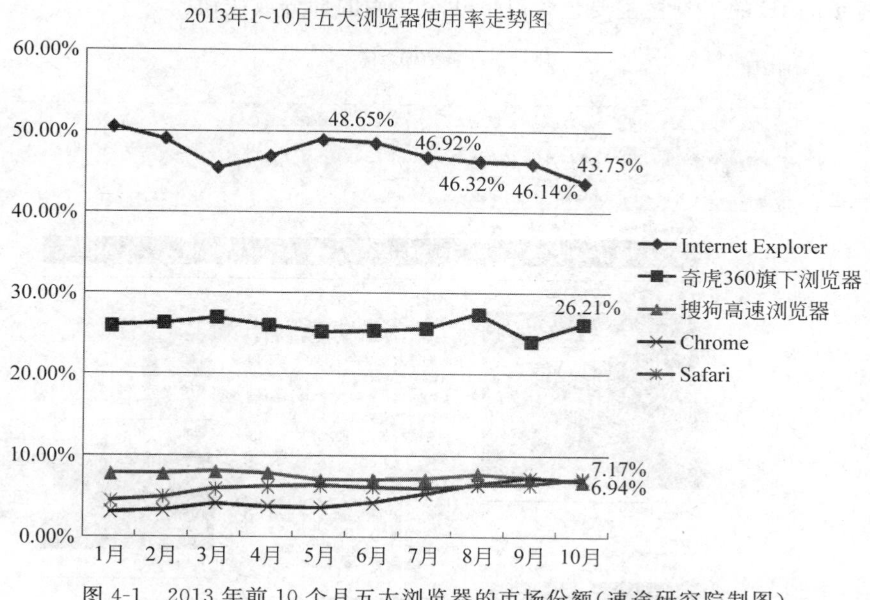

图 4-1　2013 年前 10 个月五大浏览器的市场份额(速途研究院制图)

(64b)。IE 11 支持 95 种语言,加快了页面载入与响应速度,JavaScript 执行效果比 IE 10 快 9%,比同类浏览器快 30%,继续降低 CPU 的使用率,减少移动设备上网电量,主打快速、简单和安全功能。本章使用的 IE 9.0 浏览器的特点如下。

(1) 安全性能较强。微软在 IE 9.0 浏览器中增加了多种安全功能。与其他浏览器相比,IE 具有较高的安全性。只要保持良好的上网习惯,就能避免网页病毒的感染。

(2) 页面简单、清新。IE 9.0 浏览器中,微软公司将用户的浏览体验放在核心位置,摒弃了以往的不足,创造了简洁、清新、时尚且自定义功能强大的窗口。

(3) 标签页浏览。标签浏览技术也是 IE 浏览器的标准配置功能。

(4) 系统兼容性高。微软公司设计了浏览器以及支持其运行的操作系统;因此,IE 9.0 的兼容性较好,并能将自己喜爱的网站保存到操作系统(Windows 7)的开始菜单任务栏中。

(5) 速度快。IE 9.0 是微软公司推出的较以前版本速度都快的浏览器,它拥有更出色的 JavaScript 引擎,并充分利用了硬件的加速器,从而加快网页的载入速度。

4.2　IE 浏览器的基本操作

1. 启动 IE 浏览器

双击任务栏或桌面上的 ,都可以激活图 4-2 所示的 IE 9.0 浏览器工作窗口。

2. IE 浏览器窗口简介

【示例 1】 熟悉 IE 浏览器的窗口。

图 4-2 所示的 IE 浏览器,就是人们在 WWW 上浏览、查询信息时的主要工作窗口。

图 4-2 所示的 IE 的工具栏主要包含以下几个常用的部分或按钮。

图 4-2 IE 9.0 浏览器窗口

1）菜单栏

菜单栏包含基本的菜单命令。使用鼠标指向菜单命令处，单击将激活该菜单命令的下拉菜单，可以进一步选择该菜单的子命令。

2）命令栏

命令（即工具）栏中包含经常使用的一些菜单命令，它们均以按钮的形式出现。这些按钮的对应功能在菜单中均可以找到。此外，用户还可以根据需要增减工具按钮的数量。由于是全中文界面，各按钮的使用及其含义就不再一一介绍。需要帮助时，用户可以在图 4-2 中，依次选择“帮助”→“目录和索引”选项，即可对有关主题寻求帮助。

3）地址栏

地址栏是用户使用最多的栏目。在该栏中输入希望浏览的 URL 地址后，按 Enter 键 IE 浏览器将会自动地链接到相应的站点，例如，用户输入 http://news.sina.com.cn 地址后，就可以访问图 4-2 所示的“新浪新闻”首页。

4）标签栏

如图 4-2 所示，“标签栏”用于对打开的选项卡进行切换和选择。使用好标签栏，将给用户带来极大方便。

5）收藏夹栏

收藏夹栏用于收藏常用网站的链接地址，便于用户快速链接到自己喜欢的网站。

3. IE 9.0 浏览器工具栏的设置

图 4-2 所示窗口的各种工具栏是可以设置成显示或隐藏的，菜单栏、收藏夹栏、命令栏和状态栏等操作方法如下。

方法 1：鼠标指向图 4-2 窗口右上角的空白处，右击，显示图 4-3 所示的“工具栏设置”菜单；用户可以根据需要随时设置要显示或隐藏的工具栏。

方法 2：依次选择“查看”→“工具栏”选项，在展开的类似图 4-4 的下拉菜单中，可以根据需要设置要显示或隐藏的工具栏；当然，单击地址栏后的图标☆，便可在浏览器的右侧显示需要的栏目，如收藏夹、源、历史记录等。

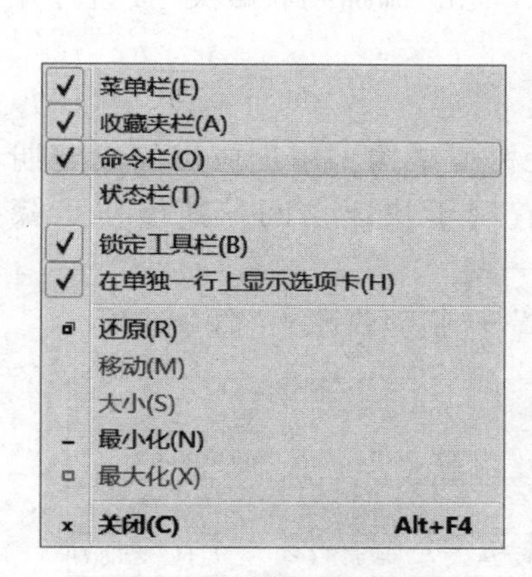

图 4-3 “工具栏设置”菜单

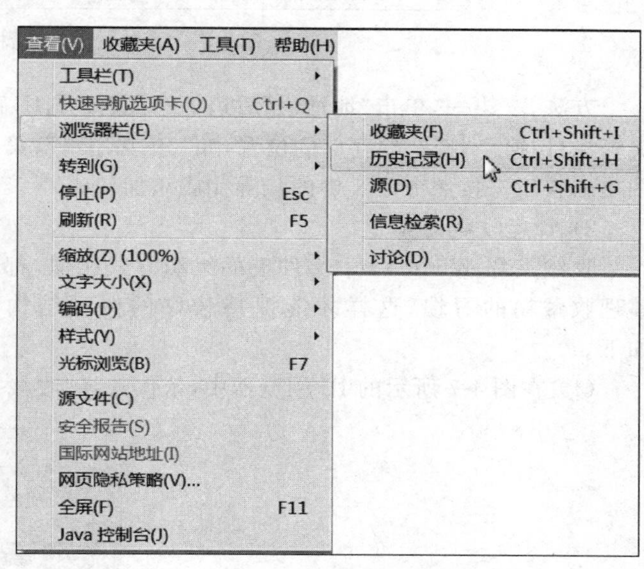

图 4-4 “查看”菜单

4. 打开历史记录或收藏栏

(1) 在图 4-2 所示的 IE 9.0 的工具栏中，依次选择“查看”→“浏览器栏”→“历史记录(或收藏夹)”选项，如选中菜单中的“历史记录”，确认其标记为“√”，参见图 4-4。

(2) 在图 4-2 所示的 IE 9.0 窗口，即可见到窗口左侧打开的“历史记录(收藏夹)”；历史记录中记载了曾经浏览过的网页信息，如今天、星期五、星期六等；用户可以选择并展开某天的文件夹，选中曾经访问过的某个链接再次访问。

5. Web 页面的收藏与收藏夹的管理

【示例 2】 管理和收藏网站的 Web 网址。

1) 收藏 Web 网址

为了快速链接到某个网站或网页，可以将其网址添加到收藏夹栏。操作如下。

方法 1：依次选择菜单“收藏夹”→“添加到收藏夹”命令选项。在图 4-5 所示的“添加收藏”对话框，第一，确定存储位置，如“00-常用组”；如果需要创建新的文件夹，则应单击“新建文件夹”按钮，创建一个新的文件夹进行存储；第二，单击“添加”按钮。

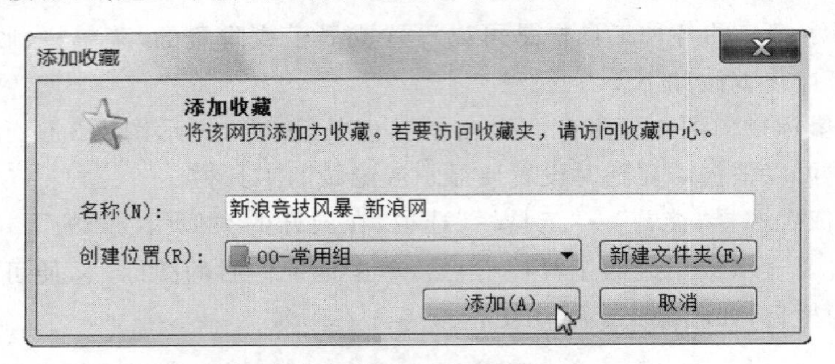

图 4-5 “添加收藏”对话框

方法 2：第一，单击“地址栏”后边的☆图标，在 IE 窗口右侧将展开图 4-6 所示的收藏夹等栏目；第二，选择要存储的位置，如“00-常用组”；第三，单击“添加到收藏夹”按钮打开图 4-5，接下来按照方法 1 中的步骤完成添加任务。

2）管理收藏夹

收藏夹和 Windows 中文件夹的组织方式相似，都是树型结构。用户应当养成定期整理收藏夹的习惯，这样才能保持较好的树型结构，有利于快速访问。其操作步骤如下。

(1) 在图 4-7 所示的 IE 浏览器中，依次选择“收藏夹”→“整理收藏夹”命令选项。

图 4-6 浏览器中“添加收藏”对话框

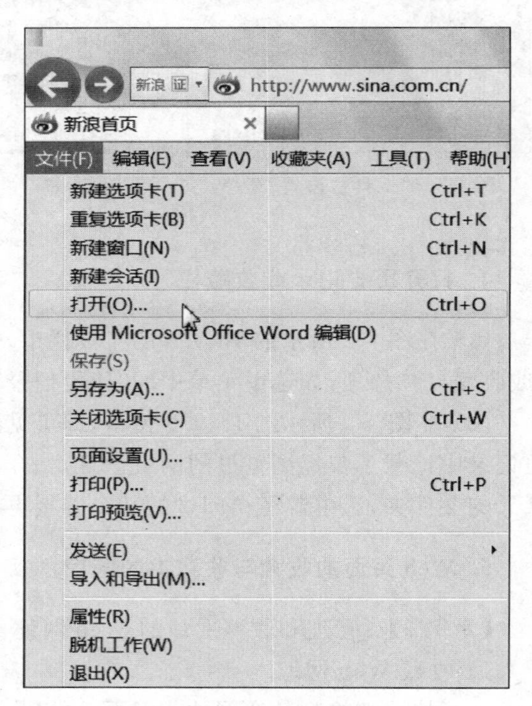

图 4-7 IE 中的“文件”菜单

(2) 在打开的图 4-8 所示的"整理收藏夹"对话框,选择需要整理的目录。

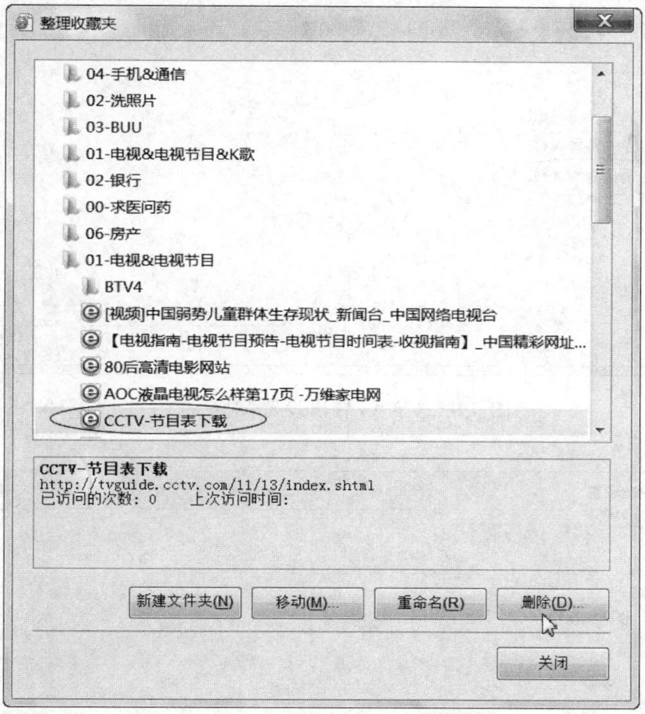

图 4-8 "整理收藏夹"对话框

(3) 在"整理收藏夹"对话框下部,单击"新建文件夹"按钮,可以新建一个文件夹。

(4) 在"整理收藏夹"上部对话框中,第一,选中一个文件夹或网址标签;第二,单击对话框下部的"新建文件夹"、"移动"、"重命名"、"删除"按钮,完成相应的功能;第三,单击"关闭"按钮,完成管理收藏夹的任务。

说明:此处收藏的只是网址,即 Web 站点在 Internet 上的地址,而不是收藏网站中的内容。由于各个 Web 网站的页面会经常更新,因此,收藏网址后,再次打开这个地址时,网页的内容都会有所变化。

3) 导入和导出收藏夹

当用户重装操作系统后,或者是打算在多台计算机上使用已收藏的网址时,通过收藏夹的导入和导出功能,可以快速地实现上述目的,共享已收藏的内容。其操作步骤如下。

(1) 导出操作。在已收藏多个网址的计算机中,打开图 4-7 所示的 IE 浏览器,依次选择"文件"→"导入和导出"命令选项,打开图 4-9。在随后出现的"导入/导出设置"向导对话框中,选择"导出收藏夹"复选框,按照向导的操作依次进行即可完成任务,参见图 4-9～图 4-12。

(2) 导入操作:在需要使用收藏网址的计算机中,重复上述步骤,在图 4-9 所示的对话框进行导入选择,如,选中"从文件导入"选项后,跟随向导完成将所存储的收藏夹导入到新计算机中的任务。当然,也可以在图 4-9 中选择"从另一个浏览器中导入"选项。

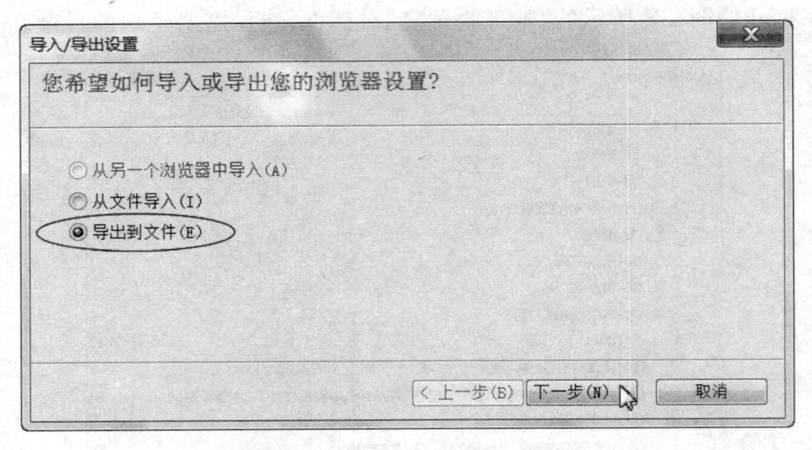

图 4-9 “导入/导出设置”对话框(一)

图 4-10 “导入/导出设置”对话框(二)

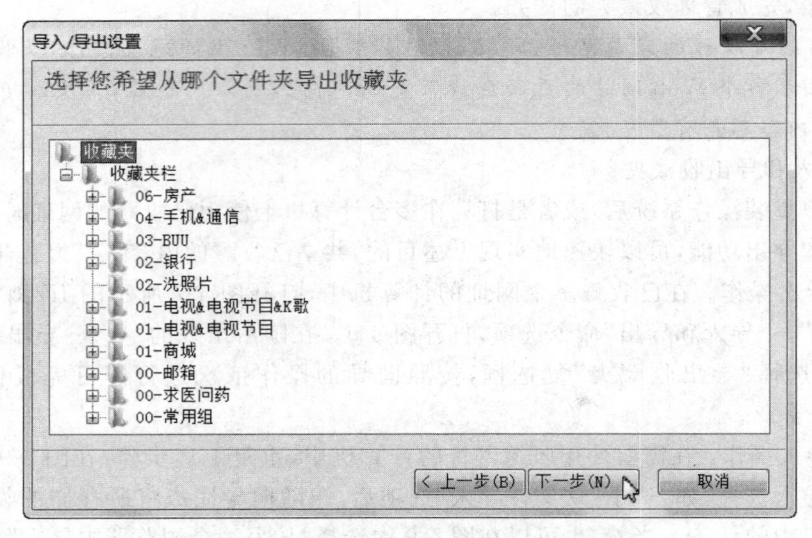

图 4-11 “导入/导出设置”对话框(三)

图 4-12 “收藏夹保存”对话框

6. 通过“收藏夹栏”快速链接到网站

使用链接栏时，在图 4-2 所示的屏幕上，在“收藏夹栏”中，单击已收藏的链接目录，如“00-常用组”，便会显示出选中已收藏的链接项目，从中选择需要链接的网站，如“新浪竞技风暴_新浪网”，即可快速链接到该网页，参见图 4-6。

7. IE 浏览器的基本应用

对于 IE 浏览器的基本操作，用户都不生疏。一般包括输入网址、前进与后退、中断链接、刷新当前网页等简单操作。

【示例 3】 IE 浏览器的基本操作。

1）输入网址

方法 1：在浏览网页时，如果需要输入新的网址，先单击地址栏末端的 ✕ 图标；然后，在图 4-2 所示的浏览器的地址栏中，输入新的网页（网站）地址后，按回车键，开始与新网站建立链接。

方法 2：在图 4-7 所示的 IE 浏览器中，依次选择“文件”→“打开”命令选项；在打开的图 4-13 所示的“打开”对话框中，输入网址；然后，单击“确定”按钮，即可在当前选项卡中打开网址指定的网站。

2）在新选项卡中打开网页

如果不想在当前选项卡中打开新网页，则应先在图 4-7 所示的下拉菜单中，选中“新建选项卡”；这样就会在图 4-2 所示的 IE 9.0 浏览器窗口，增加一个新的选项卡；此后，在

图 4-13 “打开”对话框

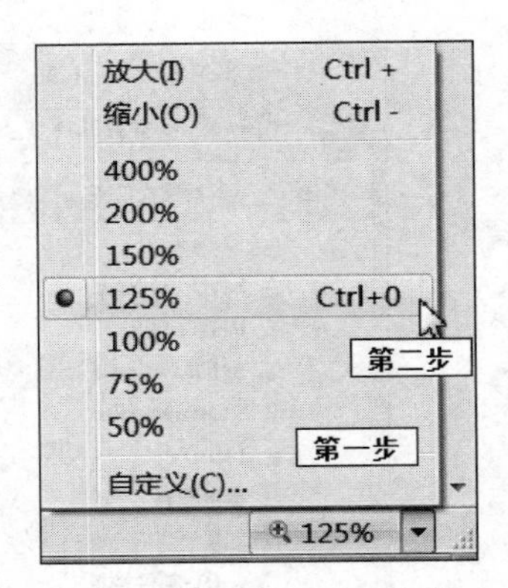

图 4-14 “显示比例”菜单

选项卡的地址栏中输入网址，即可在新选项卡中打开指定的网页。

3）前进与后退

前进和后退操作使得用户能在自己的 IE 窗口中，在以前浏览过的网页中自由跳转。其操作步骤如下。

（1）单击工具栏中的“后退”按钮，可以返回刚浏览过的网页。

（2）会弹出一个下拉列表，列出刚浏览过的网页，可以从列表或其中的“历史记录”中直接选择一个网址，并转到该网页。

4）中断链接当前网页

在 IE 浏览器地址栏末端中，单击“停止”按钮，可以中止当前正在进行的操作，停止与当前网站服务器的联系。

5）刷新当前网页

在 IE 浏览器工具栏中，单击“刷新”按钮，浏览器会与当前服务器再次取得联系，并显示当前网页的内容。

6）返回首页

在 IE 浏览器的命令栏单击“主页”按钮，或者在地址栏右侧单击按钮，浏览器都会与所定义的主页服务器取得联系，并显示主页的内容。如果单击“主页”按钮右侧的“添加或更改”命令，则可以进行“添加或更改主页”的操作。

7）全屏或按比例浏览网页

全屏幕显示可以隐藏与浏览无关的所有工具栏、桌面图标以及滚动条和状态栏。通过全屏幕显示功能可以增大页面内容显示的区域。其操作步骤如下。

（1）启用全屏幕显示。在 IE 浏览器中，依次选择“查看”→“全屏”命令选项；或者按功能键 F11，都可以切换到全屏幕页面显示的状态。关闭全屏幕显示：再次选择或按下上面所说的键即可取消全屏显示；如按功能键 F11 可以关闭全屏幕显示，切换到原来的浏览器窗口。

（2）浏览器的显示比例。用户可以根据需要设置显示比例，依次选择“查看”→“缩放”→“比例（如 125%）”命令选项，即可将浏览器的显示比例设为 125%；单击 IE 状态栏右角当前显示比例 125% 右侧的小三角按钮，在图 4-14 所示的下拉菜单中可以设置显示比例。

8）多浏览窗口式浏览网页

为了提高上网效率，用户应当多开几个浏览窗口，同时浏览不同的网页。这样可以在等待一个网页的同时，浏览其他网页。不断切换浏览窗口，可以更有效地利用网络带宽。

（1）依次选择"文件"→"新建选项卡"命令选项，将会打开一个新的选项卡窗口。

（2）在具有超链接的文字上单击，在弹出的快捷菜单中，选择"在新的选项卡中打开"选项，IE就会打开一个新的IE浏览器到窗口来显示该网页。目前，默认的设置大都是在新的选项卡中进行浏览。

（3）在图4-2中，用鼠标指向最后一张选项卡后面的"新选项卡(Ctrl+T)"按钮，即可新建一个选项卡，在新的选项卡的地址栏输入网址后，即可浏览新的网页。

（4）双击已打开的选项卡，或者单击选项卡中的"关闭选项卡"按钮，即可关闭选定的网页。

8. 在IE浏览器中定义主页与浏览方式

【示例4】 设置IE浏览器的首页与浏览方式。

1）定义主页

如果用户希望每次进入IE浏览器时，都能自动链接到某一个网址，请按如下步骤进行。

（1）在图4-2中，单击"工具"→"Internet选项"命令选项，打开图4-15。

图4-15 "Internet选项-常规"选项卡

(2) 在图 4-15 所示的"Internet 选项-常规"选项卡中的"如要创建主页选项卡……"下面的"地址"文本栏中,输入自己喜爱的网址即可,例如,输入 http://news.sina.com.cn,以后启动 IE 浏览器时,将首先链接到该主页。

说明: 在图 4-15 中可更改主页栏目,共有 3 个可供用户选择的按钮,如下所示。

① 使用当前页。在打开浏览器时,链接到当前浏览器所显示的页面。

② 使用默认值。在打开浏览器时,链接到 Microsoft 的主页面。

③ 使用空白页。在打开浏览器时,链接到一个空白页,即不显示任何页面。

(3) 设置之后,单击"确定"按钮,返回图 4-2,完成本任务。下次打开浏览器时,首先会看到自己定义的页面。此外,在 IE 的命令栏单击"主页"按钮,或者在地址栏右侧单击按钮,都可以随时浏览自己所定义的主页。

说明: 如果计算机中已安装了安全类软件,如 360 或金山等。由于这些软件通常都有锁定主页的功能;因此,可能遇到主页不能更改的情况。此时,建议利用安全软件来更换、解锁/锁定、修复 IE 浏览器的主页。这样,既可以拥有自己喜欢的主页,又可以避免木马或其他恶意软件肆意更改你所设定的主页。

2) 设置打开网页的方式

在 IE 9.0 浏览器中,默认的网页打开方式是窗口打开方式;但是,很多人更喜欢选项卡式浏览网页的方式。更改的步骤如下。

(1) 在图 4-2 中,依次选择"工具"→"Internet 选项"命令选项,打开图 4-15。

(2) 在图 4-15 所示的"Internet 选项-常规"选项卡中,在"选项卡"栏目中选择"更改网页在选项卡中显示的方式"项目,单击"设置"按钮,打开图 4-16。

(3) 图 4-16 所示的"选项卡浏览设置"对话框,选中"始终在新选项卡中打开弹出窗

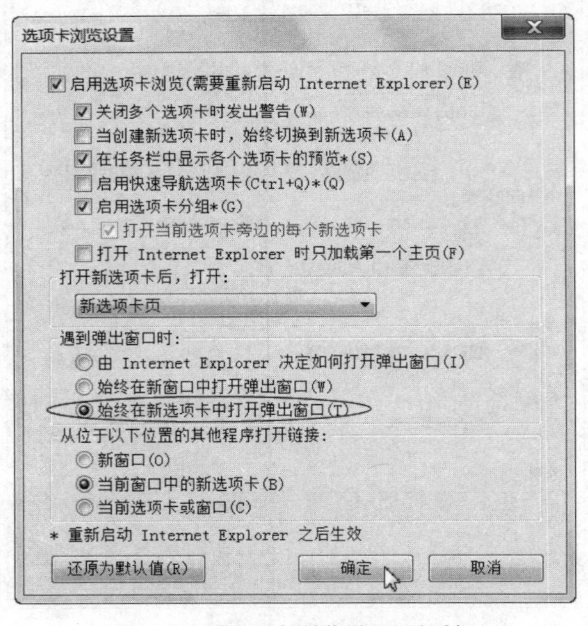

图 4-16 "选项卡浏览设置"对话框

口”前面的单选按钮后，单击“确定”按钮；依次关闭所有对话框，完成设置。

9. 在浏览器中保存Web页面、表格、文字或图片

上网时，有时会遇到想保存精彩的页面；为了在有限的上网时间内可以浏览到更多的内容，而将页面先保存下来，待断线之后再一一仔细阅读。

【示例5】 各种类型Web页面的保存。

1）Web页面的保存与脱机浏览

(1) 需要保存网页时，只需在图4-7所示的IE浏览器中，依次选择“文件”→“另存为”命令，打开图4-17。

图4-17 “保存网页”对话框

(2) 在图4-17所示的“保存网页”对话框，第一，确定保存位置；第二，确定“文件名”；第三，对文件的“保存类型”进行选择和设置。最后，单击“保存”按钮，完成本项任务。

说明：保存之后，在脱机状态下，双击所保存的文件名即可打开该Web页面进行浏览。

2）保存Web页面上的表格、文字或图片

(1) 保存Web页面上的表格。

当用户需要保存网页上的表格信息时，如存储手机通话清单，可按以下步骤进行。

① 选择网页中要保存的表格。如图4-18(a)所示，在要保存表格的起始部分，按住鼠标左键，将鼠标拖动到要选择文字的末尾，松开鼠标左键，所选择区域变为深蓝色。

② 复制。在IE浏览器中，直接按Ctrl+C组合键，或右击，在弹出的快捷菜单选中“复制”选项，或依次选择“编辑”→“复制”菜单命令(见图4-18(b))；均可将所选的内容复制到剪切板中。

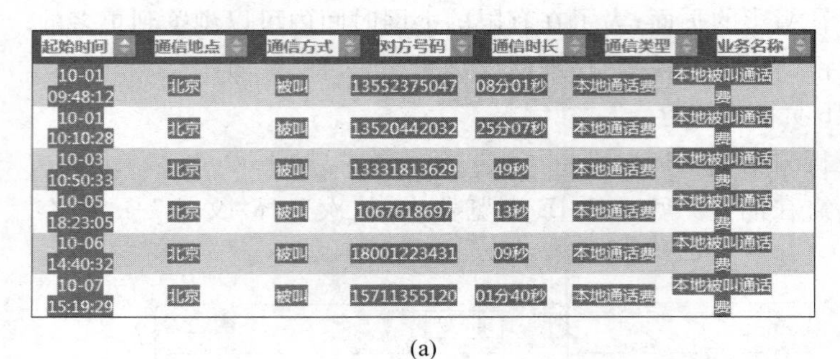

起始时间	通信地点	通信方式	对方号码	通信时长	通信类型	业务名称
10-01 09:48:12	北京	被叫	13552375047	08分01秒	本地通话费	本地被叫通话费
10-01 10:10:28	北京	被叫	13520442032	25分07秒	本地通话费	本地被叫通话费
10-03 10:50:33	北京	被叫	13331813629	49秒	本地通话费	本地被叫通话费
10-05 18:23:05	北京	被叫	1067618697	13秒	本地通话费	本地被叫通话费
10-06 14:40:32	北京	被叫	18001223431	09秒	本地通话费	本地被叫通话费
10-07 15:19:29	北京	被叫	15711355120	01分40秒	本地通话费	本地被叫通话费

(a)

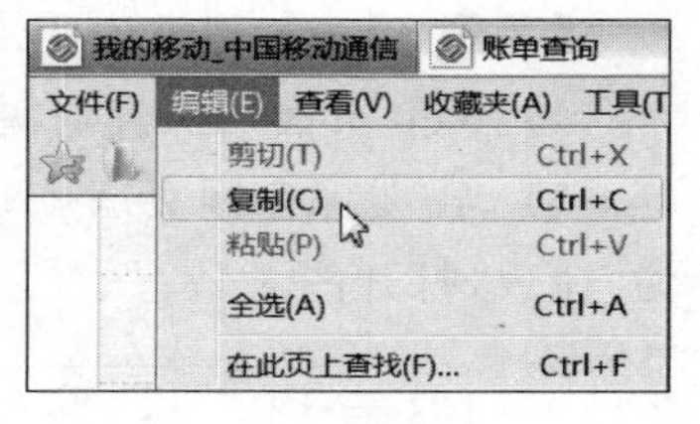

(b)

图4-18 保存表格

③ 粘贴。在Microsoft Excel表格处理程序中，打开一个表格；右击，在弹出的快捷菜单选中“粘贴”选项，即可将剪切板中复制的内容“粘贴”到中表格中；最后，在“文件”菜单中，选择“保存”选项，按照对话框提示即可完成任务。

(2) 保存Web页面上的文字。

当用户需要保存网页上少量的文字信息时，可以按照以下步骤进行。

① 选择要保存的内容。在要保存文字的起始部分，按住鼠标左键，将鼠标拖动到要选择文字的末尾，松开鼠标左键。这时，所选择区域的文字变为深蓝色。

② 右击。在所选择的文字中，右击，弹出快捷菜单。

③ 复制。在激活的快捷菜单中，选择“复制”选项。

④ 粘贴。将所复制的内容“粘贴”到“记事本”或Microsoft Word等文字处理程序中去；然后，在“文件”菜单中，选择“保存”选项，按照对话框提示即可完成任务。

(3) 保存Web页面上的图片。

① 选择需要保存的图片后，右击，激活快捷菜单。

② 在激活的快捷菜单中，选择“图片另存为”选项，按照对话框提示即可完成任务。

10. 将喜欢的网站添加到操作系统的任务栏

当用户需要经常访问某个常用网站时，可以将其添加到本地计算机操作系统(如Windows 7)的开始菜单中，操作步骤如下。

(1) 添加。在图4-19中，第一，打开一个新的选项卡；第二，输入要添加网站的网址，如新浪网站；第三，依次选择“工具”→“将网站添加到开始菜单”命令选项；第四，在图4-20所示的对话框，单击“添加”按钮，完成本项任务。

(2) 使用。在图4-21所示的Windows 7中，第一，依次选择“开始”→“所有程序”选项；第二，在打开的任务栏中，单击已添加的网站，如新浪首页，即可自动打开浏览器及网站的首页。

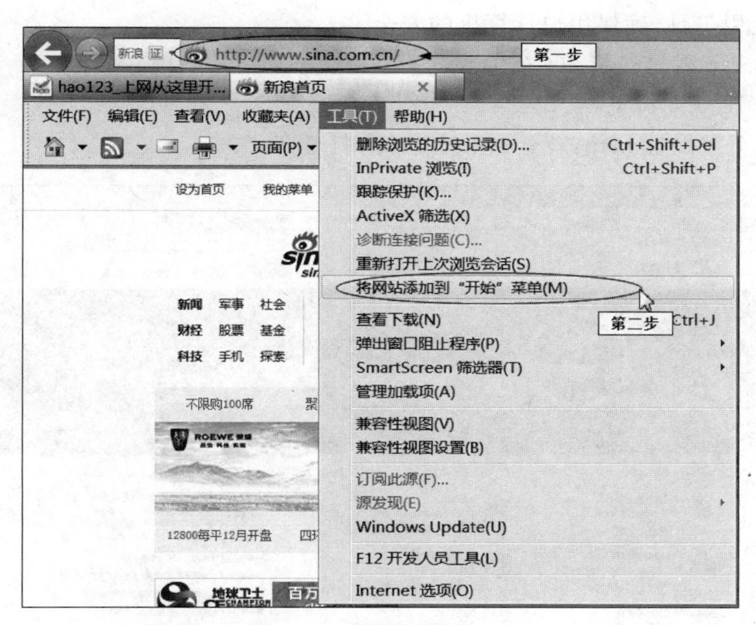

图 4-19 添加网站到开始菜单

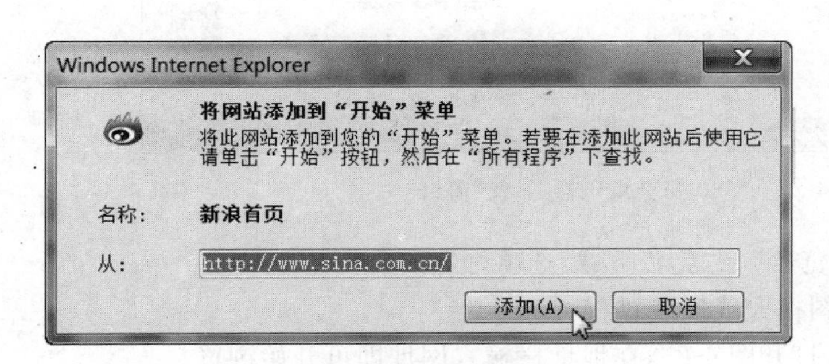

图 4-20 "添加"对话框

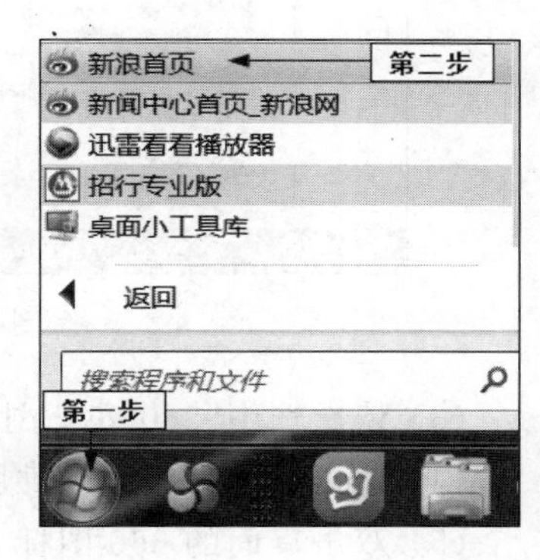

图 4-21 在 Windows 7 任务栏访问"已添加的网站"

4.3 安装和启用 360 安全浏览器

除了微软公司的浏览器外，当前比较流行的浏览器有很多，如 360 安全浏览器、谷歌、世界之窗等多种。用户使用较多并给予好评的是 360 安全浏览器。无论哪种浏览器，基本操作都是相似的，可以说各具特色，用户可以根据自己的喜好进行选择。

1. 下载和安装 360 安全浏览器软件

由于 360 有最大的恶意网址库，因此，选择 360 安全浏览器的最大理由是安全。它不但可以即时、有效地拦截有木马的网站，并即时扫描浏览器所下载的文件，使用户减少中毒的可能性。此外，它通过整合在一起的 360 安全卫士、360 杀毒、360 云盘等多种强大的安全防护与应用工具,确保用户计算机的安全。

【示例 6】 下载与安装 360 安全浏览器。

(1) 打开 IE 9.0 浏览器。

(2) 输入下载网址 http://www.360.cn/,打开图 4-22。

图 4-22 “360 安全浏览器-下载”窗口

(3) 依次选中“360 安全浏览器”→“免费下载”选项。

(4) 单击成功下载的软件图标完成安装过程。

(5) 双击桌面的 360 图标,打开图 4-23,在地址栏输入网址即可开始浏览。

(6) 单击菜单栏中的“查看”,在展开的下拉菜单中,可以设置自己喜欢的工具栏。

2. 指定浏览器下载的文件

在浏览器下载文件后,有些用户不知道存储在何处;有些用户希望将下载的文件存储在自己指定的位置。因此,无论使用哪种浏览器,用户都需要设置浏览器下载文件的存储位置。360 安全浏览器中设置下载文件存储位置与查看已下载文件的操作如下。

方法 1:在 360 安全浏览器的窗口,依次选择“工具”→“选项”菜单命令。在打开的图 4-24 中,首先,选择“基本设置”选项;其次,在“下载位置”项目中,确认浏览器的下载位置,以便找到已下载文件;如需更改,则单击“更改”按钮,重新设置存储位置。

方法 2:在 360 安全浏览器的窗口,单击窗口下端状态栏中的“下载”链接;在打开的图 4-25 所示的“下载”对话框,既可以查看已下载的文件,也可以转到下载文件所在的目录进行操作;当然,在图中单击“设置”按钮,则可以返回图 4-24 重新进行设置。

图 4-23　360 安全浏览器的"起始页"窗口

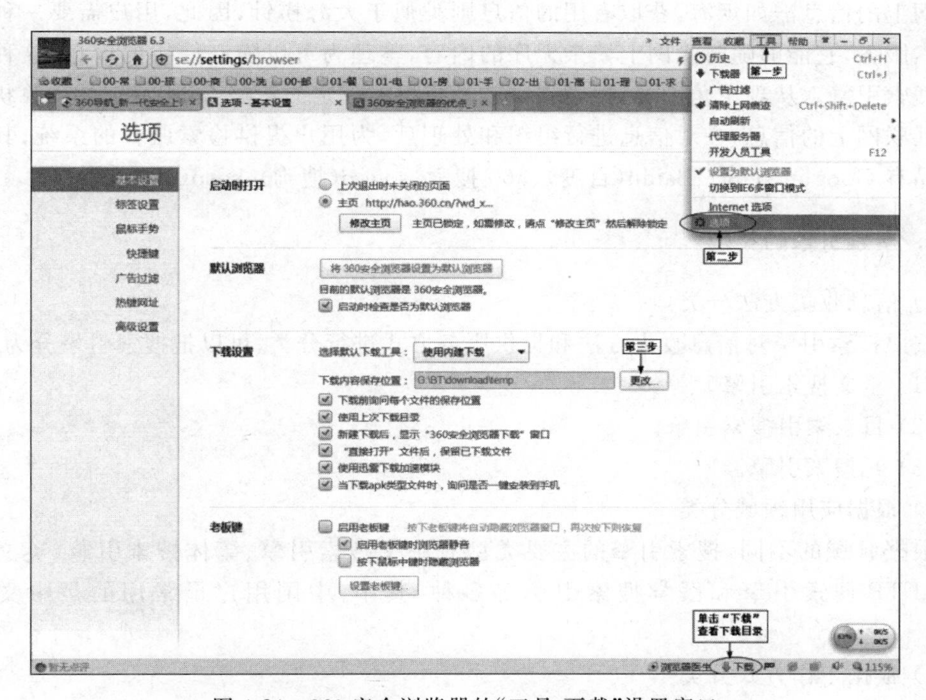

图 4-24　360 安全浏览器的"工具-下载"设置窗口

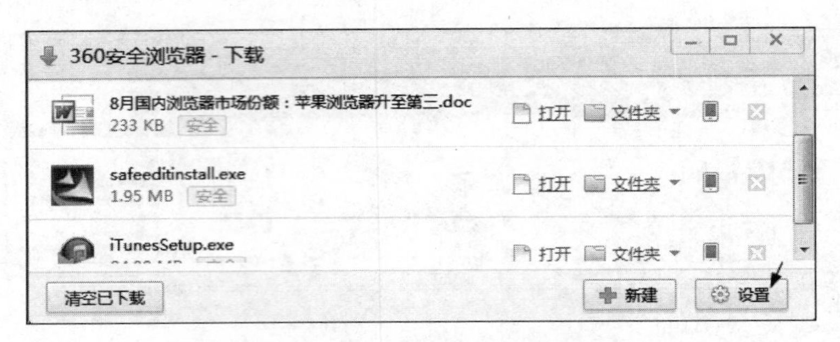

图 4-25　360 安全浏览器的"下载"对话框

4.4　搜索引擎

本节将要介绍"搜索引擎"的使用技巧及相关知识。

4.4.1　搜索引擎简介

1. 搜索引擎

网上的信息浩如烟海，获取有用的信息则类似于大海捞针，因此，用户需要一种优异的搜索服务，它能够随时将网上繁杂无序的内容，整理为可以随心使用的信息，这种服务就是搜索引擎。从理论角度看，搜索引擎就是指根据一定的策略、运用特定的计算机程序搜集互联网上的信息，在对信息进行组织和处理后，为用户提供检索服务的系统；其代表性产品有 Google(谷歌)、Baidu(百度)、360 搜索、sogou(搜狗)、soso(搜搜)等。

2. 搜索引擎的类型

1) 信息收集方法分类

按照搜索引擎对信息收集方法和提供服务方式进行分类，可以把搜索引擎分为 3 种。

(1) 全文搜索引擎。

(2) 目录索引搜索引擎。

(3) 元搜索引擎。

2) 根据应用领域分类

根据领域的不同，搜索引擎的主要类型有中文搜索引擎、繁体搜索引擎、英文搜索引擎、FTP 搜索引擎和医学搜索引擎等多种，其中，中国用户最常用的是中文搜索引擎。

3) 根据工作方式分类

(1) 目录型搜索引擎。

(2) 关键词型搜索引擎。

(3) 混合型搜索引擎。

3. 常用搜索引擎的名称和网址

随着互联网的普及,各种搜索引擎层出不穷;但搜索引擎的基本功能都相似。在国内外搜索引擎中,用户可以选择自己习惯使用的一种。使用时需注意的是,默认搜索引擎通常与使用的浏览器相关。

1) 国内搜索引擎

下面介绍CNZZ(中文互联网数据统计分析服务提供商)于2013年8月发布的中国国内搜索引擎市场的份额,以及相应的网址供大家使用。

(1) 百度:http://www.baidu.com/,市场份额为63.16%。

(2) 360搜索:http://www.so.com/,市场份额为18.23%。

(3) 搜狗:http://www.sogou.com/,市场份额为10.35%。

(4) 谷歌:http://www.google.com.hk/,市场份额为2.88%。

(5) 搜搜:http://www.soso.com/,市场份额为3.62%。

(6) 雅虎:http://www.yahoo.cn/,市场份额为0.48%。

总之,近两年,继谷歌淡出中国市场后,搜索引擎格局出现了较大变化。据CNZZ的最新数据显示,位于市场份额前三位的分别是百度的63.16%、360搜索的18.23%及搜狗的10.35%。可见,目前中国的搜索市场是两强与多极竞争格局。

2) 国外、中国港澳台地区著名的搜索引擎

据资料显示,国内外一些国家使用搜索引擎的份额从高至低的排序如下。

(1) 美国:谷歌(65%)、雅虎(16%)、微软必应(15%)。

(2) 俄罗斯:YANDEX (47%)、谷歌(31%)、RamblerMedia。

(3) 阿根廷:谷歌(89%)、facebook、微软必应、雅虎。

(4) 中国香港:雅虎(59%)、谷歌、MSN、新浪、LYCOS、GLOBEPAGE。

(5) 中国台湾:雅虎奇摩(65%)、谷歌、番薯藤、新浪、PCHOME、FORMOSA。

(6) 日本:雅虎(51%)、谷歌(38%)、RAKUTEN、微软必应、NTT。

(7) 韩国:NHN (62%)、DAUM(20%)、谷歌、DAUM、雅虎。

(8) 欧洲:谷歌(79%)、易趣、YANDEX、雅虎、微软必应。

3) 全球著名的搜索引擎

从全球角度看,使用搜索引擎的份额从高至低的排序分别为谷歌(67%)、雅虎(7%)、百度(7%)、微软必应、易趣、NHN。三大搜索引擎分别是谷歌、雅虎、百度。

4.4.2 常用搜索引擎的特点与应用

面对各种功能强大的搜索引擎时,我们应该如何选择?人们常使用的中文搜索引擎有谷歌、百度、360搜索和搜狗等。下面仅就其中的几个搜索引擎做简单介绍。

1. 百度搜索引擎

百度搜索引擎(简称BIDU)是全球最大的中文搜索引擎,百度公司于2000年1月,

在中国成立其分支机构“百度网络技术(北京)有限公司”。

1) 百度搜索引擎的组成与特点

百度致力于向人们提供“简单、可依赖”的信息获取方式，其搜索引擎由蜘蛛程序、监控程序、索引数据库、检索程序四部分组成。门户网站只需将用户查询内容和一些相关参数传递到百度搜索引擎服务器上，后台程序就会自动工作并将最终结果返回给网站。

百度在中国各地和美国均设有服务器，搜索范围涵盖了中国、新加坡等华语地区以及北美、欧洲的部分站点。百度搜索引擎拥有目前世界上最大的中文信息库，总量达到6000 万页以上，并且还在以每天几十万页的速度增长。其特点如下所示。

(1) 百度搜索分为新闻、网页、MP3、图片、Flash 和信息快递六大类。

(2) 都可以转换繁体和简体。

(3) 百度支持多种高级检索语法。

(4) 百度搜索引擎还提供相关检索。

(5) 是全球最大的中文搜索引擎，是全球第二大的搜索引擎。

百度是全球最优秀的中文信息检索与传递技术供应商，在中国所有具备搜索功能的网站中，由百度提供搜索引擎技术支持的超过 80%。因此，百度是当前国内最大的商业化全中文搜索引擎之一。百度简体中文搜索网址为 http://www.baidu.com。

2) 使用百度搜索引擎搜索“百度特点”与进入百度产品中心

【示例 7】 百度搜索引擎的基本应用。

(1) 联机上网，打开 IE 9.0 浏览器；第一，在浏览器的地址栏输入 http://www.baidu.com 或 Google 的网址 http://www.google.cn，切换至图 4-26；第二，输入关键字百度的特点；第三，单击“百度一下”按钮；将显示搜索到的有关百度特点的文章。

图 4-26 IE 9.0 中“百度”搜索引擎主页窗口

(2) 在各个搜索引擎中通常都设有网址库，如在图 4-26 所示的“百度”搜索引擎主页，单击“hao123”选项，将打开图 4-27“百度-hao123 网址之家”窗口。单击感兴趣的网址，用户可以直接进入感兴趣的网站。

(3) 在图 4-26 中，如果单击“更多>>”选项，即可打开图 4-28。

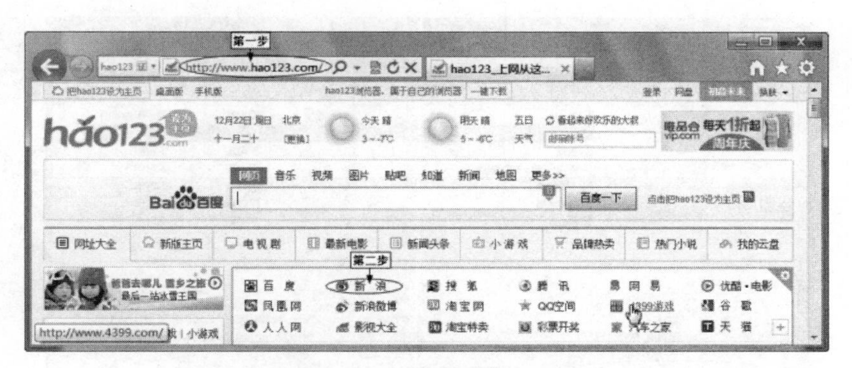

图 4-27 “百度-hao123 首页”窗口

(4) 在图 4-28 所示的“百度产品中心-常用搜索”窗口，涵盖了上网相关的各种产品，如单击“地图”选项，将切换至“百度地图”窗口。

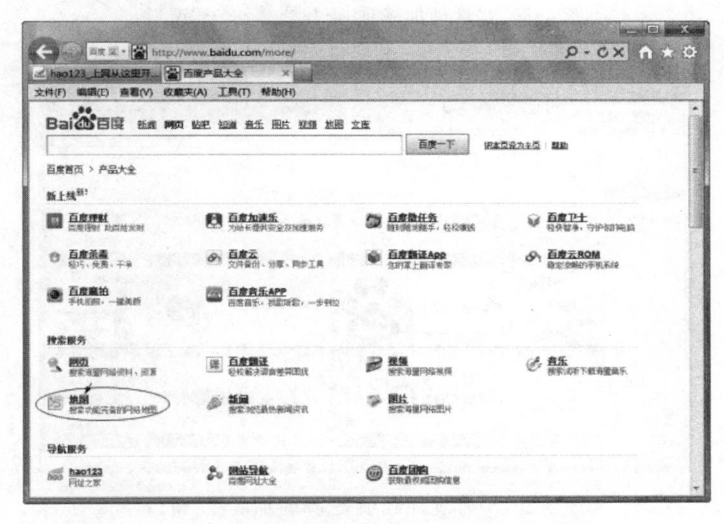

图 4-28 “百度产品中心-常用搜索”窗口

3) 更换默认的搜索引擎搜索

【示例 8】 更换搜索引擎。

(1) 在 IE 中，依次选择“工具”→“管理加载项”命令选项，或单击工具栏中的“设置”图标，均可打开图 4-29。

(2) 在图 4-29 所示的“管理加载项”对话框，接着单击该界面底部的“查找更多搜索提供程序”。跟随向导完成新的搜索引擎的加载，如将“Sogou 搜狗”添加至 Internet Explorer，参见图 4-30～图 4-31；直至图 4-29 中的“搜索提供程序列表中，包含了所需的搜索引擎”。

(3) 在图 4-29 所示窗口右侧搜索程序的列表中，选中“Sogou 搜狗”选项，勾选窗口左下端选中“搜索提供程序”的“阻止程序建议更改默认搜索提供程序”选项；最后，单击“关闭”按钮。在此窗口，用户还可以对搜索提供程序进行其他管理，比如排序、删除或设为默认等。

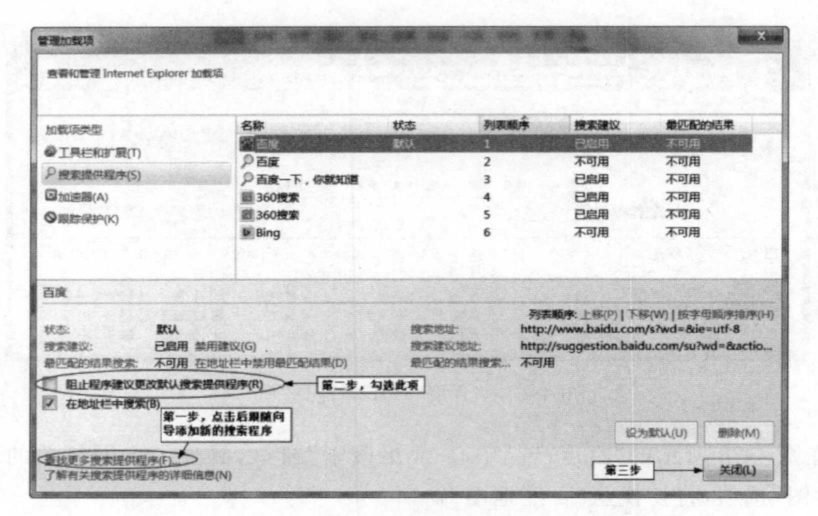

图 4-29 “管理加载项-查找更多……”窗口

图 4-30 “管理加载项-选择新加载项”窗口

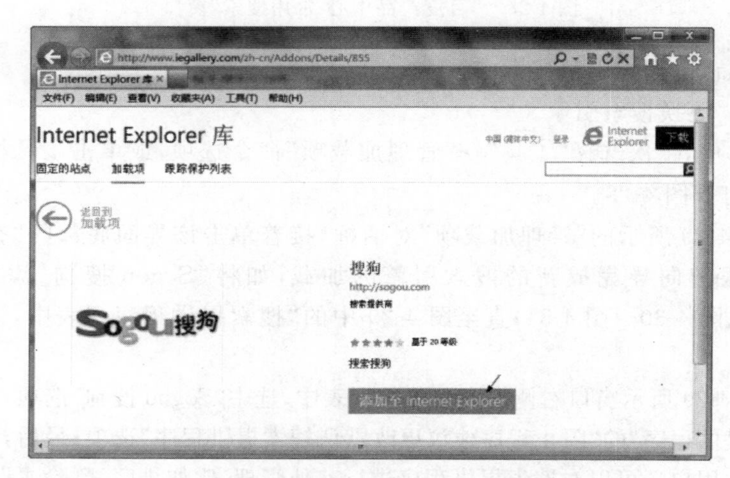

图 4-31 “新的加载项-添加……”窗口

4）百度搜索引擎的主要特点

(1) 基于字词结合的信息处理方式巧妙解决了中文信息的理解问题，极大地提高了搜索的准确性和查全率。

(2) 支持主流的中文编码标准。包括GBK（汉字内码扩展规范）、GB2312（简体）、BIG5（繁体），并且能够在不同的编码之间转换。

(3) 智能相关度算法。采用了基于内容和基于超链分析相结合的方法进行相关度评价，能够客观分析网页所包含的信息，从而最大限度保证了检索结果相关性。

(4) 检索结果能标示丰富的网页属性。如标题、网址、时间、大小、编码、摘要等，并突出用户的查询串，便于用户判断是否阅读原文。

(5) 相关检索词智能推荐技术。在第一次检索后，会提示相关的检索词，帮助用户查找更相关的结果，更有利于用户在海量信息中找到自己真正感兴趣的内容。

(6) 运用多线程技术和高效的搜索算法，基于稳定UNIX平台和本地化的服务器，保证了最快的响应速度。

(7) 检索结果输出支持内容类聚、网站类聚、内容类聚＋网站类聚等多种方式。

(8) 支持用户选择时间范围，提高用户检索效率。

(9) 基于智能性、可扩展的搜索技术保证了百度可以快速收集更多的互联网信息。

(10) 百度拥有目前世界上最大的中文信息库，因此，能够为用户提供最准确、最广泛、最具时效性的信息。

(11) 具有百度网页的快照功能。

(12) 支持多种高级检索语法：可以支持与、非、或等逻辑操作，如＋（AND）、－（NOT）、|（OR）等，使用户查询的效率更高、结果更准。

总之，百度是全球最大的中文搜索引擎之一。它能够提供网页快照、网页预览/预览全部网页、相关搜索词、错别字纠正提示、新闻搜索、Flash搜索、信息快递搜索、百度搜霸和搜索援助中心等多项查询服务。百度的网页搜索界面，如图4-26所示。百度具有搜索功能完备，搜索精度高，除数据库的规模及部分特殊搜索功能外，是目前国内技术水平最高使用最多的搜索引擎之一。

建议：如果是搜索中文网页，推荐您使用百度进行搜索；但是，如果搜索的是英文网页，则建议您使用“谷歌”进行搜索。实际上，一般的搜索两者差别不大。

2. 谷歌(Google)搜索引擎(www.google.com)

美国斯坦福大学的博士生Larry Page和Sergey Brin在1998年创立了Google，并于1999成立Google私人控股公司。近些年来Google已经淡出中国市场，它有个好听的中文名字——“谷歌”。

1）谷歌搜索的应用

【示例9】“谷歌(Google)”搜索引擎的基本应用。

联机上网，打开IE 9.0浏览器；第一，在浏览器的地址栏输入Google的网址http://www.google.cn或http://www.google.com,hk，均会打开图4-32所显示的谷歌通用首页；而目前该窗口的操作则会自动链接到图4-33所示的“谷歌香港”首页；第二，输入关键字“谷歌特点”;第三,选中搜索范围,如简体中文网页,参见图 4-34;第四,单击“搜索工具”,将显示出搜索结果及用时,参见图 4-35。

图 4-32 “google”主页窗口

图 4-33 “谷歌香港-关键字”窗口

Google 通过对多达几十亿以上网页的整理,来快速地为世界各地的用户提供搜索结果,其搜索时间通常不到半秒。目前,Google 每天提供高达数亿次以上的查询服务。

2) Google 搜索的特点

Google 搜索是世界应用最多的搜索引擎,其主要特点如下。

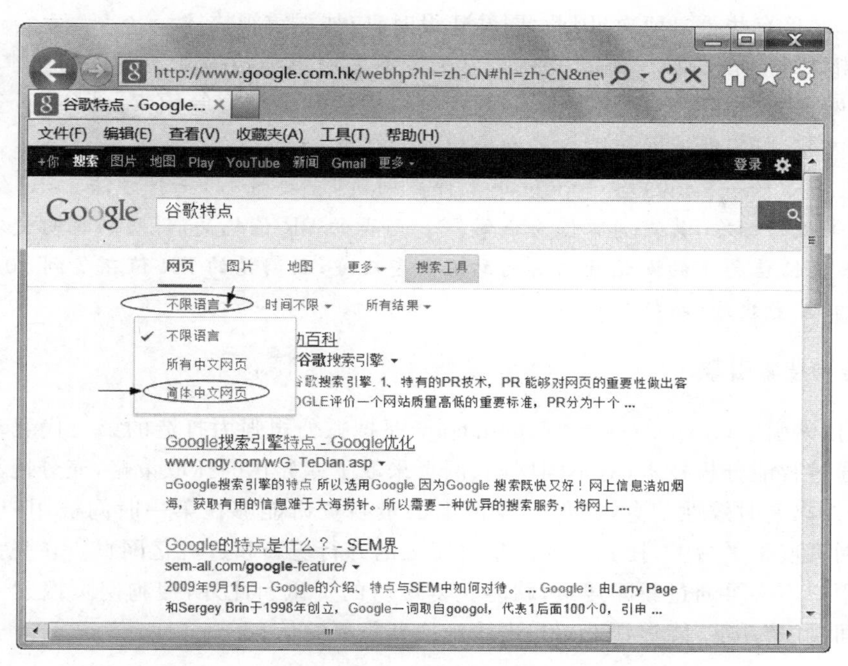

图 4-34 “设置搜索语言”窗口

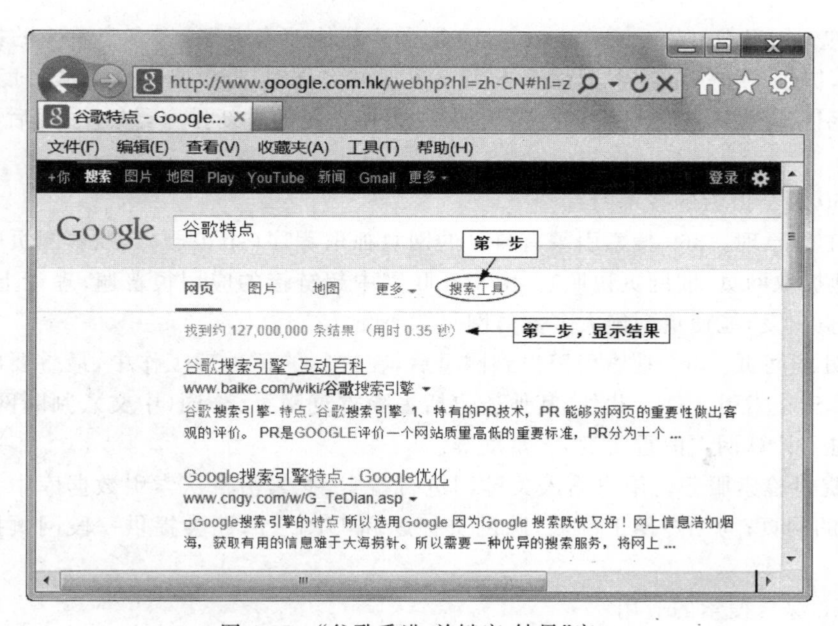

图 4-35 “谷歌香港-关键字-结果”窗口

（1）特有的 PR 技术。PR 能够对网页的重要性做出客观的评价。

（2）更新和收录快。Google 收录新站一般在十个工作日左右，是所有搜索引擎收录最快的；其更新频率比较稳定，通常每周都会有大的更新。

（3）重视链接的文字描述和链接的质量。在谷歌排名好的网站，通常在描述中均含有关键词，而且有些重复两次，因此，网站建设时，应加强重视描述。

(4) 超文本匹配分析。Google 的搜索引擎不采用单纯扫描基于网页的文本的方式，而是分析网页的全部内容以及字体、分区及每个文字精确位置等因素。同时还会分析相邻网页的内容，以确保返回与用户查询最相关的结果。

说明：PR(PageRank)是 Google 用于评测网页“重要性”的一种方法。PR 值是用来表现网页等级的标准，其级别取值为 0 到 10。网页的 PR 值越高，说明网页的受欢迎程度越高，例如，PR 值为 1 的网站表明该网站不太受欢迎；而网站的 PR 值在 7 到 10 时，则表明该网站非常受欢迎(即极其重要)。

3. 搜狗搜索引擎

搜狗搜索引擎(http://www.sogou.com)是搜狐公司强力打造的第三代互动式搜索引擎，它通过智能分析技术，对不同网站、网页采取了差异化的抓取策略，充分地利用了带宽资源来抓取高时效性信息，确保互联网上的最新资讯能够在第一时间被用户检索到。此外，在网页搜索平台上，搜狗服务器集群每天的并行更新超过五亿网页。在强大的更新能力下，用户不必再通过新闻搜索，就能获得最新的资讯。此外，搜狗网页搜索 3.0 提供的“按时间排序”功能，能够帮助用户更快地找到想要的信息。

4. 360 搜索引擎

360 搜索引擎(http://www.so.com)集合了其他搜索引擎，将多个单一的搜索引擎放在一起，提供了统一的搜索页面。当用户搜索关键词时，360 搜索会将从百度、谷歌等其他搜索引擎上搜索到的资源进行二次加工，去掉重复的重新排序，经过整理后在给客户呈现。

1) 360 综合搜索的技术特点

(1) 工作原理。360 搜索引擎有自己的网页抓取程序(spider)，其顺着网页中的超链接，连续地抓取网页(即网页快照)。由于互联网中超链接的应用很普遍，理论上，从一定范围的网页出发，能搜集到绝大多数的网页。

(2) 处理网页。360 搜索引擎抓到网页后，在进行的预处理工作中，最重要的就是提取关键词，建立索引文件。此外，其他还包括去除重复网页、分词(中文)、判断网页类型、分析超链接、计算网页的重要度/丰富度等。

(3) 提供检索服务。用户输入关键词进行检索，搜索引擎从索引数据库中找到匹配该关键词的网页；为用户便于判断，除网页标题和 URL 外，还会提供一段网页摘要及其他信息。

2) 360 综合搜索的应用

【示例 10】 使用 360 搜索引擎进行公交查询。

(1) 打开图 4-23 所示的 360 浏览器的综合搜索栏目，单选“地图”选项，打开图 4-36。

(2) 在图 4-36“地图-公交线路搜索”窗口，第一，在搜索框输入当前位置，如北苑路大屯，单击“搜索一下”按钮；第二步，确定线路类型，如公交，并输入公交换乘的起点和终点；第三，单击“搜索”按钮，右侧会显示出当前所在位置地图，如图 4-37 所示。

图 4-36 “地图-公交线路搜索”窗口

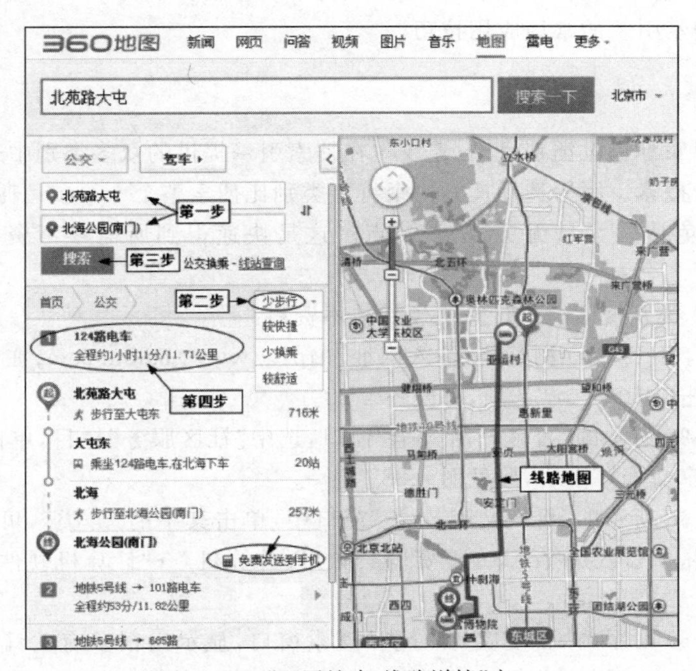

图 4-37 “地图搜索-线路详情”窗口

(3) 由于线路有多条，在图 4-37 中应根据需要进行选择。例如，第一，确认起点与终点；第二，修改线路条件，如“少步行”；第三，单击“搜索”按钮；第四，在所有可选方案中，确认一种，如 1 号方案，右侧会显示出所选线路的地图。如果需要，还可以将搜索的换乘结果免费发送到手机。

4.4.3 搜索引擎的应用技巧

在纷繁的网络信息世界里，保持清晰的思路，正确使用搜索引擎，才能使自己逐步成为一名网络信息查询的高手。搜索引擎可以帮助用户在 Internet 上找到特定的信息，同时也会返回大量无用的信息。当用户采用下面一些应用技巧后，则能够花较少的时间，找到自己需要的确切信息，取得事半功倍的效果。

用户可以选择自己喜欢的搜索引擎实现上述搜索技巧，为了更好地使用和选择搜索引擎，初学用户在使用某搜索引擎之前，可以先进入该搜索引擎的网站，了解其提供的服务产品。

本书仅以百度搜索引擎为例：打开浏览器，在地址栏目输入 http://www.baidu.com，进入图 4-27 所示的百度搜索的首页；在该图中，单击“更多＞＞”选项，即可打开图 4-28 所示的窗口；其中涵盖了百度搜索相关的各种产品。在产品大全中，排列的九大服务栏目分别是新上线、搜索服务、导航服务、社区服务、游戏娱乐、移动服务、站长与开发者服务、软件工具和其他服务；栏目中的某个功能模块的下方都会有明显的提示信息，如搜索服务栏目中的“音乐”模块的提示是“搜索试听下载海量音乐”。

下面介绍搜索引擎的常用应用技巧。

1. 类别搜索

很多搜索引擎都提供类别目录，建议先在搜索引擎提供的众多类别中选择一个，再使用搜索引擎进行搜索。因为选择搜索一个特定类别比搜索整个 Internet 耗费的时间少得多，从而可以避免搜索大量无关 Web 站点。这是快速得到所需参考资料的基本搜索技巧。

【示例 11】 类别搜索——计算机硬件技术资料。

(1) 联网，打开 IE 9.0 浏览器；输入网址 http://www.baidu.com；在图 4-27 所示的百度首页中，单击“更多＞＞”选项，打开图 4-28。

(2) 在图 4-28 所示的“百度产品大全”窗口，选中“社区服务”栏目，单击其中的“文库(阅读、下载、分享文档)”模块，参见图 4-38。

(3) 在图 4-38 所示的“百度文库-分类”窗口中，单击其中的“分类”，可以按分类搜索自己所需的资料，如依次选择了“专业资料”→“IT/计算机”→“计算机硬件及网络”选项，打开图 4-39。

(4) 在图 4-39 所示的“百度文库-分类”搜索窗口，显示出很多有关计算机硬件的资料，在结果中可以点选“文档”或“文辑”进行查看，点选排序条件，如“收藏”，可以按照关注度浏览文辑。当然，也可以按照时间排序，查询最新的相关资料。

图 4-38 “百度文库-分类”栏目窗口

图 4-39 “百度文库-分类”搜索窗口

2. 关键字

关键字搜索是每位上网者使用最多的技巧，但初学者应当注意的是所提供的关键字越具体、搜索的范围越窄，搜索引擎返回无用 Web 站点的可能性就越小。

人们使用最多的是“关键词”搜索，是指在查询中仅包含单个“关键字”的搜索类型。这是初级搜索，但一段时间后，你就会发现，使用单个关键字在“搜索引擎”中搜索的结果信息浩如烟海，而且绝大部分不符合自己的要求。于是，人们需要学习如何进一步缩小搜索的范围和结果。常用的关键字搜索简介如下。

1）基本搜索——单个关键字

基本的百度查询步骤如图 4-40 所示；第一，输入需要查询的内容（关键词），如“搜索引擎”；第二，按 Enter 键，或单击地址栏尾部的按钮，即可得到百度处理后的资料，如图 4-40 所示共有 100 000 000 项符合的项目。

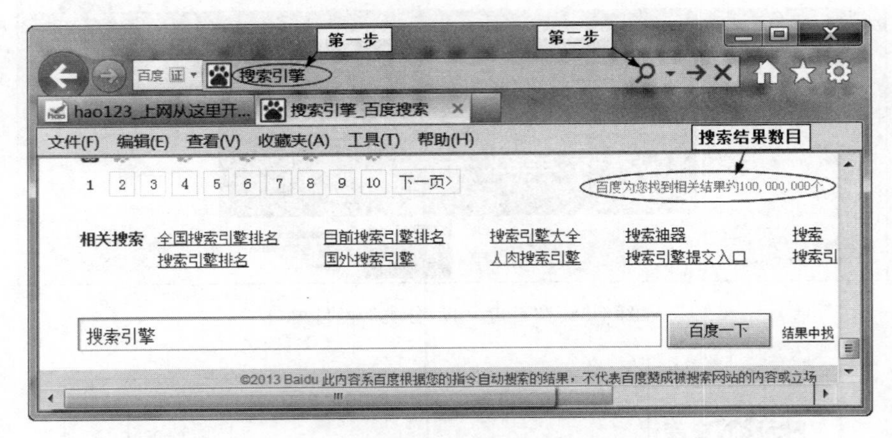

图 4-40 “单个关键字”搜索窗口

2）高级搜索——多关键字

通过使用多个关键字可以极大地缩小搜索范围，例如，北京用户想了解当地 ADSL 的收费情况，使用百度搜索关键字的结果：“收费（100 000 000 个）、ADSL 收费（23 500 000 个）、北京 ADSL 收费（13 600 000）”3 种关键字搜索来说，显然搜索“北京 ADSL 收费”将范围缩得最小，搜索的效率最高。

3）布尔运算符 AND、OR 的应用

搜索引擎大都允许使用逻辑运算符“与（and、AND）”、“或（or、OR）”、“非（not、NOT）”作为搜索条件。这 3 种逻辑关系，也可以用＋、OR、－表示，也称为布尔逻辑符或逻辑运算符；其中逻辑“与”用来缩小搜索范围，而逻辑“或”用来扩大搜索范围。

（1）逻辑“与”的关系用符号 AND 或 and 表示，有时也用 & 表示；通常大部分搜索引擎都将词间的空格默认为 and 运算，如“与”关系表示为“A B”形式，其含义是搜索 A 和 B 同时出现的所有网页。

（2）逻辑“或”的关系多以 OR 表示，如 A 与 B 的“或”关系表示为“A OR B”，其含义是搜索包含 A，或者包含 B，或者同时包含 A 和 B 的所有网页。

（3）逻辑“非”的关系用 NOT 或 not 或!符号表示。在搜索引擎中“非”关系用 not 或减号（－）表示；如 A 与 B 的“非”关系表示为“A－B”形式，其含义是搜索满足关键词 A 但不包含 B 的所有网页，即搜索结果中不含有 NOT 后面的关键词。

说明：每个搜索引擎可以使用的布尔运算符不同，有的只允许使用空格，有的只允许大写的 AND、NOT、OR 运算符，有的则大小写通用；有的支持 &、|、! 符号的操作，有的则部分支持其中的符号。因此，对自己习惯的搜索引擎建议查询后再使用，常用的百度和 Google（谷歌）搜索引擎 3 种逻辑运算符的使用和表示方法如下。

百度的使用方法：逻辑“与”的书写符号为“空格”，即“A B”；逻辑“或”的书写符号为|，即 A

|B 形式；“逻辑非”的书写符号为 —，注意“—”前必须有一个空格，即“A —B”的形式。

Google 的使用方法：AND(逻辑“与”)优先，逻辑“与”书写为空格，使用方法同百度；逻辑“或”书写为 OR(必须用大写)，即“AORB”形式；逻辑非表示为“ —”(注，—前必须输入一个空格)，书写和使用方法同百度。

【示例 12】 使用逻辑“与”关系缩小搜索范围——中国 CBA 篮球赛事。

(1) 当输入的查询条件是“2013 篮球”时的查询结果如图 4-41 所示，共有 62 500 000 个搜索结果。

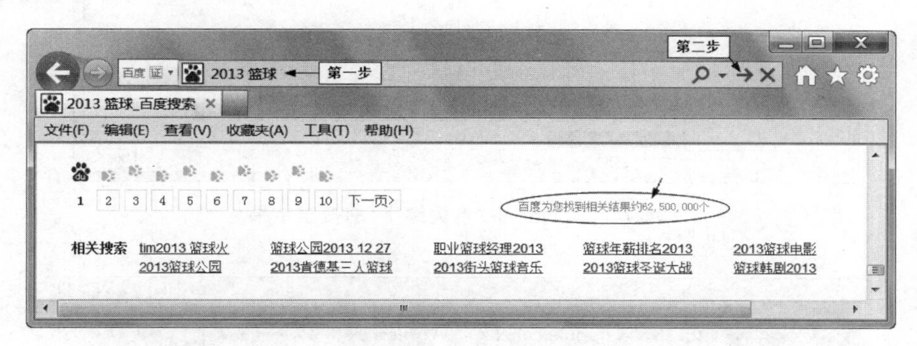

图 4-41　百度双关键字逻辑“与”的搜索结果

(2) 当输入的查询条件是“2013 篮球 CBA 赛事”时的查询结果如图 4-42 所示，共有 10 400 000 个搜索结果；与(1)中比较，明显可见通过“与”的操作缩小了搜索范围，搜索出的信息也会更接近需要查询的内容，用时也会更短。

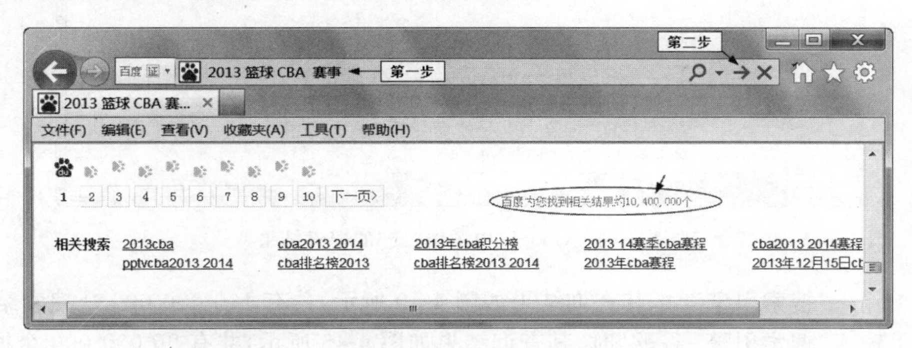

图 4-42　百度多关键字逻辑“与”的搜索结果

【示例 13】 使用逻辑“或”关系扩大搜索范围——篮球或足球赛事。

(1) 当在 Google 搜索框中输入的查询条件是“篮球赛事”时，相关的查询结果如图 4-43 所示，共有 66 900 000 条搜索结果。

(2) 当在 Google 搜索框中输入的查询条件是“篮球赛事 OR 足球赛事”时，相关的查询结果如图 4-44 所示，共有 5 710 000 条搜索结果；与(1)比较，明显看到通过 OR 增加了搜索范围。

【示例 14】 使用高级搜索工具实现逻辑“非”——进行百度搜索。

要查询的是“搜索引擎 -谷歌”，搜索在“搜索引擎”中不包含“谷歌”的所有网页。

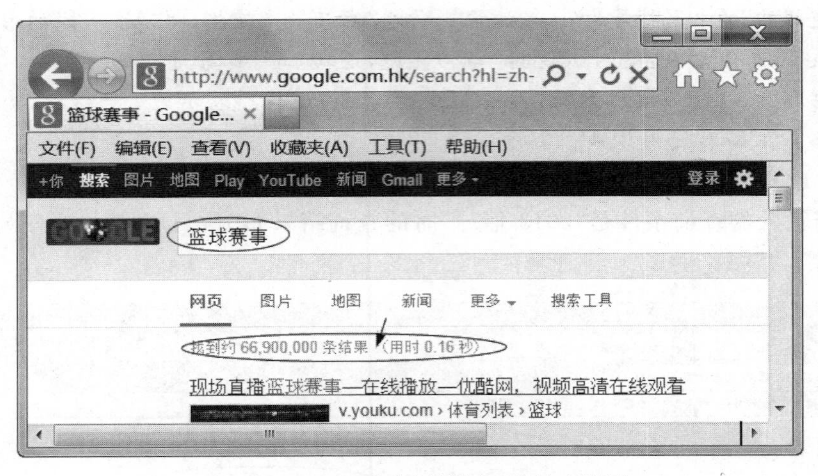

图 4-43　Google 中“单关键字”的搜索结果

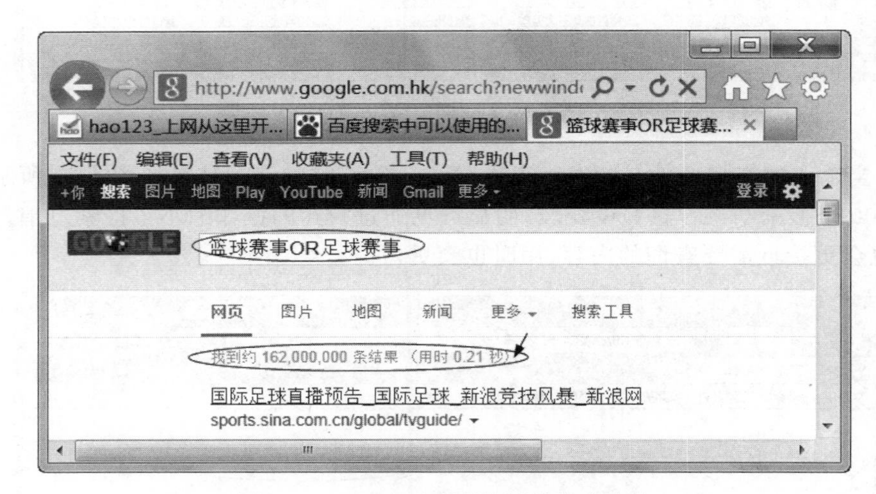

图 4-44　Google 中逻辑“或”的搜索结果

(1) 输入“搜索引擎”时，其查询结果如图 4-40 所示，共有 100 000 000 个搜索结果。

(2) 输入“搜索引擎 -谷歌”时，其查询结果如图 4-45 所示，共有 96 000 000 个搜索结果，这些网页中应当都不包含关键字“谷歌”。

4) 使用通配符

通配符包括星号(*)和问号(?)，前者表示匹配的数量不受限制，后者匹配的字符数为单个字符，常用在英文搜索引擎中，如输入 netwo*，就可以找到 network、networks 等单词，而输入 comp?ter，则只能找到 computer、compater、competer 等单词。

【示例 15】 使用通配符 *——进行百度搜索。

搜索“马*成功”，表示搜索第一个为“马”，最末两个为“成功”的四字短语，中间的 * 代表任何单个字符。其操作如下：打开浏览器，在搜索栏目输入字符串“马*成功”后，单击“百度一下”搜索按钮，搜索的结果如图 4-46 所示。

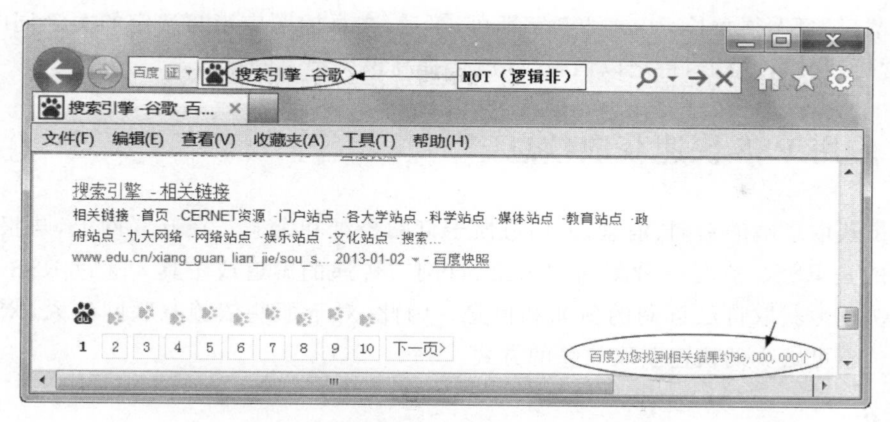

图 4-45　百度中逻辑“非”应用的搜索结果

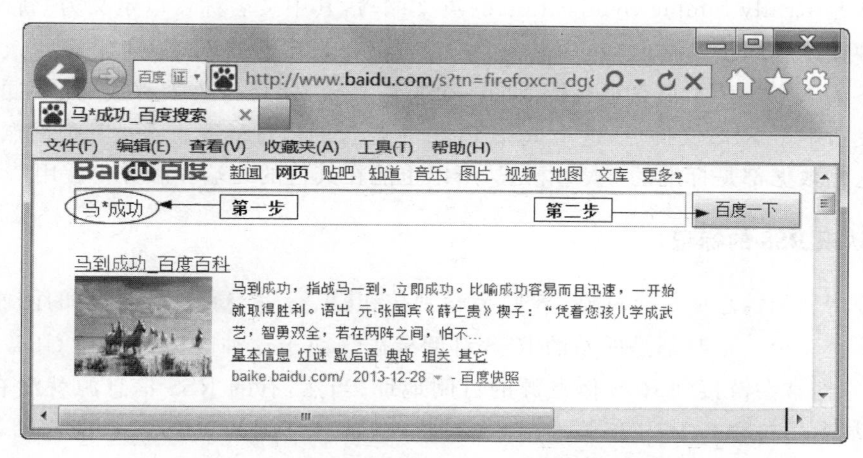

图 4-46　百度中“通配符 * ”应用的搜索结果

5）英文字母大小写与查询结果

很多搜索引擎搜索时，不区分英文字母大小写。所有的字母均被当作小写字母处理。例如，在百度搜索框中，输入 ADSL、adsl，或 AdsL，查询的结果都一样。

6）优化技巧

关键字在搜索引擎中是非常重要的一项，搜索引擎对于关键字的排名有自己的规则，而搜索引擎优化，其中的一项主要内容就是对于关键字的建设。搜索引擎优化又称为 SEO，其主要工作就是将目标公司的关键字在相关搜索引擎中利用现有的搜索引擎规则进行排名提升的优化，使与目标公司相关联的关键字在搜索引擎中出现高频点击率，从而带动目标公司的收益，达到对目标公司进行自我营销的优化和提升。

【示例 16】　提高关键字在百度上排名的技巧。

若想提高某关键字在百度上的知名度，就要充分利用百度知道、百度百科、百度贴吧、百度空间等免费模块。由于中国排名第一的百度搜索引擎会优先抓取自己网站中的信息。因此，推广时，第一，选择好关键词，并将其用在所写的文章中；第二，写好与关键字相关的文章，每篇无须太长，100～200 字即可；第三，文章标题应当与选定的关键词匹配；第四，经常更新文章；第五，持之以恒，这样就会提高该关键字的排名。

4.5 应用 RSS 快速获取信息

为了获取最新的新闻、消息，人们习惯于订阅报纸和杂志。在互联网上，与报纸和杂志类似的是 RSS。它是一种集新闻采集、订阅与传递的渠道或工具。通过 RSS，人们可以准确快速地获取自己订阅的新闻和信息。因此，对于那些依赖互联网的人，RSS 已经成为一种不可缺少的快速获取信息的方式。

1. RSS

RSS 是 Really Simple Syndication 的英文缩写，其中文名称可以定义为"新闻聚合"。它是一种描述和同步网站内容的格式，也是目前使用最广泛的 XML 应用。

RSS 为人们搭建了信息迅速传播的一个技术平台，使得每个人都成为潜在的信息提供者。发布一个 RSS 文件后，这个 RSS Feed 中包含的信息就能直接被其他站点调用，而且由于这些数据都是标准的 XML 格式，所以也能在其他的终端和服务中使用。

2. 认识 RSS 的标记

在许多新闻信息服务类网站，人们会看到按钮、XML、RSS XML，有的网站使用的图标还不止一个。这些都是网站的 RSS 订阅标志。由于这种图标包含有 URL 地址，因此，单击它通常会链接到 RSS 信息源的订阅地址；当然，有的 RSS 信息源就没有这种标志；却在域名中包含有 RSS 相关的信息，因此，也是可订阅的 RSS 信息源网站，如"RSS 2.0 网上营销新观察"的 URL 地址是 http://www.marketingman.net/rss.xml，其主页为 rss.xml 也明确表明它是一个可订阅的 RSS 2.0 网站。

3. RSS 的应用特点

(1) 快速。通过 RSS 阅读新闻，没有广告、图片的影响，所以可以快速浏览文章的标题、摘要，极大地提高了阅读的信息量。

(2) 及时。RSS 阅读器会自动更新自己所订制的网站内容，以保持新闻的及时性。

(3) 自行订制。用户可以根据自身的喜好，订制多个 RSS 频道，快速搜集到自己感兴趣的新闻源。

(4) 简化阅读。在博客或专栏上单击 RSS 的图标，即完成订阅；订阅后，每天不必打开网页，即可直接阅读订阅栏目中的最新文章。

4. 订阅与访问 RSS 源

RSS 的主要功能就是订阅网站。通常订阅那些支持 RSS 订阅的新闻、博客或自己感兴趣的网站。

【示例17】 RSS的应用。

1）订阅RSS源

(1) 联机上网，打开IE 9.0浏览器，输入含有RSS标志的网址 http://news.sina.com。依次单击“查看”→“工具栏”，选中“命令栏”前面的复选框。

(2) 在图4-47所示的有“RSS标识”网站，单击RSS标志右侧的下拉箭头出现的RSS，打开图4-48。

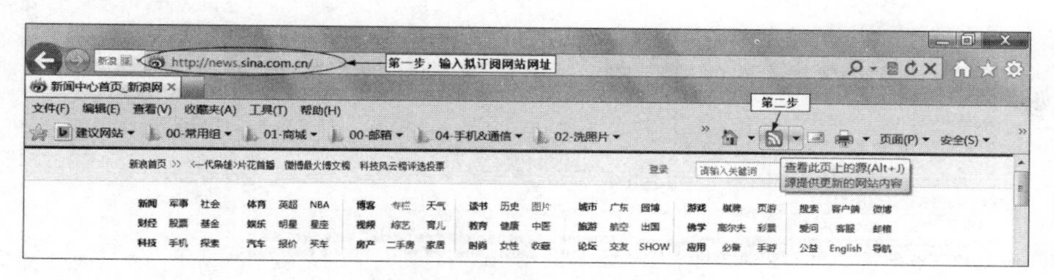

图4-47 “RSS标识”的网站

(3) 在打开的图4-48所示的RSS网站的“订阅”窗口，第一，确定显示时的排序方式，如标题；第二，单击“订阅该源”；第三，在打开的“订阅该源”窗口，可以选中“添加到收藏夹栏”前的复选框；第四，单击“订阅”按钮，完成RSS源的订阅任务。

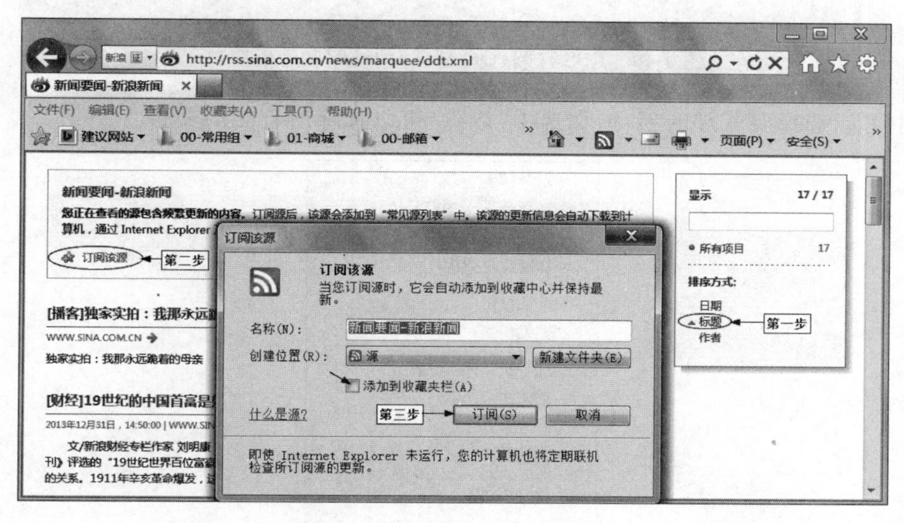

图4-48 RSS网站的“订阅”窗口

2）访问和管理已订阅的RSS源

(1) 联机上网，打开IE 9.0浏览器，第一，在工具栏单击右侧的“收藏中心”按钮，展开下拉选项；第二，选中“源”选项卡；第三，可以查看已订阅的RSS源，如单击“QQ新闻”后边的刷新符号；第四，在窗口左侧即可浏览所订阅的RSS源，参见图4-49，双击某条新闻可以打开详细新闻窗口，进行仔细阅读。

(2) 在图4-49所示窗口的右侧，右击选中要管理和访问的RSS源，在激活的快捷菜单中，可以对已订阅的RSS源进行管理，如右击“QQ新闻”，激活图4-50所示的快捷菜

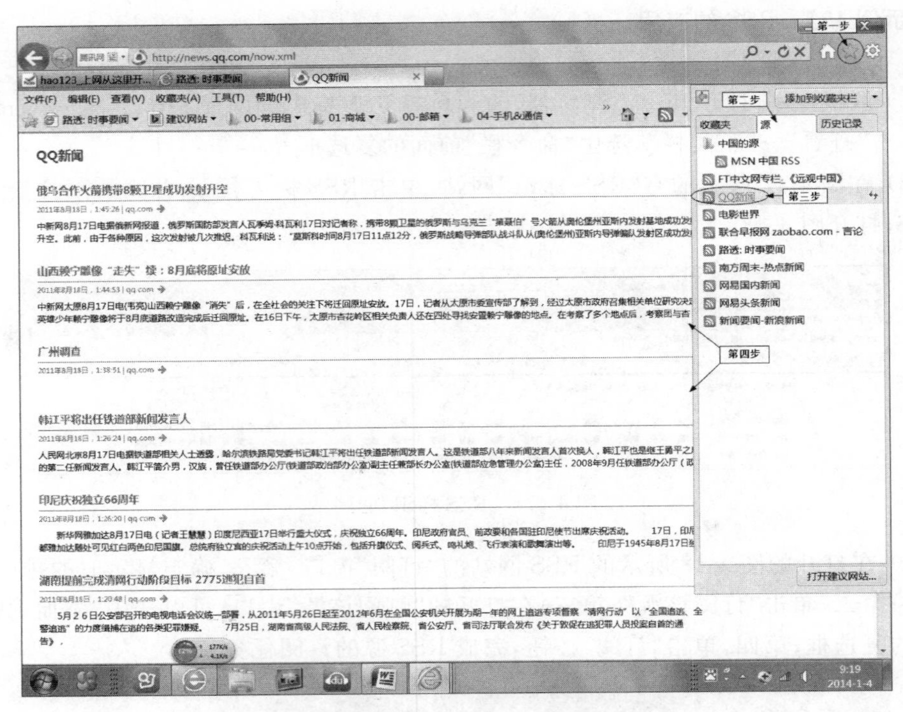

图 4-49　RSS 订阅(QQ 新闻)的访问和管理窗口

单，从中可以选择要管理的项目，如选中“删除”可以移除所订阅的项目。

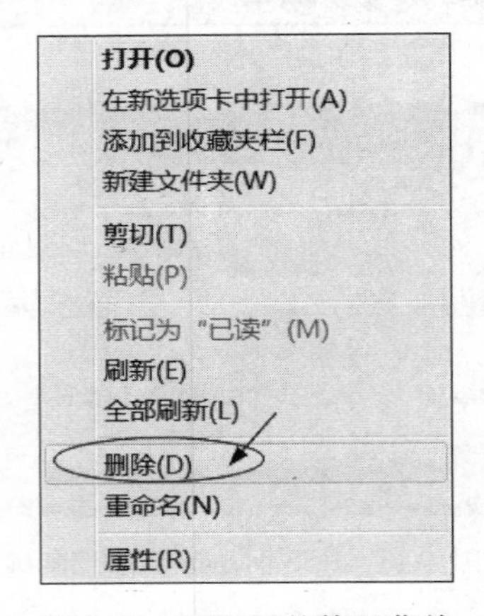

图 4-50　RSS 源的管理菜单

习题

1. 谁是 WWW 的创始人？
2. 什么是 WWW 和 Web？两者有区别吗？
3. WWW 的工作模式(结构)是什么？HTTP 定义的 4 个事务处理步骤是什么？

4. WWW的客户端软件是什么？常用的有哪些？

5. 什么是“主页”(Home Page)、“网页”(Web Page)和“超级链接”(Hyperlink)？在WWW浏览器中它们是如何联系在一起的？

6. 如何启动Internet Explorer 9.0浏览器运行窗口？IE 9.0浏览器中的主要设置有哪些？

7. IE浏览器的工具栏和菜单栏有什么作用？

8. 如何在IE浏览器中定义主页(首页)？

9. 在IE浏览器中，如何将当前页面的地址加入到收藏夹？

10. 如何在其他计算机上使用本机收藏的网址？

11. IE浏览器中，如何在当前页面搜索指定的文字？

12. 什么是历史清单？如何在IE浏览器中使用历史清单？

13. 在IE浏览器中，如何保存当前页面、表格和图片？

14. 什么是标签式浏览？什么是窗口式浏览？当前主流浏览器使用的是什么方式？

15. 什么是搜索引擎？它有哪些功能？

16. 国外和国内常用的搜索引擎有哪些？写出中国排名前3位的中文搜索引擎的特点。

17. 百度使用的主要搜索技术有哪些？

18. 在百度中是否可以使用通配符(*)？如果可以，请举例说明。

19. 在百度中，如何实现查询条件的逻辑“与”(AND)、逻辑“或”(OR)和逻辑“非”(NOT)的操作？请各举一个例子进行说明。

20. 什么是RSS？使用RSS有什么好处？如何订阅和访问RSS源？

本章实训环境和条件

(1) 有线或无线网卡、路由器、Modem等接入设备，以及接入Internet的线路。

(2) ISP的接入账户和密码。

(3) 已安装Windows 7操作系统的计算机。

实训项目

1. 实训1：浏览器的基本操作实训

1) 实训目标

掌握Internet中使用IE浏览器进行WWW信息浏览的基本技术。

2) 实训内容

完成示例1～示例5中信息浏览基本技术的各项操作。

2. 实训2：安装和启用百度浏览器

1) 实训目标

掌握安装和使用新浏览器的技巧。

2）实训内容

(1) 进入一个软件网站。

(2) 下载和安装百度浏览器。

(3) 在百度浏览器中实现示例 1～示例 5 中信息浏览的各项基本技术。

(4) 在百度浏览器中实现示例 7～示例 16 中引擎搜索的各项搜索技术。

3. 实训 3：IE 浏览器的高级操作实训——收藏夹的使用

1）实训目标

在 Internet 中，掌握使用收藏夹的技巧。

2）实训内容

参照示例 2，完成 IE 浏览器中收藏夹的导出和导入任务，要求如下。

(1) 在一台计算机上收藏 5 个 Web 站点的网址，通过浏览器的收藏夹导出，并存储到 U(软)盘上。

(2) 在另一台计算机上使用 IE 浏览器，导入在(1)中从 IE 导出，并存储在 U 盘的网址。

4. 实训 4：IE 浏览器的高级操作实训-订阅和访问 RSS 源

1）实训目标

掌握 Internet 中，使用 RSS 的技巧，进入某网站订阅、访问一个 RSS 源。

2）实训内容

(1) 联机上网，打开 IE 9.0 浏览器，输入网址 http://www.163.com/rss。

(2) 在打开的“网易 RSS 订阅中心-新闻频道”，订阅 RSS 源，如国际新闻。

(3) 完成示例 17 中实现的任务。

第 5 章　电 子 邮 件

在 Internet 中，电子邮件已经成为人们生活、工作不可缺少的重要联系工具。有关邮件系统的各种应用技术，已经成为各种专业的学生都需要掌握的一种实用技术。然而，什么是邮件服务器？如何获得邮件服务器的地址信息？是否可以一次登录，收取多个电子邮箱中的电子邮件？什么是邮件客户端软件？为什么要使用它？什么是地址簿，如何管理它？总之，上述问题都是本章要解决的基本问题。

本章内容与要求

- 了解：与电子邮件有关的基本知识。
- 了解：常用电子邮件账户的类型。
- 掌握：Office 中电子邮件软件 Outlook 的基本设置与使用方法。
- 掌握：电子邮件的应用技术与使用技巧。

5.1　电子邮件的基础知识

目前，人们已经很少用笔和信纸写信了，而是改用计算机、平板电脑和智能手机等写信，并通过电子邮局发送写好的信件。这种信件整齐、漂亮，修改方便，发送速度非常快，只需很短时间，信件就到了收信人的手中，这种信件就是称为 E-mail 的电子邮件。

1. 电子邮件的特点

电子邮件(Electronic Mail，E-mail)是一种利用互联网交换电子媒体信件的通信方式。E-mail 服务的特点如下。

(1) 电子邮件是一种非常简便的通信工具。

(2) 电子邮件是一种高效省钱的通信手段。

(3) 电子邮件的地址是固定的，但实际位置却是保密的。

(4) 电子邮件具有非常广泛的应用范围，可以用来传递各种媒体的信息，如文字、语音、图像、视频等。

2. 电子邮件的工作方式

电子邮件的工作方式是服务器/客户机模式。用户在自己的计算机上发送邮件后，电子邮件就会自动到达目的地。实际上，在网络上有很多服务器、设备充当了邮件系统的幕后工作者。一封电子邮件从发送端计算机发出，在传输过程中经过多台服务器和网络设备的中转，最后到达目的计算机，并传送到收信人的电子信箱中。

电子邮件系统中的核心是接收和发送邮件的服务器，其工作方式如图 5-1 所示。

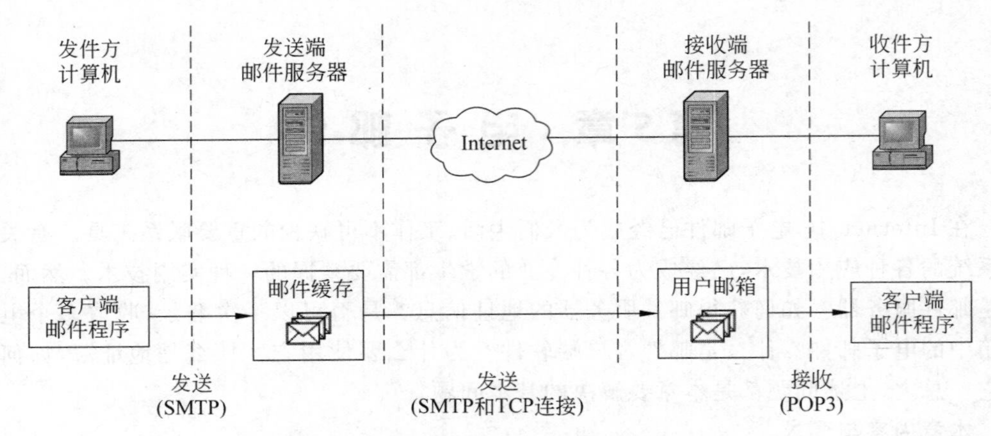

图 5-1 电子邮件系统的工作方式示意图

3. 电子邮件服务器的类型

1）发送邮件的 SMTP 服务器

发送邮件的服务器称为 SMTP 服务器，它负责接收用户送来的邮件，并根据收件人地址发送到对方的邮件服务器中，同时还负责转发其他邮件服务器发来的邮件。

2）接收邮件的服务器

接收用户邮件的服务器称为 POP3 服务器，它负责从接收端邮件服务器的邮箱中取回自己的电子邮件。

4. 收发电子邮件的条件和基本概念

收发电子邮件的前提条件是计算机已经做好上网的一切软硬件准备工作，并具有 ISP 的账户。例如，安装和设置好与 ADSL 线路相关的 Modem（调制解调器）或 Router（路由器），需要的话还要设置好虚拟的拨号连接。此外，还需要有自己的电子邮件账户和地址。

1）邮件账户

用户只有申请到电子邮件账户才能收发电子邮件。通常一个电子邮件账号应当包括用户名和密码两项主要信息。用户可以向不同的 Internet 网站申请邮件账户。申请成功后，就会在该邮件服务器上建立起邮件账户的用户名（User Name）与密码（Password）。

2）邮件地址

一个完整的 E-mail 地址看起来很不容易记忆，它由字符串组成。这些字符串由@分成两部分，如下所示：

guolixxt19@126.com
↑ ↑
登录名 @ISP 邮件服务器的地址

（1）地址说明。

① @：表示“在”（即英文单词 at）。

② @的左边：为登录名，即用户的邮件账号，通常为用户登记入网或者申请邮件账户时所取的名字。

③ @的右边：为 ISP 邮件服务器的地址，由用户的 Internet 邮件服务商提供。

(2) 书写电子邮件地址时应注意的问题。

① 千万不要漏掉地址中各部分的圆点符号“.”。

② 在书写地址时，一定不能输入任何空格，也就是说在整个地址中，从用户名开始到地址的最后一个字母之间不能有空格。

③ 不要随便使用大写字母。请注意，在书写用户名和主机名时，有些场合可能规定使用大写字母，但是，绝大部分都由小写字母组成。

5. 电子邮件系统的组成

一个电子邮件系统应具有图 5-2 所示的 3 个主要组成部件，这就是客户端邮件程序(用户代理)、邮件服务器，以及电子邮件使用的服务协议。

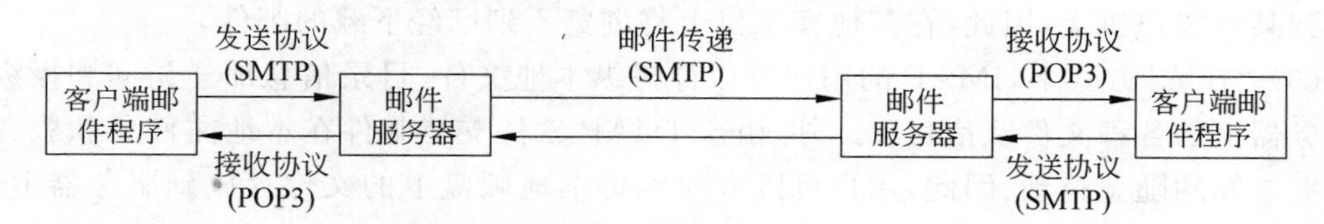

图 5-2 电子邮件系统的组成和协议

6. 邮件服务协议

在使用电子邮件服务的过程中，用户常常会遇到 SMTP 和 POP(POP3)服务器和协议。它们到底是什么呢？通俗地说，邮件服务器就是网络上的电子邮局服务机构，服务协议就是在用户使用服务时的语言标准。它们的具体功能如图 5-2 所示。

1) SMTP

SMTP(Simple Mail Transport Protocol)即简单邮件传输协议，它是 TCP/IP 模型应用层中的协议。SMTP 是客户端与服务器之间的发送邮件的协议，因此，SMTP 服务器通常称为发送邮件的服务器。此外，SMTP 也是因特网中各个邮件服务器之间传递邮件的协议，参见图 5-2。

2) POP

POP(Post Office Protocol)即邮局协议，它是因特网上客户端与邮件服务器之间负责接收邮件的协议，所以将 POP(POP3)服务器称为收件服务器。POP3 服务器是具有存储转发功能的中间服务器；通常，在邮件交付给用户后，服务器就不再保存这些邮件。由于 POP3 方式接收邮件时，只有先将所有的信件都从 POP 服务器上下载到客户机本地后，才能浏览和了解信件内容。因此，在接收邮件的过程中，用户并不知道邮件的具体信息，也无法决定是否要接收这个邮件。一旦碰上邮箱接收到大量的垃圾邮件或较大的邮件时，用户也就无法通过分析邮件的内容及发信人的地址的来决定是否下载或删除，因而会造成系统资源的浪费；严重时会导致邮箱瘫痪。

3) IMAP

IMAP(Internet Message Accesses Protocol)即 Internet 报文存取协议。虽然 IMAP 与 POP3 都是按客户/服务器方式工作,但它们有很大差别。下面简单介绍 IMAP 方式的特点。

(1) 当客户程序打开 IMAP 服务器的邮箱时,用户就可以看到邮件的首部。这就是 IMAP 提供的“摘要浏览功能”。这个功能可以让用户在下载邮件之前,知道邮件的摘要信息,如到达时间、主题、发件人、大小等信息。因此,用户拥有较强的邮件下载的控制和决定权。另外,IMAP 方式下载时,还可以享受选择性下载附件的服务。例如,一封邮件里含有多个附件时,用户可以选择只下载其中的某个自己需要的附件。这样用户不会因为下载垃圾邮件,而占用自己宝贵的时间、带宽和空间。

(2) IMAP 提供基于服务器的邮件处理以及共享邮件信箱等功能。邮件(包括已下载邮件的副本)在手动删除前,会一直保留在服务器中。这将有助于邮件档案的生成与共享。漫游用户可以在任何客户机上查看服务器上的邮件。由于 POP 方式中的邮件已经下载到某台客户机上,因此,在其他客户机上将浏览不到已经下载的邮件。

(3) “在线”方式下,IMAP 的用户可以像操纵本地文件、目录信息那样访问和操纵邮件服务器上的各种文件及信息。此外,由于 IMAP 软件支持邮件在本地文件夹和服务器文件夹之间的随意拖动;因此,用户可以方便地将本地硬盘上的文件存放到服务器上,或将服务器上的文件拖回本地。

(4) “离线”方式下,IMAP 与 POP3 一样,允许用户离线阅读已下载到本地的邮件。

4) MIME

MIME(Multipurpose Internet Mail Extension)是在 1993 年制定的新的电子邮件标准,MIME 是“通用因特网邮件扩充”协议,也称为“多用途 Internet 邮件扩展”协议。MIME 在其邮件首部中说明了邮件的数据类型(如文本、声音、图像、视像等)。MIME 邮件可同时传送多种类型的数据。这在多媒体通信环境下非常有用。MIME 增强了 SMTP 的功能,统一了编码规范。目前 MIME 和 SMTP 已广泛应用于各种 E-mail 系统中。

7. 邮件客户端程序的功能和类型

1) 邮件客户端程序的功能

邮件客户端程序是用户的服务代理,用户通过这些软件使用网络上的邮件服务。因此,用户代理(User Agent,UA)就是用户与电子邮件系统的接口,其通常具有以下 3 个功能。

(1) 撰写邮件。

(2) 显示邮件。

(3) 处理邮件。

2) 常用邮件客户端程序类型

电子邮件客户端是用来自动收发和管理电子邮件的软件。应选择支持多用户、多账户的软件;还应符合电子邮箱的类型要求,如支持 POP3、SMTP 等。常用邮件客户端软件如下。

(1) Office Microsoft Outlook。内置在 Office 各版本软件中，支持多用户、多邮件账户。

(2) Outlook Express。内置在 Windows 旧版的操作系统中，支持多用户、多邮件账户。

(3) Dream Mail。是一款支持 Windows 的客户端软件，支持多用户、多邮件账户。

(4) 网易闪邮。是一款专业的电子邮件客户端软件，可以支持 Windows、安卓和苹果多种操作系统，支持多用户、多邮件账户，也支持在线收发电子邮件。

(5) Foxmail。国产电子邮件客户端软件，支持多用户、多邮件账户。

3) 在线电子邮件系统

初学者使用最多的是登录到在线邮件系统收发电子邮件，常用的在线邮件系统如下。

(1) 126/163 网易邮件系统。网址为 http://www.126.com/或 http://mail.163.com，支持“在线”收发的电子邮件服务系统。

(2) MSN Massager。网址为 http://g.msn.com 或 http://www.hotmail.com，支持在线收发电子邮件的系统。

(3) Gmail。网址为 https://mail.google.com，支持在线收发电子邮件的系统。

5.2 注册电子邮件信箱

在发送电子邮件之前，双方必须具有电子邮件账号。这就像人们通信时，双方必须具有邮件的地址一样。普通用户可以申请到的电子邮件账号有免费和付费两种类型。

1. 申请免费永久 E-mail 电子信箱

在 Internet 上提供的免费永久 E-mail 信箱与收费邮箱一样都具有收信、发信和转信等功能。每次收发 E-mail 时，只须进入 Internet，即可通过邮件客户端或 Web 网站收发电子邮件。

1) 免费 E-mail 的主要特点

免费 E-mail 账号服务一般都是“即开即用”，其最大的优点就是无须付费，使用方便，适合于临时使用的电子邮件场合。其缺点如下。

(1) 免费 E-mail 账号一般提供的功能比付费账户少，如不提供电子传真业务、网盘功能。

(2) 免费邮箱所支持的附件的大小比收费邮箱小很多。

(3) 用户使用免费 E-mail 账号发出信件时，一般都附有广告。

(4) 有的免费账号提供的服务性能不太好，有时传输速度较慢，有时不能稳定工作。

2) 国内外提供免费 E-mail 信箱的站点

国内外提供免费 E-mail 信箱的站点很多，图 5-3 中列出的一些国内外电子邮件服务站点的网址可供用户参考。

(1) 国内的主要站点。

① 网易邮箱：http://www.126.com;http://mail.163.com;http://mail.188.com。

② QQ 邮箱：http://mail.qq.com/。

③ 新浪邮箱：http://mail. sina. com. cn。

④ 搜狐邮箱：http://mail. sohu. com/。

（2）国外的主要站点。

① MSN Hotmail：http://www. hotmail. com。

② Gmail：https://www. google. com。

③ Inbox. com：http://www. inbox. com。

④ mail. com：http://www. mail. com。

⑤ Yahoo Mail：http://mail. cn. yahoo. com。

【示例 1】 通过"邮箱大全"查询可注册的免费邮箱和收费邮箱。

① 上网后，打开浏览器，在地址栏输入 http://www. benpig. com/mail，打开图 5-3。

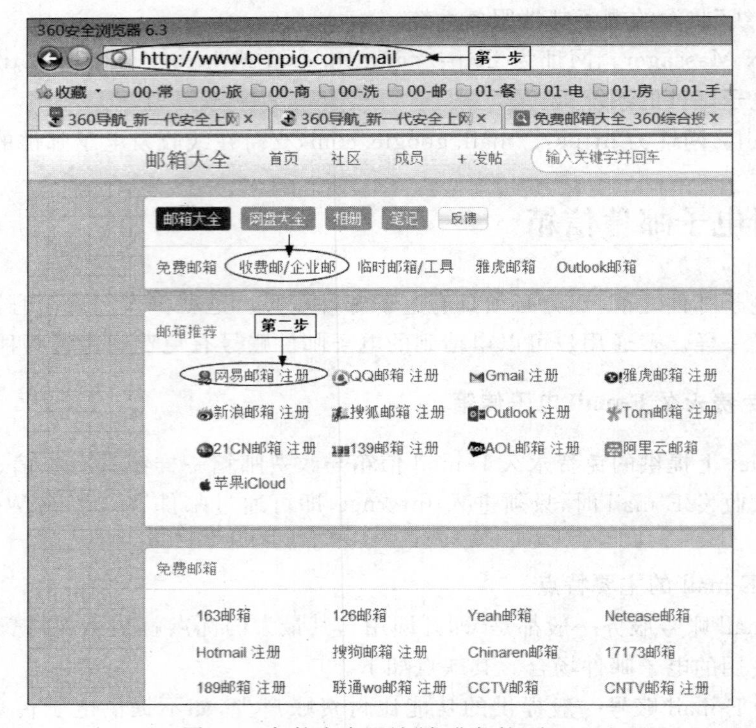

图 5-3　邮箱大全网站"免费邮箱"窗口

② 在图 5-3 所示的邮箱大全"免费邮箱"窗口页面中，可以看到各种免费邮箱，图中间的"邮箱推荐"栏目中，列出的是国内使用较多的免费邮箱；最下面的"免费邮箱"中列出了很多国内外可选的免费邮箱。

③ 首先，要了解邮箱的功能与特点时，单击图 5-3 中选择的邮箱名称，即可链接到该邮箱所在的网页；其次，单击选中邮箱后边的"注册"选项，即可直接链接到邮箱的注册页面；最后，注册成功后，单击所选的邮箱，即可在线登录自己注册的邮箱。

④ 在图 5-3 所示窗口，单击其中的"收费邮/企业邮"选项，打开图 5-4 所示的"收费邮箱"窗口，可以查询收费邮箱的功能与费用，如单击"188 财富邮"。

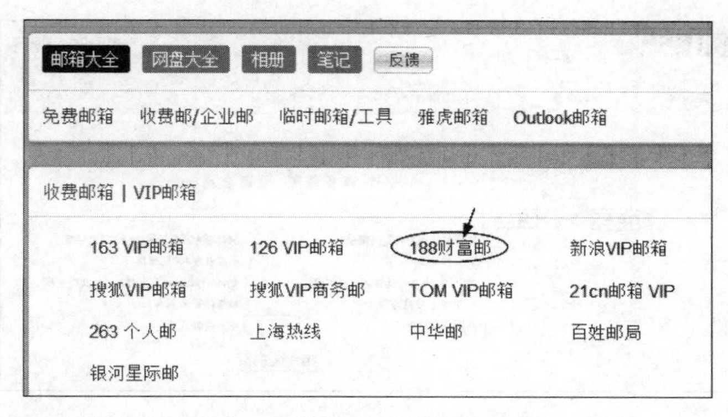

图 5-4 邮箱大全"收费邮箱"窗口

2. 申请付费的永久 E-mail 电子信箱

为了个人通信的方便和保密，最好每人都具有单独的邮件账号；当然，很多班级建立的班级邮箱，就是多人合用一个邮件账号。在 Internet 中，可以使用免费邮箱，也可以申请、购买有偿使用的电子邮件账号。

1）收费邮箱的特点

收费的邮箱除了可以收发具有较大空间的 E-mail 外，还具有较强的附加功能，如提供大容量网盘、电子附件、电子传真等功能；收费邮箱的特点主要是高速、高容量、运行稳定、更可靠、功能多（如提供大容量网盘与附件、电子传真、邮件到达时的免费短信通知、邮件管家或助理、邮件群发、网络收藏夹等功能）、无广告、服务好和在线杀毒和邮件安全过滤，此外还提供一些有特色的服务。

2）国内常用的收费邮箱站点及费用

（1）QQ 邮箱：https://mail.qq.com。

（2）网易邮箱：http://www.126.com；http://mail.163.com/；http://mail.188.com/。

（3）新浪邮箱：http://mail.sina.com.cn。

（4）搜狐邮箱：http://mail.sohu.com/。

由于收费邮箱的功能不同，所以费用也不同，因此，申请前应当到网站进行确认。

【示例 2】 查询 188 收费邮箱的功能与收费。

① 联机入网，打开浏览器，输入网址 http://mail.188.com；在打开的网站首页中，选中首行右侧的"邮箱介绍"，打开图 5-5；从中可以查询到，根据邮箱类型的选项不同，费用是每个月 15～60 元不等。

② 在图 5-5 中，单击"与免费邮箱的不同"选项卡，可以清楚地了解该网站收费邮箱与免费邮箱的区别。

【示例 3】 进入 21CN 网站注册一个免费"电子邮箱"。

① 上网后，打开浏览器，在地址栏输入 http://www.benpig.com/mail，打开图 5-3。

② 在图 5-3 所示的"免费邮箱"窗口中，单击 21CN邮箱 注册 中的"注册"，打开图 5-6。

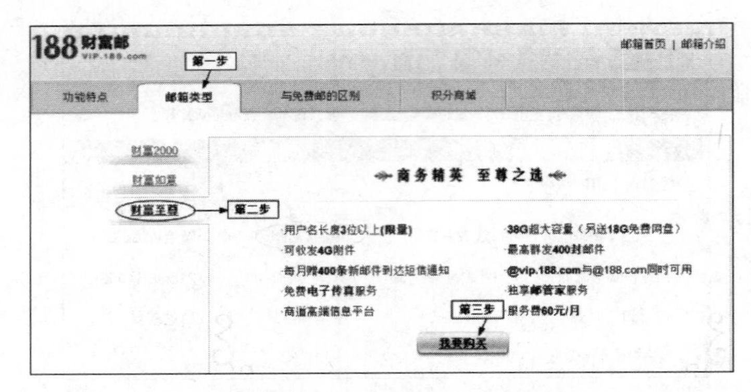

图 5-5　188 财富邮网站“邮箱类型-购买”窗口

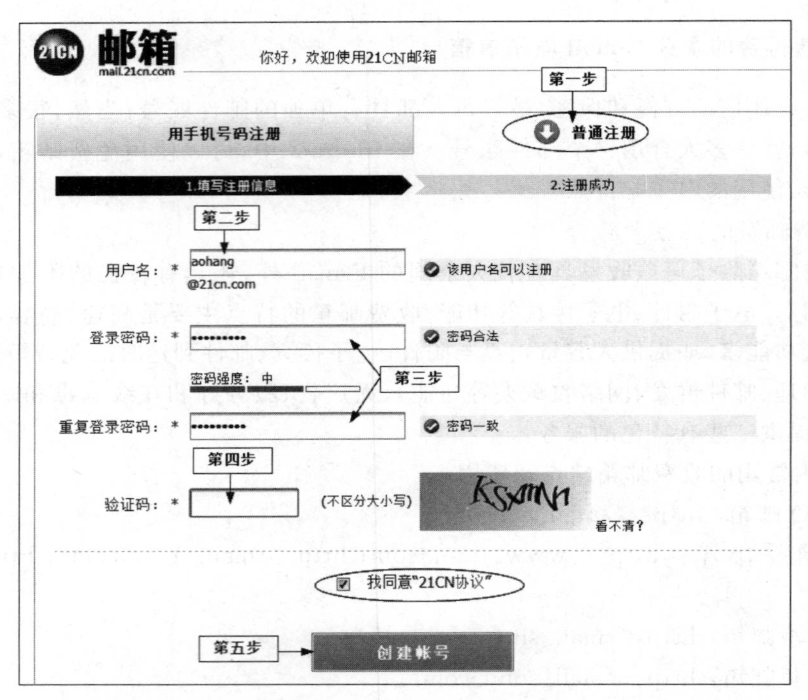

图 5-6　邮箱“21CN-注册”窗口

③ 在图 5-6 所示的“21CN-注册”窗口，按照页面提示填写相关信息，即可注册该网站的免费邮箱，参见图中的第一步～第五步；用户输入用户名，直至没有重复为止。

④ 之后，弹出“注册成功”对话框，单击“确定”按钮完成注册任务。

3. 免费和收费 E-mail 电子信箱的区别

【示例 4】 进入 TOM VIP 邮箱网站找出免费和收费电子信箱的区别。

(1) 在 IE 浏览器中，输入 http://www.163.net/。

(2) 在“TOM VIP 邮箱首页”窗口，选择“与免费邮箱的区别”选项，打开图 5-7。

(3) 在图 5-7 所示的 TOM 邮箱的“详细参数对比”窗口可见到两种邮箱的详细区别。

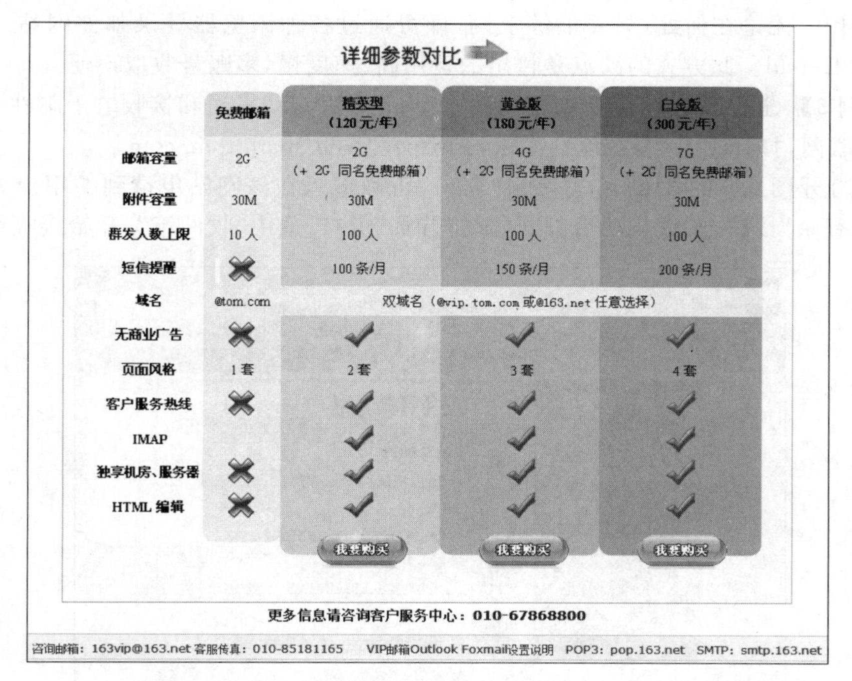
详细参数对比

	免费邮箱	精英型（120元/年）	黄金版（180元/年）	白金版（300元/年）
邮箱容量	2G	2G（+ 2G 同名免费邮箱）	4G（+ 2G 同名免费邮箱）	7G（+ 2G 同名免费邮箱）
附件容量	30M	30M	30M	30M
群发人数上限	10人	100人	100人	100人
短信提醒	✗	100条/月	150条/月	200条/月
域名	@tom.com	双域名（@vip.tom.com或@163.net任意选择）		
无商业广告	✗	✓	✓	✓
页面风格	1套	2套	3套	4套
客户服务热线	✗	✓	✓	✓
IMAP		✓	✓	✓
独享机房、服务器	✗	✓	✓	✓
HTML编辑	✗	✓	✓	✓
		我要购买	我要购买	我要购买

更多信息请咨询客户服务中心：010-67868800

咨询邮箱：163vip@163.net 客服传真：010-85181165 VIP邮箱Outlook Foxmail设置说明 POP3：pop.163.net SMTP：smtp.163.net

图 5-7 TOM 免费与收费邮箱“详细参数对比”窗口

4. 电子邮箱的 POP3 和 SMTP 功能

电子邮箱除了具有在线收发电子邮件的功能外，还提供通过邮件客户端软件收发邮件的 POP3 和 SMTP 功能。只有设置好电子邮件客户端软件，才能不必每次都进入邮箱的主页，而通过客户端软件自动收发自己在因特网中各个邮箱中的电子邮件。

1）TOM VIP 收费邮箱服务器的地址

（1）接收邮件（POP3）服务器：pop.163.net。

（2）发送邮件（SMTP）服务器：smtp.163.net。

2）TOM 免费邮箱服务器的地址

（1）接收邮件（POP3）服务器：pop.tom.com。

（2）发送邮件（SMTP）服务器：smtp.tom.com。

注意：用户使用 POP3 和 SMTP 功能时，必须在邮件的客户端软件中，对每个邮件账户分别进行设置。每个邮件服务器都有自己单独的 IP 或域名地址，即使在同一网站，其不同类型的账户的地址也不一定相同。因此，设置前需要登录相应的网站进行查询。

5.3 Web 方式在线收发电子邮件

人们将通过 Web 浏览器（IE），在邮件网站中直接收发电子邮件的方式被称为 Web（WWW）或“在线”收发邮件方式。这里“在线”是指所有的操作都在联网的状态下进行，因此，需要付出流量或上网费用。在线方式的优点是简单、易用、直观、明了，比较适合初学的人使用。无论在何处，只要能够上网，即可通过各种浏览器登录邮件网站，在线收、发、读、写 E-mail。此方式的缺点是付出的费用高、速度慢，多账号收取不便。

【示例 5】 进入 21CN 免费邮箱网站以 Web 方式在线发送和接收电子邮件。

(1) 联网，打开浏览器，在地址栏输入 http://web. mail. tom. com。

(2) 打开图 5-8 的 21CN 的“登录”窗口，正确输入在该网站申请到的用户名与密码后，单击“登录”按钮，验证成功后打开“邮箱首页”窗口；选中“收件箱”，开始接收新邮件。

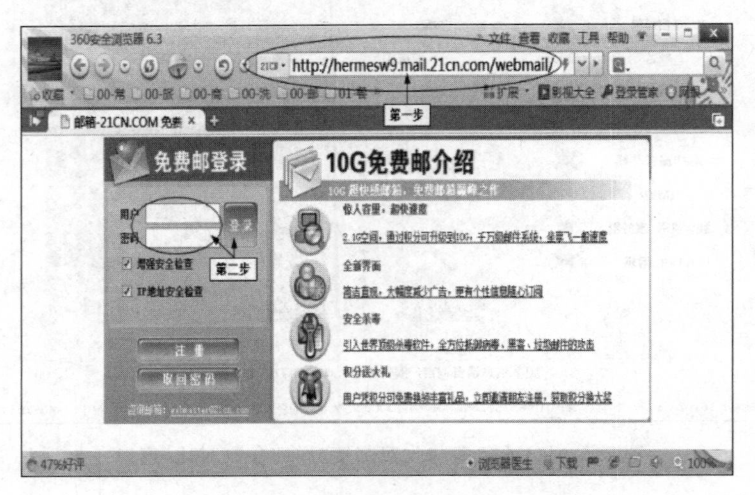

图 5-8 21CN 邮箱“登录”窗口

(3) 在“邮箱首页”窗口，单击“写信”按钮；在邮箱的“写邮件”窗口，按照窗口提示，编辑好一封邮件；之后，单击“发送”按钮，完成在线发送邮件的任务，参见图 5-9。其他操作也很简单，只需在图 5-9 窗口中进行选择即可。

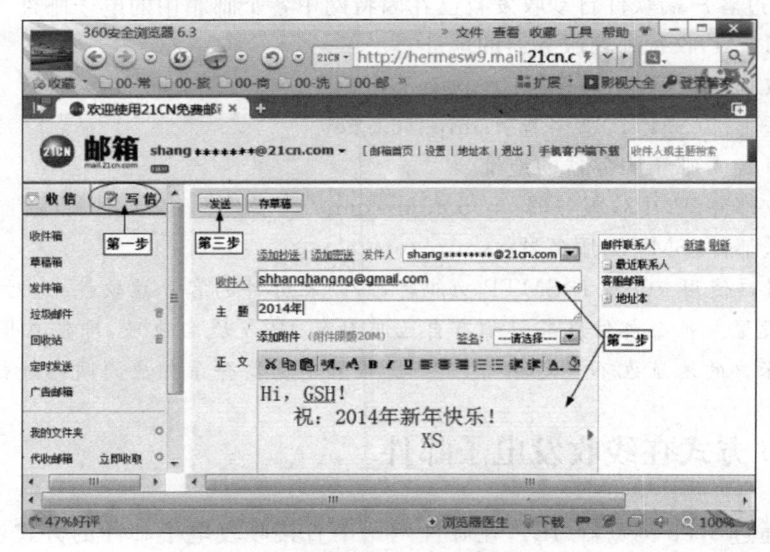

图 5-9 成功登录的“21CN 邮箱-写信”窗口

说明：各种在线邮箱都是相似的，各种操作都很简单，如果需要进一步了解邮箱的操作内容，可以选择"帮助"选项，寻求详细的帮助与指导。

5.4 邮件客户端软件的基本应用

收发电子邮件时，最常用的电子邮件客户端软件是计算机系统中内置的，如早期的Windows中内置的Outlook Express和Windows mail，以及Office中内置的Microsoft Outlook。两者的界面有所不同，但基本操作相似。它们都是计算机中邮件客户端发送电子邮件的基本工具，通过它们，用户可以实现写信、发信、收信、通讯簿、邮件账户的管理等各种任务。

5.4.1 Microsoft Office Outlook 的基础

1. 使用邮件客户端的目的

对于上网有限制（如限时长、限流量）或操作不够熟练的用户，建议使用电子邮件客户端来收发电子邮件。这样，一次连接即可自动接收在多个不同网址处的电子邮件了，不但操作简便，而且省力、省时、省钱。

2. 准备好电子邮件客户端软件

电子邮件客户端软件很多，本节主要使用Office系统集成的邮件客户端软件Microsoft Office Outlook，其集成在Office的内部，只要安装了Office系统的计算机，通常不用再次安装。如果选择其他邮件客户端的软件，则应先安装，后设置，再使用。

3. 启动 Office Outlook 2007

我们将Microsoft Office Outlook缩写为OL。它是我们的一位新朋友，也是使用电子邮局的总联络员，通过它可以完成写信、发信和收信等各种任务。无论使用何种电子邮件客户端程序，首先面临的就是设置电子邮局（邮件服务器）的地址；之后，邮件客户端程序才能进行自动收发电子邮件。设置和使用电子邮件客户端软件的步骤仅以Microsoft Office 2007中内置的Outlook为例。

【示例6】 设置和使用Microsoft Office 2007中内置的Outlook。

(1) 入网后，依次选择"开始"→"所有程序"→Microsoft Office→Microsoft Office Outlook 2007命令，或双击其图标。首次打开OL时，会出现图5-10所示"Outlook 2007 启动"对话框，单击"下一步"按钮，打开图5-11。

(2) 在图5-11中，如果选择"否(N)"单选按钮，单击"下一步"按钮，结束配置向导进入图5-18所示的OL主体窗口。进入之后，可以按照下面的步骤随时添加电子邮件账户。

(3) 在图5-11的"账户配置"对话框，选择"是(Y)"单选按钮，单击"下一步"按钮。

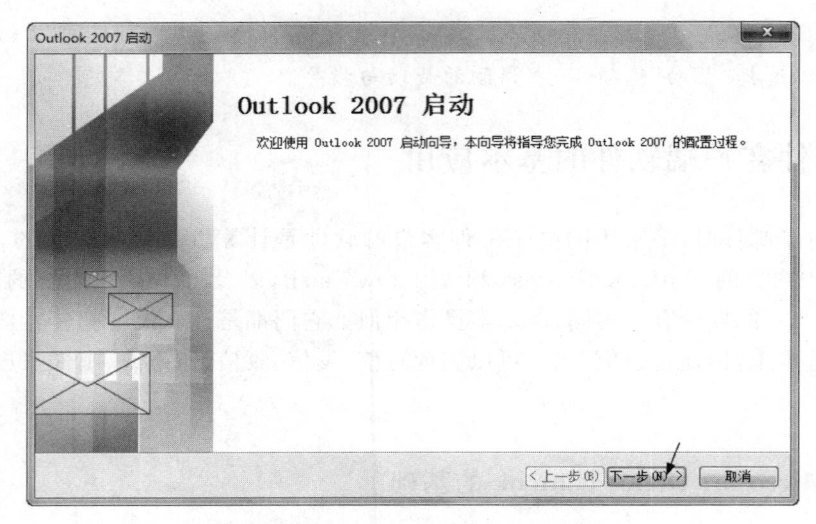

图 5-10 “Outlook 2007 启动”对话框

图 5-11 “账户配置-电子邮件账户”对话框

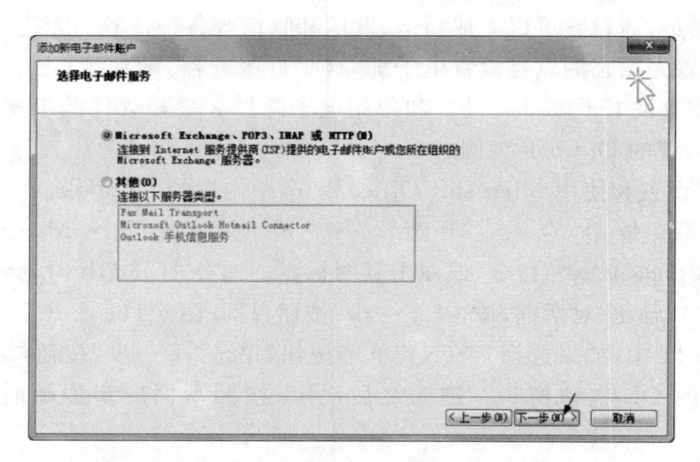

图 5-12 Outlook 中“选择电子邮件服务”对话框

(4) 在图 5-12 所示的“选择电子邮件服务”对话框，选择电子邮件服务器的类型后，单击“下一步”按钮。

说明：一般邮件账户的选择如图 5-12 所示；如果是 Hotmail 账户，则应依次选中“其他→…hotmail center”，之后跟随向导完成设置，关闭 OL，重新进入即可。

(5) 在图 5-13 所示的“自动账户配置”对话框，准确输入电子邮件账户的姓名、用户账号、密码等信息，确认无误后，单击“下一步”按钮，打开图 5-14。

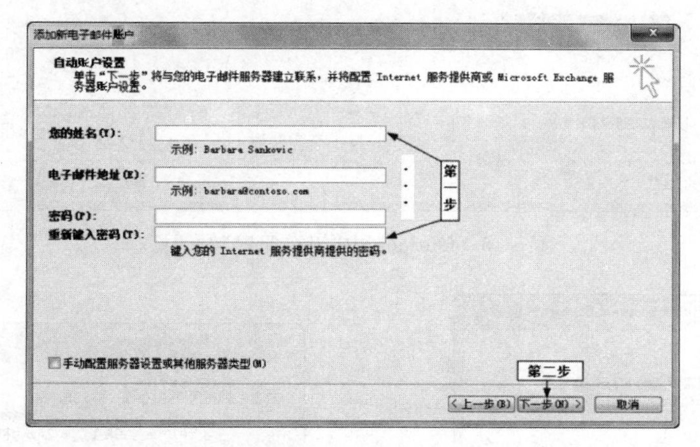

图 5-13 Outlook 中“自动账户配置”对话框

图 5-14 Outlook 中“允许该网站配置 shangx@163.com 服务器设置?”对话框

(6) 在图 5-14 所示的“允许该网站配置 shangx@163.com 服务器设置?”对话框，单击“允许”按钮，打开图 5-15。

(7) 当完成该网站的自动配置后，在图 5-15 所示的“联机搜索您的服务器设置”对话框，单击“完成”按钮，打开图 5-16。

(8) 打开图 5-16 所示的“是否要添加 Hotmail 账户”对话框，如果需要添加该邮件账户，则单击“是(Y)”按钮；否则，单击“否(N)”按钮；之后，打开图 5-17。

(9) 在图 5-17 所示的“是否同步 RSS 源”对话框，根据需要进行选择，例如，单击“是(Y)”按钮，稍后打开图 5-18。

(10) 在图 5-18 所示的 Microsoft Outlook 的主体窗口，每次进入 Outlook 时，都会自动接收邮件；因此，可以选中“收件箱”，查看收件箱中的目录和邮件，图中还显示了选中邮件的内容。

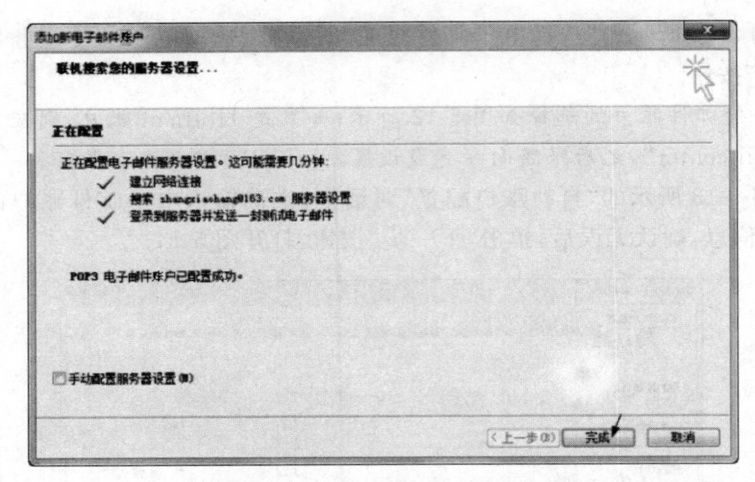

图 5-15 Outlook 中"正在配置"对话框

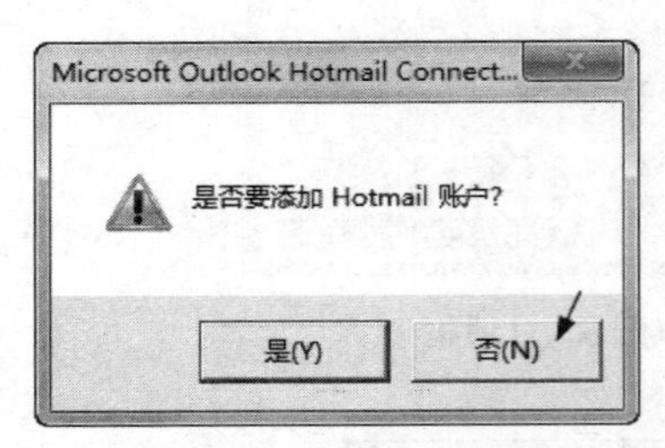

图 5-16 "是否要添加 Hotmail 账户?"对话框

图 5-17 Outlook 中"是否同步 RSS 源"对话框

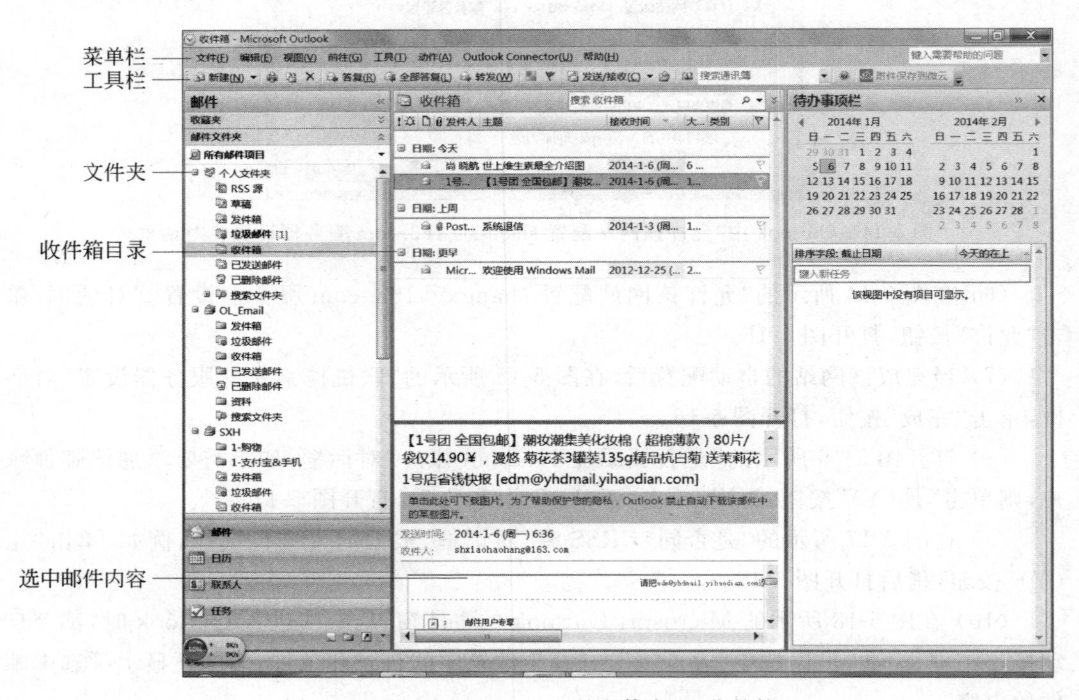

图 5-18 Microsoft Outlook 的主体窗口(收件箱)

说明：RSS的含义是简易信息聚合，这是一种描述和同步网站内容的格式，也是目前使用最广泛的资源共享应用。在图5-17中启用同步后，在不打开订阅网站内容页面的情况下，通过此协议就可以将订阅网站的RSS输出内容传送给用户，这有利于用户及时了解最新的内容。

4. Microsoft Office Outlook 中管理电子邮件账户

在Microsoft Office Outlook中，经常遇到的任务就是管理自己的电子邮件账户，管理的内容包括新建、修复、更改、删除电子邮件账户及联系人的地址簿等。

1) 新建邮件账户

【示例7】 在Outlook添加多个电子邮件账户。

(1) 在图5-18中，单击菜单栏的“工具”，使其出现图5-19所示的下拉菜单，从中可以选择用户需要完成的操作，例如，“接收和发送邮件”、“通讯簿”、“账户”和选项等。

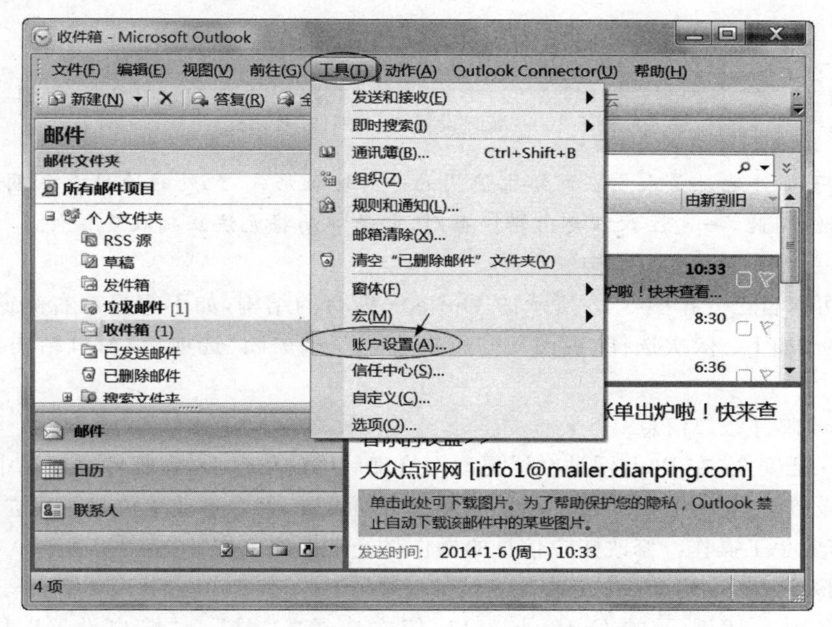

图5-19 Outlook中“工具”下拉菜单

(2) 在图5-19的“工具”下拉菜单中，选中“账户设置”选项，打开图5-20。

(3) 在图5-20所示的“账户设置-电子邮件”对话框，图中有多种用于管理的选项卡。在添加电子邮件账户信息时，第一，选中“电子邮件”选项卡；第二，单击“新建”选项，打开图5-12；第三，参照图5-12～图5-15进行；第四，返回图5-20后可见新建的账户，单击“关闭”按钮。

(4) 重复上边的步骤(1)～(4)，完成新建所有邮件账户的任务。

提示：

① 首次新建电子邮件的账户时，图5-20所示的“电子邮件”选项卡的中间是空白的；而已经创建电子邮件账户后，其中会有许多电子邮局的账户。

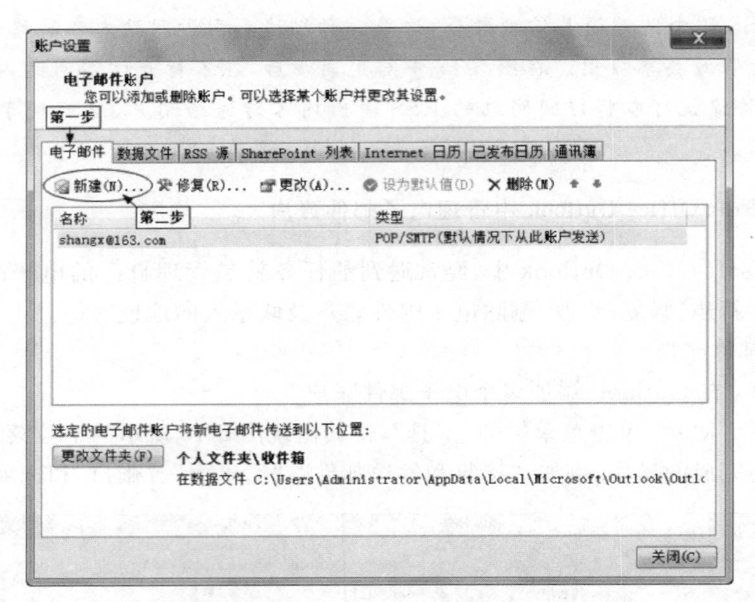

图 5-20 “账户设置-电子邮件”对话框

② 电子邮件地址是人们在网络上使用的一种地址形式,此处的地址是亲朋好友用来回信的地址,因此,一定注意不要出错!否则,电子邮局将无法正确收发信件。

2) 改变 Outlook 窗口结构

用户可以自己安排图 5-18 所示的 Outlook 窗口的结构,如不想显示右侧窗格“待办事栏”的操作如下:依次选择“视图”→“待办事栏”→“关闭”选项后,窗口结构如图 5-19 所示。

3) 修改邮件账户信息

为了保证安全,在 Web 网站在线更改网络邮局中的信息后,在邮件客户端中,也应更改邮箱的设置。另外,有的新建邮箱不能完成自动设置,如企事业单位自己建立的邮件系统,可能需要手工操作。修改账户信息的操作是经常性的工作。

【示例 8】 在 Outlook 中更改和测试邮件账号。

(1) 在图 5-19 所示的 Outlook 窗口,依次选择“工具”→“账户设置”选项,打开图 5-20。

(2) 在图 5-20 所示的“账户设置-电子邮件”对话框,第一,单击“电子邮件选项卡”的中间窗口,选中要修改的“电子邮件”账户;第二,单击工具栏中的 更改(A)... 按钮,打开图 5-21;第三,根据需要进行修改,如更改登录密码;之后,可以单击“测试账户设置”按钮进行收发件的测试;测试通过时,单击“下一步”按钮;第四,在随后打开的对话框中,单击“完成”按钮;第五,返回图 5-20 后,单击“关闭”按钮,完成账户的修改和测试任务。

(3) 如果单击图 5-21 中的“测试账户设置”按钮进行的测试未通过,则应单击“其他设置”按钮,打开图 5-22,按照网站给出的参数进行手工设置;如在 Gmail 邮箱中,要求将 POP3、SMTP 服务器的端口号设置为 995、465,SMTP 服务器的加密连接类型设置为 SSL;设置后,单击“确定”按钮,返回图 5-21;再次进行测试,直至测试通过。

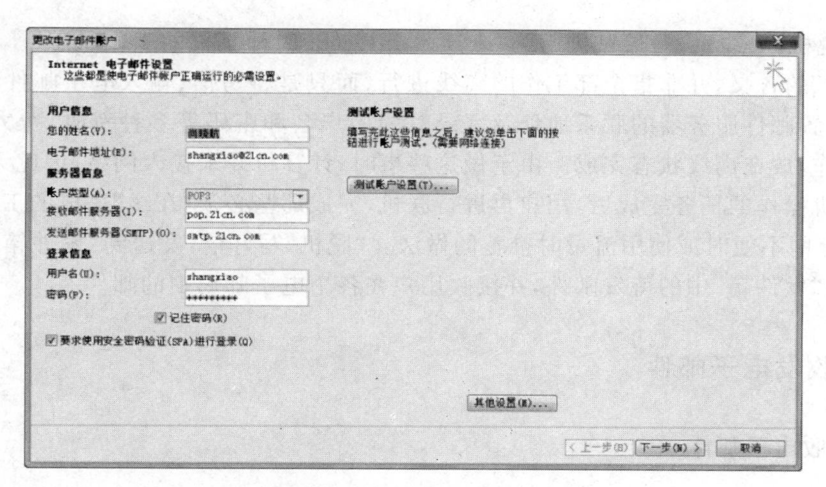

图 5-21 “更改电子邮件账户”选项卡

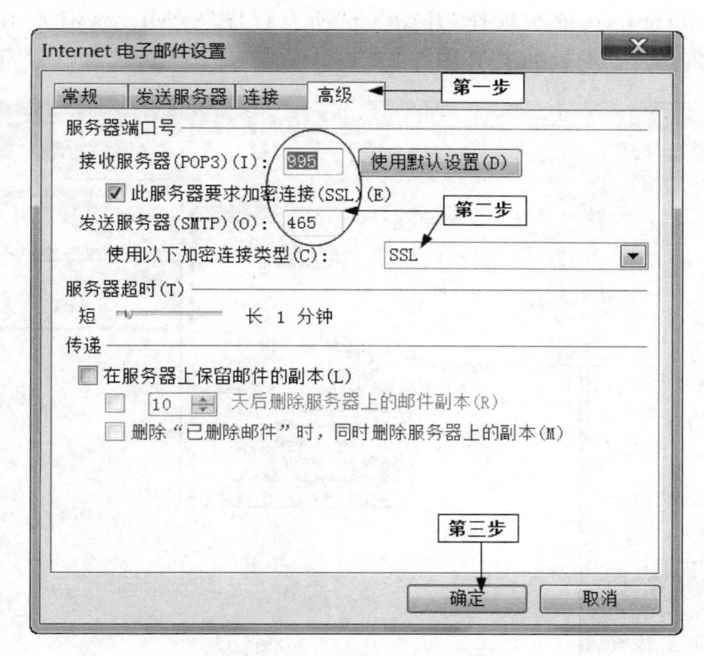

图 5-22 Internet 电子邮件设置“高级”选项卡

注意：在图 5-22 所示的“更改电子邮件账户”对话框中，有时需要填写收件/发件的邮件服务器地址。这些地址由 Internet 服务器商提供。当人们申请或购买 E-mail 账号时，就会得到这些信息。正像写信不能写错收信人和发信人地址一样，这些地址千万不能出错，否则将无法得到正常的邮件服务。

5. 联机操作与脱机操作

(1) 联机(连线)。一般是指计算机已经接入 Internet 时计算机的状态，在联机状态下收发电子邮件就是联机操作，例如，前面介绍的 Web 方式下的操作就是联机操作。

(2) 脱机(离线)。一般被理解为“未连入 Internet 时计算机的工作状态”。电子邮件“脱机操作”的含义,并非指全部工作的离线进行,而只是将写信、输入电子邮件地址与回信地址、设置邮件服务器的联系地址及登录时的用户名和密码等多种费时、费力,又容易出错的工作,放在离线状态完成。由于做这些事时,计算机并未接入网络,因此无须付费。当可以脱机操作的任务完成后,用户再进行联机,完成那些必须“在线”完成的工作。

(3) 上网不便时或使用流量时推荐的做法。“脱机”写好信,发送到“发件箱”待发;联机后,发送“发件箱”中的待发邮件,并接收用户在各个电子邮局中的邮件。

5.4.2 收发电子邮件

1. 接收电子邮件

【示例 9】 在 Outlook 中接收所有邮件账号或指定账号中的电子邮件。

(1) 连入 Internet 后,依次选择“开始”→“所有程序”→Microsoft Office→Microsoft Office Outlook 2007 命令选项,打开图 5-23。

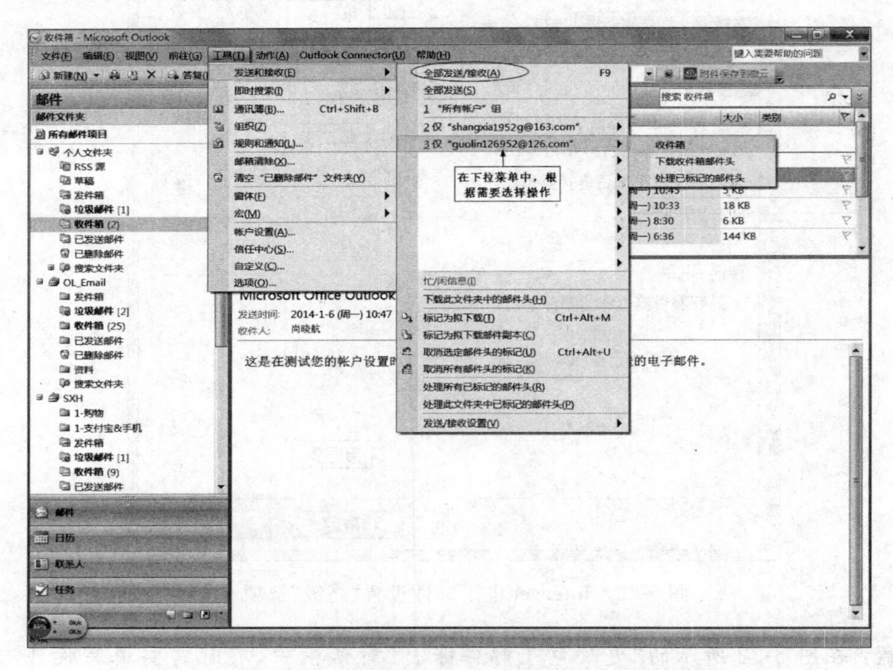

图 5-23 Office Outlook 中“工具-发送和接收”的操作窗口

(2) 在图 5-23 所示的主体窗口中,依次选择“工具”→“发送和接收”命令选项或单击工具栏中的 发送/接收(C) 按钮,单击右侧的▼;在展开的下拉菜单中,选择要进行的操作,例如,选择或仅接收某个账户中的邮件,参见图 5-23。此外,按 F9 键可以一次收发所有邮箱中的邮件。

① 当选择“全部发送/接收”选项时,将发送或接收所有邮件账户中的邮件;

② 当选择指定邮件账号选项时,如“仅 guolin163952…”,表示只发送/接收该邮件账

户中的邮件;选中账户后边的箭头符号,还可以展开下一级菜单进行操作。

说明:收多个电子邮件账户中邮件的前提条件是拨号连接或其他的 Internet 连接已成功建立;各个邮件账号已添加和配置。

2. 发送电子邮件

【示例 10】 在 Microsoft Office Outlook 中发送电子邮件。

首先是离线编辑邮件,并发送到发件箱;再进行联机,并发送发件箱中所有的待发邮件。

(1) 离线状态下,打开图 5-23 所示窗口,单击工具栏中的 新建(N) 按钮,打开图 5-24。

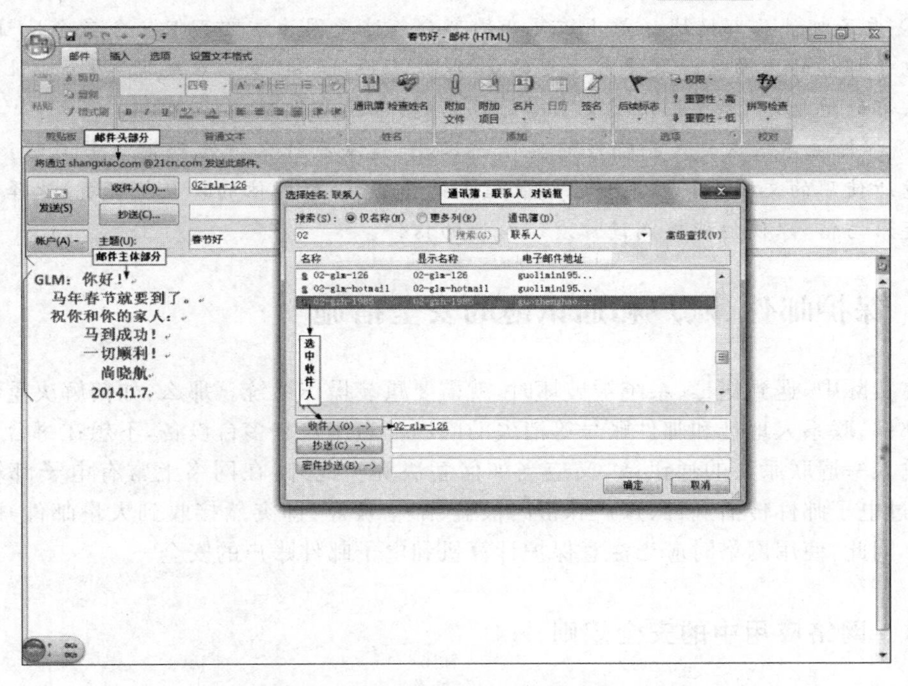

图 5-24 Office Outlook 中的“新邮件”对话框

(2) 在图 5-24 所示的“新邮件”窗口编辑新邮件,至少包含以下几个基本部分。

① 发件人(必选项)。单击 账户(A) 按钮,展开所有可用的电子邮件账号地址,选择一个作为发件人地址;也可以输入另外一个 E-mail 地址。

② 收件人(必选项)。单击 收件人(O)... 按钮,打开图中的“联系人”对话框,可以选择一个存于通讯簿中的联系人地址;也可直接填写收件人的准确 E-mail 地址。

③ 抄送(任选项)。操作同收件人,此处是同时接收此邮件联系人的 E-mail 地址。

④ 主题。应当输入此次发送邮件的主题,该邮件的主题将会显示在收件人的“邮件列表”中,如输入“春节好”。

⑤ 书写邮件内容。图 5-24 所示窗口的左下半部分书写邮件的内容。

(3) 打开图 5-24 所示的“新邮件”对话框,编辑好邮件的收件人地址、主题和内容等 3 个基本部分;如果需要发送附件,则应单击工具栏中的“附加文件”按钮。

(4) 在激活的“插入文件”对话框中,第一,确定“打开位置”,定位附件文件所在的磁盘目录;第二,用鼠标定位所选的文件的"文件名";第三,单击"插入"按钮,将选中的附件文件插入拟发送的邮件中。

(5) 在图 5-24 所示窗口的工具栏中,单击邮件头部的"发送"按钮,即可将此邮件发送到发件箱;之后,将返回图 5-23,在发件箱中可以见到待发送的邮件。

(6) 联机入网,转入在线状态;在图 5-23 中,依次选择"工具"→"发送/接收"命令选项或单击工具栏中的 发送/接收(C) 按钮,即可联机发送本地计算机发件箱中的所有待发邮件。

说明:图 5-24 所示的窗口就是人们书写邮件的"纸",这张纸的各部分组成了一份完整的电子邮件,其中包括了邮件头部和邮件主体两部分。

① 电子邮件头部区域。是比较复杂的部分。这是因为该区不但包含多个地址区,还包含电子邮件的主题区。其中最主要的是"收信人地址"和"发信人地址"两个地址。电子邮件头部的地址,一定要使用英文书写,而"主题"却没有限制。

② 邮件主体区域。是指邮件的具体内容,一般没有什么特殊规定。书写时,仅仅需要注意所使用的文字,例如,应当根据收信人的语言环境(指他的计算机环境)选择使用中文或英语写信,以便他能够阅读你发送给他的信件。

5.5 保护邮件、账户和通讯簿的安全措施

在实际中,遇到病毒、系统被破坏时,就需要重装操作系统。那么,如何解决重装系统后的邮件、联系人地址和邮件账号等消失的问题?当用户有多台设备,不想在每台计算机中都输入一遍联系人的通讯簿,又应当如何解决呢?此外,在网络上常有电子邮箱被破坏、通过电子邮件传播病毒、账户和密码被盗、邮箱被炸(即突然接收到大量邮件)的事件发生。因此,使用网络时应当注意保护计算机和电子邮件账户的安全。

5.5.1 网络应用中的安全规则

在使用电子邮件和网络时,应该注意以下几条安全规则,以及邮件、账户和通讯簿的非默认位置的保存、恢复和使用。

(1) 不要向任何人透露你的账户和密码。

(2) 尽量不要用生日、电话号码等作为拨号上网或收费邮件账户的密码。

(3) 拨号上网时,虽然使用"存储密码"的功能可以给你带来很多方便,然而从安全角度看,在熟悉了网络的使用之后,应尽量不要选择"存储密码"等功能。

(4) 经常更改密码是一种良好的保证安全的习惯。

(5) 当接收到陌生的带有附件的电子邮件时,最好不要打开附件,而采取直接、永久性的删除措施。

(6) 在电子邮件中,设置限制接收邮件的大小,过滤垃圾邮件,即对于经常发送垃圾邮件的地址、账户和姓名等采取自动"拒收"的措施。

(7) 不要在网络上随意留下电子邮件地址,尤其是付费邮箱的地址。

(8) 申请数字签名。

(9) 掌握电子邮件、账户和通讯簿的非默认位置的存储和恢复方法。

5.5.2 通讯簿的基本应用

为了节约时间，避免出错，建立和使用电子邮件通讯录是一个重要的操作环节。

1. 建立联系人的 E-mail 通讯簿

事先将亲友、同事与客户的邮件地址、电话、通信地址等存在通讯簿中，使用时可以直接从中取出，而不必一一书写。通过通讯簿不但可以完成邮件地址的存储，还可以实现邮件的快速发送、抄送、密件抄送或成组发送等多项任务。

【示例 11】 在 Microsoft Office Outlook 中创建通讯簿。

(1) 依次选择"开始"→"所有程序"→Microsoft Office→ Microsoft Office Outlook 2007 命令，打开图 5-18 所示的 OL 窗口。

(2) 在图 5-18 中，依次单击"工具"→"通讯簿"命令，打开图 5-25。

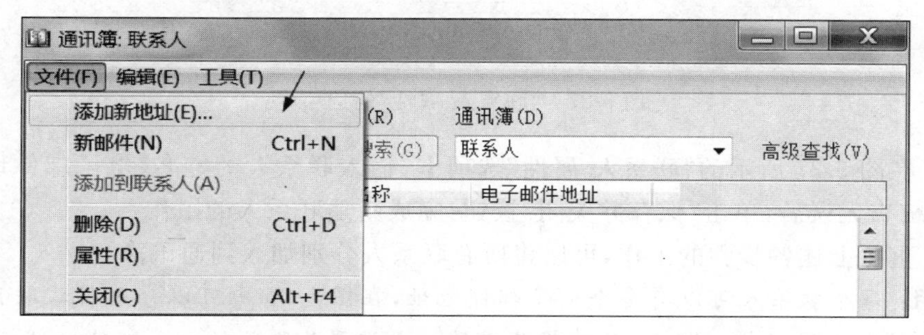

图 5-25 "通讯簿-联系人"窗口

(3) 在图 5-25 所示的"通讯簿：联系人"窗口，可以完成添加新地址、删除、属性(编辑)的操作，从而完成建立或修改通讯簿地址的任务；也可以给通讯簿中的联系人发送、转发和抄送邮件的工作。例如，依次单击"文件"→"添加新地址"命令选项，进入图 5-26。

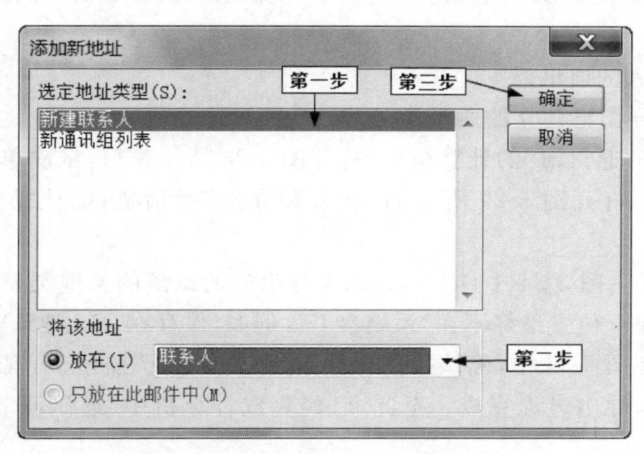

图 5-26 "添加新地址-联系人"对话框

(4) 在图 5-26“添加新地址-联系人”对话框,第一,选中“添加新地址”;第二,选中将该地址放在“联系人”前面的单选按钮;最后,单击“确定”按钮,打开图 5-27。

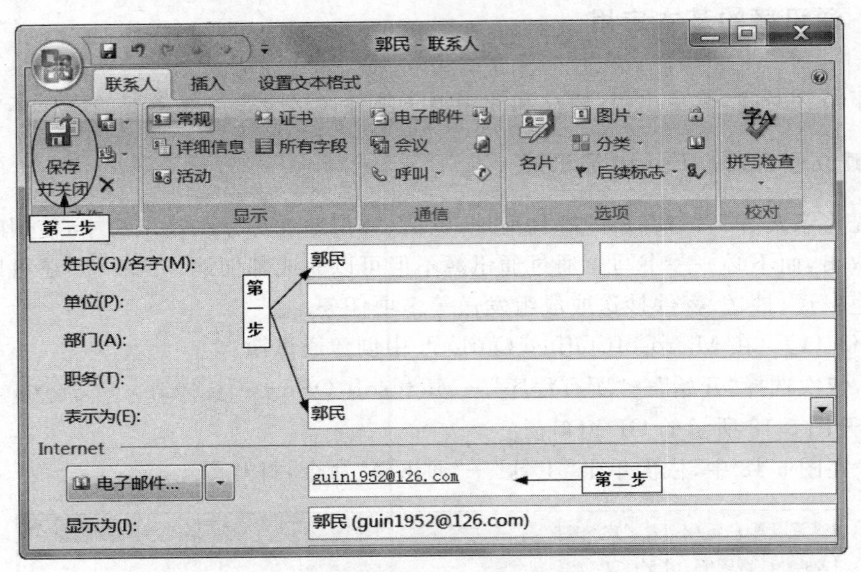

图 5-27 “联系人-属性”的选项卡

(5) 在图 5-27 所示的“联系人-属性”选项卡,输入联系人的姓名、电子邮件地址及其他信息;核查无误后,单击“保存并关闭”按钮;完成新建联系人的工作。

(6) 重复上述各步骤的工作,可以将所有联系人分别加入到通讯簿。

说明: 每个联系人可以有多个电子邮件地址,在图 5-25 中可以分别将该联系人的所有邮件地址加入通讯簿。但是,只能将其中的一个设置为默认的电子邮件地址。

2. 通讯簿的导入和导出步骤

如果需要在多台计算机使用“通讯簿”,每台计算机都需要准确地输入各用户的邮件地址,这样会相当不便。OL“通讯簿”(地址本)提供的“导入/导出”功能,可以轻松地解决这个问题。

1) 导出联系人的通讯簿

【示例 12】 导出已建立的通讯簿。

(1) 在已建好“通讯簿”的计算机中,打开图 5-28 所示窗口,依次单击“文件”→“导入和导出”命令选项,打开图 5-29 所示的“导入和导出”对话框;确认操作类型是“导出到文件”。

(2) 在图 5-30～图 5-34 中,第一,确认拟导出的通讯簿的文件类型;第二,定位“通讯簿”的保存位置,保存位置最好不在“系统盘 C”,例如,保存在“F:\地址\…”;第三,输入保存文件名;第四,在图 5-34 中,确认操作无误后,单击“完成”按钮;出现表示“导入导出过程”对话框。稍后,导出过程完成。至此,已经完成计算机中“通讯簿”文件的导出、保存任务。

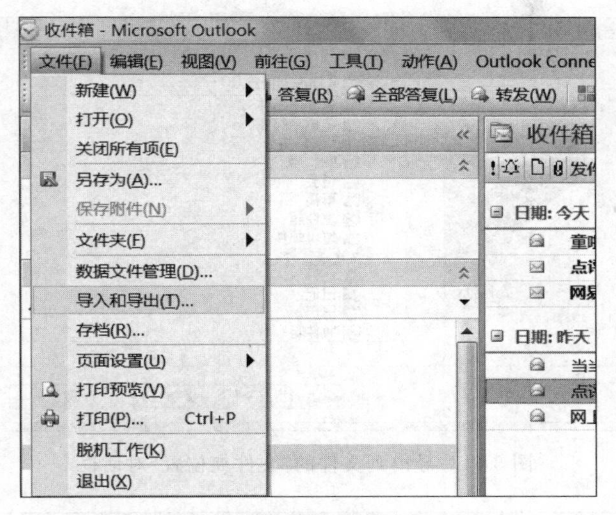

图 5-28 “文件下拉菜单”窗口

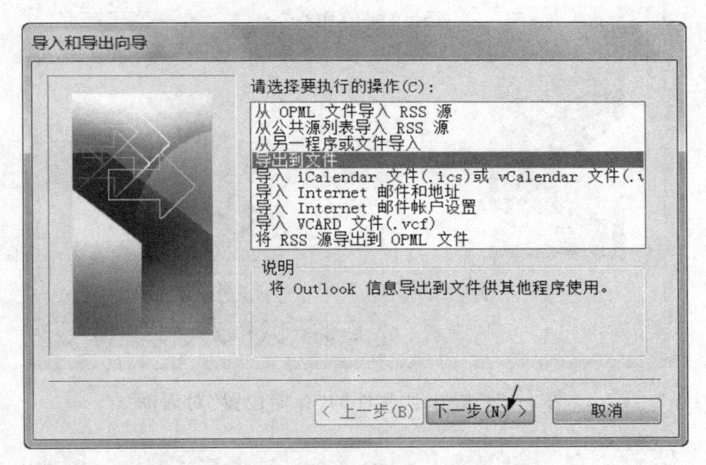

图 5-29 “导入和导出”对话框

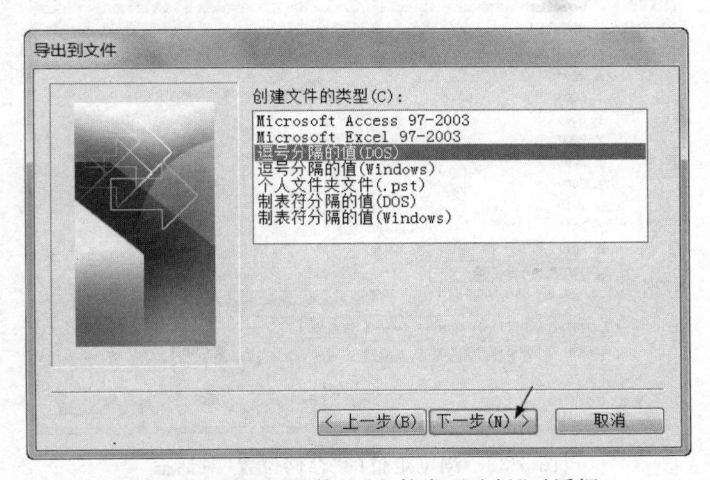

图 5-30 导出到文件的“文件类型选择”对话框

图 5-31　导出到文件的“文件夹位置”对话框

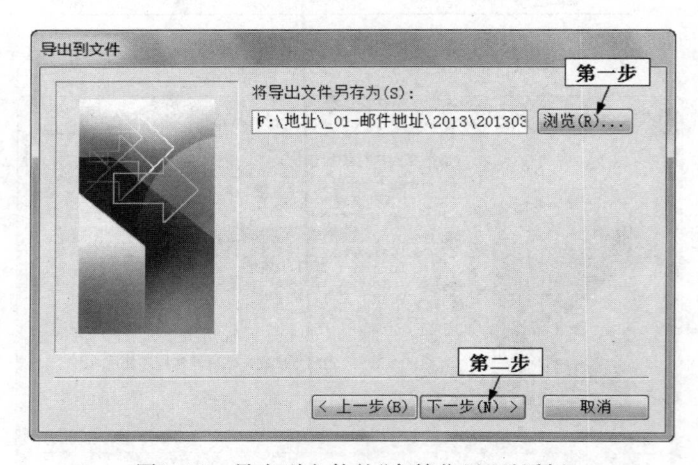

图 5-32　导出到文件的“存储位置”对话框

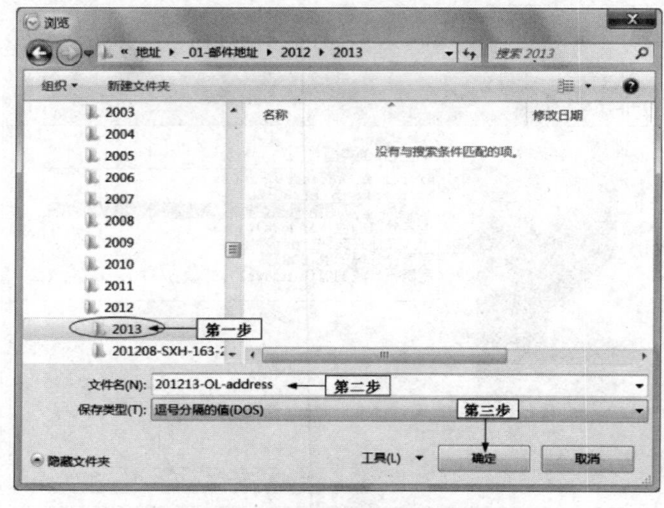

图 5-33　浏览定位的“存储位置”对话框

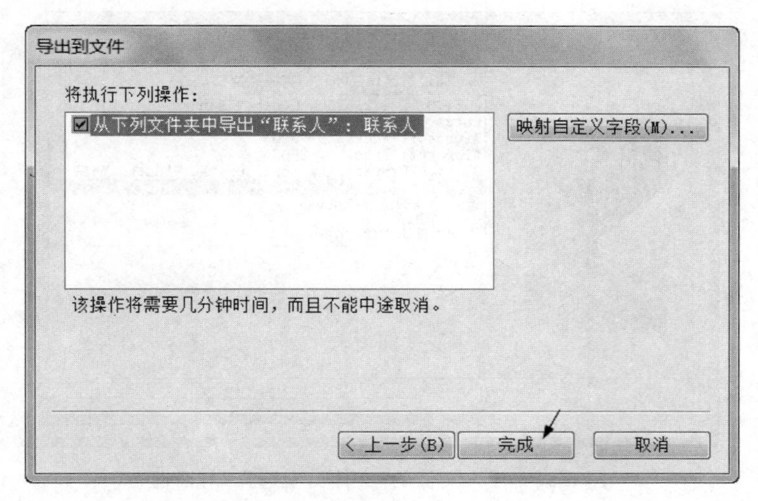

图 5-34 “导出操作-执行”对话框

2）导入联系人的通讯簿

【示例 13】 导入已存储的通讯簿。

（1）在需要导入“通讯簿”的计算机中，打开图 5-28 所示的工作窗口，依次选择“文件”→“导入和导出”命令选项，打开图 5-35。

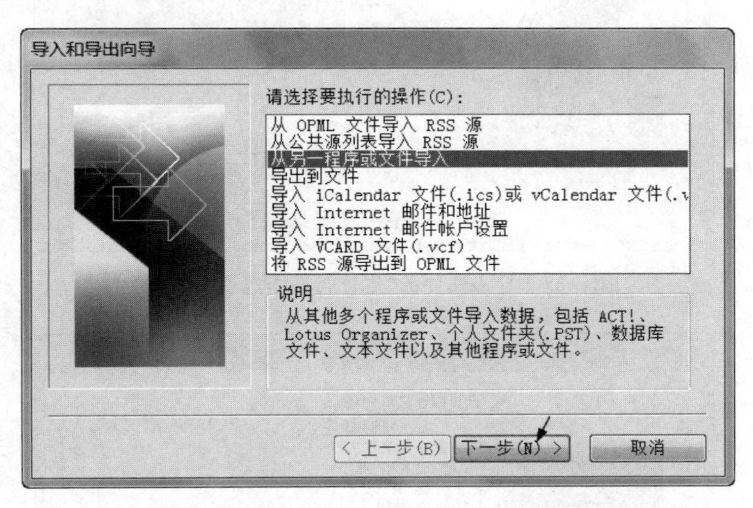

图 5-35 导入的“从文件导入”对话框

（2）在图 5-35 所示的“导入和导出”对话框；确认操作的类型是“从另一程序或文件导入”，打开图 5-36。

（3）在图 5-36～图 5-39 中，第一，确认拟导入通讯簿的文件类型，注意与导出文件的类型相同；第二，浏览定位导入文件（通讯簿）的位置和文件名；第三，在图 5-39 中，确认操作无误后，单击“完成”按钮；出现表示“导入导出过程”的对话框。稍后，导入过程完成。至此，已经完成计算机中“通讯簿”文件从本地硬盘中的导入任务。

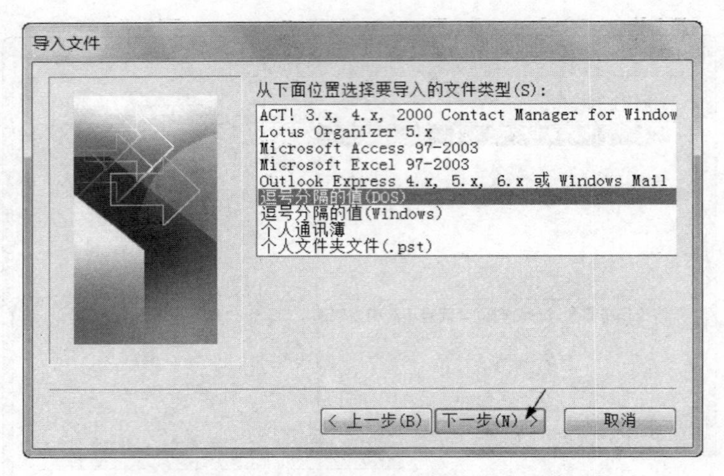

图 5-36 导入文件的"文件类型选择"对话框

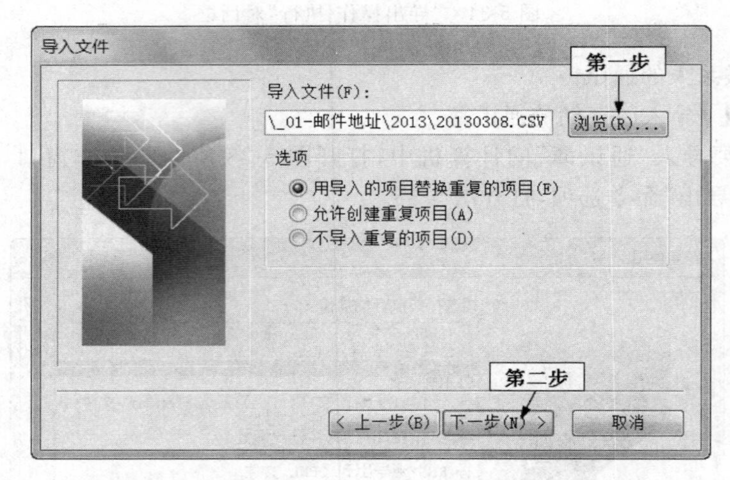

图 5-37 导入文件的"定位与操作选项"对话框

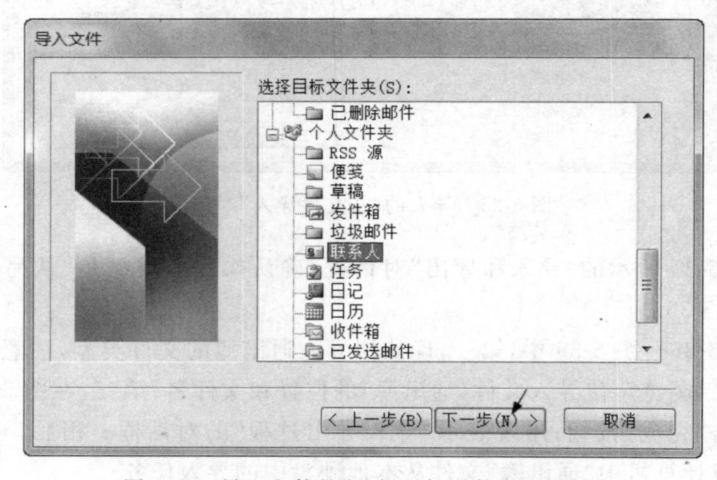

图 5-38 导入文件的"选择目标文件夹"对话框

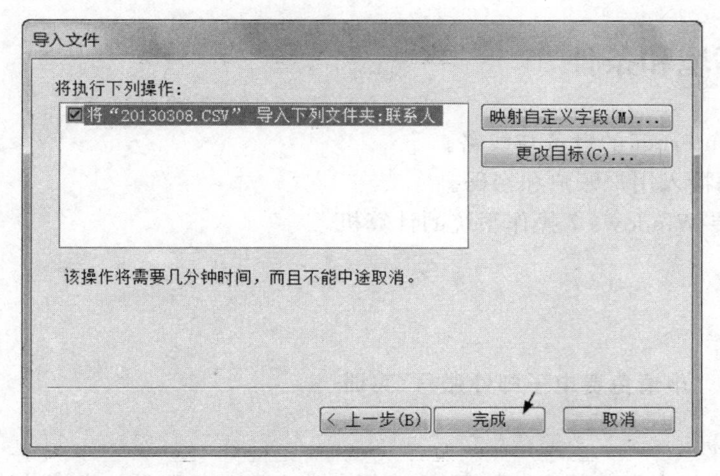

图 5-39　导入文件的“定位与操作选项”对话框

习题

1. 什么是电子邮件？它有哪些特点？

2. 电子邮件系统采用什么样的工作方式将邮件从发送端传送到接收端？

3. 在 Internet 中，如何注册邮件账户？什么是邮件服务器？如何获得其地址信息？

4. 如何一次收取多个电子邮箱中的电子邮件？

5. 什么是联系人的通讯簿或地址簿，如何管理它？

6. 电子邮件头部的格式包含哪些主要内容？

7. 在电子邮件地址的标准格式中，各项的含义是什么？

8. 如何将一封邮件同时发送给多个收件人？

9. 如何发送邮件给多个收件人，并且多个人彼此不知道还发送给了别人。

10. Office Outlook 2007 的工作窗口由哪些部分组成？

11. 如何在 Office Outlook 2007 中设置电子邮件账号？

12. 常用 E-mail 软件的设置有哪些？什么是 SMTP 和 POP 服务器？它们有什么用？

13. 请查询写出 126、sina 和 sohu 免费邮箱的 SMTP 和 POP 服务器地址和端口号。

14. 在 Office Outlook 2007 中，是否多个支持 POP3 的 E-mail 账号设置？设置后如何测试？

15. 在 Office Outlook 2007 中，为什么要导出/导入通讯簿(联系人)？

16. 如何修改、确认和检查 Office Outlook 2007 的账户设置？

17. 利用 Office Outlook 2007 发送电子邮件时，如何插入附件？列举 4 种不同的附件类型。

18. 请举例说明保护账户和通讯簿的安全措施有哪些？

本章实训环境和条件

(1) 接入 Internet 的设备与线路。
(2) ISP 的接入用户账户和密码。
(3) 已安装 Windows 7 操作系统的计算机。

实训项目

1. 实训 1:“申请免费电子邮件账号”实训

1) 实训目标
登录国内提供电子邮件服务的网站,掌握免费电子邮件账号的申请方法。
2) 实训内容
完成本章的示例 1~示例 4 中的内容。

2. 实训 2:“Web 方式收发法电子邮件”的实训

1) 实训目标
掌握 Web 方式登录电子邮件服务网站和收发电子邮件的方法。
2) 实训内容
完成本章示例 5 中设定的内容。

3. 实训 3:Office Outlook 2007 基本操作实训

1) 实训目标
掌握 Office Outlook 2007 的启动、基本设置和收发电子邮件等操作。
2) 实训内容
完成本章的示例 6~示例 13 中的内容。重点内容如下。
(1) 启用 Office Outlook 2007 的工作窗口。
(2) 学会设置多个电子邮件账号的方法。例如,设置一般电子邮件账号的 POP3 和 SMTP 电子邮件服务器的地址。
(3) 学会设置 IMAP 方式的电子邮件账号 zdh@hotmail.com。
(4) 在 Outlook 2007 中掌握离线书写电子邮件,先发送邮件到“发件箱”待发的方法。
① 编辑和发送带有附件的电子邮件到本地“发件箱”。
② 利用 Windows 7 中的录音机功能录制下你对家人的生日祝词文件,并作为附件发送给你的家人,然后,发送到本地“发件箱”。
(5) 在 Office Outlook 2007 的“收件箱”中回复或转发收到的 E-mail。
(6) 设置和实现将邮件一次发送给多个指定电子邮件地址处。

第6章　文件的传输与下载

Internet中有许多软件、图片、音频、视频和动画等文件，当然也有书籍和各类参考资料。如何将用户需要的共享文件资源下载到本地计算机？什么是FTP服务？当前，从互联网下载和传递文件的主流方法有哪些？传递文件时，如何快速分块？断点文件又应如何续传呢？此外，随着互联网的飞速发展，各种网络的智能终端设备不断涌现，计算机、智能手机与平板电脑已成为时代的标志，如何在这些终端设备上互传文件？什么是云技术？什么是云盘和网盘？如何才能用好这些新技术与新设备，已经成为对当代青年的基本要求。这些都是本章要解决的问题。

本章内容与要求

- 掌握：FTP的基本概念、功能和工作方式。
- 了解：文件的流行下载技术。
- 了解："匿名FTP服务"的使用方法。
- 掌握：常用FTP和文件传递的工具软件迅雷、网际快车的应用方法。
- 了解：云、云技术与网盘的基本知识。
- 掌握：几大云盘和网盘的应用技术。
- 掌握：不同终端设备之间文件或文件夹的自动备份与同步方法。

6.1　互联网中文件下载的基本知识

由于Internet中的每个网络和每台计算机的操作系统可能有很大差异，因此，直接共享几乎是不可能的。本节主要介绍当前使用的主流下载技术，以及常用的下载软件。

6.1.1　流行下载技术

目前，从互联网文件下载的流行技术方式主要有FTP下载、HTTP下载、P2P下载和Usenet下载；其中的HTTP和Usenet下载技术仅在本节做简要介绍，其余下载方式将在后续章节做较为详细的介绍。

1. HTTP(超文本传输协议)下载技术

HTTP是一种从Web服务器下载超文本到本地浏览器的一种传输协议。由于Web网站的迅速普及，因此，HTTP下载是最常用、最方便的一种下载方式，也是初级网络用户使用最多的一种下载方式。其特点如下。

1) 优点

(1) 用户在浏览器中，可以随时随地选择Web服务器网页上的图片、HTML文件、软件、歌曲、音乐、压缩文件等资料下载。

(2) 用户条件：用浏览器，如 IE，无须下载和安装其他软件。

(3) 操作简单、通用性好、适用性强。

2) 缺点

(1) HTTP 下载的技术简单，但下载速度慢。

(2) 由于 HTTP 下载时不支持断点续传，因此只适合下载较小的文件，如普通的图片、文档；而不适用于传输或下载尺寸大的文件，如视频文件。

2. Usenet 下载技术

Usenet 的中文名称是“新闻讨论组”，它是 Uses Network 的英文缩写，也是 Internet 上信息传播的一个重要组成部分。在国外，互联网中的三大账号分别为新闻组账号、上网账号和 E-mail 账号；由此可见，新闻组在国外的应用十分广泛。相比而言，国内新闻服务器的数量很少，各种媒体对新闻组的介绍也较少，用户大多局限在一些资深或高校网民。无疑，当代大学生应清楚新闻组与 WWW、电子邮件、远程登录、文件传输一样，同为互联网提供的重要服务。

1) 功能

Usenet 是 Internet 上一种高效的交流方式。网络新闻组服务器通常由个人或公司进行管理。在互联网中，存在成千上万个、各种主题的新闻组。这些分布在世界各地的新闻组服务器向广大用户提供高效的服务。Usenet 除了提供新闻讨论外，另一个重要功能就是提供丰富的共享下载资源，例如，电影资源的下载，并以每日数以千 GB 的速度增长。

2) 资源下载的位置

在互联网的 Usenet 中，所有文件(包括那些正常的发言和讨论)都包括在讨论组(Groups)里，因此 Usenet 才称为“新闻组”(Newsgroup)。每个新闻组都有一个唯一的域名地址，如 alt. binaries. dvd 或 alt. binaries. mp3；前者提供 DVD 文件的下载，后者提供 mp3 文件的下载。

3) Usenet 的特点

(1) 优点。

① 下载速度快，不暴露隐私、安全性好。

② Usenet 中资源的涉及范围、数量、类型都是其他下载无法比拟的，因此，在新闻组中，用户可以获得许多其他下载方式中无法获得的资源。

③ 节省时间，在 Usenet 中，一次搜索就能获得用户需要的资料，而不必使用搜索引擎，在互联网浩瀚的信息海洋中逐一寻找；因此极大地缩短了下载的时间。

④ 可以找到各种题材的电影，如免费下载最新的大片。

(2) 缺点。

① 在中国新闻组应用不够普及的重要原因是其提供的资源大多是英文或其他语言的；因此，要求用户具有较好的英文或外语水平。

② Usenet 服务提供的大部分下载资源都收费。

4）适合人群

(1) 咨询公司。可以找到行业的最新信息，如统计资料和电子书。

(2) 技术和管理人员。方便全球同行间的交流，获得免费海量最新技术电子书。

(3) 电影爱好者。可以获得国外最新电影、电视剧、动画片等最新影视作品。

(4) 音乐爱好者。方便获得各种流行、古典、当代和轻音乐等音乐作品。

(5) 学习外语者。因为大部分为英文方式，可以获得大量英文学习资料。

5）Usenet 的资源下载要点

Usenet 资源的下载主要有以下 3 步。

(1) 打开浏览器输入 http://www.twinplan.de/AF_TP/MediaServer/UsenextClient，下载 Usenet 的客户端软件。

(2) 安装下载的软件后，即可直接浏览或搜索自己要下载的资料。

(3) 按照系统提示，获得免费账号，通常要求提供 E-mail 地址。

3. P2S(FTP)下载技术

P2S 下载技术的原型是 C/S 客户端对服务器技术。一般是指用户通过 FTP 客户端程序和 FTP，使用匿名或非匿名账号登录 FTP 服务器的下载方式。目前，P2S 专指客户端(多点)对服务器(一点)的下载方式，这种下载方式具有稳定、安全的特点。

4. P2P 下载技术

P2P 是 Peer to Peer 的英文缩写，其中文名称是"点对点"。P2P 是一种用户下载的协议或模式。这种技术是指多点对多点之间的传输、下载技术。支持这种技术的客户端软件，可以在一点上，从多个在线的客户端上，以 P2P 方式快速下载资源。传统的 P2P 方式进行的 BT 下载具有不稳定、不安全等缺点。当今，中国流行的下载工具软件大都支持改善了的 P2P 协议，其应用技术代表如下。

(1) BT。是一种互联网上新兴的 P2P 传输协议，其英文全名为 BitTorrent，中文全称为"比特流"。BT 采用多目标的共享下载方式，使得客户端的下载速度可以随着下载用户数量的增加而不断提高，因此 BT 技术特别适合大型媒体文件的共享与下载。

(2) 多源文件传输协议。其英文全称是 the Multisource File Transfer Protocol，英文缩写是 MFTP。该协议是由 eDonkey 公司的 Jed McCaleb 于 2000 年创立的。其原理是通过检索分段，达到从多个用户那里下载文件的目的。最后，再将下载的文件片段拼成一个整个的文件。任何一个用户只要得到了一个文件的片段，系统就会立即将这个片段共享给网络上的其他用户；当然，通过选项的设置，用户可以对上传的速度做一些控制，然而，却无法关闭上传的操作；而且贡献越多，获得的下载速度就越大。

5. P2SP 下载技术

P2SP 是英文 Peer to Server&Peer 的缩写，其中文名称是"点对服务器和点"。P2SP 是指用户对服务器和用户的综合下载方式。

P2SP 是一种用户下载的协议或模式。P2SP 的出现使用户有了更好的选择，该协议不但涵盖 P2P,还包含了多个 S(服务器)。P2SP 通过多媒体检索数据库,将原本孤立的服务器及其镜像资源,以及 P2P 资源有效地整合到一起。P2SP 技术与传统的 P2S 和单纯的 P2P 技术相比,在下载稳定性和速度上有了极大提高。

基于 P2SP 技术的下载软件如迅雷 4.0 以上版本。另外,使用基于 P2SP 的下载软件下载时要比 P2P 方式对硬盘的损害小。

6. P4S 下载技术

P4S 下载算法或技术与 P2SP 类似。P4S 是一种结合了 P2P(点对点)和 P2S(客户端对服务器)两种技术特点的综合下载技术。P4S 技术是快车独创的,其最大的优点在于能够自动协调多种下载协议,从而突破了每种协议的界限。用户在使用快车下载时,不管采用何种下载协议,程序都会自动从其支持的所有下载协议中寻找相同的资源;因此,极大地提高了用户的下载速度。

6.1.2 Internet 的几种下载方法

由于 Internet 的飞速增长,传统 FTP 的下载方式已经被五花八门的下载技术取代。从网络上下载文件,常用的方法主要有以下 5 种,它们分别应用了不同的下载技术。

1. 网页下载(保存网页)

网页下载是资源下载的最简单方法,也是大多数人最习惯使用的方法。步骤:第一,在 IE 浏览器中,选择好需要的资料;第二,依次单击菜单命令“文件”→“另存为”选项;第三,选择保存位置;第四,确定保存的“文件名”和“文件类型”;第五,单击“保存”按钮,即可完成资料的下载和保存。

2. 直接单击下载

在网上找到所需资源后,直接单击资源链接,根据激活的保存页面的提示进行下载。

3. 专用软件下载

当今网络的应用范围越来越广,资料的类型越来越复杂,很多资料的尺寸很大,下载时用时很长。这时就应当利用一些专用软件进行下载,这也是人们应当重点掌握的内容。

使用专用软件下载的两个最大优点就是“多线程下载”和“断点续传”功能。

1) 多线程下载

资源下载实际上就是将资源所在计算机上的文件,复制到本地计算机的硬盘中。因此,可以将下载资源比做搬家,单线程下载就像只有一个人、一辆车的搬家过程;而多线程就像有多个人和多辆车同时进行的搬家;显然,后者要比前者快得多。支持多线程下载是当前所有专用下载软件的基本功能。

2）断点续传

断点续传是指下载资源时，不管什么原因中断了，下次上网再次下载时，可以不必从头开始，软件能够自动接着上次中断的位置继续下载。当前，很多资源的尺寸很大，有时需要下载好几天。显然“断点续传”的功能也是人们最需要的，而专用下载软件不可缺少的功能之一。总之，专用下载软件能够极大地提高下载速度，节约时间，确保下载和下载资源的连续性。

4. BT下载

如今BT下载已经成为宽带用户下载手段的重要选择之一，许多大型软件、视频作品等都是通过BT协议下载而流传的。使用BT方式下载时，用户都可以同时从多个计算机中下载，因而极大地提高了下载的速度。为此，支持BT下载的软件工具很多，如早期的BitComet、电驴、比特精灵，以及后来流行的Flashget、迅雷、超级BT下载等；可见，当今中国最流行的下载软件大都支持BT下载。

5. 右击下载

当主机中安装了多种下载软件时，可能希望自行选择一种选择方法，这就是右击选择下载软件的方法。

6.1.3 常用下载软件及其特点

1. 下载软件的基本功能与术语

(1) 多种下载技术的混合。专用下载软件往往同时使用了P4S、P2P、BT、P2S等多种下载技术。

(2) 多线程下载。是一种将一个软件分为几个部分同时下载的方法。下载后，再通过软件将这几部分合并起来。例如，快车(FlashGet)通过将一个文件分成几个部分同时下载而成倍地提高了速度，使用快车专用工具与不使用工具相比下载速度可提高1～5倍。

(3) 断点续传。是指在文件下载过程中，如果出现了突然的中断或停止，下载工具会自动保存已下载的部分；当再次下载该时，可以自动从中断的地方继续下载，而不用重复下载以前的部分。例如，快车(FlashGet)和迅雷等专用下载软件都能够实现断点续传。

(4) 下载文件的分类管理。好的下载工具可以创建多种类别，每个类别都可以指定单独的文件目录，这样可以将下载的文件自动分类保存到不同的目录中去。

(5) 未完成下载文件的管理。是指下载工具能够导入未完成的下载文件，并续传。

(6) 自动关机。是指下载工具能够在下载完成之后，自动关闭计算机。

2. 常用专业下载软件

当前最流行的全能下载工具大都具有下载速度快、安全、稳定和便捷等特点。此外，它们通常都支持 HTTP、FTP 和 BT 等多种下载协议;有些还支持更多的技术与协议。

由于主流的下载工具已整合了多种下载协议,因此,只需安装一款全能工具,就足以满足用户多样化的下载需求。几乎所有免费软件站点都提供下面这些免费下载工具的下载,如"天空软件"网站;每种工具的详细功能可进入各自的官方网站进行了解。

1) 迅雷

迅雷软件的英文名称是 Thunder,当前的主流版本是迅雷 7,最新版本是迅雷 7.917。迅雷是一款基于 P2SP 技术的下载工具,适用于各种软件的下载;迅雷支持 HTTP、FTP、MMS、RTSP、BT、eMule 等多种下载协议;它使用的多资源、超线程技术是基于网格原理的技术;因此,能够将网络上存在的服务器和计算机中的资源进行有效整合,并构成独特的迅雷网络。通过迅雷网络,各种数据文件能够以最快的速度进行传递。此外,迅雷作为"宽带时期的下载工具",支持计算机、平板电脑、手机等多种设备的各种操作系统;其针对宽带和各种用户做了特别的功能设计与优化,能够充分利用宽带与其他上网设备的特点;此外,迅雷推出了"智能下载"的全新理念。几乎所有的软件站点都提供该软件的下载。

常用下载工具的功能是相似的;除了具有上述基本功能外,通常还具有网页右键激活菜单下载、下载链接点击监视、拖曳方式管理、下载后安全检查等功能。

2) 腾讯"旋风"

QQ 旋风是腾讯公司推出的新一代互联网下载工具,其下载速度更快,占用内存更少,界面更清爽简单。QQ 旋风创新性地改变了下载模式,将浏览资源和下载资源融为整体,让下载更简单,更纯粹,更小巧。腾讯的全新下载利器"QQ 旋风"支持多个任务同时进行,每个任务还可以使用多地址下载;此外,其多线程、断点续传、线程连续调度优化等技术的应用使得其下载速度快,无广告,无流氓插件;其最新版本是 4.5;其流行的是经典版 3.9。用户可以登录 QQ 的官方网站下载该软件,其下载网址为 http://pc.qq.com。

3) 网际快车——FlashGet

网际快车软件的名称为 FlashGet 简体中文版。当前,最新版本是 FlashGet 3.7。快车软件采用了基于业界领先的 MHT 和 P4S 下载技术;完全改变了传统的下载方式,下载速度是 FTP 下载的 8～10 倍以上。快车的最新 P4S 协议全面支持 HTTP、FTP、BT、eMule 等多种协议,并与 P2P 和 P2S 无缝兼容,全面支持 BT、HTTP、eMule 及 FTP 等多种协议。快车能够自动进行智能检测并下载资源,例如,其 HTTP/BT 下载的切换无须手工操作;此外,其 One Touch(一键式)技术优化了 BT 下载,在其获取种子文件后,会自动下载目标文件,无须二次操作。总之,网际快车程序能够自动从各种类型的下载协议中寻找相同的资源,极大地提高了用户的下载速度,并改善了下载过程中存在的"死链接"状况。

用户登录快车的官方网站可以下载快车软件,其网址为 http://www.flashget.com。

4) 比特彗星——BitComet

BitComet 的中文名称是比特彗星。它是一个完全免费的 BT 下载的客户端软件,同时也是一个集 BT、HTTP、FTP 技术为一体的下载管理器。BitComet 是基于 BitTorrent 协议的高效 P2P 文件共享的免费软件;其特点是支持多任务下载,只需要一个监听端口,文件可以有选择地下载;通过磁盘的缓存减小了 BT 下载对硬盘造成的损伤;此外,比特彗星还使用了边下载边播放,可以手工配置防火墙、NAT 和 Router;总之,比特彗星软件拥有多项领先的 BT 下载技术。完全免费的 BT 下载的客户端软件,同时也是一个集 BT、HTTP、FTP 技术为一体的下载管理器。

6.2 传统下载工具——FTP

6.2.1 FTP 的工作原理与特点

FTP 应用程序遵循的是 TCP/IP 协议组中的 FTP(文件传输协议)。FTP 服务允许用户在文件服务器与本地计算机之间传输文件,并能够保证传输的可靠性。

1. 文件传输协议(File Transfer Protocol,FTP)

FTP 是 Internet 上常用的一种协议,使用这个协议可以快速地传输文件。它是工作在 TCP/IP 协议集应用层的协议,同时也是用于传输文件的程序名称。早期,几乎所有的文件传输,无论它是通过 FTP 程序,还是通过一些下载的专用软件,大都采用了 FTP 进行传输。FTP 是为 FTP 服务器与客户机之间传输文件专门设计的协议。

2. FTP 的工作原理和术语

FTP 的工作原理与其他许多 Internet 应用层程序一样,也是基于客户/服务器模式。

在 Internet 和 Intranet 中,FTP 服务器大都提供各种信息列表和文件目录,其中有许多可供下载的文件。用户只要安装一个 FTP 客户端程序,就可以访问这些服务器;反之,用户需要时,也可以使用 FTP 的客户程序将个人计算机上的文件上传到 FTP 服务器上。

如图 6-1 所示,人们把各类远程网络上的文件传输到本地计算机的过程称为"下载"。反之,用户通过 FTP 将自己本地机上的文件传输到远程网络上的某台计算机的过程称为"上传"。例如,我们说用户从某个共享网站下载软件,或者说将自己的主页上传到某个网站。

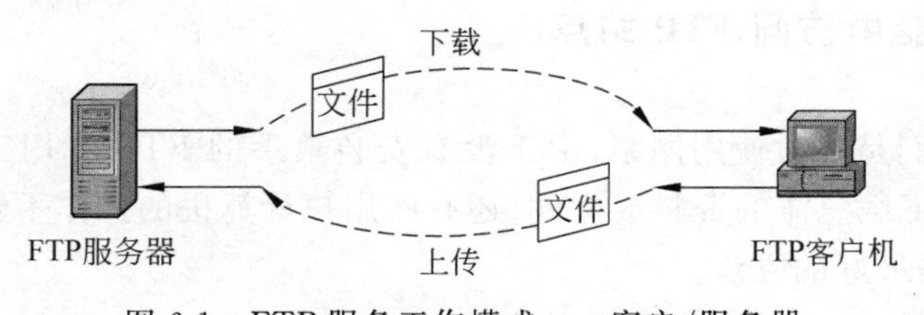

图 6-1　FTP 服务工作模式——客户/服务器

3. FTP 客户端程序

FTP 客户端软件负责接受客户的服务请求,并将许多需要的命令组合起来,负责转换成 FTP 服务器能够理解和接受的命令。因此,软件人员不断开发各种 FTP 客户端程序的目的就在于避免客户使用那些烦琐的 FTP 命令,这也是用户选择 FTP 客户端程序的原因。常用的 FTP 客户端程序有浏览器(IE、百度)、迅雷、网际快车和 QQ 旋风等。

4. FTP 的两个功能

(1) FTP 可以在两个完全不同的计算机或系统之间传递文件或数据,例如,在大型的 UNIX 主机和个人计算机之间传递文件。

(2) 提供了公用文件的共享。

由于上述两大功能使得 FTP 非常有用,尤其是在局域网、Intranet 等网络内部,搭建一个 FTP 服务器只需几分钟。因此,可以说 FTP 是局域网中最常用的操作之一,用好 FTP 也是用好共享资源的关键。

FTP 不仅可以用来传送文本文件,也可以传递二进制文件,它包括各种文章、程序、数据、声音和图像等各类型的文件。

5. FTP 服务器与登录账户的类型

在访问 FTP 服务器时,另一个重要的概念就是 FTP 服务器的类型。不同类型的 FTP 服务器使用不同的"登录账户"进行登录,不同类型账户的访问权限不同。

FTP 服务器及其登录账户分为"注册"账户和"匿名(Anonymous)"账户两种;前者为登录"注册 FTP 服务器"时使用;而后者为登录"匿名 FTP 服务器"时使用,登录匿名 FTP 服务器时使用的是匿名账号。这里"匿名账户"并非没有账号,而是指该账户的权限很低,只允许有限访问资源的权限。

Internet 中大部分的 FTP 服务器都支持匿名账户的登录,一般只要以 guest 或 anonymous 为登录用户名,并以自己的 E-mail 地址,并以 Enter 键为密码,即可登录匿名 FTP 服务器浏览和下载文件资源。目前,大部分的用户均以匿名账户的身份登录到 FTP 服务器。有的匿名服务器不但允许下载其中的共享资源,还为匿名账户开放了少量目录的上传权限。在这样的 FTP 服务器上,用户就可以将与他人共同分享的资源上传到 FTP 服务器。在 FTP 服务器的上传目录(文件夹)的名称一般为 incoming。

6.2.2 在浏览器中访问 FTP 站点

有些时候,人们是临时使用网络,由于没有安装熟悉的 FTP 专用工具,因此,只能使用 Web 浏览器来下载急需的资料或文件;还有些用户计算机的操作不够熟练,这时,使用浏览器下载无疑是最好的方法。

【示例 1】 国内大学 FTP 网址及站点。

(1) 上网后,在 IE 浏览器搜索"全国大学免费 FTP 资源",打开如图 6-2 所示的文件。

(2) 打开如图 6-2 所示的"全国大学免费 FTP 资源"对话框,显示了国内很多大学的 FTP 网址;其中有很多学校的 FTP 都要求使用自己学校内部的账户和密码才能登录。

【示例 2】 从国内大学的 FTP 站点下载文件。

(1) 在图 6-2 所示的对话框中,选中要访问的站点的网址,如北京大学;单击激活的 打开链接 选项;或者输入"北京大学"FTP 服务器的网址 ftp://ftp.pku.edu.cn。

全国大学免费 FTP 资源下载	
FTP 检索引擎	http://search.igd.edu.cn/
中国教育网	ftp://ftp.cernet.edu.cn/
华东北网点	ftp://ftp.njnet.edu.cn/
东北网点	ftp://ftp.synet.edu.cn/
清华大学	ftp://ftp.tsinghua.edu.cn/
清华计算机管理中心	ftp://166.111.4.80/
北京大学	ftp://ftp.pku.edu.cn/
北大图书馆	ftp://ftp.lib.pku.edu.cn/
北京邮电大学	ftp://ftp.bupt.edu.cn/
北方交通大学	ftp://ftp.njtu.edu.cn/
东南大学	ftp://ftp.seu.edu.cn/
华南理工大学	ftp://ftp.scut.edu.cn/
东北大学	ftp://ftp.neu.edu.cn/

图 6-2　全国大学免费 FTP 资源

(2) 由于该 FTP 站点支持匿名登录,因此,可以直接进入所选的图 6-3 所示的 FTP 目录;否则,应当输入正确的 FTP 服务器账户名和密码进行登录。

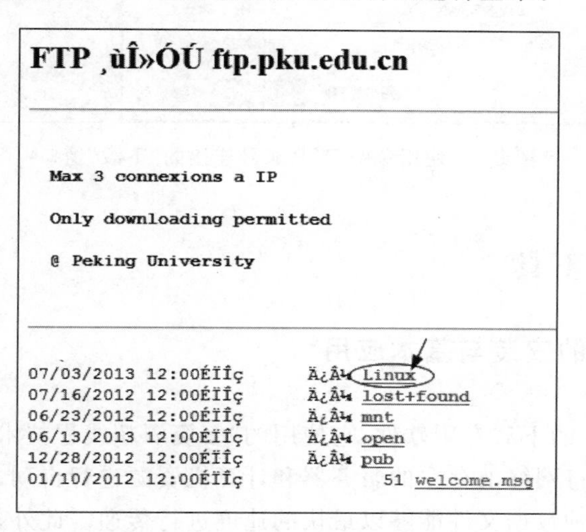

图 6-3　"北京大学 FTP"网站目录

(3) 在图 6-3 所示的"北京大学 FTP"网站目录中,第一,选中要访问的目录和文件,例如,Linux 即可浏览到选中的文件目录;双击从目录中选中的拟下载文件 CDlinux_mini-0.9.6.1.iso;第二,在激活的"新建下载任务"对话框,确定下载文件存储的目录,单击"下载"按钮。至此,已完成访问 FTP 站点和下载文件的任务。

说明:

① 在浏览器的地址栏中,输入"ftp://网址",该网址可以是 IP 地址或域名地址。

② 大部分 FTP 服务器需要使用"账号"和"密码"才能登录访问;然而,也有一部分免

费的 FTP 服务器提供匿名登录;对于这些服务器,常使用通用的账号和密码进行登录,匿名账号与密码都是 Anonymous。有时,通过浏览器访问 FTP 服务器时,虽然在没有提示输入账号和密码,实际上是 Windows 或 FTP 软件自动完成了匿名登录的操作。

③ 文件较大时,建议在图 6-4 中右击选中的下载文件;之后,可以从激活的快捷菜单中选中需要的下载工具进行下载,如选择使用“迅雷”下载。

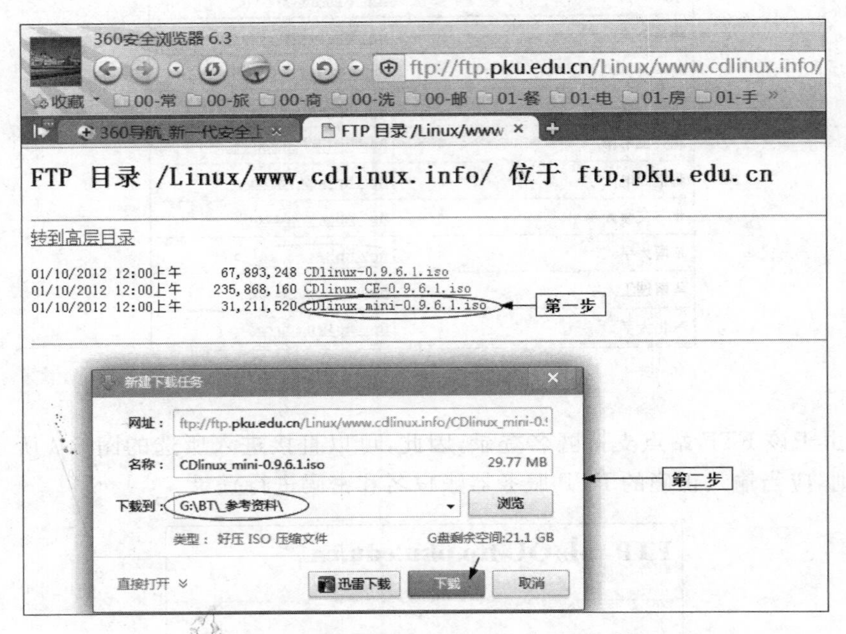

图 6-4 使用免费 FTP 账号连接的“下载”窗口

6.3 专用下载工具

6.3.1 迅雷软件的安装与基本应用

迅雷是一个著名的下载专用软件,它使用的“多资源超线程技术”是基于网格原理的,因此,迅雷软件能够将网络上存在的服务器和计算机资源进行自动、有效的整合。在整合后的迅雷网络中,各种数据文件能够以最快的速度进行传递。此外,多资源超线程技术还具有互联网下载负载自动均衡功能,因而,可以有效降低服务器的负载。

1. 迅雷 7.9 的特点

迅雷当前的主流版本是迅雷 7,最新版是 7.9.17.4698 版,其特点如下。

(1) 优化安装过程,简化安装步骤,并修缮细节。

(2) 新增“二维码下载”功能。

(3) 能够将想下载的文件,轻松地下载到手机上。

(4) 新增“电脑加速”功能。

(5) 使用手机 Wi-Fi 下载文件时，可通过同局域网中的计算机对手机下载进行加速。

(6) 智能磁盘缓存技术，减少了硬盘的读写；有效防止了高速下载时对硬盘的损伤。

(7) 优化了初始化向导设计；为了减少卡顿现象，避免了使用插件。

(8) 使用的全新多资源超线程技术，显著提升了下载速度，加快了启动速度。

(9) 迅雷软件具有功能强大的任务管理功能，以及可选的任务管理模式。

(10) 具有智能信息提示系统，可以根据用户的操作提供相关的提示与操作建议。

(11) 独有的错误诊断功能，能够帮助用户解决下载失败问题。

(12) 具有病毒防护功能，与杀毒软件紧密配合，可以保证下载文件的安全性。

(13) 友好的界面窗口，能够自动检测与提示新版本，并提供多种窗口皮肤的选择。

2. 迅雷的获取、安装与配置

1) 迅雷 7.9 软件的下载与安装

【示例 3】 获取与安装“迅雷”软件。

(1) 软件的获取。从迅雷官方网站 http://dl.xunlei.com/下载迅雷软件，当然也可以从国内其他网站上下载，参见图 6-5。

图 6-5 “迅雷官方网站”窗口

(2) 软件的安装。迅雷 7 的安装非常简单，双击下载的 Thunder_dl_7.9.17.4698 程序，即可启动安装程序。之后，安装程序会自动将文件复制到 C:\Program Files\Thunder Network\Thunder 中。

（3）软件的启动。依次选择“开始”→“迅雷 7”选项，或者双击桌面的迅雷 7 图标，都可以启动图 6-6 所示的迅雷工作窗口。

2）迅雷软件的基本配置

【示例 4】 配置迅雷软件的基本配置。

安装后的操作步骤如下。

（1）在图 6-6 所示的迅雷窗口，单击工具栏中的“配置”按钮，打开图 6-7。

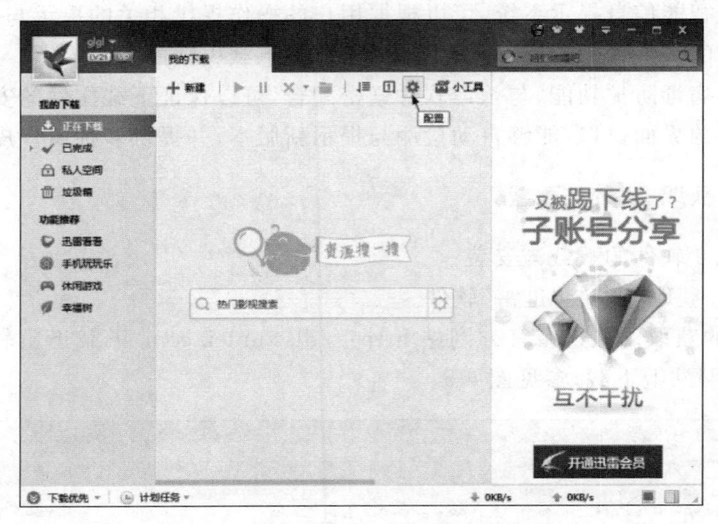

图 6-6 迅雷 7 的工作窗口

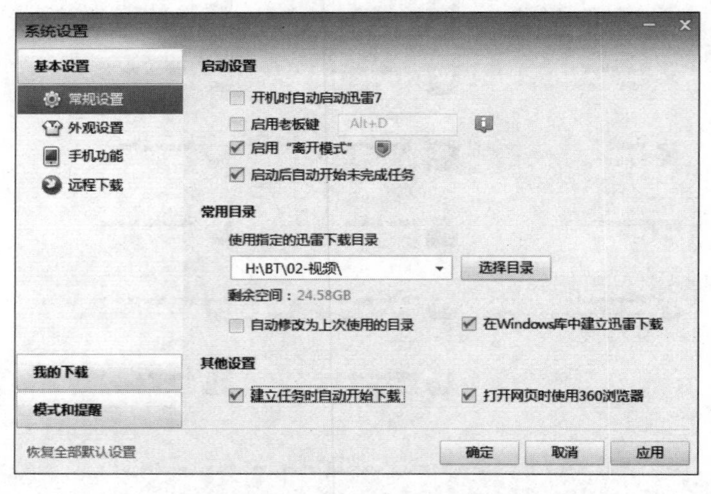

图 6-7 “系统配置-常规设置-下载目录”对话框

（2）在图 6-7 所示的“系统配置-常规设置-下载目录”对话框中，在左侧选中“常规设置”后，在窗口右侧的操作：第一，修改“启动设置”选项，如取消“开机时自动启动迅雷 7”前的复选框；第二，修改“常用目录”选项，单击其中的“选择目录”按钮，定位迅雷默认的存储目录，如 H:\BT-02\视频；如果选中“自动修改为上次使用的目录”复选框，则每次下载都使用上次使用过的目录;第三,修改“其他”选项,如设置为“建立任务时自动开始下载”;最后,单击“确定”按钮,完成设置。

(3) 在图 6-8 所示窗口的左侧,依次选择“我的下载”→“常用设置”选项,在对话框右侧的“最大下载的最大任务数”选项后,输入自己需要的数目,如 50;设置完成之后,单击“确定”按钮,完成常用设置。

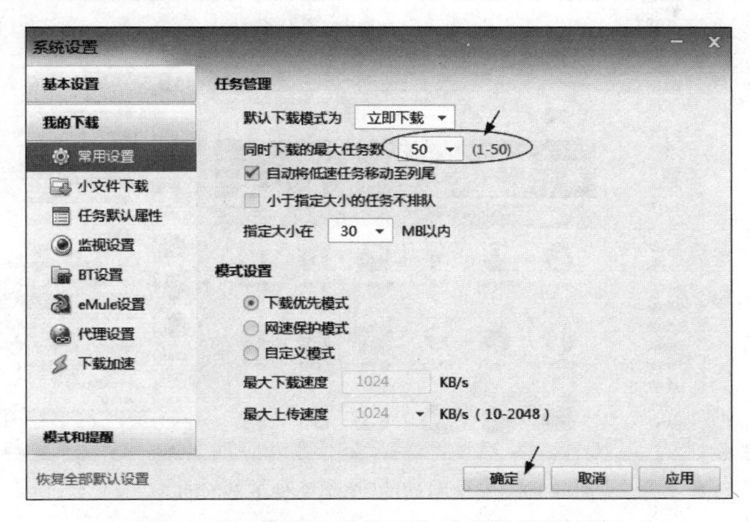

图 6-8 “系统配置-我的下载-常用设置”对话框

(4) 在图 6-9 所示窗口的左侧,依次选择“我的下载”→“小工具”选项,在展开的小工具窗口,可以选择常用的小工具,如选中“速度测试”后,可以进行网速的测试。

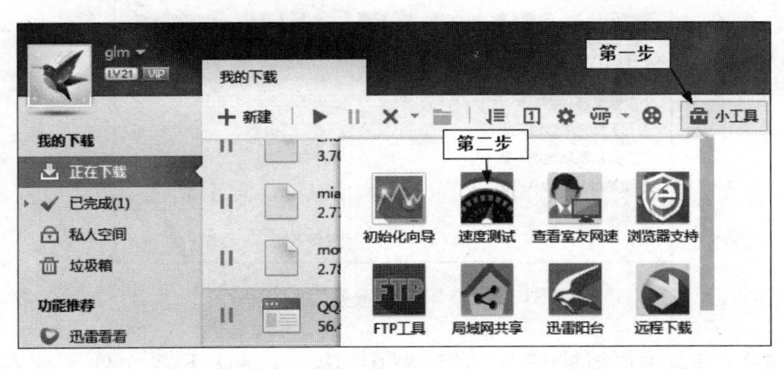

图 6-9 “迅雷-我的下载-小工具”对话框

3. 用迅雷 7 下载单个文件

【示例 5】 通过鼠标右键的“使用迅雷下载”选项下载单个文件。

(1) 联机上网,找到自己所需的下载资源,在如图 6-10 所示的天空网站需要的资源。

(2) 在如图 6-10 所示的“迅雷”工作窗口,第一,输入天空网站网址 http://www.skycn.com;第二,浏览和选择要下载的文件,如选中“百度浏览器”;第三,右击,在快捷菜单,选中“使用迅雷下载”;打开图 6-11。

图 6-10　天空网站的“单个文件下载”窗口

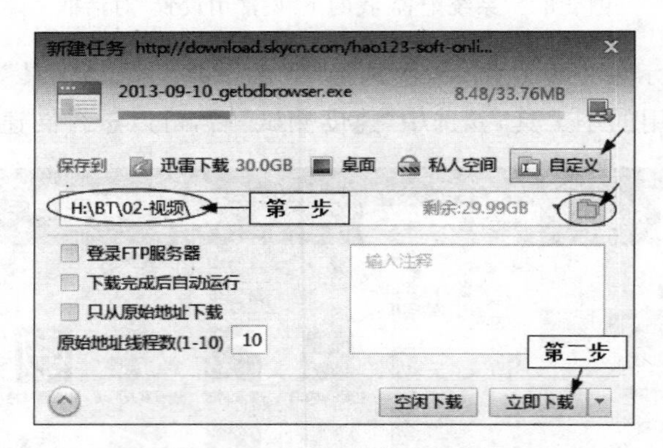

图 6-11　“新建任务”对话框

(3) 在图 6-11 所示的“新建任务”对话框中，第一，确认下载文件的保存位置，一般接受默认值即可；第二，单击“立即下载”按钮，即可开始下载的进程。

说明：如果不想使用图 6-11 中所示的默认参数，则应当先单击其中的“自定义”按钮；再单击自定义文件夹图标，在打开的对话框中，可以重新定义需要保存的位置。

4. 下载多个文件

在下载文件时，经常会遇到要下载多个文件的情况，用迅雷的操作如下。

【示例 6】 用迅雷 7 下载多个文件。

(1) 联机上网，找到含有多个下载文件的网站后(见图 6-10)，选中“装机必备”项目后，单击 批量下载 按钮，打开图 6-12。

图 6-12 “批量下载文件-选择”对话框

(2) 在图 6-12 所示的“批量下载文件-选择”对话框中，第一，逐一勾选需要下载的文件，如图所示共选中 7 款软件；第二，单击“确定”按钮；依次打开与图 6-11 类似的对话框，按照示例 5 中的步骤依次进行，即可完成多个选定文件的下载任务。

6.3.2 网际快车的安装与基本应用

网际快车(FlashGet)是全球使用人数最多的下载工具。它能高速、安全、便捷地下载电影、音乐、游戏、视频、软件、图片等各种资源。网际快车支持常见的各种格式的文件下载。网际快车能够通过多线程、断点续传、镜像等技术最大限度地提高下载速度。其强大的管理功能包括拖曳、更名、添加描述、查找，以及文件名重复时的自动重命名等。

1. 网际快车的特点

(1) 多线程。最多可把一个文件分成 10 个部分同时下载，最多可以设定 8 个下载任务。

(2) 镜像功能。可手动或自动地通过 FTP Search 查找镜像站点，以选择最快站点下载。

(3) 分类管理和自动管理。可创建不同的类别，将下载的软件分门别类存放。另外，可管理以前下载的文件。

(4) 自动更新。可检查文件是否更新或重新下载。

(5) 计划下载。可有计划地完成下载任务，从而避开网络使用的高峰时间，或选择在网络使用费较便宜的时段下载。

(6) 支持优先级。可以对下载任务排序，重要的文件可提前下载。

(7) 捕获浏览器点击。可以捕获 IE 和 Netscape 中的浏览器点击。

(8) 多语种界面。支持包括中文在内的30多种语言界面,并且可随时切换。

(9) 支持整个FTP目录的下载。

(10) 支持自动拨号,以及下载完毕的自动挂断和关机。

(11) 可定制工具条和下载信息的显示方式。

(12) 采用了基于业界领先的MHT下载技术,给用户带来超高速的下载体验。

(13) 采用了全球首创的SDT插件预警技术,可以充分确保资源的安全下载。

(14) 采用的P4S技术全面支持BT、HTTP、eMule及FTP等多种下载协议和方式,极大地提升了下载速度,对P2P和P2S无缝兼容。

(15) 智能检测下载资源,HTTP/BT下载切换无须手工操作。One Touch技术优化BT下载,获取种子文件后自动下载目标文件,无须二次操作。

2. 安装网际快车软件

本书使用的网际快车版本是FlashGet 3.7中文版。

【示例7】 从官方网站下载并安装快车软件。

(1) 联机上网,在IE浏览器的地址栏输入 http://www.flashget.com,打开图6-13。

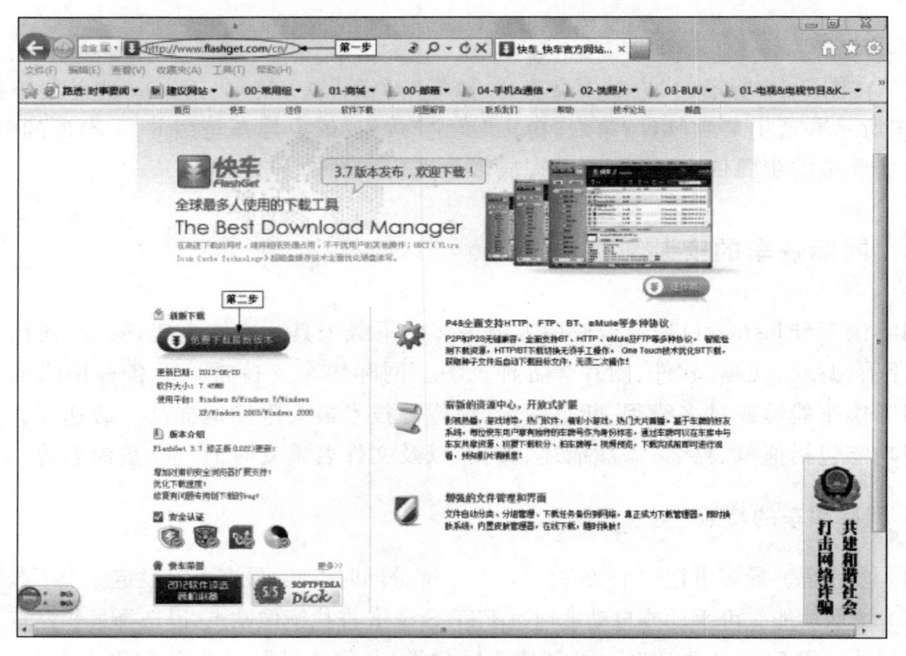

图6-13 "快车官方网站"窗口

(2) 在图6-13所示的"快车官方网站"窗口,单击"立即下载"按钮,即可下载快车软件。注意将下载文件保存到硬盘指定文件夹下;当然,也可以从国内其他软件网站下载。

(3) 下载之后的安装极其简单,双击安装用的flashget3.7.0.1222cn文件的图标 flashget3.7.0.1222cn,即可启动安装向导程序。之后,安装程序会自动将文件复制到C:\Program Files\FlashGet Network\Flashget中,初学者不需要任何设置即可使用。

其工作窗口如图 6-14 所示。

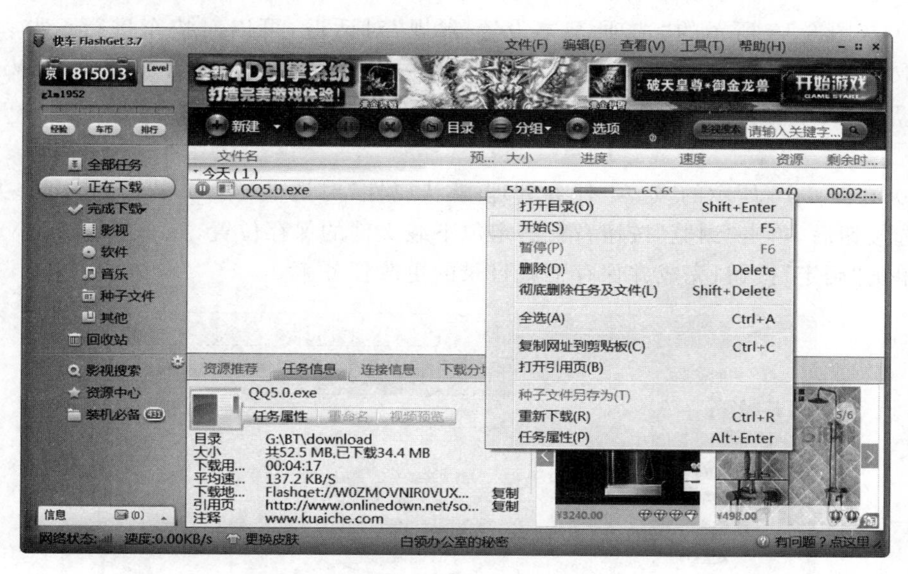

图 6-14 “快车 FlashGet 3.7”工作窗口

3. FlashGet 网际快车的工作界面

【示例 8】 FlashGet 3.7 的设置。

FlashGet 3.7 安装之后，新版向导会引导用户进行少量设置，一般已经满足需求。需要更改的话，可进行如下操作。

(1) 依次选择“开始”→“所有程序”→“快车 FlashGet 3.7”→“启动快车(FlashGet)”命令，或双击桌面上的快车图标，均可打开图 6-15。

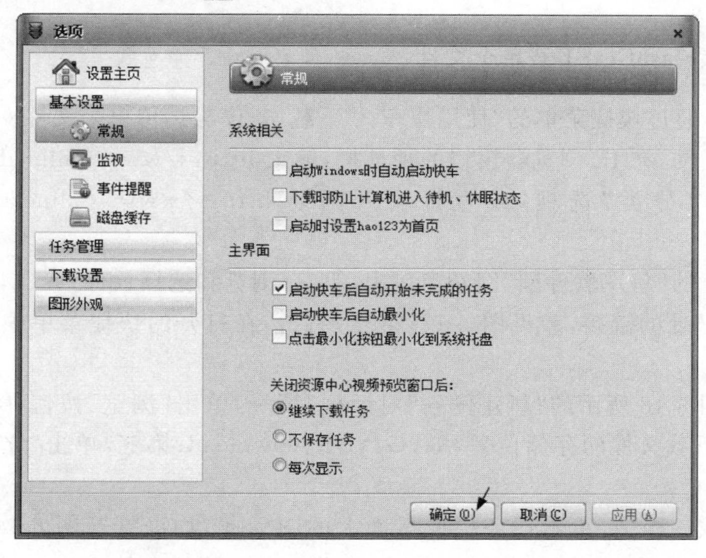

图 6-15 “选项-基本设置-常规”对话框

(2) 在图 6-15 所示的对话框中,依次选择“工具”→“选项”命令。

(3) 在图 6-15 所示的“选项-基本设置-常规”对话框,可以对快车进行一些基本设置,如取消“启动 Windows 后自动启动快车”复选框中的“√”,表示不必启动 Windows 就自动启动快车软件;选择和设置后,单击“确定”或“应用”按钮,完成快车软件的常规设置。

(4) 在图 6-16 所示的“选项-任务管理-默认属性”对话框,第一,选中“指定分类及目录”单选按钮后,单击“浏览”按钮;第二,定位下载文件的保存位置,如 G:\BT\download;第三,单击“确定”按钮;完成并保存下载目录的更改任务。

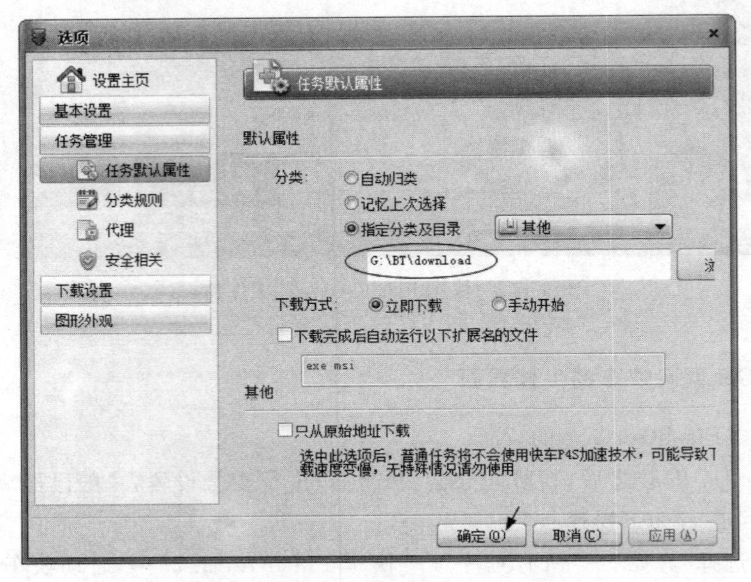

图 6-16 “选项-任务管理-默认属性”对话框

4. 用快车(FlashGet)下载单个文件

【示例 9】 通过快捷菜单的“使用快车 3”下载、暂停与续传单个文件。

(1) 联机上网,在 IE 浏览器窗口的地址栏,输入 http://www.onlinedown.net,在打开的页面选中“分类”选项;或直接输入网址 http://www.onlinedown.net/sort/index.htm。

(2) 在打开的“华军软件园”网站窗口中,第一,浏览和选择软件;第二,选中拟下载软件的“下载地址”处的链接,参见图 6-17;第三,右击,在打开的快捷菜单中,选中“使用快车 3 下载”。

(3) 打开图 6-18 所示的“新建任务”对话框,第一,单击“浏览”按钮;第二,在打开的对话框中定位下载文件的存储位置,如,G:\BT\download;第三,单击“立即下载”按钮,开始下载进程。

(4) 在下载过程中,单击任务栏或桌面上的图标,均可打开图 6-14 所示的窗口。该窗口详细显示了所有下载任务的状态,如选中正在下载的文件,可以了解文件的大小、

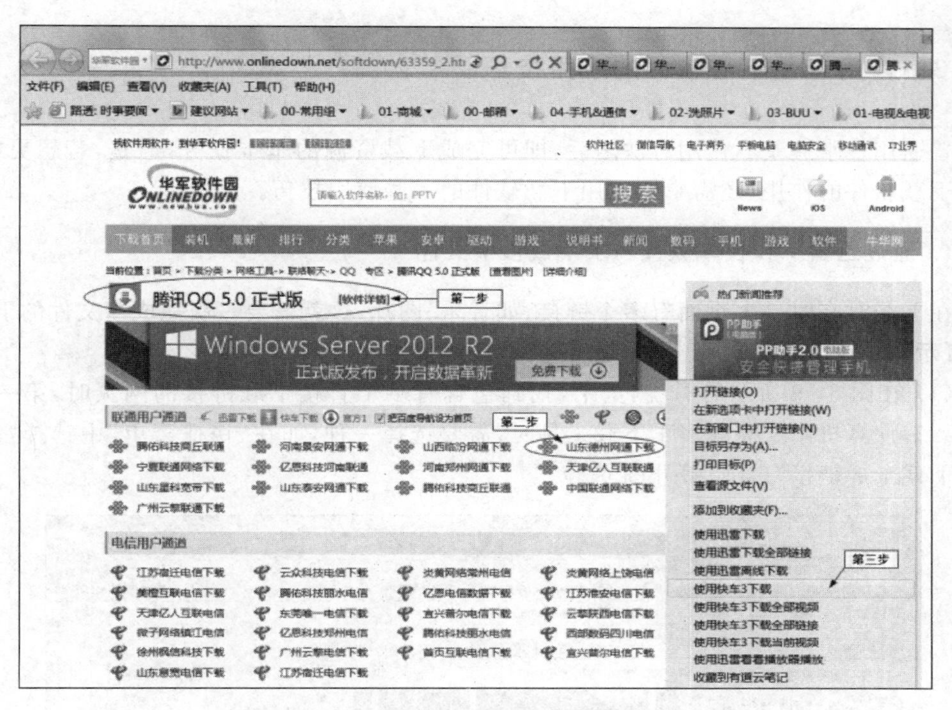

图 6-17　右击下载地址的“快捷菜单”窗口

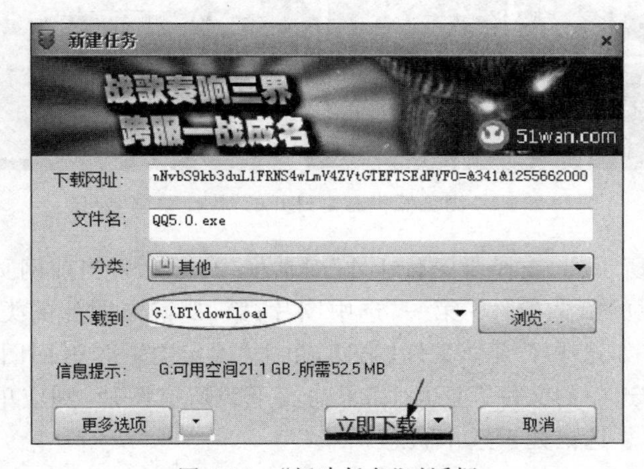

图 6-18　“新建任务”对话框

目前进度、当前的下载速度等信息。

（5）当下载速度过慢而需要进行中断当前的下载操作时，第一，在图 6-14 中，右击选中的任务；第二，在激活的快捷菜单中单击操作即可，如选择“暂停”选项后，将暂停选中任务的下载。

（6）当需要“续传”以前中断的文件时，只需打开图 6-14 所示的窗口，第一，右击选中的文件名；第二，从快捷菜单中单击“开始”即可开始选中文件的续传操作。

6.3.3 常用专用下载软件的应用技巧

普通用户掌握基本使用方法之后，即可完成下载资源的基本任务，但是，若想更好地发挥下载软件的作用，还需掌握常用下载软件的一些使用技巧。

1. 通过迅雷 7 和快车软件一次下载多个文件

在下载时有时一个页面有多个链接，如音乐、图片，这就需要一次完成多文件的下载。

【示例 10】 通过专用软件一次下载多个文件。

(1) 在图 6-19 所示的 IE 浏览中，找到包含有多个直接下载链接的网页时，第一，右击；第二，计算机中安装有多个下载工具时，需要选择一种，如在“快捷菜单”中选择“使用迅雷下载全部链接”选项；打开图 6-20。

图 6-19 IE 浏览器中右击打开的“快捷菜单”窗口

(2) 在图 6-20 所示的“选择要下载地址”对话框中，显示了当前网页上所有链接的名称列表，应确定下载的筛选条件：第一，选中图片；第二，确定图片的类型为.JPG；第三，选择多个下载文件，如选中了 5 个文件；第四，单击“确定”按钮，返回图 6-21 所示的迅雷工作窗口，开始下载选中的文件。注意，如果需要下载所有图片，则应单击对话框左下端的“全选”项，使所有复选框处于选中状态。

说明：通过快车 3 下载多个文件的方法与迅雷类似，只需在图 6-19 所示的窗口的快捷菜单中选中“使用快车 3 下载全部链接”选项，之后跟随软件向导操作即可。

2. 改变下载任务的下载优先级

【示例 11】 设置下载任务优先权的两种方法。

方法 1：在下载队列中设置。在图 6-22 中，第一，选中需要改变下载顺序的任务；第二，按住鼠标右键；第三，将文件拖曳到目标位置后，松开鼠标。

方法 2：第一，选中需要改变下载顺序的任务；第二，右击，从快捷菜单中，选择“下移

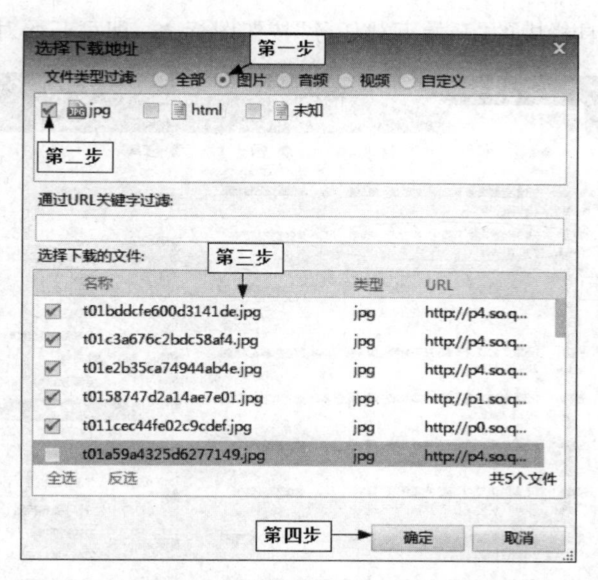

图 6-20 “选择要下载地址”对话框

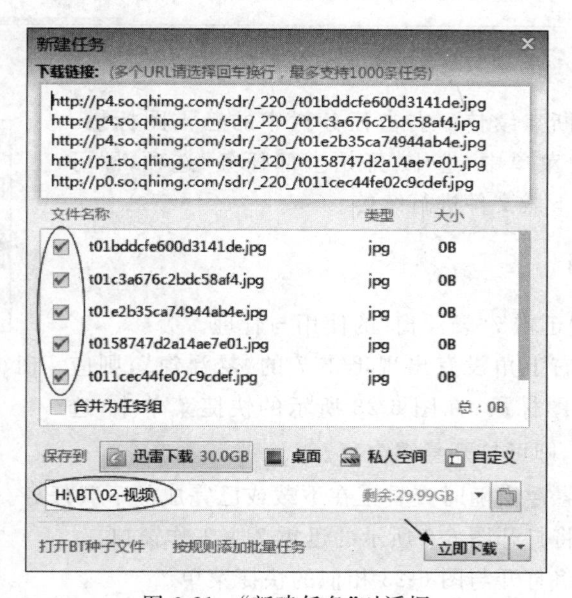

图 6-21 “新建任务”对话框

到顶部”选项，将获得最高优先级；选择“下移到底部”选项，将获得最低优先级，参见图 6-22 窗口所示步骤。

3. 迅雷 7 中的断点续传

断点续传是指在下载文件中断后，自动从中断位置续传的操作。

【示例 12】 迅雷 7 中文件的断点续传。

(1) 单个或多个文件的断点续传。打开如图 6-22 所示的窗口，选中需要续传的一个或多个任务，单击工具栏中的“开始下载任务”按钮图标 ▶，即可开始对所选任务的续传。

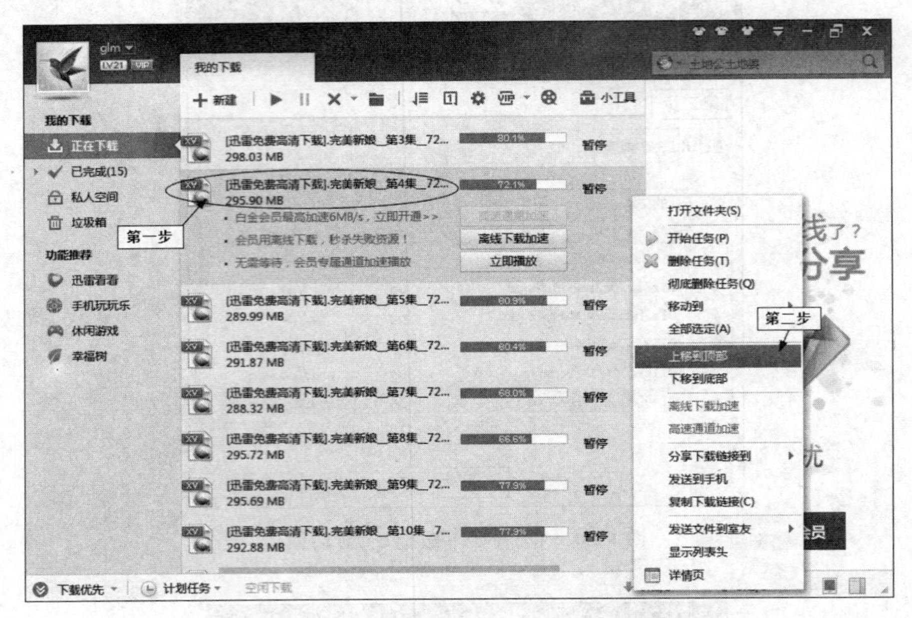

图 6-22　迅雷 7“我的下载-快捷菜单”窗口

（2）全部文件的断点续传。右击任务栏中的迅雷图标，从图 6-23 所示的快捷菜单中，选中“开始全部任务”选项，即可开始对所有中断的正下载文件进行续传。

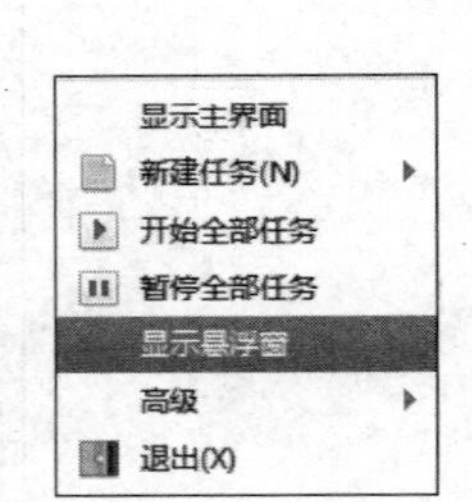

图 6-23　的快捷菜单

4. 悬浮窗的使用

【示例 13】　通过迅雷 7“悬浮窗”的使用与管理。

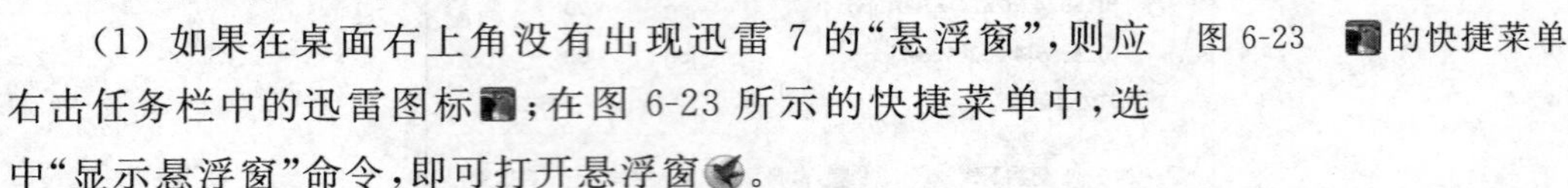

（1）如果在桌面右上角没有出现迅雷 7 的“悬浮窗”，则应右击任务栏中的迅雷图标；在图 6-23 所示的快捷菜单中，选中“显示悬浮窗”命令，即可打开悬浮窗。

（2）用鼠标指向悬浮窗随时查看正在下载或已完成的下载任务。

（3）双击悬浮窗将打开图 6-6 所示的迅雷 7 主工作窗口。

（4）右击悬浮窗将打开与图 6-23 相似的快捷菜单。

5. 添加下载任务的方法

了解网际快车的基本使用方法后，应进一步掌握一些重要参数的设置。

1）拖曳下载任务的 URL 到悬浮窗

【示例 14】　通过迅雷 7 的“悬浮窗”添加下载任务。

（1）在 IE 浏览器的地址栏，输入 http://www.crsky.com/soft/5656.html#down，打开“霏凡软件站”，选中需要下载的软件，如 WPS Office 2013 v9.1.0.4489 正式版，找到该软件的“下载地址”链接，按住鼠标左键，拖曳到“悬浮窗”中释放。

(2) 打开与图 6-11 类似的“新建任务-默认位置”对话框，第一，确认下载文件的保存位置，一般接受默认值即可；第二，单击“立即下载”按钮，即可开始下载进程。

说明：这就是所谓的“拖曳”URL 到悬浮窗的操作。在 IE 浏览器中，迅雷 7 支持一次拖曳多个链接。

2）监视浏览器单击

【示例 15】 监视参数的设置。

安装下载软件迅雷或快车后，可以通过设置来自动监视浏览器的单击。设置后，当用户单击 URL 的时候，下载软件监视到 URL 单击后，如果该 URL 符合下载的要求（即扩展名符合设置的条件），该 URL 就会自动添加到下载软件的任务列表中。

(1) 迅雷的设置方法。在图 6-6 所示的迅雷 7 工作窗口的工具栏，单击“设置”图标，在打开窗口的左侧目录中，选择“我的下载”栏目，选中“监视设置”前的单选按钮；在右侧进行设置，参见图 6-24。

(2) 快车的设置方法。在图 6-14 所示的“快车 FlashGet 3.7”窗口，依次选择“工具”→“选项”命令，在打开窗口的“基本设置”中，选择“监视”选项，即可进行设置（见图 6-25）。

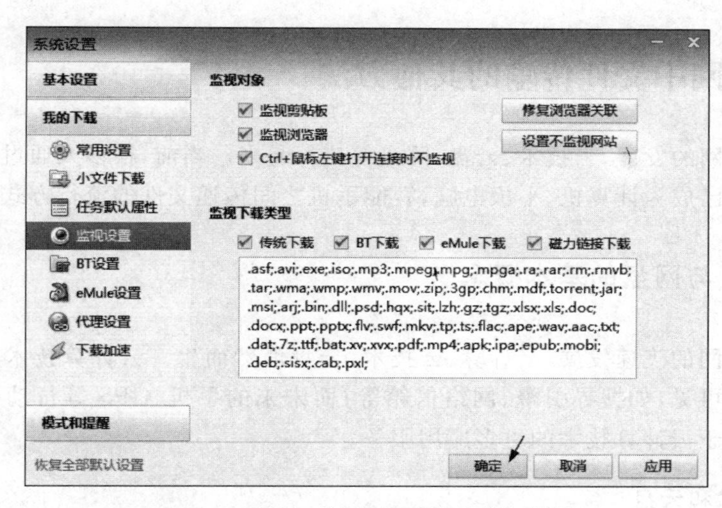

图 6-24 迅雷 7 的“我的下载-监视”对话框

3）IE 的弹出式菜单

如图 6-10 或图 6-19 所示，安装迅雷 7 或快车 3(FlashGet) 软件后，在使用 IE 浏览时，会在其弹出式快捷菜单中添加“使用迅雷下载”、“使用快车 3 下载”等快捷菜单选项，这些选项可以在下载单个链接时使用。在网页中存在多个可下载的链接时，用户可以选中“使用迅雷下载全部链接”、“使用快车 3 下载全部链接”等选项，以便下载多个文件。

4）监视剪贴板

当复制了一个合法的 URL 到剪贴板中时，无论是从浏览器，还是一个简单的文本框，只要该 URL 符合下载要求，即扩展名符合设置的条件，这个 URL 就会自动添加到下载任务列表中。

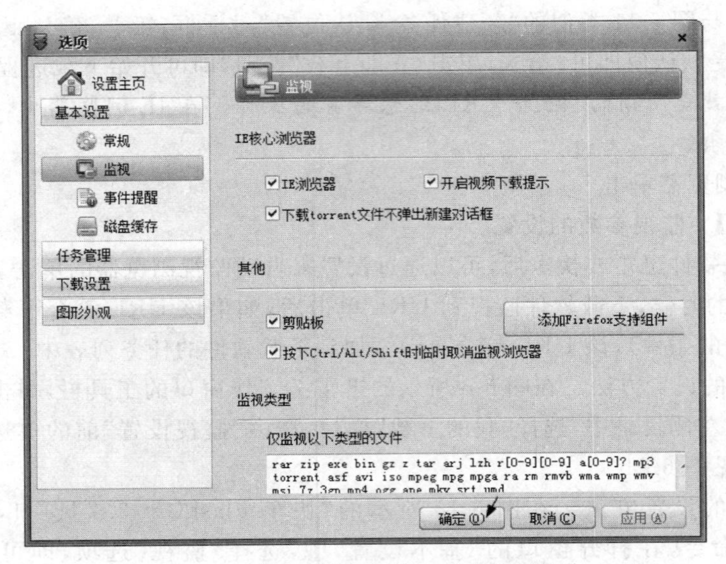

图 6-25　快车的"基本设置-监视"对话框

6.4　互联网中文件传输的其他方法

随着互联网的发展，云技术、云盘、网盘等流行起来。当前，很多人通过网盘或云盘传递文件。云盘已成为计算机、平板电脑、智能手机之间传递文件的流行方式。

6.4.1　云盘与网盘的基本概念

随着互联网的飞速发展，云计算、云技术、云盘悄然而生。云计算技术在当今的网络服务中已随处可见，如搜寻引擎、网络信箱等；而未来的手机、GPS 等行动装置可能会进一步开发出基于云计算技术的更多应用服务。

1. 云技术和云盘

1）云计算(Cloud Computing)

云计算是分布式处理(Distributed Computing)、并行处理(Parallel Computing)和网格计算(Grid Computing)的发展，也是这些计算机理论或技术在商业系统中的实现与应用。云计算是分布式计算技术的一种，其最基本的概念就是通过网络将庞大的计算处理程序自动分拆成无数个较小的子程序，再交由多部服务器所组成的庞大系统经搜寻、计算分析之后将处理结果回传给用户。基于"云计算"的相关技术，网络服务提供者能在数秒内，处理数以千万条或亿条的信息，从而达到与"超级计算机"同样强大效能的网络服务。

"云计算"代表的是时代的需求，其反映了市场关系的变化；因为，拥有更为庞大数据规模的商家，才能提供更广、更深的信息服务；为此，可将"云计算"看作是网格计算的一个商业演化版。

"云计算"的简单释义为其目标是将一切都放到"云"中，此处的"云"指网络；该网络主要指其中的计算机群，每一群可以包括几十万台甚至上百万台计算机。总之，"云计算"是个时尚的概念，它既不是一种技术，也不是一种理论，而是一种商业模式的体现方式；它强调的是其计算的弥漫性、无所不在的分布性和社会应用的广泛性等特征。

2）云技术(Cloud Technology)

何为云技术呢？有分析师团队结合云发展的理论，将其总结为："云技术"是基于"云计算"商业模式应用的网络技术、计算技术、信息技术、整合技术、管理平台技术、应用技术等的总称；通过多种技术整合的云技术可以组成资源池，按需所用，灵活便利。

3）云应用——云盘

当今社会，计算机、平板电脑等设备，依然是人们日常生活与工作的核心工具。人们通过计算机等设备来处理文档、存储资料，通过电子邮件、微信或U盘与他人分享信息。然而，一旦计算机等设备的硬盘坏了，则会由于各种信息、资料的丢失而导致严重的后果。而在当今的"云计算"时代，利用好"云"，则会带来事半功倍的效果。例如，通过"云"可以完成人们的存储与计算工作。"云"的优点在于，其中的计算机可随时更新，从而保证"云"可以长生不老。目前，各IT巨头，如谷歌、微软、雅虎、亚马逊(Amazon)等，都在建设"云"，有的已建成，有的正在建立。通过建好的"云"，人们只要通过一台已联网的计算设备，即可在任何地点、通过任何设备(如计算机、平板电脑、智能手机等)快速地计算并找到所存储的资料；而人们并不清楚存储或计算发生在哪朵"云"上。这样，人们也就不用再担心由于资料丢失而造成的损失。

"云盘"是互联网的存储工具，是互联网"云技术"的产物。"云盘"通过互联网为企业和个人提供信息的储存、读取与下载等多项服务；由于其具有安全稳定、海量存储的特点，是当前较热门的云端存储服务。提供云盘服务的著名服务商有360云盘、百度云盘、微云网盘、金山快盘、够快网盘等。

2. 网盘

网盘又称为网络U盘或网络硬盘。网盘是互联网公司推出的一种在线存储服务。它能够向用户提供文件的存储、访问、备份、共享等多种文件编辑和管理等功能。因此，可以将网盘看成是一个放在网络上的硬盘或U盘；由于存储的数据在网络的服务器中，因此，无论在家中、单位、或出国访问，凡是因特网能够连接的地方，都可以对其进行管理。不需要随身携带，更不怕丢失。

3. 网盘与云盘的区别

从发展的角度看，早期用户使用的都是网盘，近几年才出现了云、云盘、云技术等概念。

随着网盘市场竞争的日益激烈和存储技术的不断发展，早期传统的网盘技术已经显得力不从心，其传输速度慢、抗灾备份及恢复能力低、安全性差、营运成本高等瓶颈一直困扰提供网盘服务的企业。而最新应用的基于云计算的存储技术，为网盘行业带来新生。传统的网盘必将逐步被云存储技术取代。云存储是构建在高速分布式存储网络上的数据中心,它将网络中大量不同类型的存储设备通过应用软件集合起来协同工作,形成一个安全的数据存储和访问的系统,适用于各大中小型企业与个人用户的数据资料存储、备份、归档等一系列需求。云存储最大优势在于将单一的存储产品转换为数据存储与服务,在这种技术下,网盘行业只有向云存储转变才能使迎来其蓬勃发展的未来。

网盘的功能仅在于"存储",用户通过网盘的服务器可以存储自己的资源。云盘除了具备网盘的存储功能外,更注重资源的同步和分享,以及跨平台的运用,如计算机、平板电脑和手机的同步等;因此,云盘的功能更强,使用也更便捷。

例如,"百度云"是百度公司推出的一款云服务产品。通过百度云,用户可以将照片、文档、音乐、通讯录数据在各类设备中使用,并在众多的朋友圈里分享与交流;但"百度网盘"只是"百度云"提供众多服务中的一项服务。虽然百度云不但包含百度网盘,而且还包含了百度的相册、通讯录、音乐、文库和短信等多种云服务;但是,人们并不能将两者截然分开,因为百度云服务中的很多数据也会存在百度网盘中。

综上所述,网盘和云盘都可以用于存储资料,那么两者的区别主要在发展的前后不同,网盘在前,云盘在后;技术的侧重点不同;提供的服务不同;使用的技术也不同。因此,云盘通常都包含网盘的功能,而网盘却并不都具有云盘的功能,如多电子邮箱提供的网盘仅有存储功能。但在应用中,很多用户并不十分清楚云盘与网盘的区别,而习惯将云盘和网盘都称为"网盘",下面介绍时,除了针对特定的功能,本章也将统称为网盘。

4. 网盘应用中要考虑的事项

当选择和应用网盘时,需要考虑的因素如下。

(1) 稳定性。考虑资料的重要性,首先要考虑的是稳定性,为此,应当选择稳定的公司或企业开发和提供的网盘。

(2) 同步备份。申请时,应当考虑永久型,具有同步备份功能的网盘或云盘;因为,遇到申请的盘突然中断或取消服务,将给自己造成无可弥补的损失。

(3) 容量。与使用的硬盘一样,网盘的尺寸越大,存储空间也就越大。

(4) 速度。使用网盘时速度是很重要的,上传或下载的速度越快,使用起来就越方便。

(5) FTP 功能。网盘带 FTP 功能能够增加很多功能;如可通过前面介绍过的 FTP 及客户端访问网盘;另外,通过 CuteFTP、迅雷等支持 FTP 的客户端软件登录网盘后,除了上传、下载更为方便,速度更快外;还支持断点续传或者从其他服务器上下载文件到申请到的网盘账户中。

(6) 永久免费或费用低廉。使用网盘时当然希望是永久且免费的;但免费网盘提供的空间通常较小,稳定与安全性也令人担忧;因此,应根据需求进行选择,如某公司的网盘提供 2GB 的免费使用空间,60GB 的低廉收费的空间,作为小公司用户,则建议选择后者,而不是前者。

5. 国内著名网盘

本章介绍的网盘为泛网盘，既可以是真正云盘（如微云、百度云），也可以是邮箱中附加的网盘（如网易邮箱中的网盘）。前者可以在多种环境中提供云服务，即可以在多种设备之间进行文件、数据的同步；后者却只能在特定的环境中使用，仅指在网络中提供的免费在线存储和网络寄存的服务空间。下面将介绍几种典型的包含云服务的网盘。

1）360 网盘——360 云盘

（1）360 云盘是奇虎 360 提供的一款分享式云存储服务产品。它为网民提供存储容量大、免费、安全、便携、稳定的跨平台文件存储、备份、传递和共享服务。360 云盘为每个用户提供 18GB 的免费初始容量空间，通过完成任务最大可扩容至 36GB；每天登录签到还可以获得随机永久的存储空间。

（2）网址为 http://yunpan.360.cn/invite/veqnckquen。

2）百度网盘——百度云

（1）百度网盘是百度公司推出的一项云存储服务。首次注册时，可以获得 15GB 的空间。目前其提供的有 Web 版、Windows 客户端、Android 手机客户端；因此，用户可以在各种终端上将文件上传到自己的网盘上，并可以在多种终端上，随时随地查看和分享网盘中的文件。如果每天签到，也可以领取永久空间；有时还能抢到更大，如 2TB 的永久免费空间。有测试表明其网盘的上传、下载速度优于国内外大多数的网盘，因此，有人认为这是国内最稳定的网盘。

（2）网址为 http://pan.baidu.com/netdisk/beinvited?uk=1007429197。

3）腾讯网盘——微云

（1）微云是腾讯公司为用户精心打造的一项智能云服务，用户通过微云可以方便地在手机、平板电脑及计算机之间同步文件、推送照片和传输数据。

（2）网址为 http://www.weiyun.com/index.html。

除了上述 3 家著名公司提供的真正云盘外，国内还有众多提供网盘服务的公司或集团，如华为网盘、金山 T 盘、126(163)文件中心提供的网盘等。

6.4.2 云技术的应用

了解了云盘与网盘的功能后，最重要的就是应用。让我们体会到底什么是云技术，以及其服务体现“云盘”的方便与便捷。若想更好地发挥其作用，就需要不断地应用与总结。下面以腾讯和百度的云盘为例来介绍云技术的典型应用技术。

1. 获取软件

【示例 16】 下载和安装微云。

（1）打开 IE 浏览器，输入网址 http://www.weiyun.com/index.html，在打开的选项卡中单击“马上下载”，打开图 6-26。

（2）在图 6-26 所示的“微云客户端”下载窗口，根据所选择的客户端下载需要的软件，如

图 6-26　IE 的"微云客户端"下载窗口

选中"微云的 Windows 2.0"版，单击"立即下载"按钮，完成微云所有客户端软件的下载。

(3) 在计算机中，单击下载文件 weiyun_windows_2.0.0.835，跟随安装向导完成安装任务。

(4) 在腾讯微云 2.0 的"安装完成"对话框，单击"启动微云"按钮，打开图 6-27。

(5) 在图 6-27 所示的微云"登录"对话框，正确输入用户名和密码，单击"登录"按钮即可开始使用微云。

(6) 接下来，在其他计算机、手机或 iPAD 上均下载和安装适合的微云客户端软件，如在 iPAD 上安装 iPhone 版微信。

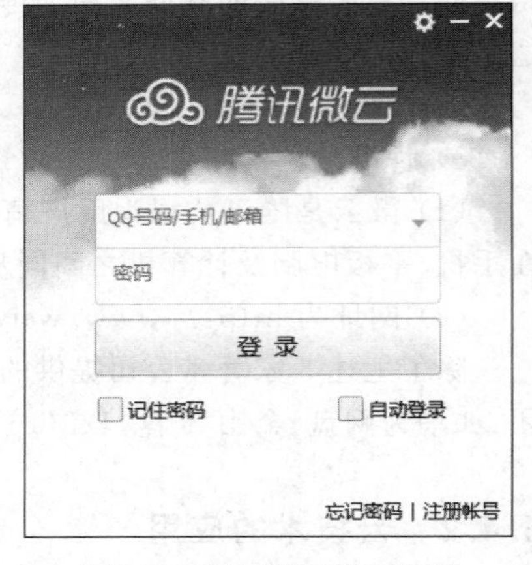

图 6-27　微云"登录"对话框

2. 微云的应用

【示例 17】　微云的基本应用。

(1) 微云安装后，会在桌面、任务栏中有其图标，点击"腾讯微云"的图标。

(2) 在打开的图 6-28 所示的"腾讯微云"的工作窗口，即可开始微云之旅。建议初学者先单击"欢迎使用微云.PDF"文件，按照指南依次进行即可。

(3) 打开图 6-29 所示的 QQ 窗口，单击其中的"应用管理器"，打开图 6-30。

(4) 在图 6-30 所示的"应用管理器"窗口，单击"微云"也可以打开图 6-28。

(5) 在图 6-28 所示的窗口，第一，单击工具栏中的"新建文件夹"按钮，创建好需要的文件夹；第二，进入选定的文件夹中，单击左上角的"上传"按钮，打开图 6-31。

(6) 在图 6-31 所示的"上传文件到微云"对话框，选中要上传的文件后，单击"上传"按钮，完成文件的上传任务；上传所需传递的文件后的 Win7 微云窗口如图 6-32 所示。

图 6-28 “腾讯微云”的初始窗口

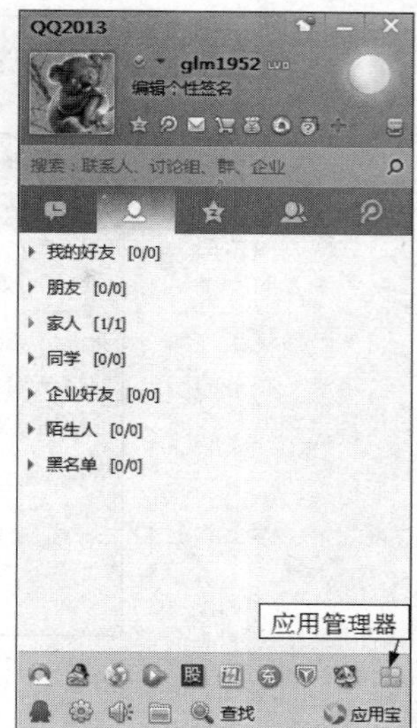

图 6-29 “QQ”窗口

图 6-30 QQ 的“应用管理器”窗口

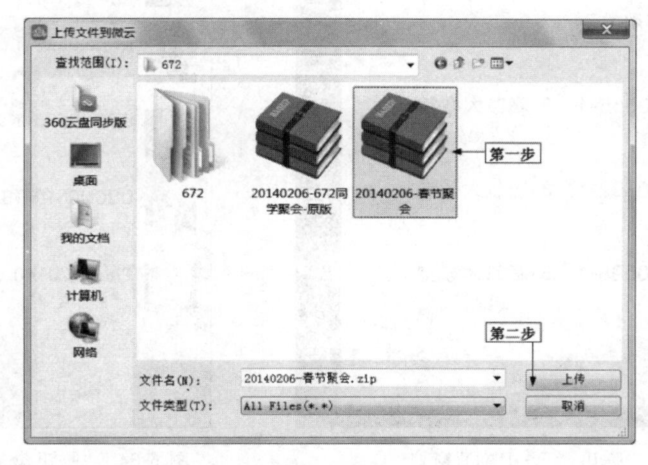

图 6-31 “上传文件到微云”对话框

图 6-32 “腾讯微云-Win7”窗口

(7) 登录 iPAD,打开如图 6-33 所示的“腾讯微云-iPAD”窗口,可以见到计算机中上传的所有文件;同理,在 iPAD 截屏一张上传到微云上,在图 6-32 所示的 Win7 窗口也可以见到该文件。

(8) 登录智能联想的安卓手机,打开如图 6-34 所示的窗口,截屏一张上传到微云上;此后,在计算机、iPAD、安卓智能手机上均可以见到 3 个不同客户端上传到微云的文件。

图 6-33 “腾讯微云-iPAD”窗口

图 6-34 “腾讯微云-安卓手机”窗口

【示例 18】 微云资源的管理。

微云的管理与访问很简单，除了通过计算机、iPAD、安卓智能手机的客户端进行管理与访问外，还可以通过任一款浏览器，在任何地方登录微云的网页版，进行文件的管理与访问，其操作如下。

(1) 打开任一款浏览器，如图 6-35 所示的 IE 浏览器，输入网址 http://www.weiyun.com；在打开窗口中单击 网页版 ；随后，将打开包含图 6-36 所示的“网页版登录”窗口。

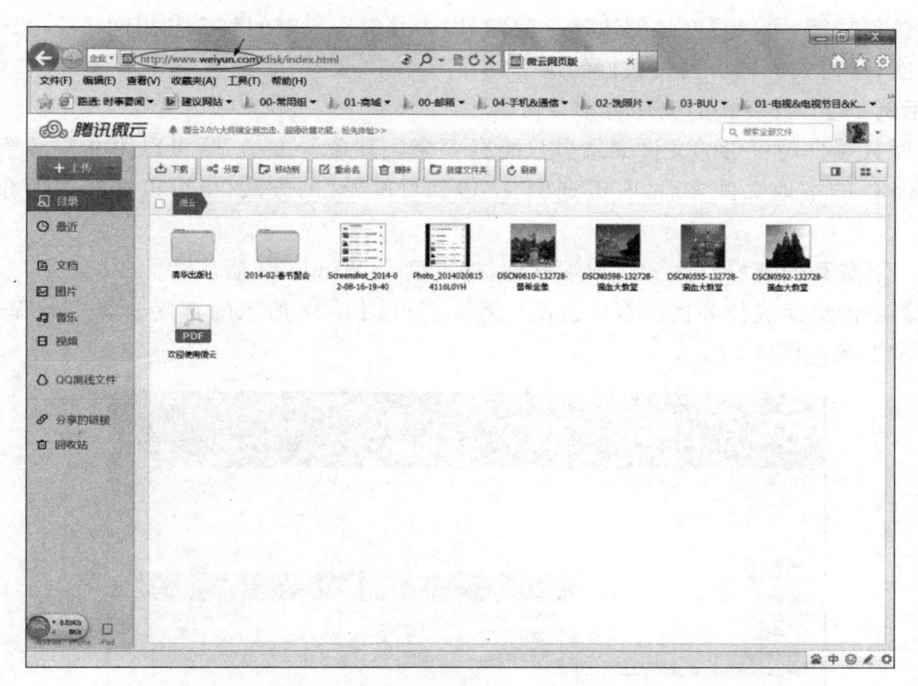

图 6-35 IE 的“腾讯微云-Win7 网页版”窗口

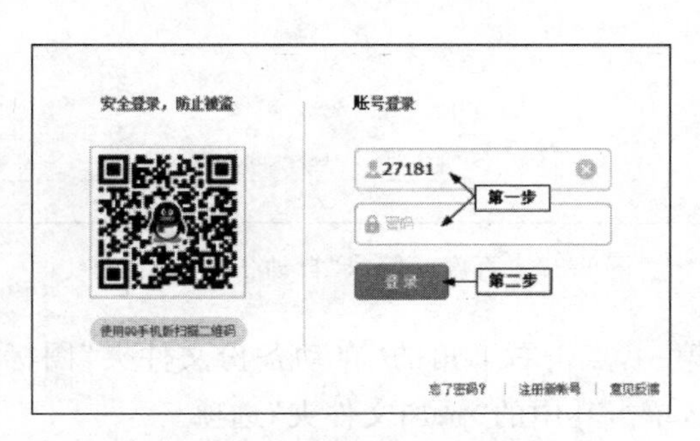

图 6-36 “微云网页版登录”窗口

(2) 在图 6-36 所示窗口，正确输入 QQ 号(或用户名)及密码后，单击“登录”按钮。

(3) 验证成功后的 IE 浏览器窗口如图 6-35 所示。在窗口左侧的目录树中，已经包含了常见的分类，用户可以分类上传要同步访问的文件。

(4) 无论是通过微云的 3 种常用客户端，还是通过网页版，上传资源文件时，既可以采用目录中"上传"按钮的方式，也可以使用从资源管理器中直接拖曳到指定目录的方法。

3. 自动备份的应用

为了确保本地计算机及其他客户端中数据的安全，很多用户都有定时备份的习惯。尤其是那些工作中的主要资料，往往会经常备份；然而，这种人工的备份是不定时的，如每天或每周一次；即时如此，由于备份不够及时，有时还会造成数据的丢失。利用百度云盘的自动备份功能，可以很好地解决这个问题，因为其过一段时间就会利用网络空余的时间备份一次，从而大大减少丢失数据的概率。

【示例 19】 百度云的文件自动备份。

百度云端自动备份的文件夹最多只能有 5 个。其备份方法，既可以用在资源管理器选中要备份的本地文件夹后，右键选中"上传到百度云"的方法，也可以选择下面介绍的方法。

(1) 下载和安装好百度云客户端软件，如百度云 Windows 版。

(2) 单击桌面或任务栏的百度云图标，打开图 6-37 所示的百度云客户端程序"百度云管家"，参见图 6-37。

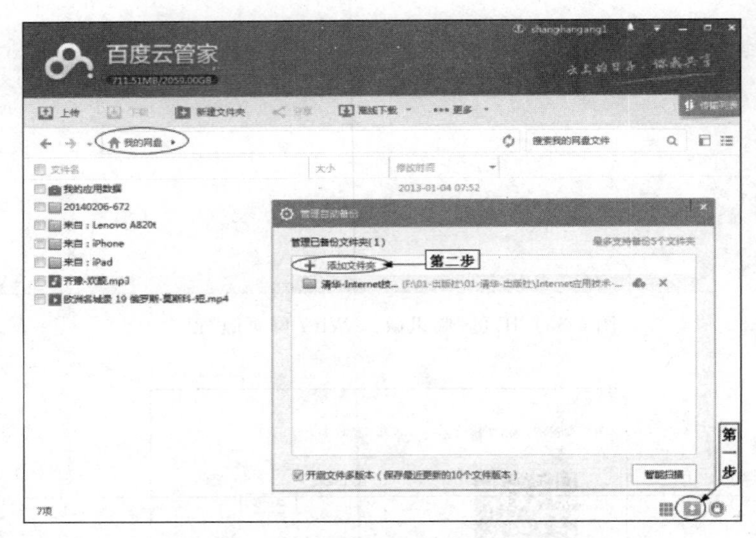

图 6-37 百度云管家"自动备份"对话框

(3) 在图 6-37 中，第一，点击右下角的"自动备份文件夹"图标，打开图中的"管理自动备份"对话框；第二，单击其中的"添加文件夹"选项。

(4) 在打开的"选择要备份的文件夹"对话框，选中要备份的文件夹之后，单击"备份到云端"按钮，打开图 6-38。

(5) 在图 6-38 所示的"选择百度端保存路径"对话框中，建立或确认在百度云端要保存的位置，如清华出版社-Internet；之后，单击"确定"按钮，完成备份到云端的任务。通常当本地有新增文件或新修改文件时，百度云会过一段时间后，再利用网络的空闲时间，自

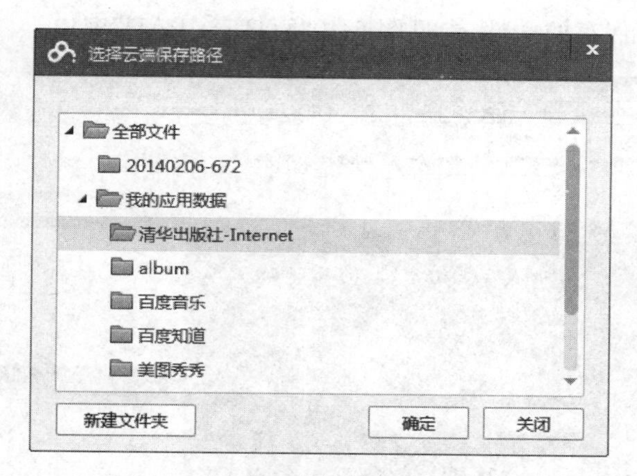

图 6-38 “选择百度端保存路径”对话框

动上传到百度的云端。注意修改会经过一段间隔时间才能上传到云端。

提示：

① 百度云客户端软件安装后，在资源管理器选中要备份的文件夹后，右击，即可选择“上传到百度云”或“取消备份文件夹到百度云”的自动备份管理操作。右键上传到百度云的功能，是将本地选中的文件夹上传到“我的网盘”的根目录。

② 变化。其一，本地变化：本地增加的文件不会自动备份到云端；本地删除，百度云端也不变化。其二，云端变化：云端删除文件或文件夹后，即使本地文件夹存在，但重新自动备份后，云端也不会自动增加；这两种情况都需选中目录后，先右键进行“取消备份文件夹到百度云”的操作，再右键进行“上传到百度云”的自动备份管理操作。

③ 手动上传的文件可以是要备份的单个文件或文件夹，而自动备份只限于文件夹。

④ 如果安装的是百度云的同步版，必须警惕的是在当百度云盘运行时，不要随便删除云端文件。因为，同步版是本地与云盘同步的，因此删除云端的文件，本地计算机中的文件也会被删除。为此，不要每次开机都自动运行云同步盘，建议只有在需要同步时再运行，这样才能避免误删掉本地文件。示例中介绍的百度云管家自动备份和360云盘自动备份就不会出现这种情况。

4. 网盘应用归纳

通过上面腾讯微云和百度云的应用，可以将常见网盘应用的步骤归纳如下。

(1) 结果比较、调研，选择一款大公司的网盘服务产品，推荐使用百度云、腾讯微云或360云盘。

(2) 在浏览器中，输入登录选中产品的网址，登录其首页，参见图6-39(或图6-26)。

(3) 无论哪款产品都需要注册一个账户，应单击“注册”按钮或选项，再跟随向导完成账户注册的任务。

(4) 根据自己使用的客户端，下载并安装相应的客户端产品；如在计算机中下载Windows客户端；在iPAD中下载其合适并通过产品商店授权的客户端软件。

(5) 在各种客户端安装好客户端软件，并按照目录分类，在任何一款最习惯使用的客户端中上传自己需要保存的文件，参见图 6-40“百度云-iPAD”窗口。

图 6-39 IE 中的“百度云-客户端下载”窗口

图 6-40 “百度云-iPAD”窗口

(6) 其他：每款客户端都会具有一些特定的功能，用户可以根据需要选择并使用，如百度云提供的“自动备份”，360 云盘同步版等功能，都可以很好地避免常用文件的丢失。

(7) 如果已开启了网盘的“自动备份或同步功能”，应注意将已安装的网盘客户端设置成开机自动启动或手工启动，否则设置的功能不会自动生效。

习题

1. 当前流行的下载技术有哪些？它们各自的特点是什么？
2. 比较 P2SP 和 P4S 两种下载技术的区别。举例说明 P2P 和 P2S 技术。
3. 什么是 Usenet 下载技术，如何应用它？
4. Internet 常用的几种下载方法有哪些？各适用什么场合？
5. 写出 3 种常用的专用下载软件的名称，以及主要的技术特点和功能。
6. 文件传送协议(FTP)的英文全称是什么？简述 FTP 的工作模式和原理。
7. FTP 的两个基本功能是什么？FTP 服务器的两种方式是什么？
8. 什么是匿名 FTP 服务器和匿名账户？匿名登录时与注册账户的区别是什么？
9. 如何应用 FTP 传送大文件和成批的文件？
10. 在 Internet 上常用的下载方法中，请通过上网调查 BT 与电驴的区别。
11. 快车(FlashGet)和迅雷应用的主要技术有哪些？它能完成的主要功能有哪些？
12. 请解释什么是多源文件传输协议、BT 协议、断点续传和多线程下载。
13. 如何安装和设置快车(FlashGet)及迅雷软件？
14. 快车(FlashGet)和迅雷支持的下载协议有哪些？
15. 如何利用快车(FlashGet)、迅雷 7 下载单个文件？
16. 如何利用快车(FlashGet)、迅雷 7 批量下载文件？
17. 如何在快车(FlashGet)和迅雷 7 中控制多个同时下载任务的先后顺序？
18. 什么是断点续传？如何利用快车(FlashGet)或迅雷 7 续传中断的单个或多个文件？
19. 什么是多线程下载？如何在快车(FlashGet)或迅雷 7 中设置和实现多线程下载？
20. 什么是 URL 地址？如何将要下载文件的 URL 地址手工添加到下载任务列表中？
21. 什么是云技术？什么是云盘？
22. 经调查写出网盘与云盘的区别，以及当前著名的云技术应用服务商。
23. 广义盘网中包含哪几种主要服务？
24. 在 PC、平板电脑、智能手机三者之间传递文件的最便利和流行的方式是什么？
25. 在工作单位和家庭两台计算机中需要通过云盘同步使用工作文件夹，在 PC 和安卓手机上需要同步使用相册文件夹，各应下载安装什么客户端(如百度云)？

本章实训环境和条件

(1) Modem、网卡、路由器等接入 Internet 的线路与设备。

(2) 局域网的有线和无线环境。

(3) ISP 的接入账户和密码。

(4) 智能终端设备:已安装操作系统的计算机(微软 Windows 7)、智能手机(Linux 为基础的安卓系统)或安装有操作系统的平板电脑,如安装了苹果 IOS 的 iPAD。

实训项目

1. 实训1:IE 浏览器中访问 FTP 站点实训

1) 实训目标

掌握使用 IE 浏览器访问 FTP 站点的基本技术。

2) 实训内容

(1) 完成示例1~示例2中的操作步骤。

(2) 登录本校的 FTP 服务器,参照示例2,完成其制定的任务。

2. 实训2:迅雷7的安装与基本应用实训

1) 实训目标

掌握专用下载软件迅雷7的安装和下载的基本技术。

2) 实训内容

完成示例3~示例6中的操作步骤。

3. 实训3:快车3(FlashGet)的安装与基本应用实训

1) 实训目标

掌握专用下载软件快车(FlashGet)的安装和下载的基本技术。

2) 实训内容

完成示例7~示例9中的操作步骤。

4. 实训4:迅雷7与快车3的高级操作实训

1) 实训目标

掌握专用下载软件迅雷和快车(FlashGet)的一些应用技巧。

2) 实训内容

完成示例10~示例15中的操作步骤。

5. 实训5:云盘和网盘的应用

1) 实训目标

掌握不同通信设备客户端软件的下载、安装与应用;熟悉在 PC、智能手机与 iPAD(或其他平板电脑)上使用腾讯微云和百度云客户端的基本应用与备份、同步文件的技巧。

2)实训内容

完成示例16～示例19中的操作步骤。

(1)实现PC、智能手机与iPAD 3种客户端软件的下载与安装。

(2)实现PC、智能手机与iPAD 3种设备中,文件夹的同步使用。

(3)实现PC、智能手机与iPAD 3种设备中,文件夹的自动备份。

(4)实现两台计算机之间,快速的大文件的互相传递。

(5)在图6-28所示的“腾讯微云”或类似的“百度云”中,分享一张图片、一个文件和一首歌到微博中,并分享给你的好友。

第 三 篇

深入应用篇

第7章　电子商务基础及应用

人类跨入21世纪以来,电子商务的飞速发展已经对人们的社会生活产生了重大影响,已成当前社会商务活动的一种主要形式。什么是电子商务?广义的电子商务指什么?电子商务有哪些基本类型?对于个人用户和企业来讲,他们可以使用的电子商务类型是什么?个人用户上网购物应当注意哪些问题,又应当如何支付货款?为什么各种商家更加看重网上营销?这些都是本章要解决的问题,也是当代人在Internet中应当掌握的基本应用技术。

本章内容与要求

- 了解:电子商务的基本知识。
- 掌握:电子商务的基本类型。
- 掌握:快速找到电子商务分类网站的方法。
- 了解:电子商务系统的组成、物流与支付系统。
- 了解:上网安全保护的基本措施。
- 掌握:B2C方式的网上购物应用技术。
- 掌握:C2C方式的网上购物应用技术。

7.1　电子商务技术基础

人类跨入21世纪以来,Internet正在发生令人瞩目的变革。各种技术的飞速发展带给人们一个全新的互联网世界,并由此导致了人们在社会、经济、文化、生活等各方面的变化;其中,电子商务就是发展最快的一个应用分支。

7.1.1　初识电子商务网站

电子商务是一种新型的商业运营模式,它可以涵盖社会生活的方方面面,如人们既可以通过Internet网络订餐、订票、购书,还可以通过手机短信订阅天气预报,也可以通过发送E-mail来邀请客户参加新产品的展销会。总之,通过Internet、Intranet和Extranet网络,可以进行各种信息查询、广告的发布及电子支付等商贸活动。这些活动都属于电子商务活动的范畴。

【示例1】　进入"电子商务网址大全导航_e览网"。

(1) 联机上网,打开IE浏览器。

(2) 在地址栏输入http://e-business.elanw.com,打开如图7-1所示窗口。

(3) 在图7-1所示的"电子商务网址大全导航_e览网"窗口中,可以浏览各种类型与电子商务相关的网站;如单击"淘宝网"选项,即可带领用户进入选择的商城进行购物;如需了解提供支付服务的网站，则应单击“电子支付”。

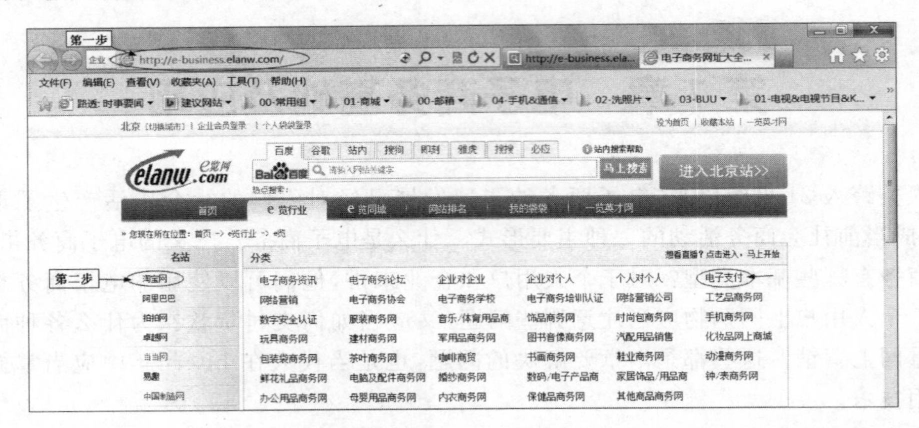

图 7-1 “电子商务网址大全导航_e览网”窗口

7.1.2 电子商务的基本知识

1. 电子商务的产生与发展

电子商务是伴随着 Internet/Intranet 的技术飞速发展起来的。中国的电子商务发展迅猛，根据 CNNIC 报告的数据显示，中国网络购物发展迅速，截至 2013 年 6 月底，我国网络购物网民规模达到 2.71 亿人，网络购物使用率提升至 45.9%。与 2012 年 12 月底相比，2013 年上半年网民增长 2889 万，半年度增长率为 11.9%。在电子商务的各类应用中，手机端的应用发展更为迅速，如手机购物、手机网上银行、手机团购、手机支付等。

1) 电子商务的发展进程

电子商务的推广应用是一个由初级到高级、由简单到复杂的发展过程，其对社会经济的影响也是由浅入深、由点到面。从开始时网上相互交流的需求信息、发布的产品广告，到今天的网上采购、接受订单、结算支付账款。当前，中国很多企业的网络化、电子化已经可以覆盖其全部的业务环节。如今电子商务系统已经发展到更为完善的阶段，人们不但可以完成早期商务系统可以完成的各种商务活动，还可以进行网上证券交易、电子委托、电子回执、网上查询等更多种方便、快捷的电子商务活动。

2) 电子商务发展的 5 大阶段

(1) 第 1 阶段为“电子邮件阶段”。此阶段被认为是从 20 世纪 70 年代开始，电子邮件的平均通信量以每年几倍的速度增长，至今已经逐步取代了纸质邮件。

(2) 第 2 阶段为“信息发布阶段”。该阶段被认为是从 1995 年起，其主要代表为 Web 技术为基础的信息发布系统。这种信息发布系统以爆炸式的方式成长起来，成为了当时 Internet 中最主要的应用系统；该阶段的中小企业面临的是如何从“粗放型”到“精准型”营销时代的电子商务。

(3) 第 3 阶段为“电子商务阶段”，即 EC(Electronic Commerce)阶段。此阶段 EC 在发达国家也处于开始阶段，但在几年内就遍布了全中国；为此，EC 被视为划时代的产物。

由于电子商务成为Internet的主要用途，因而，Internet终将成为商业信息社会的支撑系统。

(4) 第4阶段为"全程电子商务阶段"。该阶段的主要特征是软件即服务(Software as a Service，SaaS)模式的出现。在此阶段中，各类软件纷纷加盟互联网，从而延长了电子商务的链条，形成了当下最新的"全程电子商务"概念模式。

(5) 第5阶段为"智慧电子商务阶段"。该阶段的主要特征是"主动互联网营销"模式的出现。此阶段始于2011年，随着互联网信息碎片化、云计算技术的完善与成熟，主动互联网营销模式出现；其中，i-Commerce(individual Commerce)顺势而出。电子商务从此摆脱了传统销售模式，全面步入互联网；并以主动、互动、用户关怀等多角度、多方式的方式与广大互联网用户进行深层次、多渠道的沟通。

2. 电子商务与传统商务之间的关系

(1) 电子商务的发展是以传统商务为基础而发展的。

(2) 电子商务的发展目的不是取代传统商务模式，而是对其的发展、补充与增强。

(3) 在电子商务发展的过程中，传统企业的电子商务是我国电子商务发展的重点。

(4) 电子商务系统是一个新生事物，因此，在发展中必然会出现反复、问题与漏洞。

3. 电子商务的定义

电子商务是指在互联网(Internet)、企业内部网(Intranet)和增值网(Value Added Network，VAN)上以电子交易方式进行的交易和相关服务活动，是传统商业活动各环节的电子化、网络化。总之，电子商务是利用计算机技术和网络通信技术进行的商务活动。

1) 电子商务的分类定义

(1) 广义的电子商务(Electronic Business，EB)。是指使用各种电子手段与工具从事的商务活动，这就是由IBM定义的电子商务，又称为广义电子商务。总之，EB是指通过使用互联网等电子工具，使各个公司的内部、供应商、客户和合作伙伴之间，利用电子业务共享信息，实现企业间业务流程的电子化，配合企业内部的电子化生产管理系统，提高企业的生产、库存、流通和资金等各个环节的效率。

(2) 狭义的电子商务(Electronic Commerce，EC)。EC是指使用互联网等电子工具在全球范围内进行的商务贸易活动，其中的电子工具包括电报、电话、广播、电视、传真、计算机、计算机网络、移动通信等。

人们一般理解的电子商务是指狭义的电子商务，其特指以计算机网络为基础所进行的各种商务活动，包括商品和服务的提供者、广告商、消费者、中介商等各方行为的总和。

2) 电子商务的两个基本特征

无论是广义的还是狭义的电子商务都包含以下两个基本特征。

(1) 电子商务是以电子和网络方式进行的；因此，离不开互联网平台，没有网络就不能称为电子商务，如人们通过Internet查看与订购商品，通过E-mail确认。

(2) 电子商务是通过互联网完成的是一种商贸活动。例如，通过Internet确定电子合同，通过网络银行支付交易费用。

3）电子商务的3个重要概念

电子商务是利用电子化技术和网络平台实现的商品和服务的交换活动，它涉及以下3个重要概念。

（1）交易主体。是商业企业、消费者、政府，以及其他参与方。

（2）交易工具。在各主体之间通过电子工具完成，如通过浏览器、Web、EDI（电子数据交换）及E-mail（电子邮件）等。

（3）交易活动。是共享的各种形式的商务活动，如通过广告、商务邮件及管理信息系统完成的商务、管理活动和消费活动。

4）实际电子商务系统关联的对象

一个实用的电子商务系统的形成与交易离不开以下3种对象。

（1）交易平台。第三方电子商务平台（即第三方交易平台）是指在电子商务活动中为交易双方或多方提供交易撮合及相关服务的信息网络系统总和。

（2）平台经营者。第三方交易平台经营者（即平台经营者）是指在工商行政管理部门登记注册并领取营业执照，从事第三方交易平台运营并为交易双方提供服务的自然人、法人和其他组织。

（3）站内经营者。第三方交易平台站内经营者（即站内经营者）是指在电子商务交易平台上从事交易及有关服务活动的自然人、法人和其他组织。

4. 电子商务的应用模式及电子商务系统

电子商务系统通常是在因特网的开放网络环境下采用的基于B/S（浏览器/服务器）的应用系统。电子商务系统是以电子数据交换、网络通信技术、Internet技术和信息技术为依托，在商贸领域中使用的商贸业务处理、数据传输与交换的综合电子数据处理系统。

电子商务系统使得买卖的双方，可以在不见面的前提下，通过Internet上实现各种商贸活动。例如，可以是消费者与商家之间的网上购物、商家之间进行的网上交易、商家之间的电子支付等各类商务、交易与金融活动。

5. 电子商务系统中应用的主要技术

电子商务综合了多种技术，包括电子数据交换技术（如电子数据交换、电子邮件）、电子资金转账技术、数据共享技术（如共享数据库、电子公告牌）、数据自动捕获技术（如条形码）、网络安全技术等。

6. 电子商务的发展、作用与影响

电子商务是因特网迅速发展、快速膨胀的直接产物，也是网络、信息、多媒体等多种技术应用的全新发展方向。电子商务改善了客户服务，缩短了流通时间，降低了费用，合理配置了社会资源，促进了贸易、就业和新行业的发展，改变了社会经济运行的方式与结构。

电子商务的发展极大地促进了电子政务的发展，其发展迅猛，主要的优势为有利于政府转变职能，提高了运作的效率；简化了办公流程；实现了合作办公；在辅以安全认证技术措施后，具有高可靠性、高保密性和不可抵赖性；更好地实现了社会公共资源的共享；有利于提高政府管理、运作的透明度；可以提高公众的监管力度，达到廉政办公的目的。

7.1.3 电子商务的特点

1. 电子商务的优点

(1) 无须到购物现场，快捷、方便、节省时间。
(2) 有无限的、潜在的市场，以及巨大的消费者群。
(3) 开放、自由和自主的市场环境。
(4) 直接浏览购物，与间接的银行支付、物流系统、采购等服务紧密结合。
(5) 虚拟的网络环境，与现实的购物系统有机地结合。
(6) 网络的公众化与消费者的个性化消费与服务良好地相结合。
(7) 节约了硬件购物环境，简化了中间环节，直接向厂家购物，极大地降低了成本。

2. 电子商务的缺点

1) 货品失真

消费者经常遇到的是购买到的商品与网上展示的商品不符，或者是没有标签。这是由于网上展示商品的详细信息缺失而造成的，如前面说的可能是三无产品，但是，卖家不输入其商标部分；又如，颜色在照片中与实物往往会由于光线而产生变化。

2) 搜索商品宛如大海捞针

在网上购物时，消费者往往缺乏计算机方面的知识与操作技能，因此，对于同样的商品如何找到最低价格的商家，往往成为最大问题。例如，购买同一位置、同一个单元的二手房，不同中介的价格差异能在几十万元；一件同样的上衣，价格差异也可能在40%以上。为此，用户在网上购物时，经常是逐一登录各个网站，直到找到自己满意的货品。

3) 信用危机

电子商务与传统商务相比，有时会遇到上当受骗的现象。这是由于交易的双方互不见面，增加了交易的虚拟性。其次，当代中国社会的信用制度、环境、信用观念与西方发达国家相比，尚有差距。西方的市场秩序较好，信用制度较健全，信用消费观念已为人们普遍接受，因此，受骗的案例比中国少。这就要求中国的消费者提高保护自己的意识，保留足够的交易证据，以期减少自己可能发生的损失。

4) 交易安全性

由于Internet是开放的网络，电子商务系统会引起各方人士的注意；但是，在开放的网络上处理交易信息、传输重要数据、进行网上支付时，安全隐患往往成为人们恐惧网络与电子商务的最重要因素之一。据调查数据显示，不愿意在线购物的大部分人最担心的问题是遭到黑客的侵袭而导致银行卡、信用卡信息被盗取，进而损失卡中的钱财。由此可见，安全问题已经成为电子商务进一步发展的最大障碍。

5）管理不够规范

电子商务在管理上涉及商务管理、技术管理、服务管理、安全管理等多个技术层面，而我国的电子商务属于刚刚兴起的阶段，因此，有些管理还不够完善。

6）纳税机制不够健全

企业、个人合法纳税是国家财政来源的基本保证。然而，由于电子商务的很多交易活动是在无居所、无位置、无实名的虚拟网络环境中进行的，因此，一方面造成国家难以控制和收取电子商务交易中的税金；另一方面，也使得消费者无法取得购物凭证（发票）。

7）落后的支付习惯

由于中国的金融手段落后、信用制度不健全，中国人容易接受货到付款的现金交易方式，而不习惯使用信用卡或通过网上银行进行支付。在影响我国电子商务发展的诸多因素中，网络带宽窄、费用昂贵，以及配送的滞后和不规范等并非最重要因素，而是人们落后的支付与生活习惯。

8）配送问题

配送是让商家和消费者都很伤脑筋的问题。网上消费者经常遇到交货延迟的现象，而且配送的费用很高。业内人士指出，我国国内缺乏系统化、专业化、全国性的货物配送企业，配送销售组织没有形成一套高效、完备的配送管理系统，这毫无疑问地影响人们的购物热情。

9）知识产权问题

在由电子商务引起的法律问题中，保护知识产权问题首当其冲。由于计算机网络上承载的是数字化形式的信息，因而在知识产权领域（专利、商标、版权和商业秘密等）中，版权保护的问题尤为突出。

10）电子合同的法律问题

在电子商务中，传统商务交易中所采取的书面合同已经不适用了。一方面，电子合同存在容易编造、难以证明其真实性和有效性的问题；另一方面，现有的法律尚未对电子合同的数字化印章和签名的法律效力进行规范。

11）电子证据的认定

信息网络中的信息具有不稳定性或易变性，这就造成了信息网络发生侵权行为时，锁定侵权证据或者获取侵权证据难度极大，对解决侵权纠纷带来较大障碍。如何保证在网络环境下信息的稳定性、真实性和有效性，是有效解决电子商务中侵权纠纷的重要因素。

12）其他细节问题

最后是一些不规范的细节问题，例如，目前网上商品价格参差不齐，主要成交类别商品价格最大相差40%；网上商店服务的地域差异大；在线购物发票问题大；网上商店对订单回应速度参差不齐；电子商务方面的法律，对参与交易的各方面的权利和义务还没有进行明确细致的规定。

7.1.4 电子商务的交易特征

电子商务充分利用计算机和网络，将遍布全球的信息、资源、交易主体有机地联系在一起，形成了可以创造价值的服务网络。电子商务与传统商务比具有以下一些明显特征。

1. 交易方式

电子商务的基本特征是以电子方式(信息化)完成交易活动。

2. 交易过程

电子商务的过程主要包含网上广告、订货、电子支付、货物递交、销售和售后服务、市场调查分析、财务核算、生产安排等。

3. 交易工具

电子商务的交换工具非常丰富,包括电子数据交换、电子邮件、电子公告板、电子目录、电子合同、电子商品编码、信用卡和智能卡等。

4. 交易中涉及的主要技术

电子商务系统在交易过程中,涉及的主要技术有网络技术、数据交换、数据获取、数据统计、数据处理技术、多媒体、信息技术和安全技术等。

5. 交易平台

因特网及网络交易平台,如淘宝网提供的交易平台。

6. 交易的时间与空间

很多电子商务网站号称的运行与交易时间为全天,即每周 7 天,每天 24 小时。然而,很多网站通常会在法定假期间不上班,或不能按照正常的交易时间完成交易。电子商务系统的交易空间,理论上是全球范围,然而由于支付手段、物流的限制,一般都局限于本国。

7. 交易环境

电子商务系统的平台通常是在 Internet 联网状态下运行的软件系统,因此,其交易的必要环境是 Internet 联网环境。

7.2 电子商务的基本类型

电子商务有多种分类方法,通常根据交易主体的不同可以分为图 7-2 所示的 5 类,即 B2B、B2C、B2G、C2C、C2G。

下面对各种电子商务模式的简介如下。

1. 企业间的电子商务 B2B 或 B-B 模式(Business to Business)

B2B 是指企业间的电子商务,又称为“商家对商家”的电子商务活动。B2B 是指企业

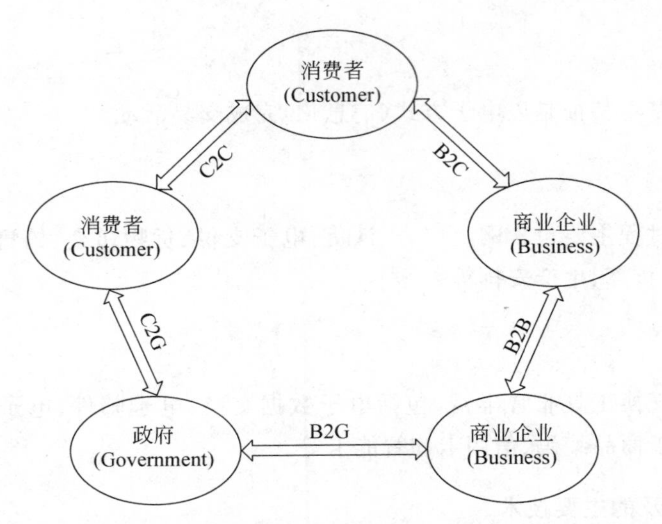

图 7-2　依消费主体不同进行的电子商务分类图

间通过 Internet 或专用网进行的电子商务活动。例如，企业与企业间通过互联网进行的产品信息发布、服务与信息的交换等。

说明：B2B 中的 2(two)的读音与 to 相同，因此，用 2 代表 to，下同。

1）B2B 电子商务模式的几种基本模式

（1）企业之间直接进行的电子商务，如大型超市的在线采购，供货商的在线供货等。

（2）通过第三方电子商务网站平台进行的商务活动，如国内著名电子商务网站阿里巴巴(china. alibaba. com)就是一个 B2B 电子商务平台。各种类型的企业都可以通过阿里巴巴进行企业间的电子商务活动，如发布产品信息，查询供求信息，与潜在客户及供应商进行在线的交流与商务洽谈等。

（3）企业内部进行的电子商务：企业内部电子商务是指企业内部各部门之间，通过企业内联网(Intranet)而实现的商务活动，如企业内部进行的商贸信息交换、提供的客户服务等。通常电子商务常指企业外部的商务活动。

2）支持 B2B 的著名网站

中国网库、阿里巴巴、电子电器网、慧聪网、八方资源等，参见图 7-3。

3）B2B 按服务对象的分类

外贸 B2B 网站和内贸 B2B 网站，参见图 7-3。按行业性质还可分为综合 B2B 网站和行业 B2B 网站，如阿里巴巴和中国玻璃网、化工网等。

【示例 2】　通过电子商务网址大全的 B2B 类别进入“阿里巴巴”。

（1）联机上网，打开 IE 9.0，在地址栏输入 http://e-business. elanw. com，打开图 7-1。

（2）在图 7-1 所示窗口的分类栏中，单击“企业对企业”，打开图 7-3。

（3）在图 7-3 所示的“B2B 网站大全”窗口中，选中需要进入的网站，如“阿里巴巴”。

（4）在打开的“阿里巴巴”窗口中，可以先注册，再选择需要进行的商贸活动，如发布供求信息、申请企业旺铺等。

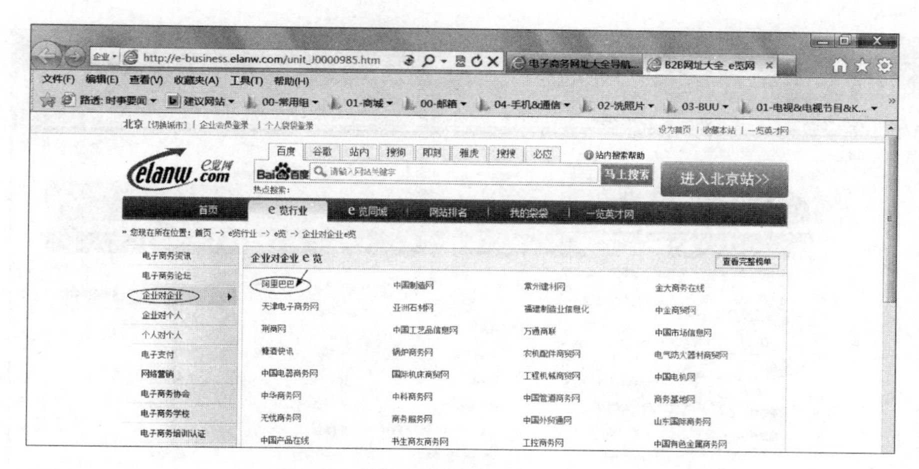

图 7-3 “B2B 企业对企业 e 览”窗口

2. 企业与消费者间的电子商务 B2C 或 B-C 模式(Business to Customer)

B2C 是我国最早产生的电子商务模式。

1) B2C 模式的定义

B2C 是指消费者在商业企业通过 Internet 为其提供的新型购物环境中进行的商贸活动,如消费者通过 Internet,在网上进行的购物、货品评价、支付和订单查询等商贸活动。由于这种模式节省了消费者(客户)和企业双方的时间和空间,因此,极大地提高了交易的效率,节省了开支。

对用户来讲,在电子交易的操作过程中,B2B 比 B2C 要麻烦;前者通常是做批发业务,适合大宗的买卖;而后者进行的通常是零售业务,因此,更容易操作,但交易量较小。

2) B2C 模式的著名网站

【示例 3】 通过电子商务网址大全的 B2C 类别进入“京东商城”。

(1) 联机上网,打开 IE 9.0,在地址栏输入 http://e-business. elanw. com,打开图 7-1。在图 7-1 所示窗口的分类栏中,单击“企业对个人”,打开图 7-4。

(2) 在图 7-4 所示的“B2C 网站大全”窗口中,显示了众多著名的电子商务网站,如当当网、亚马逊、京东商城等;选中需要进入的网站,如“京东商城”,打开图 7-5。当然,在浏览器的地址栏输入 http://www. 360buy. com,也可以打开图 7-5。

(3) 在打开的如图 7-5 所示的“京东商城”窗口中,第一,先注册;第二,进行商贸活动,如浏览购物、结算、查询订单等。

3. 消费者对消费者 C2C 或 C-C(Consumer to Consumer)

C2C 同 B2B、B2C 一样是电子商务中的最重要的模式之一,也是发展最早和最快的电子商务活动。

1) C2C 模式的定义

C2C 是指“消费者”对“消费者”的商务模式。它是指网络服务提供商利用计算机和

图 7-4 "B2C 企业对个人 e 览"窗口

图 7-5 "京东商城"网站窗口

网络技术，提供有偿或无偿使用的电子商务和交易服务的平台。通过这个平台，卖方用户可以将自己提供的商品发布到网站进行展示、拍卖；而买方用户可以像逛商场那样，自行浏览、选择商品，之后可以进行网上购物(一口价)，或拍品的竞价。支持 C2C 模式的商务平台，就是为买卖双方提供的一个在线交易平台。

【示例4】 通过电子商务网址大全的C2C类别进入著名的"淘宝网"网站。

(1) 在图7-1所示窗口的分类栏中,单击"个人对个人",打开图7-6。

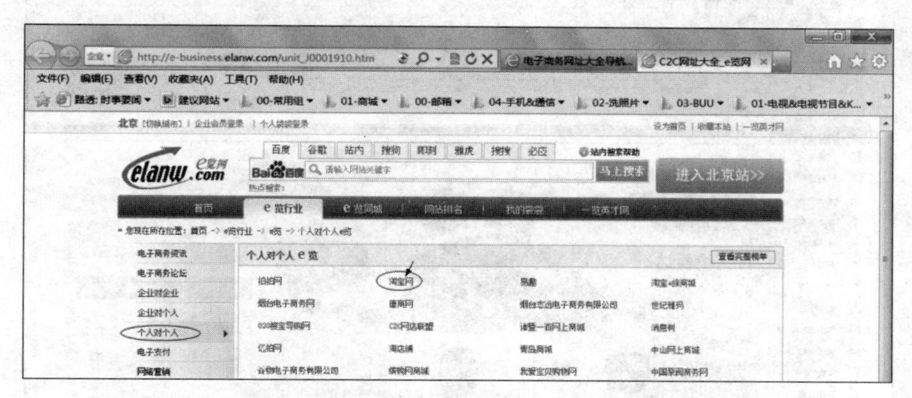

图7-6 "C2C个人对个人e览"窗口

(2) 在如图7-6所示的"C2C个人对个人e览"窗口,列出了著名的C2C网站名称。例如,单击"淘宝网",即可进入该网站,参见图7-7。

2) 中外C2C模式典型网站的区别

eBay是美国C2C电子商务模式的典型代表。它创立于1995年9月,为全球首家网上拍卖的网站,成为C2C电子商务模式的先驱者;在欧美市场获得了巨大成功,在雅虎、亚马逊书店等著名网络公司普遍不能盈利的情况下,成为最早开始盈利的互联网公司之一。

淘宝网成立于2003年5月,它是中国C2C市场的主角,它打破了eBay的拍卖模式,从中国网络市场的实际出发,开发出有别于eBay的中国模式的C2C网站。

eBay网的重点服务对象是熟悉技术、收入较高的白领,以及喜欢收藏和分享的用户;而淘宝网的服务对象则是普通民众;此外,eBay长于拍卖业务,而淘宝网则定位于个人购物网站。

3) 支持C2C模式的著名网站

C2C中文网站(参见图7-7)有拍拍网、淘宝网、易趣等,其直接网址如下。

(1) 拍拍网:http://www.paipai.com/。

(2) 淘宝网:http://www.taobao.com/。

(3) 易趣网:http://www.eachnet.com/。

(4) C2C英文网站:Ebay(http://www.ebay.com)、Ubid、Onsale、Yahoo Auction等。

【示例5】 使用直接网址进入C2C著名网站淘宝网。

(1) 联机上网,打开IE 9.0浏览器。

(2) 在地址栏输入http://www.taobao.com,打开图7-7。

(3) 在图7-7所示的"淘宝网"网站窗口中,第一,先注册;第二,进行商贸活动,如浏览购物、查询订单等;第三,支付货款到第三方,如支付宝。

图 7-7 “淘宝网”网站窗口

4. 消费者对政府机构 C2G(Consumer to Government)

C2G 是指“消费者”对“行政机构”的电子商务活动。

1) C2G 模式的定义

C2G 专指政府对个人消费者的电子商务活动。这类电子商务活动在中国尚未形成气候;而一些发达国家的政府的税务机构,早就可以通过指定的私营税务或财务会计事务所用的电子商务系统,为个人报税,如澳大利亚。

2) C2G 系统的最终目标和经营目的

在中国,C2G 的商务活动虽未达到通过网络报税的电子化的最终目标;但是,在我国的发达城市或地区,已经具备了消费者对行政机构的电子商务活动的雏形,如北京,参见图 7-8。总之,随着消费者网络操作技术的提高,信息化高速公路的飞速发展与建设;中国行政机构的电子商务的发展将成为必然,政府机构将会对社会的个人消费者提供更为全面的电子方式服务,也会向社会的纳税人提供更多的服务,如社会福利金的支付、限价房的网上公示等,都会越来越依赖 C2G 电子商务系统。

C2G 是政府的电子商务行为,不以盈利为目的,主要包括网上报关、报税等,对整个电子商务行业不会产生大的影响。

【示例 6】 进入 C2G 的代表“北京市地方税务局”网站查询“申报个人所得税”。

(1) 联机上网,打开 IE 9.0 浏览器。

(2) 在地址栏输入 http://www.tax861.gov.cn,打开图 7-8。

(3) 在图 7-8 所示的 C2G 的“北京市地方税务局”窗口中,可以进行有关的信息查询

图 7-8 “北京市地方税务局”网站窗口

或操作，如单击“年所得税 12 万的申报”选项，可以进行“查询”或“申报个人所得税”的 C2G 电子商务活动。

5. 商家对政府机构 B2G(Business to Government)

B2G 是指“企业(商业机构)”对“行政机构”的电子商务活动。

1) B2G 模式的定义

B2G 是指企业与政府机构之间进行的电子商务活动。例如，政府将其有关单位的采购方案的细节公示在互联网的政府采购网站上，并通过在网上竞价的方式进行商业企业的招标。应标企业要以电子的方式在网络上进行投标，最终确定政府单位的采购方案。

2) B2G 模式的发展前景

目前，B2G 在中国仍处于初期的试验阶段，预计会飞速发展起来；因为，政府需要通过这种方式来树立现代化政府的形象。通过这种示范作用，将进一步促进各地的电子商务、政务系统的发展；此外，政府通过这类电子商务方式，可以实施对企业的行政事物的监控与管理。例如，我国的金关工程就是商业企业对行政机构进行的 B2G 电子商务活动范例；政府机构利用其电子商务平台，可以发放进出口许可证，进行进出口贸易的统计工作，而企业则可以通过 B2G 系统办理电子报关、进行出口退税等电子商务活动。

B2G 电子商务模式不仅包括上述商务活动，而且还包括“商业企业对政府机构”或“企业与政府机构”之间所有的电子商务或事务的处理。例如，政府机构将各种采购信息发布到网上，所有的公司都可以参与竞争进行交易。

【示例 7】 进入 B2G 的“北京市政府采购”网站查询“协议采购商品”的信息。

(1) 联机上网，打开 IE 浏览器，在地址栏输入 http://www.bjcz.gov.cn/，打开图 7-9。

(2) 在图 7-9 所示的 B2G“北京财政”窗口中，单击“政府采购”按钮，打开图 7-10。

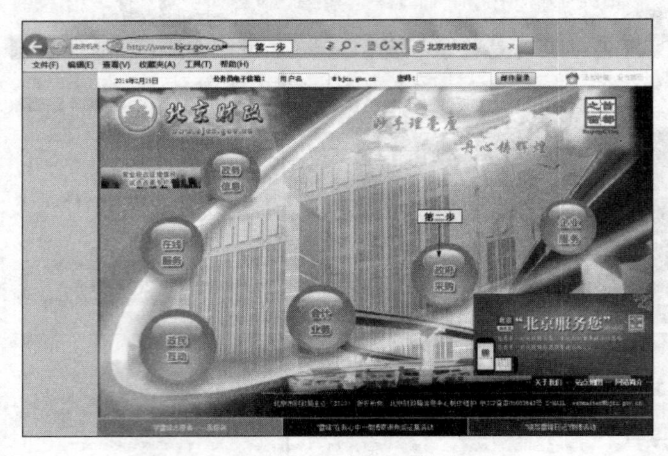

图 7-9 “北京财政”网站窗口

图 7-10 “北京市政府采购”网站窗口

(3) 在如图7-10所示的“北京市政府采购”网站窗口中,可以进行有关的商务活动:单击“北京市政府采购中心”,可以进行协议采购,例如,进行会议定点综合查询、办公设备综合查询等;还可以对设备生产的厂家进行投标,以及了解“协议采购商品”的报价、厂商等信息。

6. 商家对代理商 B2M(Business to Manager)

B2M对于B2B、B2C、C2C的电子商务模式而言,是一种全新的电子商务模式。

1) B2M模式的定义

B2M模式是指由企业发布电子商业信息,经理人(代理人)获得该商业信息后,再将商品或服务提供给最终普通消费者的经营模式。

企业通过网络平台发布该企业的产品或者服务,其他合伙的职业经理人通过网络获取企业的产品或者服务信息,并且为该企业提供产品销售或者提供企业服务;企业通过合伙的职业经理人的服务达到销售产品或者获得服务的目的;职业经理人通过为企业提供服务而获取佣金。由此可见,B2M模式的本质是一种代理模式。

2) B2M模式的特点

B2M电子商务模式相对于以上提到的几种模式有着根本的不同,其本质区别在于这种模式的“目标客户群”的性质与其他模式的不同。前面提到的3种典型商务模式的目标客户群都是一种网上的消费者,而B2M针对的客户群则是其代理者,例如,该企业或该产品的销售者或者其他伙伴,而不是最终的消费者。这种与传统电子商务相比有了很大改进,除了面对的客户群体不同外;B2M模式具有的最大优势是将电子商务发展到线下。因为,通过网上的代理商才能将网络上的商品和服务信息完全推到线下,既可以推向最终的网络消费者,也可以推向非网上的消费者,从而获取更多的最终消费者的利润。

7. 代理商对消费者 M2C(Manager to Consumer)

M2C是针对于B2M的电子商务模式而出现的延伸概念。在B2M模式的环节中,企业通过网络平台发布该企业的产品或服务信息,职业经理人(代理人)通过网络获取到该企业的产品或服务信息后,才能销售该企业的产品或提供该企业服务。

1) M2C模式的定义

M2C模式是指企业通过经理人的服务达到向最终消费者提供产品或服务的目的。因此,M2C模式是指在B2M环节中的职业经理(代理)人对最终消费者的商务活动。

M2C模式是B2M的延伸,也是B2M新型电子商务模式中不可缺少的后续发展环节。经理(代理)人最终的目的还是要将产品或服务销售给最终消费者。

2) M2C模式的特点

在M2C模式中,也有很大一部分工作是通过电子商务的形式完成的。因此,它既类似于C2C,又不相同。

C2C是传统电子商务的盈利模式,赚取的是商品的进货、出货的差价。而M2C模式的盈利模式,则更灵活多样,其赚取的利润既可以是差价,也可以是佣金;另外,M2C的物流管理模式也比C2C灵活,如可以该模式允许零库存;在现金流方面,其也较传统的C2C

模式具有更大的优势与灵活性。以中国市场为例,传统电子商务网站面对 1.4 亿网民,而 B2M 通过 M2C 面对的将是 14 亿的中国全体公民。

7.3 电子商务系统的组成

电子商务系统由硬件、软件和信息系统组成,它将各种交易实体,通过数据通信网络连接在一起。因此,电子商务系统是实现电子商务活动的、有效运行的复杂系统。

1. 硬件实体

在电子商务系统中,涉及的主要硬件实体如图 7-11 所示,其中的主要物理实体如下。

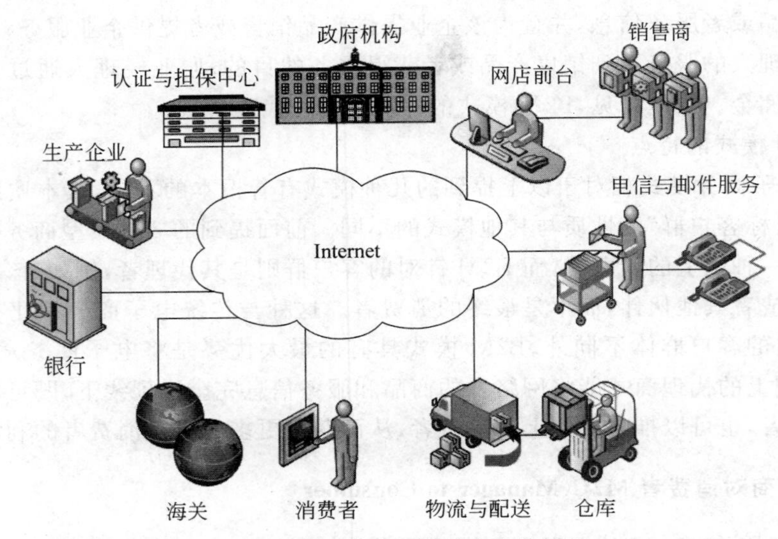

图 7-11 电子商务系统的实体结构图

(1) 计算机与网络。计算机、企业网、电信服务、Internet 及其接入网络。

(2) 交易主体。消费者、商业企业(网站前台)、政府机构等。

(3) 物流实体。物流、仓储与配送机构。

(4) 网络支付和认证实体。银行与认证机构(第三方担保)。

(5) 交易实体。网店及前台、网站的支撑交易平台。

(6) 进出口实体。当涉及货物的进出口时,还需要海关支持的管理实体。

2. 电子商务系统的组成、结构与信息流

(1) 系统组成:网络、各种交易实体、交易系统。

(2) 系统结构:因特网、企业网、外联网、物流网、电信网。

(3) 信息流:交易信息、资金信息、物流信息。

7.4 电子商务中的物流、配送和支付

7.4.1 电子商务中的物流

1. 什么是物流

在电子商务系统中，物流是指物品从供货方到购货方的过程。

2. 物流的分类

物流分为“广义物流”和“狭义物流”两类。

(1) 广义物流。既包括流通领域，又包括生产领域；因此，是指物料从生产环节到最终成品的商品，并最终移动到消费场所的全过程。

(2) 狭义物流。只包括流通领域，是指商品在生产者与消费者之间发生的移动。一般地，电子商务中的物流主要是指狭义物流，即商品如何从生产场所移动到消费者手中。

3. 现代“物流”系统的构成

现代物流活动主要包括运输、装卸、仓储、包装等多种活动环节；其中，运输业和仓储业是物流产业的主体。为此，物流产业的主体包括交通运输、仓储和邮电通信业 3 大类，例如铁路运输业、公路运输业、管道运输业、水上运输业、航空运输业、交通运输辅助业、其他交通运输业、仓储业、邮电通信业均属于物流产业。

4. 物流的作用

(1) 确保生产。从原料到最终商品都需要物流的支持，才能顺利进行。

(2) 为消费者服务。物流可以向消费者提供服务，满足其生活中的各种需求。

(3) 调整供需。通过物流系统可以充分调整各地产品的供需关系，达到平衡。

(4) 利于竞争。通过物流可以扩展区域，有利于商品的竞争。

(5) 价值增值。通过物流可以使某地的产品在异地销售，达到价值增值的目的。

5. 电子商务中的配送

1) 什么是物流配送

物流配送是按照用户的订单要求，经过分货、拣选、包装等运输货物的配备工作，最终经过运输和投递环节，将配好的货物送交消费者(收货人)的过程。

2) 配送的基本业务流程

(1) 备货。

(2) 存储。

(3) 分拣和配货。

(4) 配装。

(5) 配送运输。

(6) 送达服务。

3) 配送中心

在电子商务系统中,配送中心担负着配送流程中的主要工作。由此可见,配送中心是指从事货物配备(集货、加工、分货、拣选、配货),并组织对最终用户的送货,以高水平实现销售和供应服务的现代流通企业。

(1) 大型商业企业通常设置有自己的配置中心,如G2C模式工作的"京东商城"就有自己专门的配送中心,它能够完成配送流程的大部分工作;对于大城市,其物流中心可以直接送达;而对于处于边远地区的客户,它们会聘请专门的商业快递公司。

(2) 对于小型网站或消费者,通常采用自己完成前期工作,后期的配送运输和送达服务则聘请专门的商业物流快递公司,如按照C2C模式工作的"淘宝网"通常由中通、申通、圆通、韵达、顺丰快递和EMS等完成。这些快递中心,通常都有严格的管理,用户可以随时上网查询自己订单在快递、配送过程中的状况。

【示例8】 进入物流综合网站"快递100"查阅快递订单。

① 接入 Internet,打开 IE 浏览器,在地址栏输入 http://www.kuaidi100.com,打开图7-12。

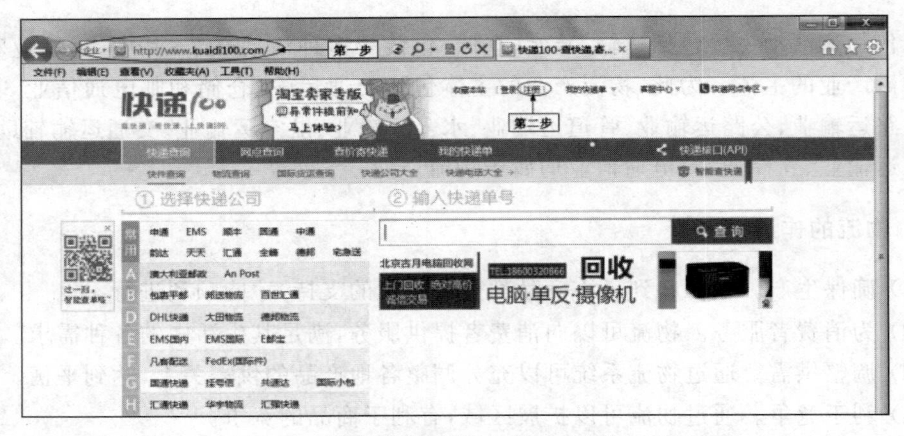

图7-12 物流综合网站"快递100"网站窗口

② 在图7-12所示的"快递100"网站窗口中,先注册一个账户,之后登录该网站。

③ 在图7-13所示的窗口中,第一,选中"快递查询"标签;第二,选中物流公司,如韵达公司;第三,输入订单号码;第四,单击"查询"按钮,打开图7-14。

④ 在图7-14所示的"快递100"的订单"查询"结果窗口,可以跟踪快件的整个物流,以及当前状况;单击窗口下端的"免费短信通知"按钮,打开图7-15。

⑤ 在图7-15中,可以订阅自己需要的服务,如选中"派件提醒"短信。

说明: 如果是"寄快递",则应在如图7-13所示的窗口选中"查价寄快递"标签;并依次完成寄快件公司的选择、网上预约等与寄件有关的任务。

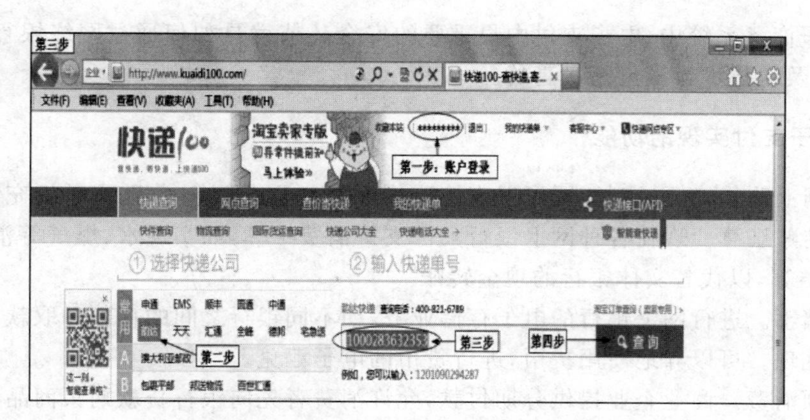

图 7-13 “快递 100-订单查询”窗口

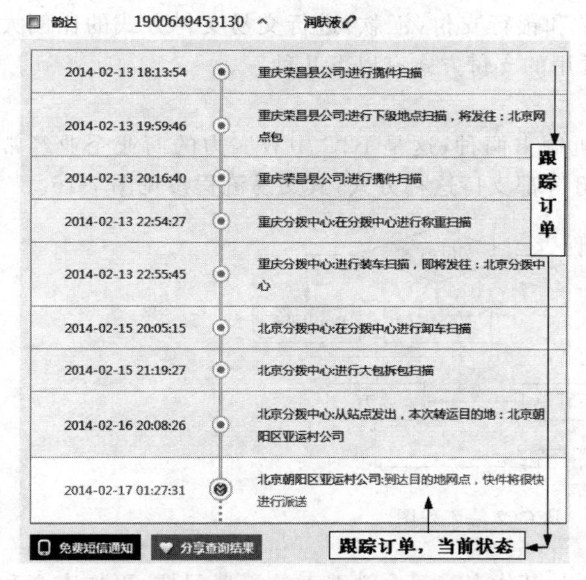

图 7-14 快递 100 的订单“查询”结果

图 7-15 订阅快件的“短信提醒服务”

7.4.2 电子商务中的电子支付

在电子商务系统中使用的电子支付和传统支付的方式区别很大。消费者习惯的传统支付主要有货到付款、邮局支付及银行转账 3 种形式。本节主要介绍与电子商务系统相关的电子支付。

1. 电子支付的定义

电子支付主要指通过互联网实现的在线支付方式。因此，可以将电子支付定义为交易的各方通过互联网或其他网络，使用电子手段和网络银行等实现的安全支付方式。

在电子商务系统中，电子支付中最重要的安全环节就是如何通过网络银行进行安全支付，其涉及的技术含量也是最高的。

2. 电子支付实现的功能

（1）网上购物。通过互联网可以直接购买很多商品或服务，如购买手机充值卡。

（2）转账结算。现在各种网上银行大都支持消费结算，如实现水、煤气等消费结算或者是购物结算，以代替实体银行的现金转账。

（3）储蓄。进行网上银行的电子存储业务，如不同银行之间的存款和取款。

（4）兑现。可以异地使用货币，进行货币的电子汇兑。

（5）预消费。商业企业提供分期付款，允许消费者先向银行贷款购买商品。

3. 电子商务中的支付方式

有数据表明，中国当前使用网上付款和银行支付（汇款）进行交易支付方式的比例大约占 55%左右。目前，在网上购物时，常用的支付方式有以下几种。

1）货到付款

货到付款又分为现金支付和 POS 机刷卡两种；这是 B2C 中有实力的商业企业经常采用的方式，如京东商城、当当网、亚马逊等都支持这种方式，其交易流程参见图 7-16。

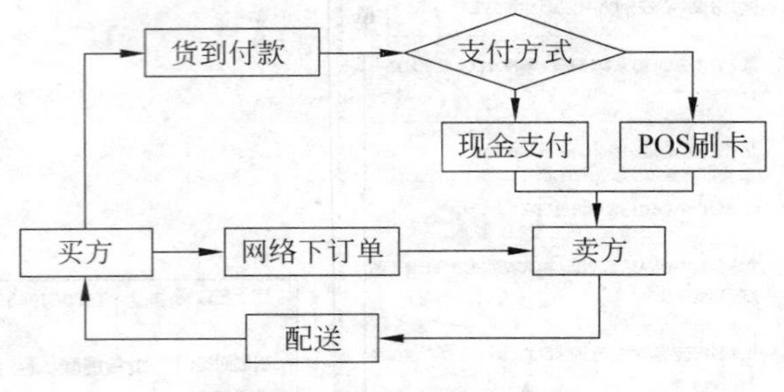

图 7-16 B2C 交易流程图

（1）现金支付。与传统支付方式类似，其优点是符合消费者的消费习惯，更加安全和可靠。其缺点是，对商家来说增加了风险和成本，如消费者收到自己定的货后，感觉不理想，也可能采取拒付的手段；另外，对时间和地点的限制较多，如较为偏僻的地区消费者直接收货与付钱的可能性就较小；其他还有手续复杂等问题，如为了避免自己的损失，消费者应先开箱验货，而商家的快递则经常要求先签字再开箱。

（2）POS 机刷卡。对于实力强大的商业企业，大宗的商品的支付可以使用配送人员的手持 POS 机刷卡付费。这种方式的优缺点同现金支付。

2）网上付款

网上付款中常用的支付方式是通过第三方支付平台进行支付。中国市场上的第三方支付工具如图 7-17 所示，有支付宝、财付通、网银在线、快钱、无忧钱包、银联等电子支付。

【示例 9】 认识、了解和学习使用“支付宝”购物的流程。

（1）在图 7-1 所示窗口的分类栏中，单击“电子支付”，打开图 7-17。

(2) 在图 7-17 所示的“电子支付 e 览”窗口中,可以了解所选择的电子支付服务商的特点,如单击“支付宝”,打开图 7-18。

图 7-17 “电子支付 e 览”窗口

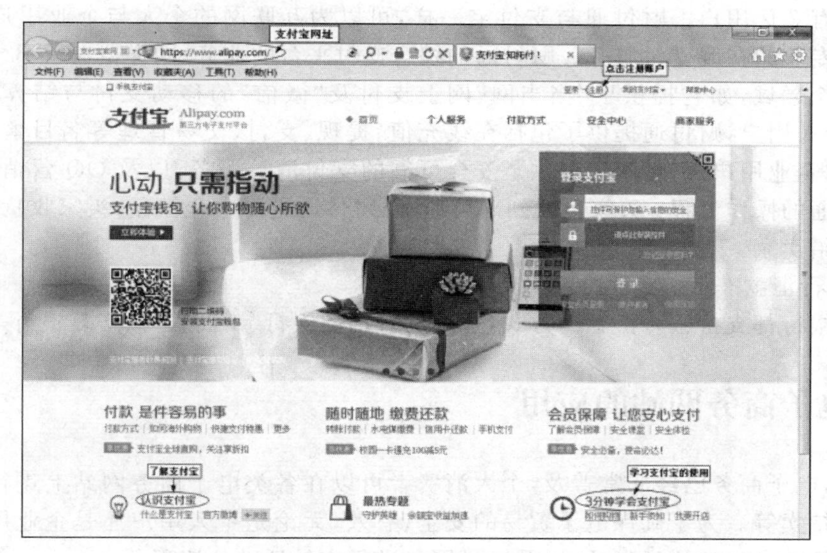

图 7-18 “电子支付-支付宝”首页

(3) 在图 7-18 所示的“电子支付-支付宝”首页中,可以完成注册支付宝账户、认识和学习支付宝的使用等任务;对于初学者,建议单击“3 分钟学会支付宝”,在打开的页面了解并学习网络购物的流程。

下面简单介绍支付宝和财付通的特点。

① 支付宝。由阿里巴巴集团创办,它是在国内处于领先地位的、独立的第三方支付平台。支付宝为中国电子商务提供了简单、安全、快速的在线支付解决方案。截至现在,支付宝已经拥有 6 亿用户;其用户覆盖了 C2C、B2C、B2B 等多个领域,通过与百余家银行及金融机构的合作,可以最大程度满足用户的需求。支付宝的最大作用在于通过支付平台建立支付宝、商家与用户三方之间的信任关系,参见图 7-19。支付宝最主要的特点:第一,启用了买家收到货,满意后卖家才能收到钱的支付规则,从而保证整个交易过程的顺

利进行;其次,支付宝和国内外主要的银行都建立了合作关系,因此,只要用户拥有各大银行的开通了网络支付功能的银行卡,即可顺利利用支付宝进行网络上的支付;第三,由于支付宝可以将商家的商品信息发布到各个网站、论坛,从而扩大了商品、商家的影响与交易量;因此,又促进了商家将支付宝引入自己的网站。

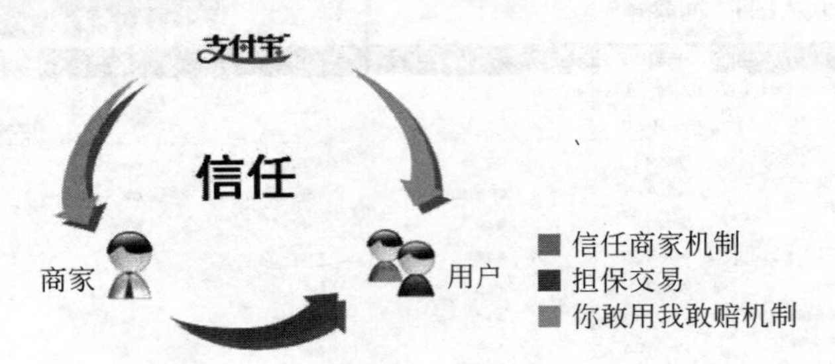

图 7-19 "支付宝-商家-用户"信任关系

② 财付通。财付通是由腾讯公司创办的,也是中国领先的一个在线支付平台,它目前已经拥有 2 亿用户。财付通与支付宝一样,可以为互联网的个人与企业用户,提供安全、便捷、专业的在线支付服务。财付通的综合支付平台的业务,同样覆盖了 B2B、B2C 和 C2C 等多个领域,如它提供了"当当网"网上支付及"微信"的移动支付与结算服务。此外,针对个人用户,财付通提供了包括在线充值、提现、支付、交易管理等名目繁多的服务功能;针对企业用户,财付通还提供了安全可靠的支付清算服务,以及 QQ 营销资源的支持。财付通的操作流程:买家付款到财付通;经财付通进行中介担保,买家收货满意后财付通付款给卖家。

3) 银行汇款

各大银行都支持银行汇款的方式,常用的有招商银行、工商银行、华夏银行等。

7.5 电子商务网站的应用

如今,电子商务已经非常普及,个人消费者可以在各类电子商务网站上进行购物、购书、订票、拍卖等。为了确保电子贸易的安全、有效,无论是个人用户还是企业用户,都应当十分了解交易中的注意事项,以及通过网络进行交易活动的流程。

7.5.1 网上安全购物

如今,在进行网上电子商务活动时,会遇到诈骗、假冒、产品质量伪劣等各种问题。因此,进行网络购物时,用户必须加强防范意识,提高对网上各种骗局的识别能力。笔者推荐大家从以下几个方面进行考虑和防范。

1. 谨慎选择交易对象和交易

1) 交易对象的确定

对于网络上的商家,用户应注意其是否提供有详细的联系地址和联系电话,必要时应打电话加以核实。例如,仔细观察和判断商家的旺旺、QQ 和电话等是否可以随时进行联系。

2）交易方式的确定

在进行网上购物时，为了确保资金的安全，应尽量选择货到付款方式；或选择双方利益均可保证的有第三方担保的交易方式，如淘宝网的支付宝平台。千万不要轻易地与商家进行预付钱款的交易；即使需要进行预付款的转账交易，交易的金额也不易太高。

2. 认真阅读交易的电子合同

1）确认交易合同

目前，中国尚无规范化的网上交易专门法律，因而，事先约定规则是十分重要的。由于在网络上进行交易的规则或需知就是电子合同的重要组成部分。因此，在网上交易之前，用户应当认真阅读规则中的条款。

2）合同的主要内容

在电子交易中，应当注意的重点内容有产品质量、交货方式、费用负担、退换货程序、免责条款、争议解决方式等。由于电子证据具有“易修改性”，因此，请在大额交易时，尽可能地将交易过程的凭证打印或保存，如使用抓图工具来抓取交易规则的内容界面。

3. 保存好交易单据与凭证

用户购物时，请注意保存交易相关的“电子交易单据”，包括商家以电子邮件方式发出的确认书、用户名和密码等。我国《合同法》第十一条规定，以电子邮件等形式签订的合同属于“书面合同”的范畴。因此，建议用户在保存电子邮件时，应注意不要漏掉完整的邮件头，因为该部分详细地记载了电子邮件的传递路径。这也是确认邮件真实性的重要依据。此外，可以使用截图工具，保存好交易过程中（如旺旺）与商家的交流与交易信息。

4. 认真验货和索取票据

用户验货时，应注意核对货品是否与所订购的商品一致，有无质量保证书、保修凭证，同时注意索取购物发票或收据。

5. 纠纷的处理

与现有法律的基本原则一致，在网络消费环境中，遇到纠纷时，购买者可采取的方法有与商家协商，向消费者协会投诉，向法院提起诉讼或申请仲裁等方式。

7.5.2 B2C 方式网上购物应用

1. B2C 模式消费者的网上购物流程

B2C 模式消费者（买方）的网上购物流程如图 7-20 所示。

2. 消费者的网上购物应用

传统购物是在商场，而在网上购物时进入的是网上商城。因此，用户购物时，如何快速地找到网络上的商城是进行网络购物的关键。

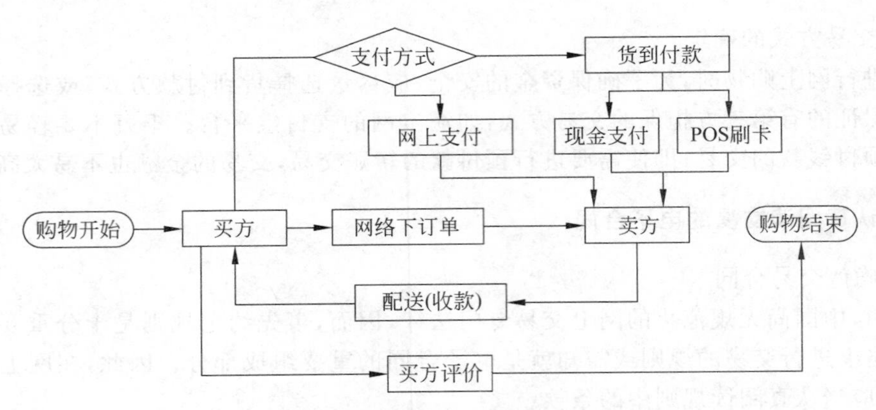

图 7-20 B2C 客户(买方)网上购物流程图

首次登录商务购物网站时，通常需要注册一个用户；成功注册新用户后，每次购物时，都要先使用申请到的用户账号进行登录。

【示例 10】 进入 B2C 网站“当当网”购买书籍。

(1) 接入 Internet，打开 IE 浏览器，在地址栏输入 http://www.dangdang.com。

(2) 在“当当网”的“登录”对话框，第一，输入用户和密码；第二，单击“登录”按钮，完成用户登录的任务。

(3) 在“当当网”窗口，可以开始搜索自己需要购买的商品；第一，按照图 7-21 所示的步骤，搜索需要购买的图书或其他商品；第二，当需要更精确的搜索时，单击“高级搜索”选项，展开图中所示的小对话框，填写搜索条件，直至搜索到自己满意的商品；第三，选中购买图书，单击其后的“购买”按钮，将商品加入购物车，打开图 7-22。

图 7-21 当当网“商品搜索-图书查找”窗口

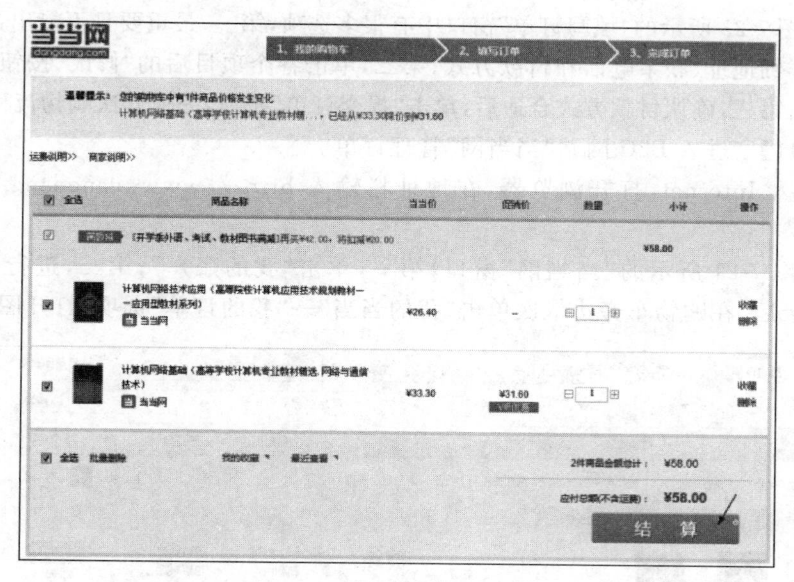

图 7-22 当当网“购物车”窗口

(4) 在图 7-22 所示的“购物车”窗口，可以见到刚加入的商品；继续选择商品，直至商品选购完成；此时，单击购物车中的“结算”按钮，打开图 7-23。

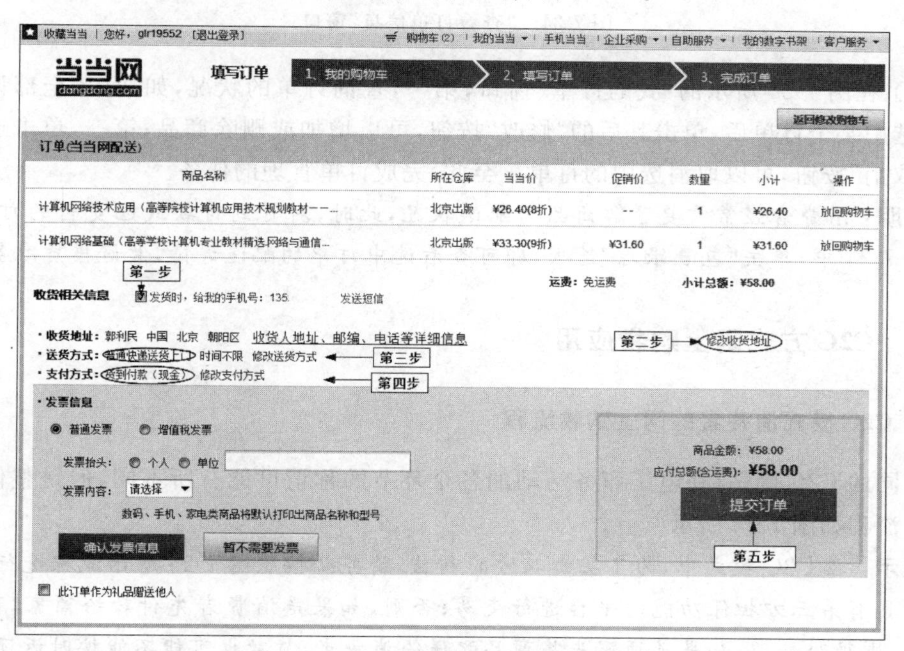

图 7-23 “填写订单”窗口

(5) 在图 7-23 所示窗口的上部可以见到购物的流程，如图中表示现在所处的流程位置为“填写订单”；在此环节中单击右上角的“返回修改购物车”按钮，可以随时返回图 7-22 添加或删除商品；之后，单击“结算”按钮，重新打开图 7-23。

(6) 在图 7-23 所示的“填写订单”窗口中有很多选项，第一，最重要且不能出错的是收件人的姓名、详细地址、联系电话和付款方式；第二，单击各个项目后的“修改”按钮，即可修改有关的信息；第三，确认付款方式合适后，单击“提交订单”按钮，完成此次购物流程。

【示例 11】 进入 B2C 网站“当当网”管理订单。

(1) 接入 Internet，打开浏览器，在地址栏输入 http://www.dangdang.com，打开图 7-21。

(2) 在图 7-21 所示的“当当网”窗口，第一，单击“我的账户”；第二，进行“登录”；第三，成功登录后，在购物车旁边依次单击“我的当当”→“我的订单”选项，打开图 7-24。

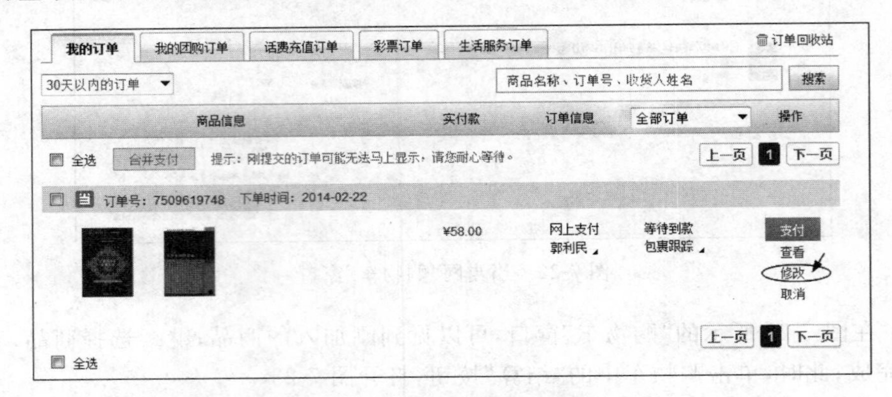

图 7-24 “查看订单信息”窗口

(3) 在图 7-24 所示的“我的订单”窗口，第一，查询订单的状况，如选中“全部订单”；第二，选中某个订单后，单击其后的“修改”按钮，可以增加或删除商品；第三，单击选中订单后“取消”按钮，可以取消选中的订单。至此，完成订单管理的任务。

说明： 消费者经常需要了解商品的配送状况，此时，对货到付款或已支付的订单，可以在图 7-24 中，单击“包裹跟踪”选项，即可查看选中订单的配送详情，做好接货准备。

7.5.3 C2C 方式网上购物应用

1. C2C 模式消费者的网上购物流程

不同的 C2C 网站，在电子商务活动的各个环节的称谓可能有所不同，但是整体的安全交易流程如图 7-25 所示。

提示： 在 C2C 模式中，为了买卖双方的利益，请务必按照图 7-25 所示流程进行，即选择一个具有第三方担保功能的平台进行交易；否则，如果是消费者先付款给商家，商品出现问题，则很难处理；如果是商家先将商品配送给消费者，货款也可能不能按时返还。

2. C2C 消费者的网上购物应用

1) 熟悉网站的购物流程

在网络上购物时，上线前需要熟悉网上购物的流程，通常每个网站都会有详细的帮助信息。

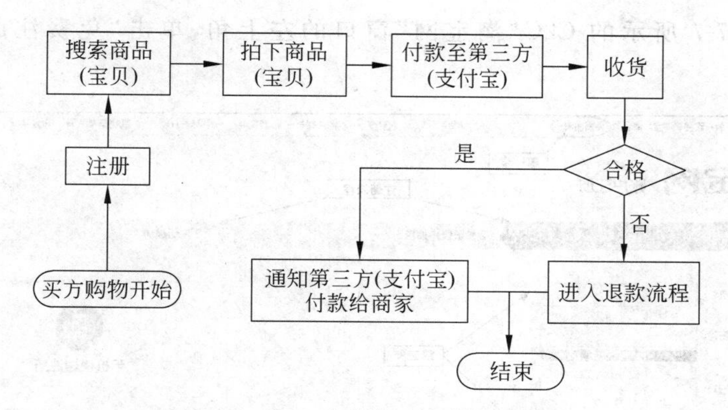

图 7-25 C2C 消费者网上购物的流程

【示例 12】 打开淘宝网的帮助动画，学习买家的操作流程。

(1) 联机上网，打开浏览器，在地址栏输入 http://www.taobao.com，打开图 7-7。

(2) 在淘宝网首页最下端，单击“网站地图”选项；在打开的页面，依次选择选中“淘宝帮助”→“帮助中心”选项，打开图 7-26。

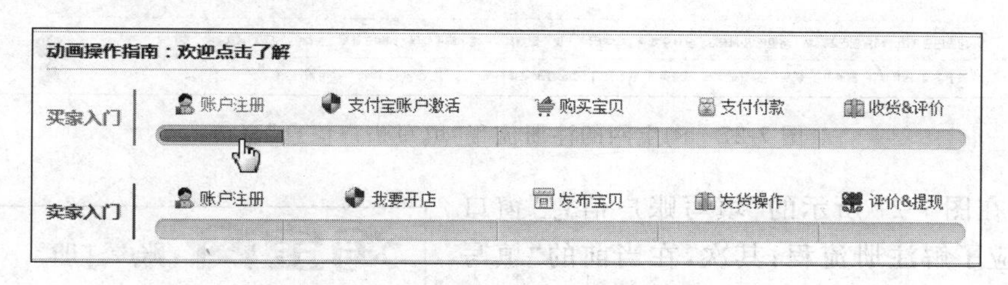

图 7-26 “帮助中心-动画操作”窗口

(3) 在图 7-26 所示的窗口中，可以了解到作为买家或卖家的整个操作流程，如果想了解某一项的具体操作，只需单击该项目，即可进入相应的操作帮助动画。

2) 注册淘宝网与支付宝的账户

在 C2C 网站购物之前，第一，注册一个用户账号；第二，开通具有第三方担保功能的支付宝账户。

注意：这是两个不同的账户，建议使用不同的用户名和密码。

3) 开通网银

由于支付宝账户中并没有钱，因此，在支付前需要到银行去开通网银，如开通“招商银行”的网银，购买 U 盾；这样就可以通过网络向自己的支付宝账户充值。只有充值后的支付宝账户，才具有支付能力。

提醒：为了确保银行资金的安全，给新用户几点建议：第一，建议用户到银行开通网银时购买硬件 U 盾，这样只有账户名、密码和 U 盾都正确时才能进行网上支付；第二，网银对应的银行卡中不要存入过多的资金；第三，用多少充多少，是指尽量在支付时，再从网银充值到支付宝。

【示例 13】 注册淘宝网用户账户和支付宝用户账户。

(1) 联机上网，打开 IE 9.0 浏览器，在地址栏输入 http://www.taobao.com，打开图 7-7。

(2) 在图 7-7 所示的 C2C“淘宝网”窗口的左上角，单击“免费注册”选项，打开图 7-27。

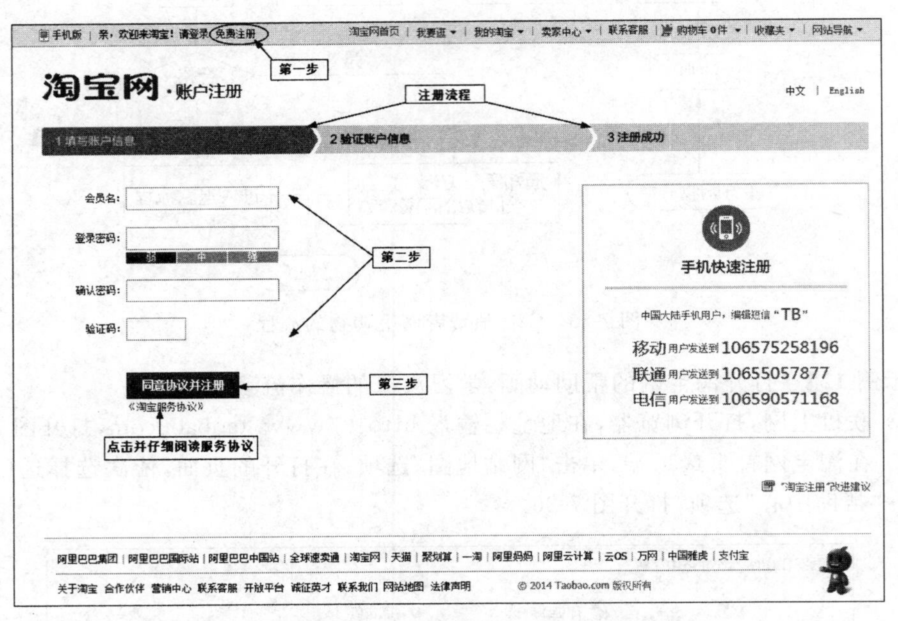

图 7-27 淘宝网的注册流程“填写账户信息”窗口

(3) 在图 7-27 所示的“填写账户信息”窗口中，首先应了解注册流程；其次，在当前的“填写信息”步骤中，第一，仔细填写淘宝网用户账户信息和密码；第二步，输入支付宝账户名、密码和校验码；第三，仔细阅读“淘宝网服务协议”和“支付宝服务协议”；第四，单击“同意协议并注册”按钮，完成淘宝账户创建的任务。

(4) 在图 7-28 中，用户应当填写正确的手机号码，当然，也可以使用电子邮箱进行账户验证，成功后将自动登录“淘宝网”首页。在首页中，单击“我的淘宝”，打开图 7-29。

(5) 在图 7-29 所示的窗口中，单击“我的支付宝-实名认证”选项，打开图 7-30。

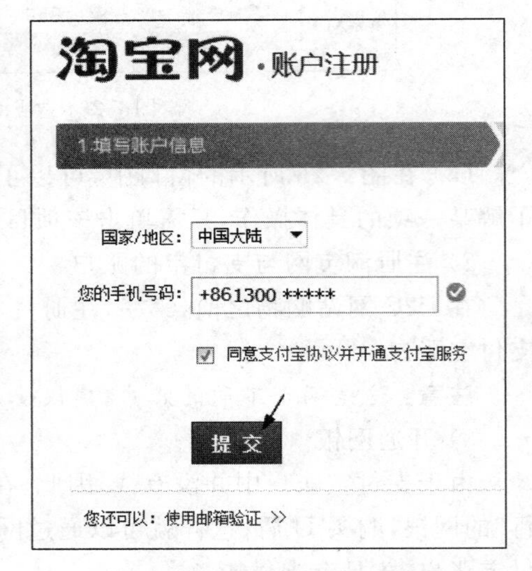

图 7-28 “手机验证”对话框

(6) 在图 7-30 中，应准确填写各项信息；页面已经提示身份信息不能更改，因此需审慎填写，不要出错；有不清楚的地方，可以单击“帮助中心”寻求帮助，参见图 7-25。

(7) 在图 7-25 所示的“帮助中心-动画操作”窗口中，单击“支付宝激活账户”选项，可以了解和学习支付宝账户激活的相关操作；用户应当按照流程操作完成支付宝账户的激活。

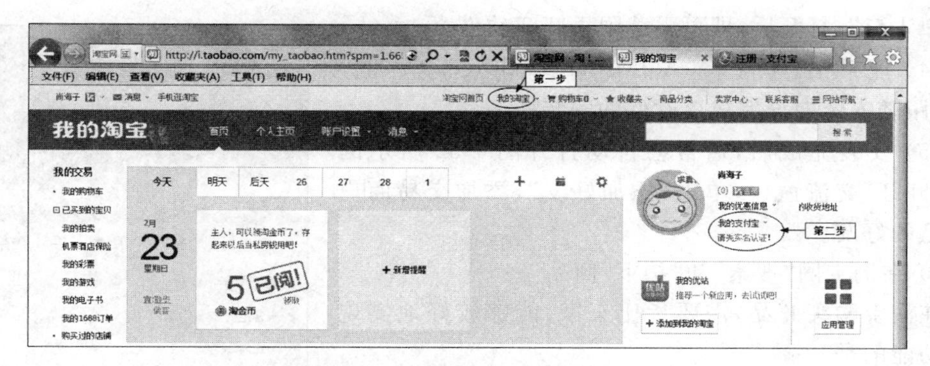

图 7-29 淘宝网的“我的淘宝”窗口

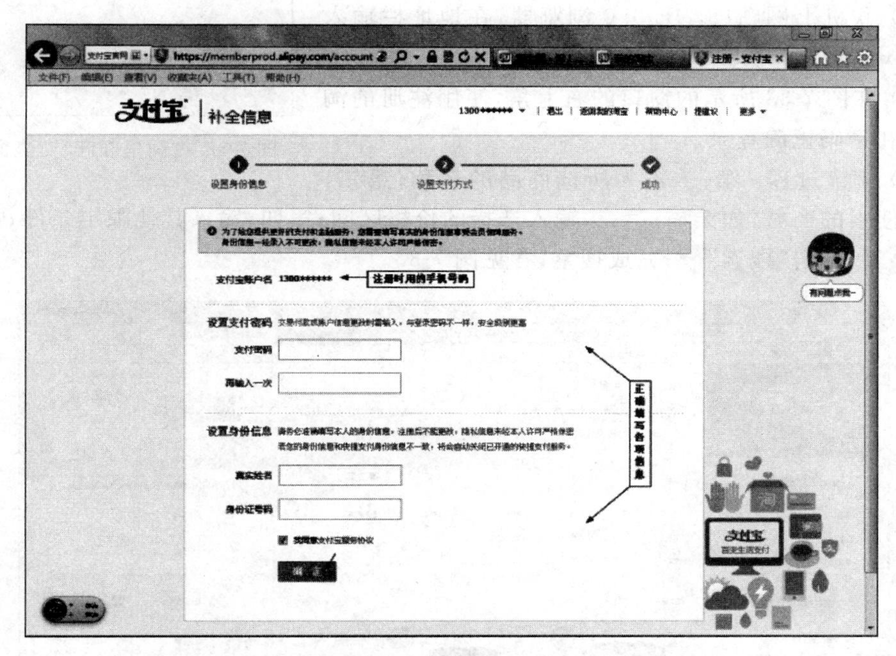

图 7-30 淘宝网的“支付宝账户信息”填写窗口

4）安装淘宝网购物的实时交易软件

成功开通淘宝网和支付宝账户后，为了与商户讨论价格，询问产品详细状况，还需要有一个实时交易的平台；在淘宝网上这个实时交易平台的软件称为“阿里旺旺”。

【示例 14】 在淘宝网下载和安装阿里旺旺软件。

（1）联机上网，打开 IE 9.0 浏览器，在地址栏输入 http://www.taobao.com，打开图 7-7。

（2）在图 7-7 所示窗口，单击窗口下端的“网站地图”选项；在打开的窗口中单击“阿里旺旺”，可以打开图 7-31。

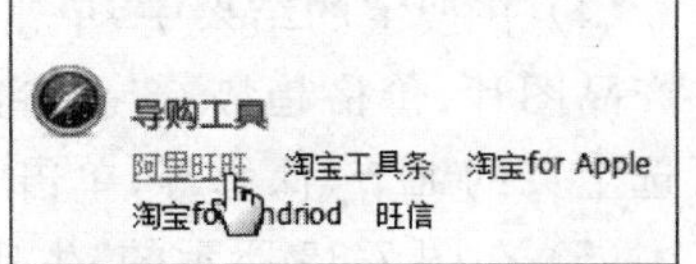

图 7-31 “网站地图-阿里旺旺”窗口

（3）在图 7-31 所示的“网站地图-阿里旺旺”窗口，单击“阿里旺旺”选项；在打开的阿里旺旺页面，选中“买家用户入口”；打开后，即可下载阿里旺旺软件。

(4) 下载后，单击 AliIM2014_taobao(8.00.08C)程序，跟随安装向导完成该软件的安装任务。

(5) 安装完成后，通常会自动打开图 7-32 所示的“阿里旺旺”交流窗口，单击“添加好友”，添加交易商户或自己的好友。

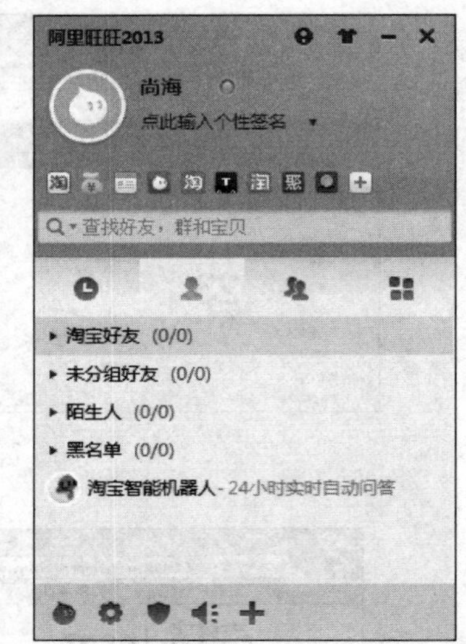

图 7-32 “阿里旺旺”交流窗口

5) 在淘宝网“搜索”和“拍下”商品

在淘宝购买商品，需要货比三家，能够较好地实现这个功能的是“一淘”。

【示例 15】 在通过“一淘”购买淘宝网的商品。

(1) 联机上网，打开 IE 9.0 浏览器，在地址栏输入 http://www.etao.com，打开图 7-33。

(2) 在图 7-33 所示的窗口的右上角，使用注册的淘宝账户和密码正确登录。

(3) 淘宝过程：第一，输入所选商品的名称；第二，选择拟搜索的商城，如天猫；第三，输入选择的价格区间；第四，输入其他限定条件，如历史最低；第五，单击“搜索”；完成搜宝，参见图 7-33。

图 7-33 “一淘-搜宝”窗口

(4) 在搜宝的结果中，单击自己喜欢的宝贝，打开图 7-34；图中有该宝贝的多种参数，如产品图片、价格趋势、产品参数、产品评价等；单击左上角的旺旺可以同卖家在线确认所选宝贝的细节、保修等；单击“优惠购买”按钮，确认去商家购买，打开图 7-35。

(5) 在图 7-35 所示的“生成和提交订单”窗口，按照图中的步骤，完成订货表单的填写；之后，应反复确认地址、姓名、联系电话等信息无误，再单击“提交订单”按钮。

图 7-34 “购买宝贝”的窗口

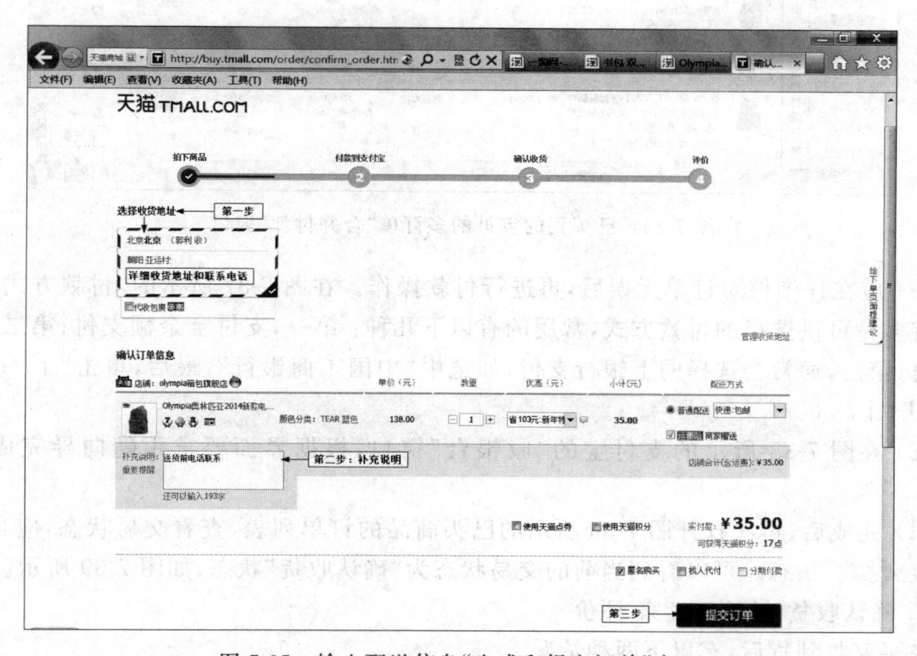

图 7-35 输入配送信息“生成和提交订单”窗口

(6) 如果在一家店铺购买多件商品，应重复以上步骤(3)～(5)，拍下所有要购买的宝贝；之后，要提醒卖家合并邮寄，修改寄费；此外，很多店铺提供的赠品也是需要拍的，否则认为自动放弃。

说明：在图 7-35 中，第一，单击旺旺图标，可以随时就商品的表单信息与卖家沟通；

第二，在补充说明和重要提醒栏，应当尽量详细地填入收货要求、尺寸、颜色等详细信息；因为，以后商品有问题，这就是订货合同的依据。

6) 付款付到第三方担保机构

在 C2C 模式中，为了确保双方的利益，通常要将货款支付到第三方担保机构。

【示例 16】 在淘宝网付款到第三方担保机构(支付宝)。

(1) 在淘宝网首页窗口，第一，依次选择“我的淘宝”→“已买到的宝贝”选项，打开图 7-36 所示的已买商品的订单列表；在列表中，用鼠标选择需要购买的项目；第二，单击“合并付款”按钮，打开图 7-37。

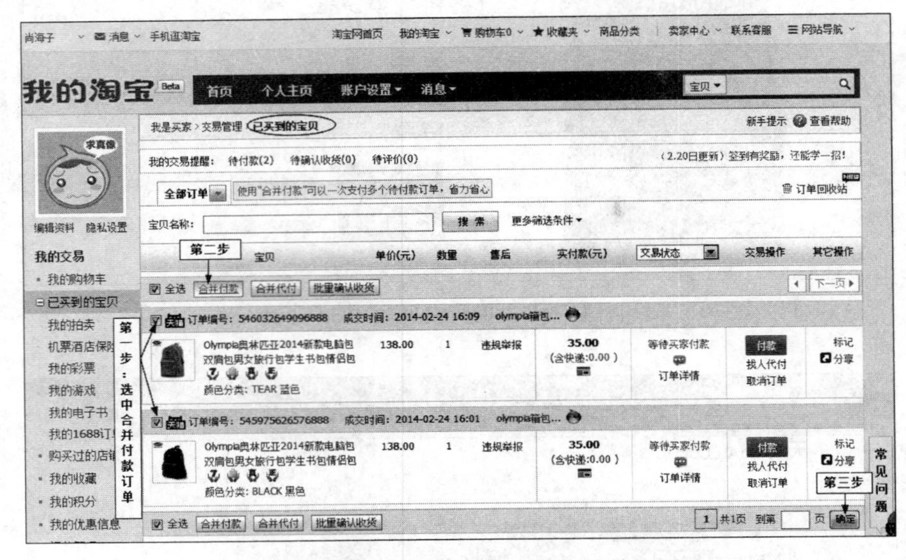

图 7-36 已买到的宝贝的多订单“合并付款”窗口

(2) 应在仔细核对订单无误后，再进行付款操作。在图 7-37 所示的“付款方式确认”窗口有多种可供选择的付款方式，常用的有以下几种：第一，支付宝余额支付；第二，余额宝支付；第三，通常会选择网上银行支付，如选中“中国工商银行”；最后，单击“下一步”按钮，打开图 7-38。

(3) 在图 7-38 所示的支付宝的“收银台”窗口，根据界面要求跟随向导完成付款步骤。

(4) 完成后，再次打开图 7-36 所示的已买商品的订单列表，查看交易状态，应当变为“买家已付款”状态。可以看到当前的交易状态为“确认收货”状态，如图 7-39 所示。

7) 确认收货-付款到卖家-评价

在买家收到货后，有以下两种情况。

(1) 商品符合店家的描述和自己的订货要求时，就应当“确认收货”，并将支付到第三方的货款，支付给卖家，并对商品进行评价。

(2) 当商品不符合店家的描述或自己的订货要求时，推荐做法是先单击商家的“旺旺”图标，同卖家进行沟通后，再进行操作；当然，若证据确凿，有照片等证据，也可直接选择“退款”。

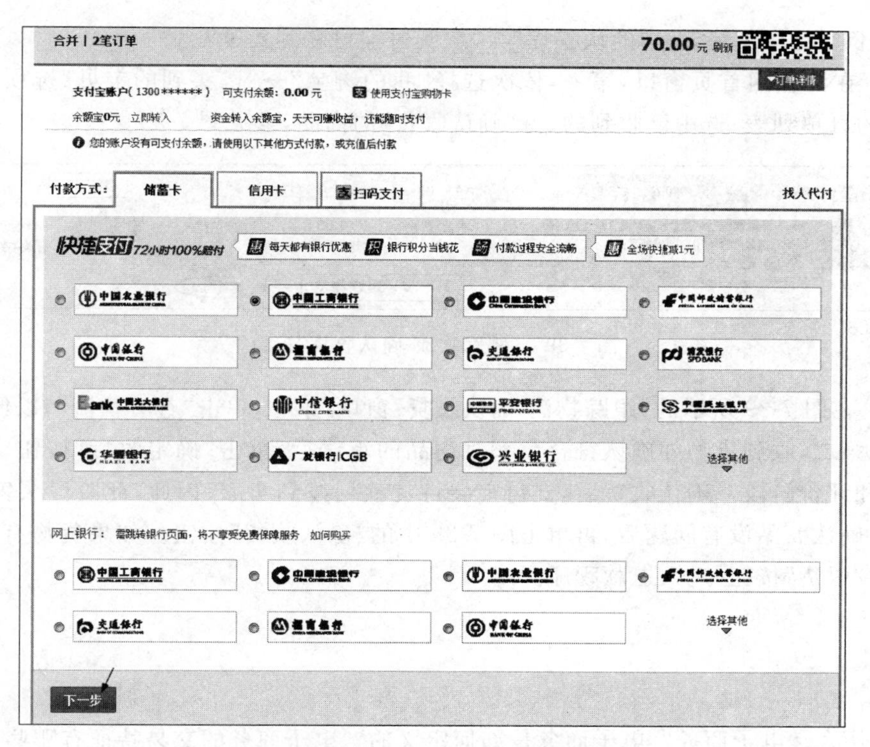

图 7-37　支付宝的“付款方式确认”窗口

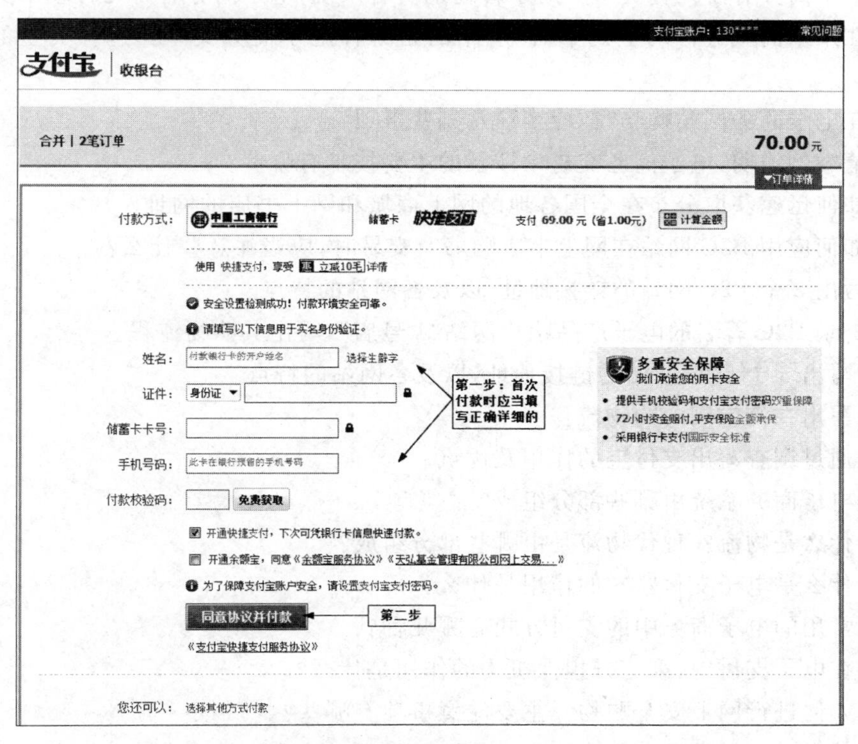

图 7-38　支付宝的“收银台”窗口

【示例 17】 在淘宝网“确认收货”与“从支付宝付款到卖家”。

(1) 在淘宝网首页窗口，第一，依次选择“我的淘宝”→“已买到的宝贝”选项，打开已买商品的订单列表；选中已收到的、待“确认收货”的商品，参见图 7-39。

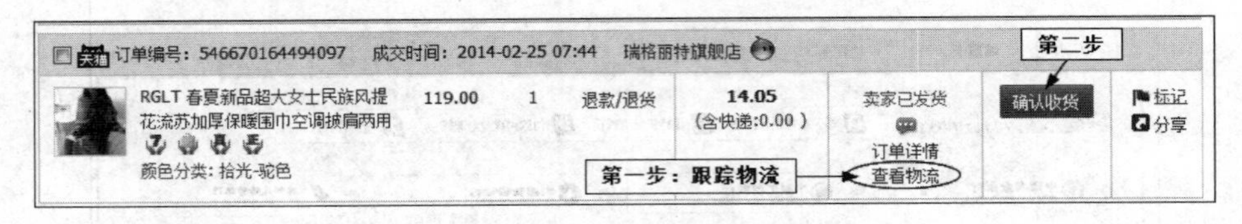

图 7-39 “跟踪物流-确认收货”窗口

(2) 在图 7-39 所示的“跟踪物流-确认收货”窗口，第一，单击“查看物流”，以便了解何时接货；第二，收到货物并确认符合商家对商品的承诺后，单击“确定收货”按钮。进入最终付款和评价阶段。确认收货后，支付宝会将货款划拨到卖家；因此，此阶段买家应当十分谨慎，确认商品没有问题后，再单击图 7-39 中的“确认收货”按钮。如果货物有问题，单击“退款/退货”按钮，进入退款程序。

习题

1. 什么是电子商务？电子商务是如何定义的？电子商务的交易特征有哪些？
2. 电子商务有哪几种类型？对于普通消费者来说，电子商务有哪几种基本类型？
3. 在京东商城进行网上购书时，应用的是哪种电子商务类型？这种类型的特点是什么？
4. 在电子商务网站购物时，应当注意哪些事项？
5. 请举例说明，电子商务交易中涉及的主要技术有哪些？
6. 如何迅速获取分布在全国各地的网上商城和网上书店的网址？
7. 如何应用 B2C 网站在网上书店购书？交易时，应当注意些什么？
8. 写出 3 个 B2C 网站的链接地址，以及各网站的特点。
9. 登录 B2C 著名的电子产品购物网站“1 号店”，写出其购物流程。
10. 写出 3 个 C2C 网站的链接地址，以及各网站的特点。
11. 写出在淘宝网的购物流程。
12. 通过调查写出支付宝的作用及优点。
13. 电子商务系统由哪些部分组成？
14. 什么是物流？现代物流是由哪些部分组成？
15. 什么是电子支付？它的作用是什么？
16. 常用的电子商务中的支付方式有哪几种？
17. 在电子支付中，第三方担保机构的作用是什么？
18. 如何进行网上安全购物？主要注意事项有哪些？
19. 什么是电子商务中的物流配送？

本章实训环境和条件

(1) 接入 Internet 的硬件系统,如 Modem、网卡、交换机、路由器及 ISP 的账户和密码。

(2) 智能终端设备:安装 Windows XP/7 的计算机,安装了操作系统的智能手机和 PAD。

实训项目

1. 实训 1:"认识电子商务的发展状况"实训

1) 实训目标

认识商务网站的类型,掌握各种商务网站的进入方法。

2) 实训内容

使用"百度"查询和总结以下内容。

(1) 在 IE 浏览器中输入 http://www.cnnic.net.cn/index.htm,进入 CNNIC;了解最新的"中国互联网络发展状况统计",查询我国在互联网进行网络购物的用户人数、网络购物使用率最高的 3 个城市、网络购物使用率和变化情况,以及网上支付使用率变化情况。

(2) 写出电子商务的主要分类,以及各种分类的应用特点。通过查询,请回答:在网络购物中,C2C 模式和 B2C 模式哪种网上支付手段的比例更高?

(3) 近期中国电子商务的有关统计数据应当包括网上购物的人数、当年各类电子商务的网上营业额、各类商务网站的数量、使用各种支付方法支付的比例等统计数据。

(4) 使用"百度"查询:解释电子支付、电子货币、电子现金、电子支票的含义。

(5) 完成示例 1~示例 9 中的内容。

2. 实训 2:"B2C 网站购物"实训

1) 实训目标

进入中国排名前 3 名的一个 B2C 网站,以货到付款的方式购买一本书。通过购物和应用实例,认识和掌握电子商务 B2C 网站购物的基本流程与方法。

2) 实训内容

(1) 写出购物流程。

(2) 截取购物中各个环节的界面,如注册、登录、购物、下订单、查询订单、收货、付款(现金或划卡)、评价。

(3) 完成示例 10~示例 11 中的内容。

3. 实训3："C2C网站购物"实训

1）实训目标

进入中国排名前3名的一个C2C网站，以第三方担保的支付方式购买一件商品。通过购物和应用实例，认识和掌握在C2C网站购物的基本流程与方法。

2）实训内容

（1）写出购物流程。

（2）截取购物中各个环节的界面，如注册、登录、购物、下订单、付款到第三方担保、查询订单、收货、将货款支付给卖家，进行评价。

（3）完成示例12～示例17中的内容。

第8章 网络即时通信与交流

随着互联网的发展，人们的交流工具与方法有了翻天覆地的变化。网络即时通信的实质是实时交流，传统的实时交流是指人们通过电话和手机进行的交流活动。那么，网络即时通信有哪些形式？网络的语音、视频与即时消息是网络实时通信的3种主要形式；此外，还有网络资源的直接分享、邮件分享、微博分享，离线通信等多种交流方式。实现上述交流的技术方法有哪些？常用的聊天工具有哪些？微信和QQ是什么软件？有哪些功能？使用它们进行网络交流的条件、基本技术与交流技巧是什么？这些都是本章要解决的问题，也是现代人应当具有的基本技能。掌握这些软件的交流技术后，对于其他聊天工具软件，即可举一反三。

本章学习目标

- 了解：IP电话的基本概念、功能和工作方式。
- 掌握：通过腾讯微信软件进行网络通话的基本技术。
- 掌握：通过腾讯微信软件进行网络交流的技巧。
- 掌握：通过QQ软件进行网络交流的基本技术与技巧。

8.1 网络即时交流概述

网络即时交流不仅仅是网络上的语音通话，而是全方位意义上的即时消息交流，通常包括网络音频（通话）、视频和即时消息3种主要形式，此外，还有网络短信、图片、表情等多种交流形式；其中应用最多的是网络通话。当前比较流行的网络通话软件是微信、QQ、飞信和Skype（海外用户应用较多）。

1. 网络即时交流的应用

1）网络音频

为了避免昂贵的长途通信费用，人们很早就开始尝试通过网络进行交流，如通过微信、QQ、飞信和Skype等交流平台，进行网络上的通话与交流，又称为“网络电话”。

2）网络视频

随着计算机硬件和网络的发展，视频电话成为网络的新宠，通常的网络通话软件大都提供了网络视频通信。

3）即时消息

在网络上购物时，通常需要与卖家讨论商品信息，这时经常使用即时消息。例如，在线社区已经成为一些人每天必去的网上社区，如在微信群、QQ群等群社区里，人们使用最多的就是“文本＋表情”的短消息，通常是即时发送，接收端可以采取即时或离线浏览两种方式。在当前流行的网络音频和视频通信软件平台中，大都同时支持即时消息。

4）网络短信

随着智能手机、PAD（平板电脑）、计算机各种智能终端设备的普及，腾讯的微信与QQ、移动的飞信与飞聊等不断带给广大用户更多的惊喜和便利，人们通过这些智能终端上安装的各种软件平台，可以免费发送文字与音频短信息到各种其他智能终端设备上，例如，PC可以直接发送短信息到移动用户的手机、PAD或PC中。

2. 网络电话

IP是Internet Phone的缩写，也就是人们常说的IP电话。其含义有以下两种。

(1) 狭义的IP电话。是指在IP网络上打语音电话。"IP网络"理论上指"使用IP协议的分组交换网"；但实际上，可以简单地说是使用了TCP/IP的各种网络。

(2) 广义的IP电话。不仅仅指"语音或IP电话"方式的通信，还可以指在TCP/IP网络上进行的交互式多媒体实时通信与交流，常见的有音频、视频、图片、即时通信(Instant Messaging，IM)、网页、邮件、表情等通过网络而实现的多种媒体的交流方式。

这里介绍的IP电话是指狭义的IP语音电话，即通过Internet进行的免费通话，而不是指使用普通电话网打电话，如通过电话机使用的付费IP电话卡。因此，网络上使用IP电话通信时，常常是指广义的IP电话，即包括音频、视频和即时（文字或语音）消息，如通过微信、飞信或QQ进行的网上多媒体交流。

无论狭义还是广义的IP电话，其最大优点都是可以节省大量的长途电话费或通信费用。这是因为通过Internet打电话或交流时，是通过ISP（Internet服务商）提供的Internet网络与世界各地的亲友进行联络；因此，用户所付出的只是ISP的通信和服务费。这些费用与国际长途或国内长途电话费、电报费、邮资相比，显然是微不足道的。这也是"打国际长途电话，市话标准收费"说法的起源，也是为什么IP电话虽然存在着各种缺陷，却仍能红透半边天的缘故。Internet电话卡通常由专门机构经营，而本章介绍的网络电话却是用户可以通过Internet和智能终端的软、硬件平台来实现的"免费电话"。

3. 网络电话的工作方式

常用IP电话按其工作方式可以分为以下几种。

1）智能终端设备之间（PC-PC，PC-PAD、PAD-PAD、手机-手机）

终端设备到终端设备是指一台终端设备到另一台终端设备之间的IP网络电话。

(1) 通话特点。使用这种方式通话时，第一，双方的算机都能够连接到Internet上；第二，双方一般都安装了相同的IP电话软件；第三，与普通电话类似，进行语音通话时，双方必须同时上网；但使用即时通信时，双方不必都在线，只要一方在线即可进行。

(2) 通话费用。这种通话方式需要付出的费用为通常意义上的上网费。例如，可能是"上网电话费"和"网络使用费"，也可能是"计时包月、包月、包年"等。因此，这是通话费用最低的一种IP电话。

(3) 条件。使用这种通话方式所需的计算机软、硬件基本条件如下。

① 硬件条件。

a. 智能终端设备。计算机(PC)、平板电脑(PAD)和智能手机。

b. 接入速率为 4～20Mbps 或以上。

c. 语音系统。为了进行声音的双向传递，PC 需要配置全双工的声卡、麦克风和音箱。

d. 视频系统。如果打算通话的同时见到双方的影像，需加装视频摄像装置。

e. Wi-Fi 网络。目前常使用无线路由器来提供小型局域网内部的 Wi-Fi 功能；机场、校园、旅馆、企业网等很多场所都会提供免费的 Wi-Fi 功能。

② 软件条件。

a. 使用智能终端设备流行的操作系统，如 Windows 7、安卓或 IOS 系统。

b. 在上述操作系统中安装可用的通话软件，这类软件通常命名为"聊天工具"；一般分为社交聊天、网络电话、视频聊天 3 大类，如腾迅的微信与 QQ、移动的飞信与飞聊、Skype、阿里旺旺与网络通话、通通、YY 语音、新浪 9158 等。

2) 终端设备——电话(如 PC 到 Phone、PAD 到 Phone)

PC 到 Phone 是指一台计算机到普通电话之间的通话。

(1) 通话特点。使用这种方式时，一般主动通话的一方(主叫方)需要通过终端设备上网，再使用专门的 IP 电话软件，直接拨叫对方的普通电话；还可以经过浏览器，通过 IP 电话服务机构，直接拨叫对方的普通电话。

(2) 通话费用。这种通话方式，除了需要付出通常意义上的上网费之外，还需要为所使用的 IP 电话服务支付少量的费用，即"IP 电话服务费"，如 0.06～0.12 元/分钟。因此，所需要的费用比 PC-PC、PAD-PAD、PAD-PC 的基本免费方式高一些。

(3) 条件。使用这种方式通话时，主动通话的一方需要的终端设备的软、硬件条件与前一种方式类似，而接收方可以仅使用普通的电话。

3) 电话-电话(Phone 到 Phone)

Phone 到 Phone 是指普通电话之间的 IP 电话。

(1) 通话特点。Phone 到 Phone 通话方式时，双方不需要计算机，只需要普通的电话。通话的方法与普通电话的方法类似。使用起来比较简单，但是工作原理与前面介绍的两种一样，都是通过 Internet 网络传递语音信息。

(2) 通话费用。使用各种付费 IP 电话卡的费用为购买 IP 电话卡所支付的费用。由于这种通话方式一般由电信部门运行、控制和管理，因此，不在本书的介绍范围之内。一般来说，它所需要的费用是几种 IP 电话中最高的一种，但目前日趋便宜。

4. 广义网络电话实现的通信类型

(1) 网络电话。

(2) 即时消息，含即时文字和传情动漫(聊天表情)。

(3) 视频通信。

(4) 即时文件。

(5) 共享文件。

(6) 网络会议，又包含视频和音频网络会议。

8.2 微信网上通话前的准备工作

使用腾讯微信进行各种终端设备之间的网上通话的准备工作主要包括硬件和软件两个方面。其中,软件准备又包含"软件的获取"和"软件安装"两个主要过程。

1. 进行网上通话的条件

无论是在通话的开始,还是以后,使用腾讯微信软件进行终端设备之间通话时,必须具备如下条件。因此,如果通话成功一段时间了,在重装系统之后不能通话,就应当对照下述的步骤进行检查。

(1) 获得实现网上聊天工具的软件。下载安卓系统的微信、Windows 7 系统中的微信网页版或苹果 IOS 系统的微信软件。

(2) 安装和设置聊天软件。例如,在智能手机的安卓系统中安装微信软件。

(3) 硬件测试。在聊天软件中进行语音和视频系统的测试,以便能正常通话。

(4) 与你的亲人进行第一次网上语音通话。

2. 获取与安装的网上通话软件——微信

获取各类操作系统聊天软件的途径很多,如腾讯官网、360 助手与管家等。

【示例 1】 官网下载和安装微信软件。

(1) 联机上网,在 IE 浏览器的地址栏输入 http://weixin.qq.com/,按 Enter 键。

(2) 在打开的图 8-1 所示的"微信 QQ-下载"窗口,可以选择自己需要的微信版本,如单击"安卓"图标,下载安卓版本微信。

图 8-1 "微信-安卓下载"窗口

(3) 下载和安装方法。第一,PC 下载聊天软件后,传递到手机或 PAD 中,再安装;第二,在手机或 PAD 的商店中直接下载、安装。

【示例 2】 使用助手下载和安装微信软件。

智能手机上通常安装有手机助手或管家，如腾讯手机管家、360 手机助手、乐商店等，使用这些工具可以很容易下载需要的软件。

(1) 使用手机的 USB 电缆连接计算机的 USB 接口，在计算机上打开图 8-2。

图 8-2　360 手机助手"微信-一键安装"窗口

(2) 在图 8-2 所示的 360 手机助手"微信-一键安装"窗口，依次选择"找软件"→"微信"；找到后，单击"一键安装"按钮；开始下载过程，完成后自动进入安装进程，参见图 8-3。

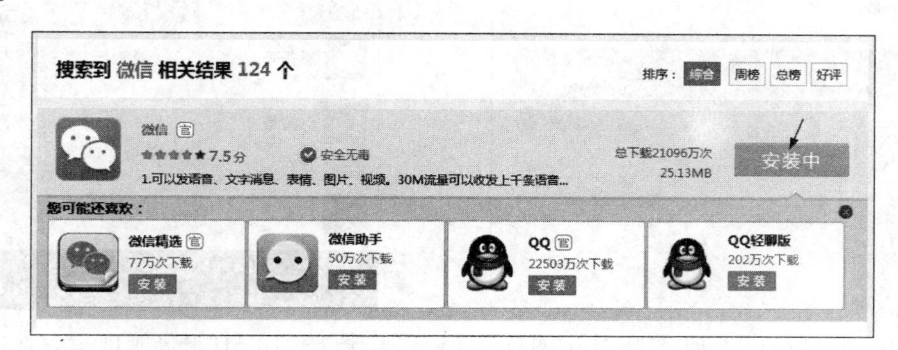

图 8-3　360 手机助手"微信-安装"窗口

(3) 在手机的 360 手机助手上，打开微信软件，如图 8-4 所示，输入正确的用户名和密码，即可开始使用。

【示例 3】 下载、安装、注册、登录和测试微信。

在 PAD 或智能手机上，都会有软件商店，如 iPAD 的 App Stone 苹果商店和联想的乐商店；需要的软件可以从这些商店下载；在 iPAD 上下载和安装通常是一起完成的。

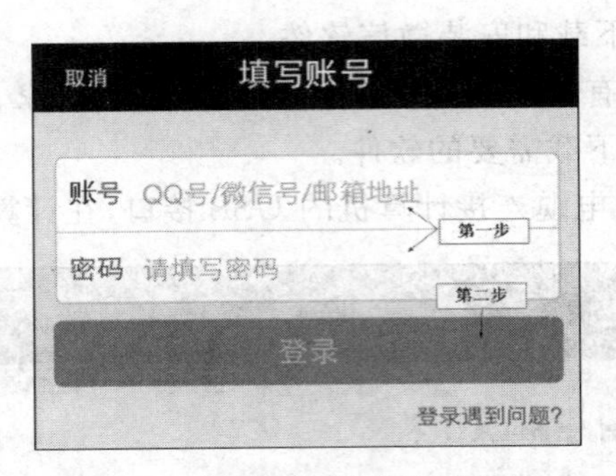

图 8-4 "切换账户"的登录窗口

(1) 在 iPAD 的 App Store(苹果商店)中,下载、成功安装微信后,单击桌面的微信图标,打开图 8-5。

(2) 在图 8-5 所示的 iPAD 中微信的"注册/登录"窗口,第一,首次使用微信时,可以单击"注册"选项,并跟随向导完成微信账户的注册任务;第二,使用成功注册的账户名和密码登录微信;通过验证后,打开图 8-6。当然,如果已经拥有了 QQ 账号,则不必注册微信账号,直接使用 QQ 账号即可登录到微信。

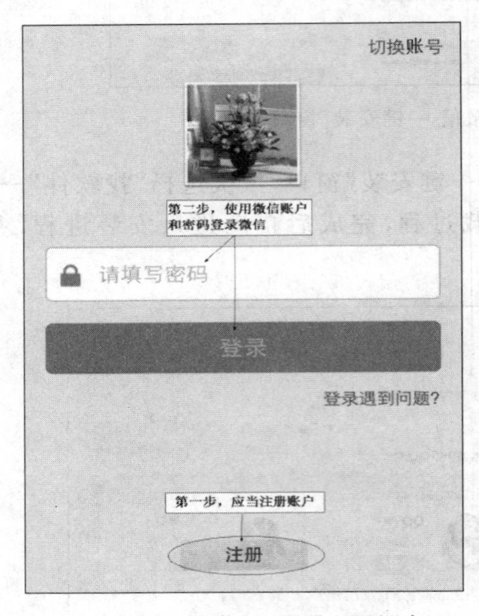

图 8-5 iPAD 微信的"注册/登录"窗口

图 8-6 iPAD"微信-通讯录"窗口

(3) 已经成功登录微信后的智能设备中,如果需要使用其他微信账户登录时,第一,应在图 8-5 所示的窗口右上角单击"切换账户"选项;第二,在打开的图 8-4 所示的对话框,输入新的微信登录账户名和密码;第三,单击"登录"按钮,即可登录。

(4) 在智能终端设备(智能手机、PAD、PC)中,安装微信软件后,进行网络交流之前,应确认所使用的声卡、麦克风、扬声器和视频摄像头等硬件装置工作正常。例如,在 iPAD 中的首页,选中"设置"图标,分别查看声音、视频、显示等项,完成硬件系统的确认任务;当然,也可以按照本节的方法在聊天工具中进行测试。

8.3 通过微信进行网上交流

8.3.1 登录微信添加好友

1. 登录微信

在图 8-5 中,使用已注册的账户名和密码登录微信,通过其验证后,将打开图 8-6。

2. 添加微信好友

各种聊天软件,通话前最重要的步骤就是添加网上通话人,即好友或联系人。

【示例 4】 添加新的"微信"好友。

(1) 在图 8-6 所示的窗口下方,单击"通讯录"选项,打开"通讯录"窗口。

(2) 在图 8-6 中,单击右上角的"添加"选项;如果在"微信"窗口,则应当先单击右上角的"+"号,再从下拉菜单中选择"添加朋友";之后,均可打开图 8-7。

(3) 在图 8-7 所示的窗口,第一,在"搜索号码添加朋友"文本框中,输入提示类型的号码,如微信号、手机号或 QQ 号;第二,单击"浏览"按钮;搜索到后,打开图 8-8。

图 8-7 "通讯录-添加朋友"窗口

图 8-8 "添加到通讯录"对话框

(4) 在图 8-8 所示的对话框,单击"添加到通讯录"按钮,打开图 8-9。

(5) 在图 8-9 中,最好填写对方能够识别的信息,如填写自己的姓名;之后,单击"发送"按钮,会将验证信息发送给你邀请的朋友。

(6) 通过对方的验证后,将打开图 8-10 所示的窗口;这表示该好友已添加成功,双方可以开始交流。

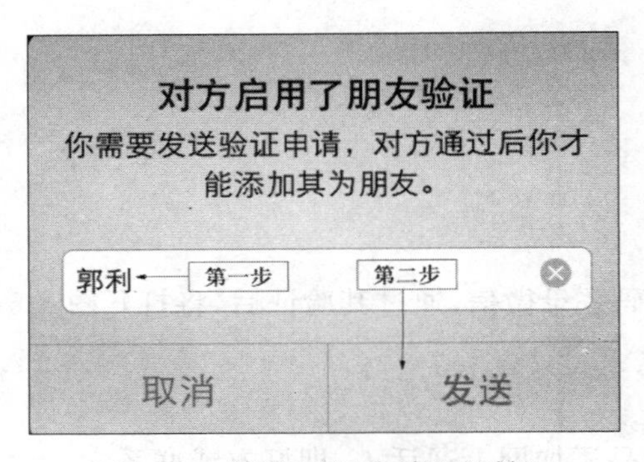

图 8-9 “发送验证申请”对话框

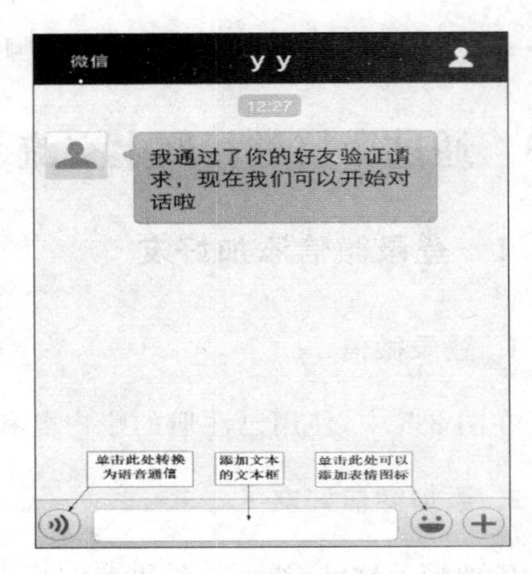

图 8-10 “文本”交流窗口

(7) 再次打开图 8-6 所示的“通讯录”窗口，应当能够见到已经成为好友的用户名。

(8) 重复上述步骤(1)～(7)，继续添加下一个好友；直至将所有的好友都加入为止。

【示例 5】 添加微信“公众号”。

在图 8-7 中显示的微信“公众号”是指开发者或商家在微信公众平台上，申请的应用账号；这个账号与 QQ 账号互通。通过公众号，商家可在微信平台上实现与特定群体间的文字、图片、语音、视频等全方位的沟通与互动。

人们日常分享的微信资源很多都来自于微信公众号，其添加订阅的步骤如下。

(1) 在图 8-6 所示的窗口，单击右上角的“添加”选项，打开图 8-7。

(2) 在图 8-7 中，第一，在“搜索号码添加朋友”文本框中，输入微信公众号，如中国银行的 bocbjebank；第二，单击“浏览”按钮，进行搜索；找到后，打开图 8-11。

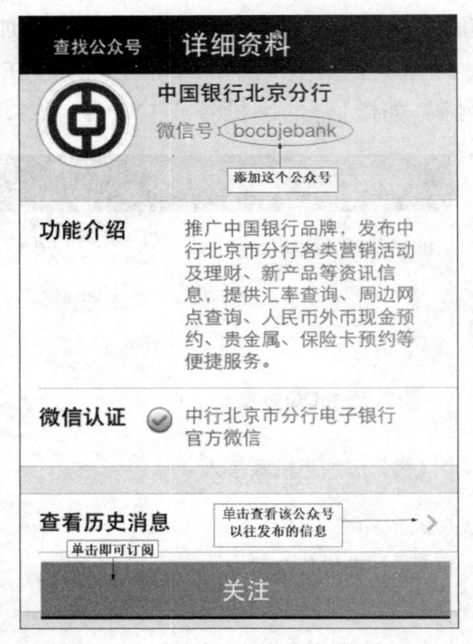

图 8-11 “添加-查找公众号”窗口

(3) 在图 8-11 所示的微信“添加-查找公众号”窗口，第一，单击该账号的“查看历史消息”选项，展开其发布的信息；如果对其感兴趣，可单击“关注”按钮完成订阅；订阅后，绿色的“关注”按钮变为红色的按钮；第二，当你对其不再感兴趣时，单击同一个位置上的红色的“取消关注”按钮，即可取消对此公众账号的订阅。

8.3.2 广义网络通话

各种智能终端设备之间的网络通话是指双方使用其终端设备，在网络环境下进行的通话与交流。广义网络通话又称为“网络电话”，是指两个或两个以上的用户使用自己的智能终端设备在网络环境下，进行的文字、音频、视频、图像等多种媒体的交流方式。网络通话中使用最多的是文本、音频与图像的交流方式。

1. 网络广义通话的时长限制

在微信中发送各种短消息时，要注意由于消息是非实时的消息，不是传统意义上的实时通话，因此，在智能设备上发送的文字、语音或视频消息的长短是有限制的，如在iPAD上发送的语音短消息的时长大约为60s；文本规定为2048B，由于包括其他控制字符，因此，实际许可发送的文字大约为1300B；由于在不同型号设备上使用的编码、操作系统可能不同，因此在每台设备上会有差异。总之，长度到了各种消息都会自动结束。

2. 进行网上的文本通话

在微信中发送文本消息的字数长度是有限制的，如1300字，若用了表情还要减少。

【示例6】 与好友进行文本信息通话。

(1) 成功登录到微信后，打开图8-12，单击最下行的"微信"选项；在打开的窗口中，好友是按照最近通信的时间顺序进行排列的。双击拟通信的好友，如yy，打开与其通话的窗口，即可开始网络通话，参见图8-10。

(2) 图8-10所示的是文字通信状态，在下部窗格的空白的文本框中输入文字后，单击窗口下端的"发送"按钮，完成文字短消息的发送。在文字后边，也可以单击表情图标，添加各种表情，再发送。

(3) 在图8-10所示的"文字"交流窗口，当好友在线时，就可以进行即时通话；如果好友当前不在线，发送的文字或其他信息也会离线发给对方，等他上线后即可看到。

图8-12 "微信"窗口

3. 进行网上的语音信息通话

【示例7】 与好友进行语音信息通话。

此处的语音通话与传统的电话不一样，发送给好友的是一段限时长的语音信息；如果一段语音信息不够，可以分成多段发送给好友。

(1) 成功登录到微信后，打开图8-12，单击最下行的"微信"选项；首先，双击拟通信的好友，如A-郭利；随后，打开与其通话的窗口，参见图8-13。

(2) 如果当前是文字通信状态，参见图8-10，则应单击语音图标，将文本状态转为语音聊天状态；此后，按照图中的提示，长按"按住 说话"键，同时对着麦克风讲话；松下该键，即可将刚刚录制的语音信息发送给对方。

(3) 在图8-13中，如果好友也在线时，就可以进行即时语音通话；如果好友不在线，发送的语音信息也会离线发给对方；其上线后即可看到，单击接收到的消息即可聆听对方的留言；其发送过的语音、文本、视频等信息都会显示在窗口内。

4. 进行网上的视频信息通话

视频信息通话与传统的视频电话不一样，是指发送的一段有限时的语音与视频信息。

【示例 8】 邀请好友进行“视频”信息通话。

(1) 成功登录到“微信”后，打开图 8-12，单击最下行的“微信”选项；首先，双击拟通信的好友，如 A-郭利；随后，打开与其通话的窗口，参见图 8-13。

(2) 在图 8-13 所示的微信交流窗口，单击最下端的图标⊕，展开图 8-14。

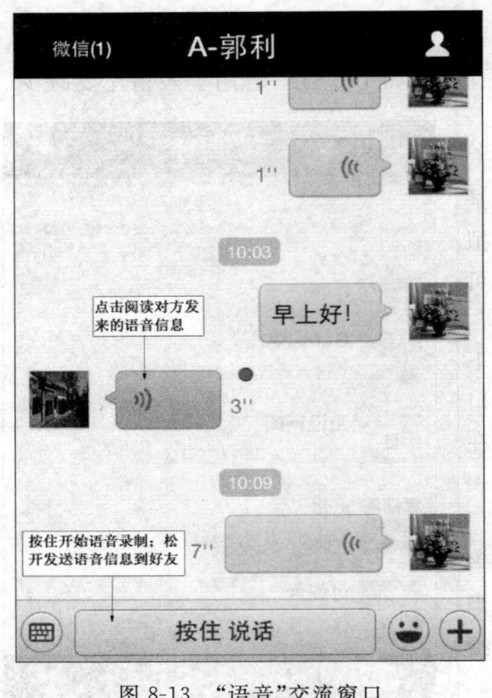

图 8-13 “语音”交流窗口

图 8-14 “视频与其他”交流窗口

(3) 在图 8-14 所示的“视频与其他”交流窗口，单击“视频聊天”图标，将发起视频聊天进程；自己的屏幕上将显示“正在等待对方接受邀请”，如果对方没有接受，将显示“未接通”；如果对方接受，即可开始视频通信。

【示例 9】 受邀参与“视频”信息通话。

视频通信包括实时的视频映像和语音两方面，因此，利用视频通信，不但可以完成一般意义上的视频通信，还可以实现实时的网络通话，即实现免费的网络电话。

(1) 成功登录到微信后，打开图 8-12，单击最下行的“微信”选项；当有人呼叫你后，打开与其通话的窗口，参见图 8-15。

(2) 在图 8-15 所示的被邀请的“视频通话”窗口，单击“接听”按钮，开始视频通话；如果网络拥挤，可以单击“切到语音接听”此时，进入网络电话模式，双方可以进行实时语音通话；单击“拒绝”按钮，将断开联系，对方显示为“未接通”，参见图8-16。

图 8-15　被邀请的“视频通话”窗口

图 8-16　“视频通话”窗口

(3) 通话结束后，在通话的窗口单击“挂断”按钮 挂断 ，完成此次通话。微信窗口会显示出此次视频通话的信息时长，单击视频信息可以重新连接，参见图8-16。

5. 邀请多名好友进行网上通话“实时对讲”

微信中的实时对讲是微信最新版推出的语音功能；其功能强大，与电话通信相似，两人或多人交流起来十分方便。这就是人们常说的群里的“网络会议”。

1) 创建微信群

微信群是腾讯公司推出的微信多人聊天交流服务，群主创建群以后，就可以邀请朋友或者有共同兴趣爱好的人到一个群里面聊天。在群内除了聊天，还可以共享图片、视频、网址等。为此，群的建立、删除、成员管理、命名等是微信网络通话的前期操作。

【示例10】 建立微信群。

(1) 只有微信好友才能加入微信群，因此，需要先将所有入群的用户加为好友。

(2) 登录到微信后，打开图8-12；单击窗口右上角的加号(参见图8-17)，在展开的快捷菜单中，点选“发起群聊”，打开图8-18。

(3) 在图8-18中，勾选所有拟入群的好友，最后，单击最下端的“确定”按钮；接下来的窗口，显示了所邀请的好友，单击右上角的双人图标，打开图8-19。

(4) 在图8-19所示的“聊天信息”窗口，可以更改群名称、添加/删除群成员、将群置顶等多项管理操作。例如，首先将“未命名”的群，更名为GS，并增加一位好友。

(5) 在图8-19向下刷屏，其显示如图8-20所示，可以根据需要选择管理操作。

图 8-17　功能菜单

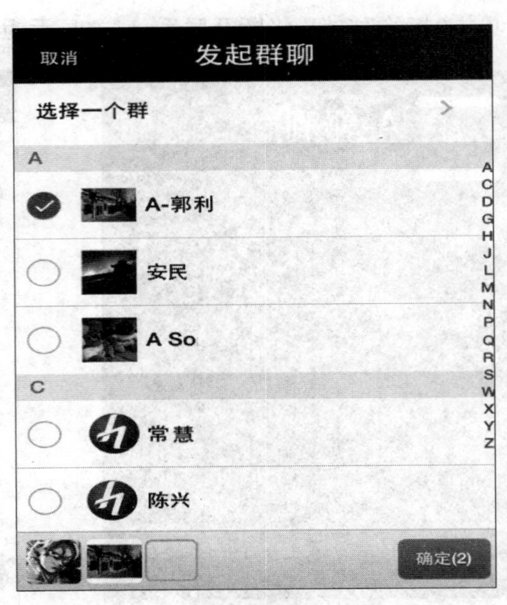

图 8-18　“添加群好友”窗口

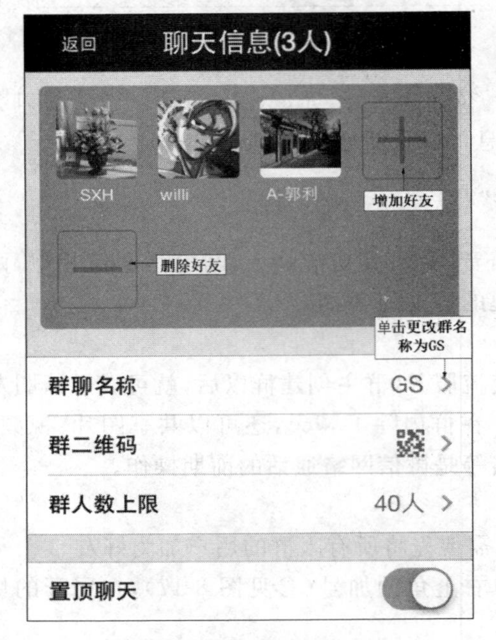

图 8-19　“增减成员”窗口

图 8-20　“删除”管理窗口

2）微信群中进行多用户之间的语音通话

在微信群中，有时需要在多名好友之间进行聊天，这就是所谓的“网络电话会议”。在微信中，这种语音通信命名为“实时对讲机”。顾名思义，对讲机的通话是半双工模式；由于其模式不是全双工模式，因此不能双向同时通信。在半双工通信模式中，通信是有条件双向进行的通信；例如，当甲乙双方通信时，在对讲机模式下，甲方说完，乙方才能讲话；多名好友的通话与两人没有什么本质区别。

【示例11】 进行多用户语音通话。

(1) 只有当通话朋友同时在线时，才能进行实时对讲；为此，实时对讲前，应当使用其他方式通知你的朋友们上线微信群的名称，如群GLM-SXH，以便进行实时对讲。

(2) 在图8-21所示的群中的"微信"窗口，第一，单击窗口的⊕键，展开更多操作功能；第二，单击"实时对讲机"，发起实时对讲；进入"1 等待其他人进入"实时对讲的等待窗口，这与打电话相似，需要等待对方接受。在等待过程中，只有自己一个头像，当变成两个或多个头像时表示已有朋友接受了你的邀请，即可开始通话，参见图8-22。

图8-21 "发起实时对讲"窗口

图8-22 "实时对讲"的语音通话窗口

(3) 在图8-22所示的"实时对讲"的语音通话窗口，按住中间的大圆按钮即可开始发言，发言好友的图像呈绿色，窗口会显示好友的名字以及发言的时间长短；松开按钮，则发言结束。在图8-22所示窗口的其他操作与注意事项如下。

① 多人实时对讲的语音通话的注意事项：无论多少人，只能是一个人说完，另一个人再说话；此外，新发言的连接需要一个延时，因此，每个发言的人，在按下讲话的"中心圆键"时，要略等片刻，再讲话。

② 单击右上角的"最小化"按钮将暂时退出实时对讲，将该窗口最小化；你可以边对讲，边进行其他操作，如浏览微信；此时，仍然可以听到好友发言。

③ 单击左上角的"退出"按钮将退出此次的实时对讲进程。

8.3.3 微信中的其他交流方式

微信"朋友圈"是目前应用最多的一项功能。朋友圈是指用户在微信上，通过各种渠道认识的多位朋友形成的圈子。朋友圈的应用功能很多，但最大的功能是分享。它支持用户将自己的照片、文字、视频、图片、网页或其他资源等分享到自己的朋友圈，好友之间还可以对发布的各种资源信息进行"评论"或点"赞"。

1. 发布图片到朋友圈

【示例 12】 发布照片到朋友圈。

(1) 成功登录到微信后，打开图 8-12，单击最下行的"发现"选项，打开图 8-23。

(2) 在图 8-23 所示的"发现"选项窗口，第一，可以见到有 3 条未读的信息，单击右上角的朋友图标可以阅读其最新的评价；第二，单击最上边的"朋友圈"，打开图 8-24。

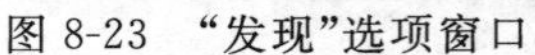
图 8-23 "发现"选项窗口

图 8-24 "朋友圈"首页窗口

(3) 在图 8-24 中，向下刷屏可以查看到已阅读过的，朋友们以往的分享与评价信息；单击右上角的"相机"图标，打开图 8-25。

(4) 在图 8-25 所示的朋友圈的"发布照片"窗口，第一，选择照片，可供选择的源有"拍照"和"从手机相册选择"两种，如选中后者；第二，在打开的"我的照片流"中，可以选中一张或多张照片；之后，单击窗口最下端的"完成"按钮，打开图 8-26。

(5) 在图 8-26 中，第一步，撰写照片注释；第二步，单击"发送"按钮；完成个人照片发布到朋友圈的任务。

图 8-25　朋友圈中的“发布照片”窗口

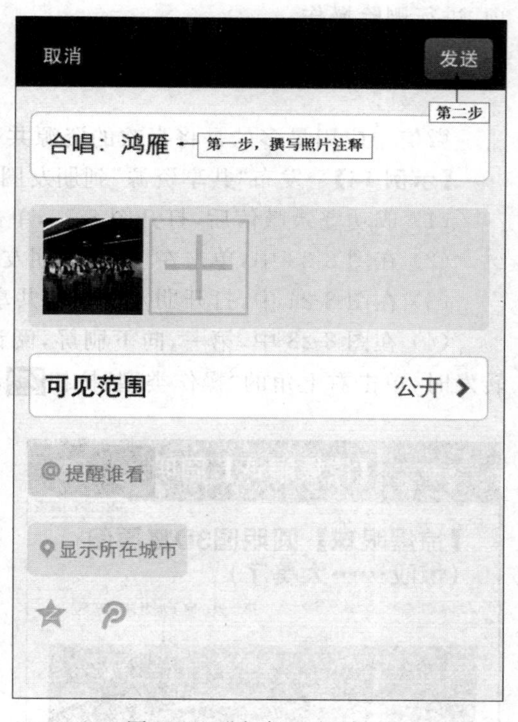

图 8-26　“发布照片”窗口

(6) 返回图 8-24 后，在朋友圈窗口，即可见到自己新发布的图片或照片，如果不满意可以选中发布照片中的“删除”选项。

2. 发布文字到朋友圈

有的时候人们需要发布一则文字信息给所有的朋友，下面完成此任务。

【示例 13】 发布文字到朋友圈。

(1) 成功登录到微信后，打开图 8-12，单击最下行的“发现”选项，打开图 8-23。

(2) 在图 8-23 中，单击左上角的“朋友圈”，打开图 8-24。

(3) 在图 8-24 中，长按右上角的“相机”图标，打开图 8-27。

(4) 在图 8-27 所示的朋友圈的“发布文字”窗口，第一，输入或粘贴文字；第二，单击“发送”按钮，完成文字信息的发布。

(5) 返回图 8-24 的朋友圈窗口，即可见到

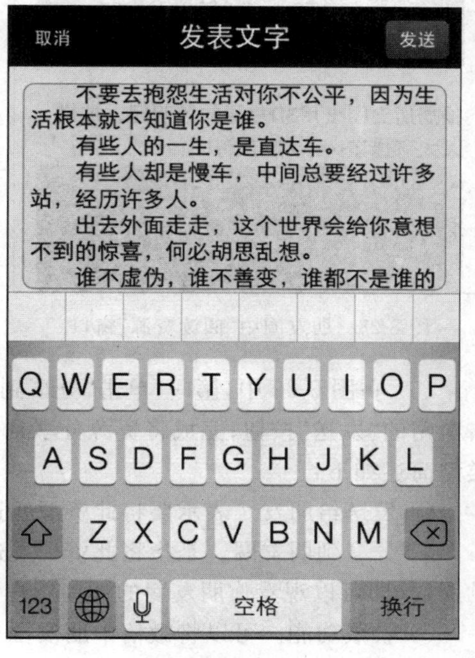

图 8-27　朋友圈中“发布文字”窗口

自己新发布的文字信息。同上，如果不满意，可以选中所发布信息选项下方中的“删除”选项，进行删除操作。

3. 资源的发布与共享到朋友圈

微信中应用最多的是将喜欢的资源共享到朋友圈，下面完成此任务。

【示例 14】 发布“共享资源”到朋友圈。

(1) 成功登录微信后，打开图 8-12，单击最下行的“发现”选项，打开图 8-23。

(2) 在图 8-23 中，单击左上角的“朋友圈”，打开图 8-24。

(3) 在图 8-24 中，打开朋友发布的共享信息，参见图 8-28。

(4) 在图 8-28 中，第一，向下刷屏，阅读朋友发布的资源；第二，觉得该资源不错，要转发时，单击右上角的“操作类型”按钮，打开图 8-29。

图 8-28 朋友圈中“阅读资源”窗口

图 8-29 “操作类型”窗口

(5) 在图 8-29 中，第一，单击“分享到朋友圈”；第二，打开与图 8-26 相似的窗口，单击右上角的“发送”按钮；完成将资源分享到自己朋友圈的操作。朋友共享资源的常用操作类型简述如下：

① 发送给朋友。表示要将此资源发送给指定的朋友，而不是所有朋友。

② 分享到朋友圈。是指将此资源发送给所有朋友，这里指的是朋友圈中得到你授权的朋友(即可以观看你朋友圈的那些用户)。

③ 收藏功能。可以将微信中朋友圈中好友分享的内容，或者是平时的聊天文字、图片、语音、扫描等各种信息收藏起来，以便日后在“我的收藏”中查看和使用。

④ 邮件。是指将朋友圈中好友分享的资源发送到邮件中，如在智能手机中发送到邮件中，可以在计算机中的邮件客户端程序中打开，以便于阅读或打印。

8.4 通过 QQ 进行网上通信

QQ 与微信是同一家公司的产品，功能和操作有类似的方面，都是进行网络通信强有力的工具和平台，俗称网络聊天工具。其操作有很多相似的地方，但是微信是腾讯在 QQ 推出之后，推出的功能更为强大的一款产品，为此，本节对 QQ 仅做简要介绍。

1. 使用 QQ 的前期准备

【示例 15】 下载和安装 QQ 软件。

(1) 使用 QQ 进行网上通话的条件与微信相同。

(2) 联机上网，打开浏览器，在地址栏输入 http://pc.qq.com。

(3) 登录腾讯网站后，选择最新的“QQ 软件”选项。

(4) 在打开的窗口中，第一，选中要下载的 QQ 软件版本；第二，选中下载软件，如右击选中“使用迅雷下载”选项；第三，下载完成后，在迅雷指定的目录中，可以找到已下载的 QQ5.1 安装文件；第四，双击该文件，跟随安装向导完成 QQ 软件的安装任务。

【示例 16】 申请与使用 QQ 号。

使用 QQ 或微信进行聊天之前，必须拥有 QQ 号；之后，才能通过所安装的软件、QQ 用户号，登录 QQ 进行网上聊天、视频通信或使用 QQ 提供的其他服务。

(1) 在图 8-30 所示的“QQ 注册”窗口中，第一，按照页面要求填写各种必要信息；第二，单击“立即注册”按钮；第三，跟随注册向导，完成 QQ 号的注册任务。

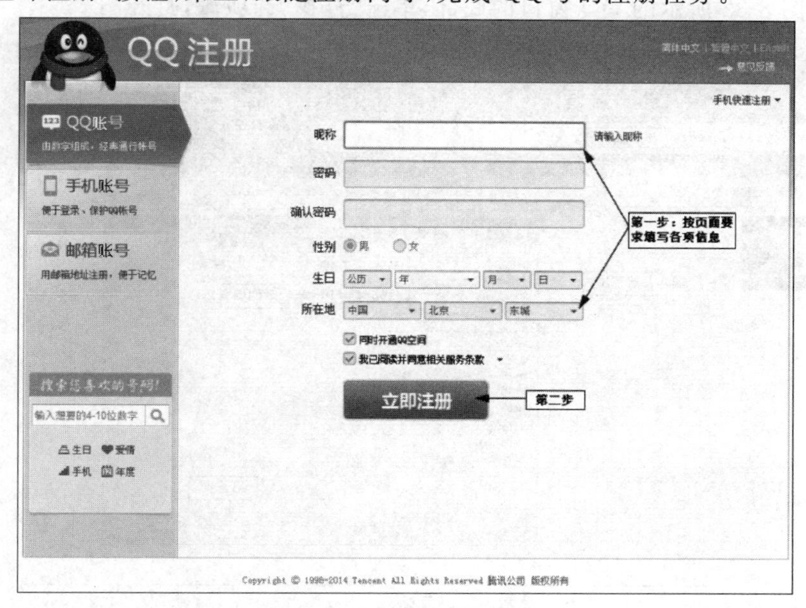

图 8-30 “QQ 注册”窗口

(2) 依次单击“开始”→“所有程序”→“腾讯软件”→QQ→“腾讯 QQ”命令，打开图 8-31。

(3) 在图 8-31 所示的登录窗口输入 QQ 号及注册时设置的密码，打开图 8-32。

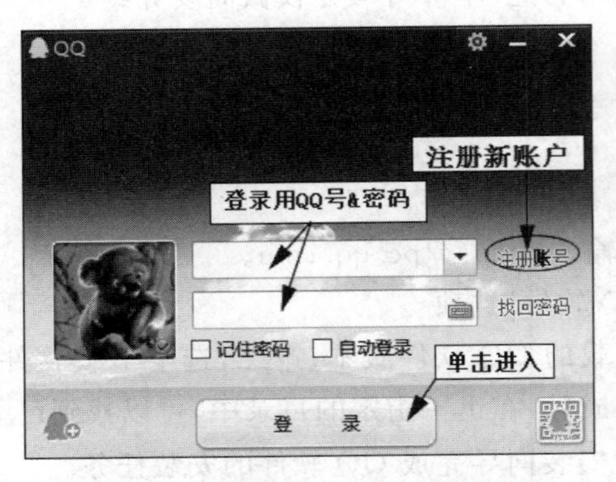

图 8-31 QQ 的“登录与注册”窗口

图 8-32 登录后的“QQ”窗口

2. 使用 QQ 进行网络通信(通话)

【示例 17】 添加 QQ 好友。

(1) 在图 8-32 所示的 QQ 窗口的底部，单击“查找”选项，打开图 8-33。

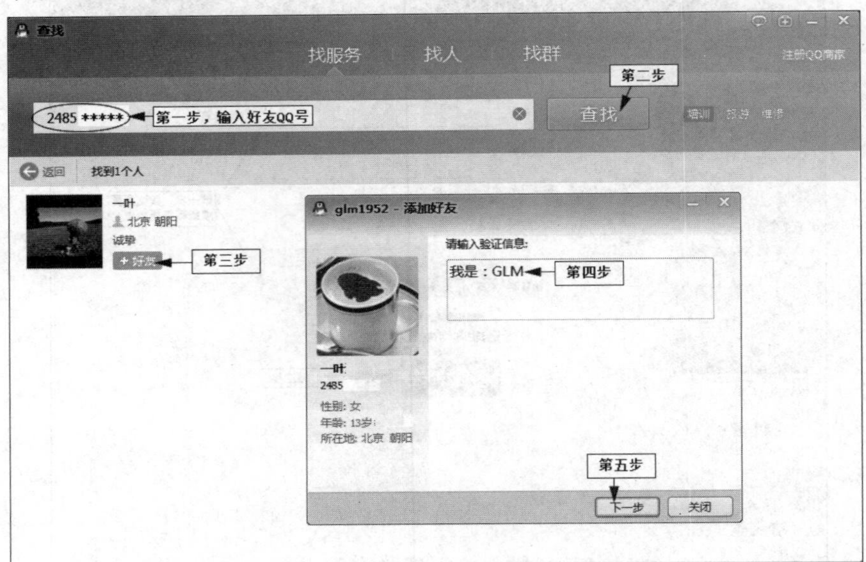

图 8-33 “查找与添加好友”窗口

(2) 在图 8-33 所示的“查找与添加好友”窗口，第一，在查找文本框中，输入好友的标志信息，如对方的 QQ 号；第二，单击“查找”按钮；第三，如果能够找到，将显示该好友的信息，如对方的 QQ 号、昵称等，确认查到的是自己的好友后，单击“+好友”按钮；第四，在打开的“添加好友”对话框，输入对方能识别自己的信息，如“我是：GLM”；第五，单击“下一步”按钮。

(3) 在打开的“添加好友-分组”对话框，选择分组后，单击“下一步”按钮。

(4) 在“添加好友-完成组”的对话框，单击“完成”按钮。

(5) 对方同意后，图 8-32 所示的 QQ 窗口将出现该好友的图标；如果好友不同意，则不出现其图标。

(6) 重复上面的步骤，添加自己的所有好友。

【示例 18】 与 QQ 好友通话。

(1) 联机，接入 Internet。

(2) 依次单击“开始”→“所有程序”→“腾讯软件”→QQ→“腾讯 QQ”命令，打开图 8-31。

(3) 在图 8-31 所示的登录窗口，输入 QQ 号及密码，打开图 8-32。

(4) 在图 8-32 中，单击窗口底部的“设置”图标，打开图 8-34。

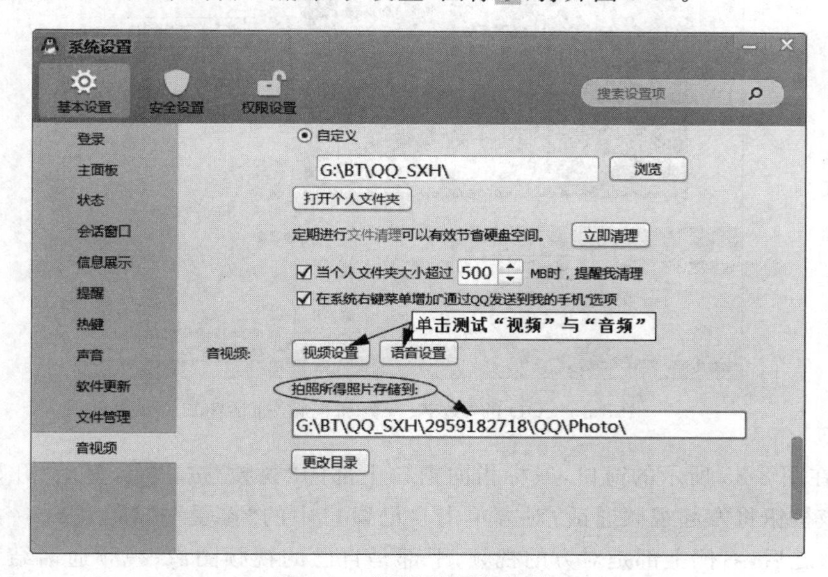

图 8-34 “系统设置”对话框

(5) 在图 8-34 所示的“系统设置”对话框，单击“视频设置”与“语音设置”，对通话需要的硬件系统分别进行设置，如调节麦克风与喇叭的音量的大小，直至所有通话硬件工作正常，视频的画质满意为止。

(6) 在图 8-32 所示的 QQ 窗口，选中要聊天的在线好友，如 SXH；单击“发起会话”图标，打开的聊天窗口如图 8-35 所示。

(7) 在图 8-35 中，下部窗格是文本框；中部窗格是与好友间的聊天历史信息；窗口最上部工具栏包括各种快捷按钮，如语音、视频等。

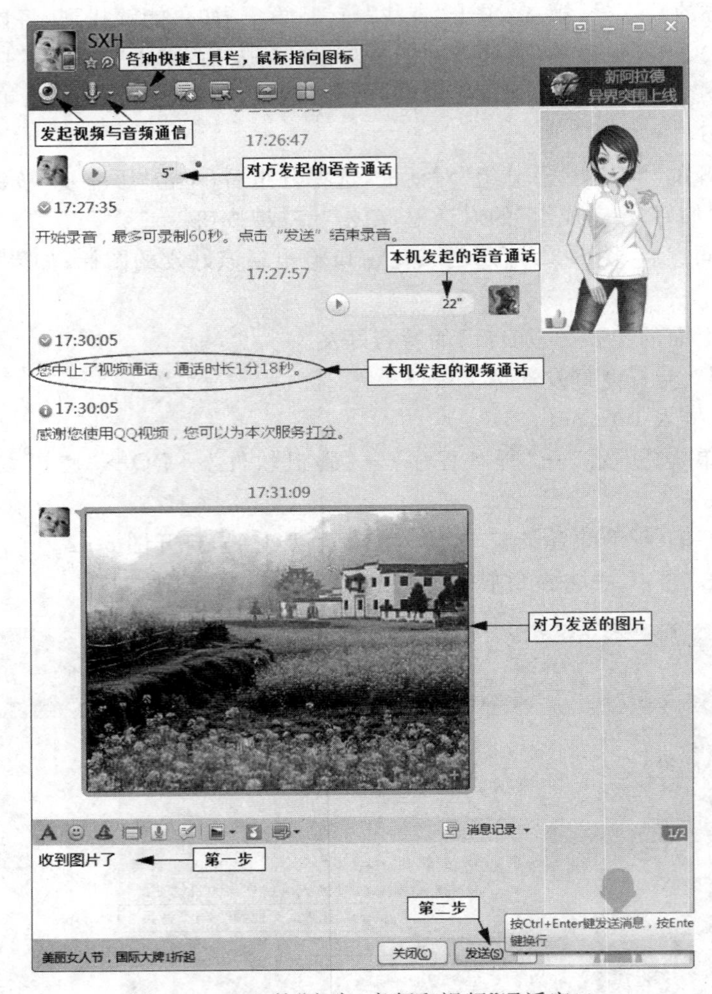

图 8-35　QQ 的"文字、音频和视频"通话窗口

(8) 在图 8-35 所示的窗口，鼠标指向窗口上部的"视频"按钮，显示"开始视频通话；单击该按钮将发起视频通话；对方单击自己窗口中的"接受"按钮，表示接受此次邀请；之后，右侧上部是对方的视频，下部是自己的视频图像；视频通话结束后，单击"结束"按钮，将结束此次的视频通话。

(9) 在图 8-35 所示的窗口，单击窗口上部的"音频"按钮，显示"开始语音通话"。单击该按钮将发起语音通话；对方单击自己窗口中的"接受"按钮，表示接受邀请，双方可以开始语音聊天，聊天结束后，单击"结束"按钮，结束此次的语音通话。

(10) 在图 8-35 所示的下部文本框上边是各种信息快捷工具，如单击"语音消息"按钮，将录制和发送有限时的语音信息；单击"表情"图标，可以选择发送各种表情信息；单击，可以发送图片信息。

(11) 在图 8-35 所示的窗口，在窗口下部是"文本"通信窗口，输入消息后，单击"发送"按钮，即可将窗口输入的信息发送给好友；中部窗格是与该好友进行的各种通话的历史。

注意：不同版本中客户端的按钮、工具、通信界面会有些差异；但功能和操作的差异不大。

习题

1. 什么是网络电话？
2. 网络电话可用的工作方式有哪几种？
3. 进行网上通话的软硬件是什么？
4. 广义网络电话(即网络实时通信)包括哪些内容？
5. 什么是文字、音频、视频短消息？在微信发送短消息时是否有长度限制？
6. 什么是微信、微信群、微信公众号、微信好友？
7. 什么是微信公众号？如何添加或取消你喜欢的微信公众号？
8. 什么是网络电话会议？写出在微信中进行网络会议的主要步骤。
9. 在微信中，如何将自己的一段文字、图片、共享资源分享到朋友圈？
10. 简述使用QQ通话的前期准备步骤和登录后的操作步骤。

本章实训环境和条件

(1) 路由器、Modem、网卡等网络互连接入设备，以及接入Internet的有线和无线线路。

(2) ISP的接入账户和密码。

(3) 已安装Windows XP/ 7操作系统的计算机。

(4) 其他终端设备，如智能手机、PAD。

实训项目

1. 实训1：微信基本操作实训

1) 实训目标

掌握在Internet中使用微信进行网上通话的基本技术。

2) 实训内容

完成示例1～示例4中的操作步骤。

2. 实训2：微信技巧操作实训

1) 实训目标

掌握在Internet中使用微信进行网上交流的其他技巧。

2）实训内容

(1) 完成示例 5～示例 14 中的操作步骤。

(2) 登录网址 http://www.anyv.net，选择添加其中 2 个自己喜欢的微信公众号。

(3) 取消上面已经添加的一个微信公众号。

(4) 将已添加的微信公众号中的一则精彩微信发布到你的朋友圈，并转发到邮箱。

(5) 保存你刚才分享的一则精彩微信到计算机的硬盘，并将其打印出来。

3. 实训 3：QQ 基本操作实训

1）实训目标

掌握在 Internet 中使用 QQ 进行网上通话的基本技术。

2）实训内容

完成示例 15～示例 18 的操作步骤。

第9章 Internet安全技术

使用计算机的人总是会遇到各种各样的安全问题，从物理问题到操作系统安全问题、上网过程中的问题，再到应用软件使用过程中的问题，方方面面，无时无刻不在干扰着人们的日常工作。在Internet上享受“完全安全”只是一种理想状态，而做到“尽可能的安全”则是一种理智的可行方案。本章从介绍Internet的安全现状入手，详细谈论用户着重需要考虑的“系统平台安全”和“网络安全”问题，并就目前和人们生活越来越紧密的数字证书安全问题做一些讨论。

本章内容与要求

- 了解：Internet目前的安全问题。
- 了解：Internet的安全体系构成。
- 掌握：操作系统平台加固的方法。
- 掌握：反病毒、反木马的原理及主要产品。
- 掌握：系统备份及快速恢复方法。
- 掌握：Windows防火墙及IE安全配置的主要方法。
- 掌握：数字证书的保护方法。

9.1 Internet的安全现状

Internet与生俱有的开放性、交互性和分散性特征使人类所憧憬的信息共享、开放、灵活和快速等需求得到满足。网络环境为信息共享、信息交流、信息服务创造了理想空间，而网络技术的迅速发展和广泛应用，又为人类社会的进步提供了巨大推动力。然而，正是由于以上所述的原因，产生了许多安全问题。

(1) 信息泄露、信息污染、信息不易受控。例如，资源未授权使用、未授权信息流出、系统拒绝服务和系统否认等，这些都是信息安全的技术难点。

(2) 在网络环境中，一些组织或个人出于某种特殊目的，进行信息泄密、信息破坏、信息侵权和意识形态的信息渗透，甚至通过网络进行政治颠覆等活动，使国家利益、社会公共利益和各类主体的合法权益受到威胁。

(3) 网络运用的趋势是全社会广泛参与，随之而来的是控制权分散的管理问题。由于人们利益、目标、价值的分歧，使信息资源的保护和管理出现脱节和真空，从而使信息安全问题变得广泛而复杂。

(4) 随着社会重要基础设施的高度信息化，社会的“命脉”和核心控制系统有可能面临恶意攻击而导致损坏和瘫痪，包括国防通信设施、动力控制网、金融系统和政府网站等。

(5) 无线网络技术已经广泛应用到多个领域，无线网络比有线网络更容易受到攻击。一些风险与有线网络的风险相似，但由于无线连接而被放大；而某些风险则只是影响无线网络。如何在这种开放的信道中获得安全感，不仅需要意识和技术，还需要政策和法律。

正如“木桶原理”所说：你的能力是由你最弱的那个环节决定的。保护 Internet 安全，应该从安全立法、安全管理和安全技术3个方面全面考量，而不能只偏重其中的某一部分。在此书中，我们将 Internet 安全体系用图 9-1 表示。本章仅就安全技术环节进行探讨，详细谈论个人用户着重需要考虑的系统平台安全问题、网络安全问题，以及目前和人们生活越来越紧密的电子商务安全问题。

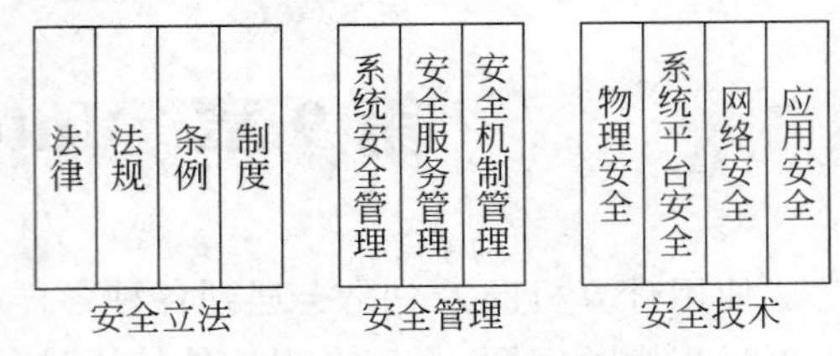

图 9-1 Internet 安全体系

9.2 系统平台安全

9.2.1 系统平台的安全加固

系统平台的安全加固是指根据对操作系统安全进行评估的结果，针对目前操作系统平台所存在的安全问题和安全隐患进行有针对性的补丁加固，并在不影响系统正常工作的前提下，对系统性能进行优化。

系统平台加固应包括以下主要内容：安装系统补丁、进行系统升级、系统配置安全加固、系统登录权限安全加固、关闭无用端口及进程、系统管理安全加固等。

1. 安装系统补丁、进行系统升级

大量系统入侵事件是因为用户没有及时安装系统补丁或进行系统升级。应及时更新系统，保证系统安装最新的补丁。

Service Pack 是一系列系统漏洞的补丁程序包，最新版本的 Service Pack 包括以前发布的所有的 Hotfix。Hotfix 通常用于修补某个特定的安全问题，一般比 Service Pack 发布更为频繁。

【示例 1】 在 Windows7 中启用自动更新。

以 Windows 7 操作系统为例，打开自动更新功能，可以确保系统在联网状态下，自动下载推荐的更新并安装它们。这样，就可以避免用户因长时间未定期更新系统而造成的系统问题。依次选择“开始”→“控制面板”→“系统和安全”选项，可在 Windows Update（见图 9-2）中看到“启用或禁用自动更新”功能。双击“启用或禁用自动更新”，即可在如图 9-3 所示的窗口中选择 Windows 安装更新的方法，推荐使用“自动安装更新”选项，确保操作系统平台及时获得安全保护。

2. 系统登录账户安全加固

主要包括以下一些系统账号的加固操作：设置用户登录密码、重命名 administrator 账号、禁用或删除不必要的账号、关闭账号的空连接等。

图 9-2 Windows Update

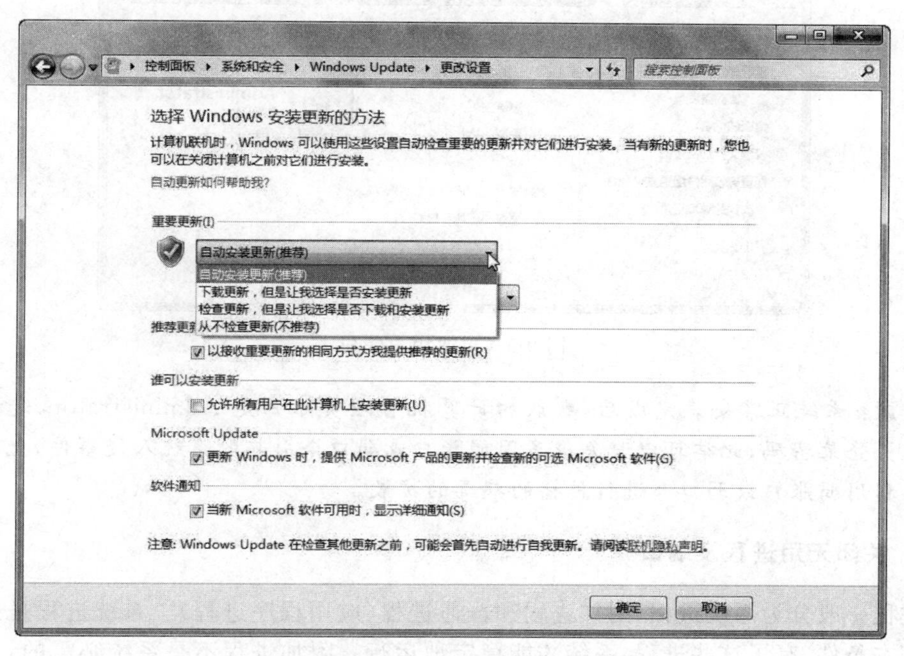

图 9-3 选择 Windows 安装更新的方法

【示例 2】 在 Windows 7 中加固系统登录账户。

依次在 Windows 7 操作系统的桌面上依次选择“开始”→“控制面板”→“用户账户和

家庭安全"选项,即可打开如图 9-4 所示的窗口。

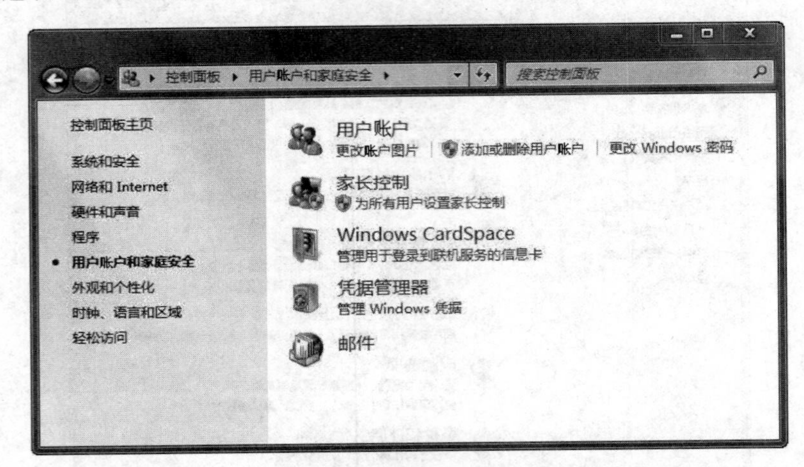

图 9-4 用户账户和家庭安全

双击"用户账户",打开如图 9-5 所示的窗口,即可进行更改账户名称、创建密码、更改账户类型等工作。

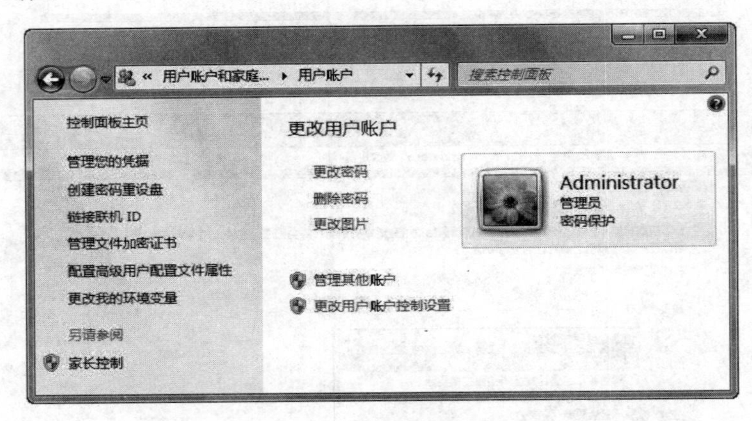

图 9-5 更改用户账户

注意:系统正常安装完成后,默认的计算机管理员账户是 Administrator,建议用户为其设置登录密码,此举可以避免很多因弱账户或弱口令引起的系统入侵事件,也可以阻止很多利用弱账户或弱口令进行传播的病毒的扩散。

3. 关闭无用进程及端口

进程一般分为系统进程、附加进程和普通进程(应用程序进程)。系统进程是系统运行的基本条件,有了这些进程,系统才能稳定地运行。附加进程不是系统必需的,只是运行某个系统进程时才需要。和附加系统进程一样,普通进程也只是用户打开某个应用程序时才在内存中产生的一个进程,可以根据需要通过服务管理器来增加或减少,因为运行的程序多了,进程也多,这样很消耗系统资源。

在 Windows 7 系统里，表 9-1 所示进程是一些基本的系统进程，是系统正常运行不可缺少的。

表 9-1 Windows7 下的基本系统进程

进　　程	说　　明
smss. exe	Session Manager(会话管理器)
csrss. exe	子系统服务器进程
winlogon. exe	管理用户登录
services. exe	包含很多系统服务
lsass. exe	本地安全权限服务，控制 Windows 安全机制
svchost. exe	包含很多系统服务
explorer. exe	资源管理器
winMgmt. exe	客户端管理的核心组件，通过 WMI(Windows 管理规范)技术处理来自应用客户端的请求

【示例 3】 在 Windows 7 中查看系统进程。

在 Windows 7 系统中，按组合键 Ctrl＋Shift＋Esc，即可打开“Windows 任务管理器”，在“进程”选项卡中，可以直接查看或停止某一进程，如图 9-6 所示。当然，也可以利用第三方工具查看系统进程，如利用“Windows 优化大师”软件附带的“进程管理”功能即可以完成查看和管理进程的工作。PCtools 里面的 PSlist. exe 用来列出进程，而 PSkill. exe 则用来结束某个进程。

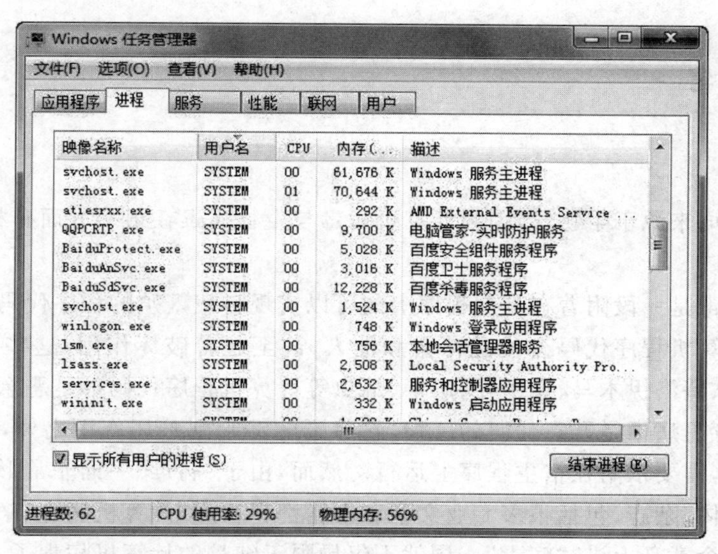

图 9-6 查看和管理系统进程

【示例 4】 在 Windows 7 中查看和关闭端口。

查看打开端口的情况，一般有以下两种方式。

(1) MS-DOS 下输入“netstat -na”命令。

(2) 利用第三方的工具查看，如“Windows优化大师”软件的端口分析查看功能。用FPort或Active Ports等工具也可很方便地查看到打开端口的情况。

因为端口是依赖于服务的，只要把服务停止，它对应的端口也就关闭了。可以使用如下方式查看和管理服务。

依次选择“开始”→“运行”，输入msconfig，即可打开“系统配置”对话框。在“服务”选项卡中，可以看到当前系统正在运行或已经停止的所有服务的列表，如图9-7所示。例如，想要关闭80端口，只需将World Wide Web Publishing Service服务选择禁用即可。

图9-7 系统服务管理

9.2.2 反病毒

1. 病毒

“病毒”一词来源于生物学，因为计算机病毒与生物病毒在很多方面有相似之处，由此得名“病毒”。

计算机病毒是一段附着在其他程序上的可以实现自我繁殖的程序代码。

还有些计算机程序代码会扰乱社会和他人，甚至起着破坏作用，这些都称为恶意代码。逻辑炸弹、特洛伊木马、繁殖器、病毒、蠕虫等计算机程序代码都是恶意代码。从严格概念上讲，计算机病毒是恶意代码的一种，它除了能够起到破坏作用之外，还具有程序上自我复制能力，需要依附在宿主程序上运行。然而，由于“病毒”一词非常形象且很具有感染力，因此，媒体、杂志，包括很多专业文章和书籍都喜欢用“计算机病毒”来指学术上的恶意代码。从这个意义上讲，“病毒”一词就不仅局限于纯粹的计算机病毒了。

2. 反病毒技术

要做到反病毒，必须做到“防”、“治”结合，并构建完整的防御体系，才能真正拒病毒于门外。反病毒技术主要包括以下3个方面。

1）病毒预防技术

病毒的预防技术是指通过一定的技术手段防止病毒对系统进行传染和破坏。根据病毒程序的特征对病毒进行分类处理，而后在程序运行中，凡有类似的特征出现，则认定是病毒。具体来说，病毒预防技术是通过阻止病毒进入系统内存，或阻止病毒对磁盘的操作尤其是写操作，以达到保护系统的目的。

病毒的预防技术主要包括磁盘引导区保护、加密可执行程序、读写控制技术和系统监控技术等。病毒的预防应该包括两部分：对已知病毒的预防和对未来病毒的预防。目前，对已知病毒预防可以采用特征判定技术或静态判定技术，对未知病毒的预防则是一种行为规则的判定技术，即动态判定技术。

2）病毒检测技术

病毒检测技术是指通过一定的技术手段判定出计算机病毒的一种技术。病毒检测技术主要有两种，一种是根据计算机病毒程序中的关键字、特征程序段内容、病毒特征及传染方式、文件长度的变化，在特征分类的基础上建立的病毒检测技术；另一种是不针对具体病毒程序自身检验技术，即对某个文件或数据段进行检验和计算并保存其结果，以后定期或不定期地根据保存的结果对该文件或数据段进行检验，若出现差异，即表示该文件或数据段的完整性已遭到破坏，从而检测到病毒的存在。

病毒的检测技术已从早期的人工观察发展到自动检测某一类病毒，今天又发展到能自动对多个驱动器、多种病毒自动扫描检测。目前，有些病毒检测软件还具有在压缩文件内进行病毒检测的能力。现在大多数商品化的病毒检测软件不仅能够检查隐藏在磁盘文件和引导扇区内的病毒，还能检测内存中驻留的计算机病毒。

3）病毒清除技术

病毒的清除技术是病毒检测技术发展的必然结果，是病毒传染程序的一种逆过程。从原理上讲，只要病毒不进行破坏性的覆盖式写盘操作，病毒就可以被清除出计算机系统。安全、稳定的计算机病毒清除工作完全基于准确、可靠的病毒检测工作。

严格地讲病毒的清除是病毒检测的延伸，病毒清除是在检测发现特定的病毒基础上，根据具体病毒的消除方法从传染的程序中除去病毒代码，并恢复文件的原有结构信息。

3. 反病毒软件的工作方式

1）实时监视

实时监视构筑起一道动态、实时的反病毒防线。通过修改操作系统，使操作系统本身具有反病毒功能，拒病毒于计算机系统之外。时刻监视系统当中的病毒活动；时刻监视系统状况；时刻监视软盘、光盘、因特网、电子邮件上的病毒传染，将病毒阻止在操作系统外部。优秀的反病毒软件由于采用了与操作系统的底层无缝连接技术，实时监视占用的系统资源极小，一方面用户完全感受不到其对机器性能的影响，另一方面根本不用考虑病毒的问题。

2）自动解压缩

文件以压缩状态存放，以便节省传输时间或节约存放空间，但也使得各类压缩文件成为计算机病毒传播的温床。而且现在流行的压缩标准很多,相互之间的兼容性也未完善。大多数反病毒软件产品都在深入了解各种压缩格式的算法和数据模型之后,与压缩软件的厂商做技术合作,能够自动解压缩后查杀压缩文件中包含的病毒。

3) 病毒隔离区

将可疑文件放入隔离系统之前,自动对可疑文件进行压缩,为用户节省硬盘空间。病毒隔离区使反病毒工作后台化,不需再次扫描就能够列出所有发现的病毒,清晰的病毒信息一目了然,而无须再从扫描记录文本中烦琐地查找。

在"隔离"窗口中可以管理可能被病毒或病毒变体感染,而后被用户隔离的文件。被隔离的文件使用一种特殊的格式保存,不会造成任何危险。每个被隔离的对象包含有如下信息:状态信息(被感染,可能被感染,被用户隔离等)、对象数据(如果被隔离的话)、对象的初始存放路径。

4) 升级

目前主要有以下4种升级病毒库的方式。

(1) 在线升级。当已经登录上Internet,并且有足够的带宽。可以使用这种方式连接服务器,下载并更新病毒库。

(2) 手工升级。在反病毒软件厂商的网页上有离线升级包下载,下载完成后只要直接双击,即可完成升级。它适用于在家里没条件上网的用户,从其他地方下载升级包,复制到移动硬盘或闪盘,带回家升级即可。

(3) 局域网共享升级。首先将已升级到最新版本的那台机器下的病毒库文件夹设为共享。其他未升级的用户可以选择从局域网升级,输入相应的共享地址后即可将病毒库升级为最新版本。

(4) 定时自动升级。用户可以自定义系统默认的自动升级时间,只要保证机器在这段时间里能够自动连接Internet即可。

9.2.3 反木马

1. 木马

人们通常所说的木马,即特洛伊木马(Trojan),是恶意代码的一种。

传说公元前1200年的古希腊特洛伊战争中,希腊王的王妃海伦被特洛伊的王子掳走,希腊王率兵攻打特洛伊城,由于城墙坚固,希腊人久攻特洛伊城不下,最后佯装撤退,留下了内部装有勇士的木马。结果特洛伊人高兴地将木马作为战利品拉回城中。半夜时分,木马中的勇士出来打开城门,与攻城的大部队里应外合攻克了特洛伊城。这便是著名的荷马史诗中"特洛伊木马"的故事。现在,"特洛伊木马"特指那些内部包含有为完成特殊任务而编制的代码程序,这些特殊代码一般处于隐蔽状态,运行时轻易发觉不了,其产生的结果不仅完全与程序所公开宣示的无关,而且带有极强的进攻性。例如,一些QQ截获器,盗号木马等。

2. 木马的类型

1) 远程控制型

远程控制类型的木马可以说是 Trojan 木马程序中的主流,目前流行的大多数木马程序都是基于这个目的而编写的。远程控制型木马的工作原理是在计算机之间通过某种协议(如 TCP/IP)建立起一个数据通道,通道的一端发送命令,而另一端则解释该命令并执行,并通过这个通道返回信息。其实质也就是一种简单的客户/服务器程序。木马程序由两部分组成:一部分称为被控端(通常是监听端口的 Server 端),另一部分称为控制端(通常是主动发起连接的 Client 端)。其实这类木马更接近于标准远程控制软件,它们之间的根本区别在于:远程控制软件的被控端会有醒目提示自己正在被监控,而木马则会千方百计地隐藏自己。

这种类型的木马包括冰河、灰鸽子、Byshell 木马等。

2) 信息窃取型

这种类型的木马一般不需要客户端。它在设计时确定了木马的工作是收集被种植了木马的系统上的敏感信息,如用户名、口令等。这种木马悄悄地在后台运行,当木马检测到用户正在进行登录等操作(例如,用户登录自己的邮箱),木马就将用户登录信息记录下来。同时木马会不断地检测系统的状态。一旦发现系统已经连接到互联网上,就将收集到的信息通过一些常用的传输方式(如电子邮件等)发送出去。

这种类型的木马包括 QQ 密码记录器、魔兽世界木马变种(窃取《魔兽世界》账号)、一些邮件内嵌木马(窃取银行登录信息)等。

3. 木马的传播方式

按照严格的概念来说,特洛伊木马不被认为是计算机病毒或蠕虫,因为它不自行传播。通常木马的传播方式有以下几种。

(1) 手工放置。

(2) 电子邮件传播。

(3) 利用系统漏洞安装。

但是,病毒或蠕虫经常将特洛伊木马作为攻击负载的一部分复制到目标系统上,因此在人们的认识中,木马也是病毒。

【示例 5】 个人用户反病毒及反木马产品的使用(电脑管家)。

本示例以电脑管家为例,介绍一般的 Internet 用户日常的反病毒及反木马等主要安全工作。电脑管家是一款集成杀毒与管理功能的安全管理类软件。电脑管家融合了清理垃圾、电脑加速、修复漏洞、软件管理、电脑诊所等一系列协助用户管理计算机的功能,满足用户杀毒防护和安全管理的双重需求。

1) 电脑体检

电脑管家能够快速全面地检查计算机存在的风险,检查项目主要包括盗号木马、高危系统漏洞、垃圾文件、系统配置被破坏及篡改等。发现风险后,通过电脑管家提供的修复和优化操作,能够消除风险和优化计算机的性能。例如,图 9-8 所示的体检结果为 90 分,说明计算机安全状况良好，不过还有可以优化的项目，体检后，可以根据"提示项"对计算机进行优化，不仅可以提高系统运行速度，还能确保计算机更加安全。

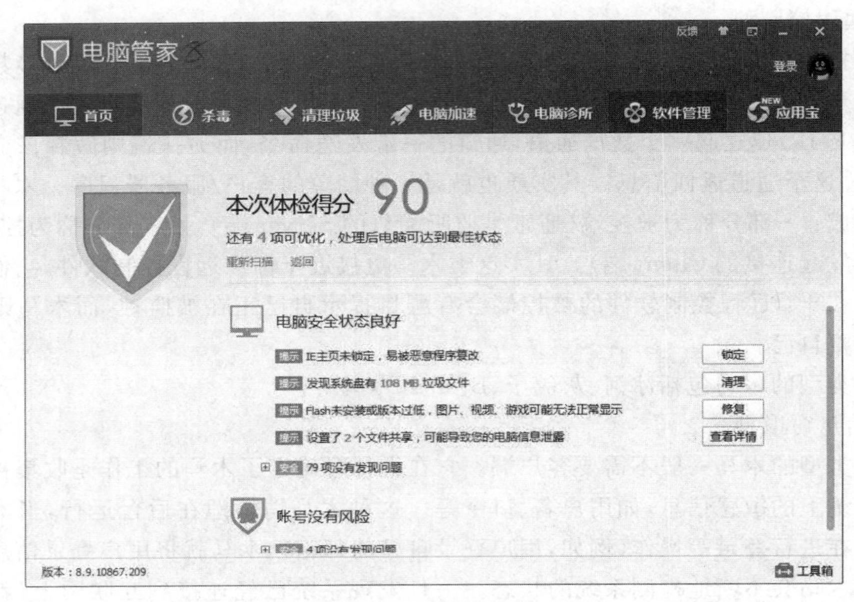

图 9-8 计算机体检结果

2）杀毒功能

电脑管家为人们提供 3 种扫描方式，分别为闪电查杀、全盘查杀、指定位置查杀。只需要单击图 9-9 所示的电脑管家的"杀毒"选项卡，根据需要的扫描方式单击扫描按钮即可开始杀毒。

图 9-9 "杀毒"选项卡

在3种扫描方式中，闪电查杀的速度是最快的，只需短短1～2min时间，电脑管家就能为系统中最容易受木马侵袭的关键位置进行扫描。

如果想彻底检查系统，则可以选择扫描最彻底的全盘查杀，电脑管家将对系统中的每一个文件进行彻底检查。花费的时间由硬盘的大小以及文件的多少决定，硬盘越大扫描的时间越长。

另外，可以通过自定义扫描设定需要扫描的位置，只需要在弹出的扫描位置选项框中勾选需要扫描的位置，再单击"开始扫描"，电脑管家就会按设置开始进行扫描。

当扫描出病毒时，只需要单击"立即处理"，即可轻松清除所有的病毒。有些木马需要重启计算机才能彻底清除，因为木马通常有这样的特征，不仅侵入用户计算机，还对操作系统进行了恶意篡改。因此，电脑管家在清除盗号木马时，需要用户重启计算机后才能够保证彻底清除木马。

3）系统清理

在使用计算机的过程中，操作系统和应用程序一般都会自动生成临时的文件或信息，如系统和浏览器的临时文件、无效的快捷方式等，这些无用或已失效的文件或注册表信息一般都被称为计算机垃圾。

当日积月累导致计算机垃圾过多的时候，磁盘上可用的空间会减少，计算机运行的速度就会被拖慢，有时甚至会影响系统或其他软件的正常运行。因此，电脑管家建议用户定期（建议每周清理一次）清理计算机垃圾，释放磁盘空间，提升计算机的运行效率。

在电脑管家主界面上单击"清理垃圾"，如图9-10所示，确认垃圾项被勾选后，单击"开始扫描"，扫描完成后，单击"立即清理"即可快速、安全地清理掉计算机中的垃圾文件。

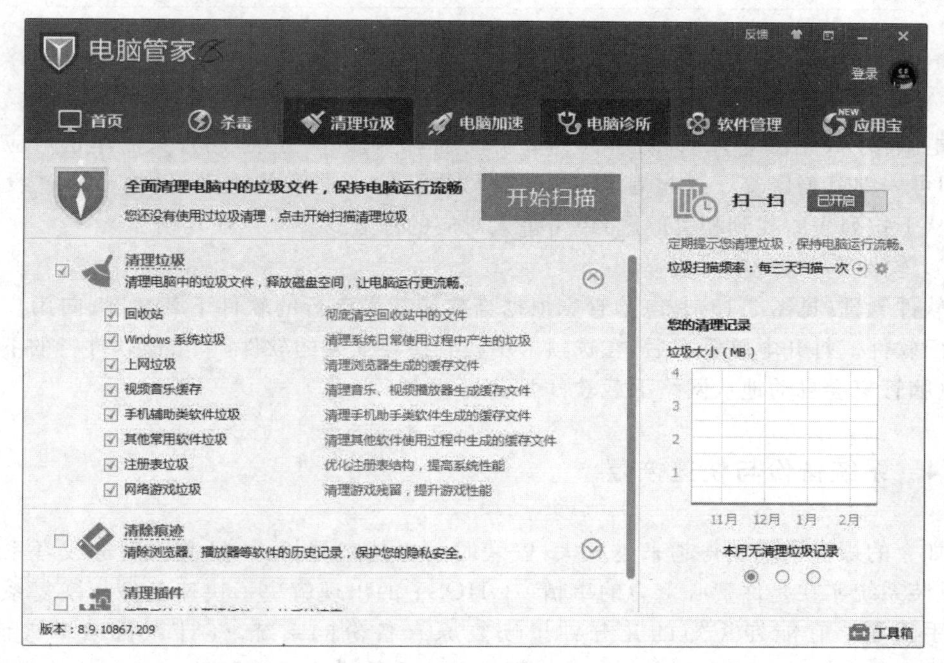

图9-10　系统清理功能

4）电脑加速

在电脑加速功能中（见图 9-11），电脑管家会扫描系统在开机时自动启动的程序，可以清理不必要的启动项，以节省系统开机过程的等待时间。禁止某些启动项时，会弹出提示，提示某些启动项禁用后会对系统有何影响。单击“一键优化”会根据电脑管家的建议自动调整启动项，单击“立即优化”帮助计算机瞬间加速。

图 9-11　电脑加速功能

5）电脑诊所

电脑诊所（见图 9-12）针对不同计算机问题，定制解决方案，用户只需单击对应的问题，即可一键完美修复。通过首页上方的搜索框，输入搜索关键字，例如，输入“没有声音”，从下拉列表中找到相关问题，单击进入对应的修复。

6）软件管理

软件管理（见图 9-13）是电脑管家根据当前最新最流行的软件下载情况，向用户推荐的热门软件。打开电脑管家后，在选项卡中找到想要安装的软件，单击该软件行的下载按钮，电脑管家会自动地从网络下载软件并安装。

9.2.4　系统备份与快速恢复

如今的操作系统变得越来越庞大，安装时间也越来越长，一旦遭遇病毒或者系统崩溃，重装系统实在是件费心费力的事情。GHOST 的出现解决了快速备份与恢复系统这一棘手问题。它能在短短的几分钟里恢复原有备份的系统，还计算机以本来面目。GHOST 自面世以来已成为个人计算机用户及机房管理人员不可缺少的一款软件，是一般用户的一门必修课。

图 9-12　电脑诊所功能

图 9-13　软件管理功能

GHOST 的最大作用就是可以轻松地让你把磁盘上的内容备份到镜像文件中去，也可以快速地把镜像文件恢复到磁盘，还你一个干净的操作系统。

【示例 6】　一键恢复 GHOST 的安装与使用。

一键 GHOST 是“DOS 之家”网站（网址为 http://doshome.com/soft）首创的系统快速备份和恢复软件，可以实现高智能的 GHOST，只需按一下 OK，就能实现全自动无人值守的备份和恢复操作，非常适合一般用户使用。

(1) 安装。

确认第一硬盘为 IDE 硬盘，如果是 SATA(串口)硬盘，则需要在 BIOS 中设置为 Compatible Mode(兼容模式)。如果正在挂接第二硬盘、USB 移动硬盘或 U 盘，需要先拔掉它们。

一键 GHOST 的安装过程非常简单。只需解压，再双击“一键 GHOST 硬盘版.exe”，即可启动如图 9-14 所示的安装程序。之后，一直单击“下一步”按钮，直到最后单击“结束”按钮。

图 9-14 一键 GHOST 的安装程序

(2) 设置选项。

依次单击“开始”→“程序”→“一键 GHOST”→“选项”命令，打开“一键 GHOST 选项”，包括“登录密码”(见图 9-15)和“引导模式”(见图 9-16)两类选项内容。

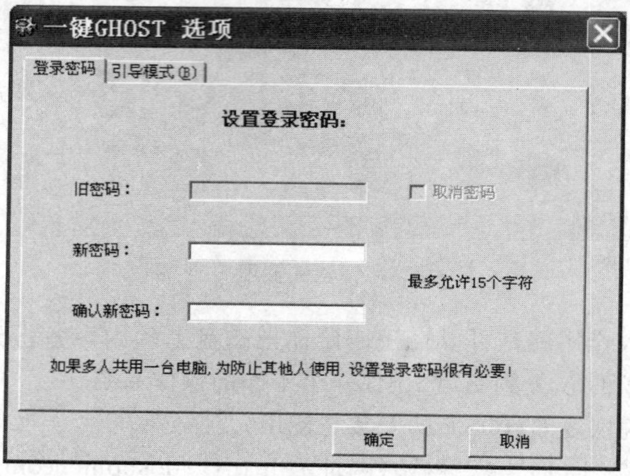

图 9-15 “登录密码”选项卡

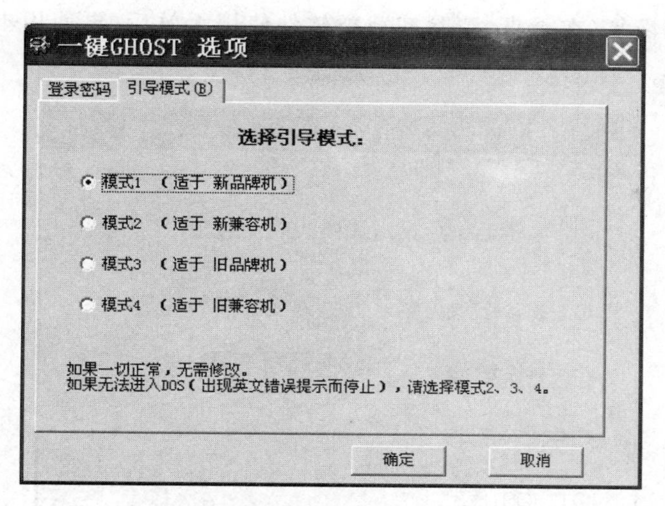

图 9-16 “引导模式”选项卡

在“登录密码”选项卡中设置登录密码可以防止多人共用计算机的情况下,别人随意启动 GHOST 的备份和恢复功能。在“引导模式”选项卡中需选择与当前计算机匹配的“引导模式”,否则重启后可能无法正常进入 DOS。

(3) 在 Windows 下运行

如果是在 Windows 下运行,可以依次单击“开始”→“程序”→“一键 GHOST”,根据原来是否做过系统备份(是否有映像存在)的具体情况,会自动显示不同的窗口。

情况 1:一键备份 C 盘(确保计算机正常无毒的情况下运行),如图 9-17 所示。

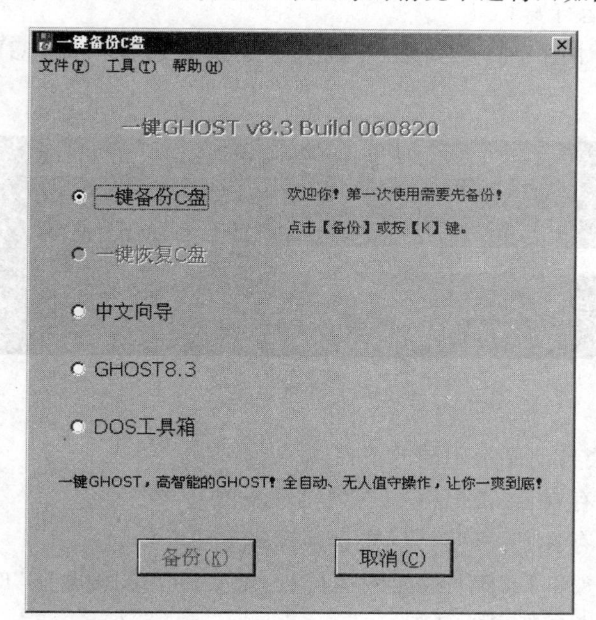

图 9-17 Windows 下无映像存在的运行窗口

情况 2：一键恢复(在杀毒、清除卸载类软件使用无效后，再使用本恢复功能)，如图 9-18 所示。

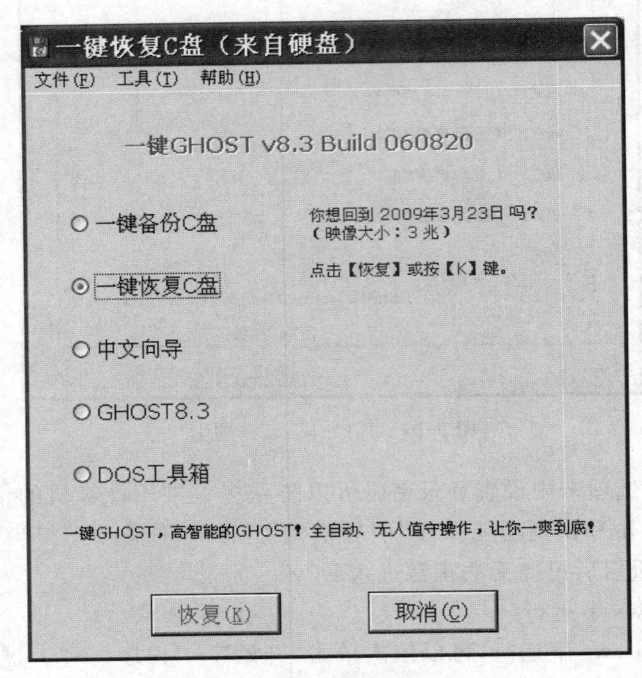

图 9-18 Windows 下有映像存在的运行窗口

(4) 在 DOS 下运行。

开机或重启，在如图 9-19 所示的开机引导菜单中选择“一键 GHOST V8.3 Build 060820”选项。

图 9-19 开机引导菜单

根据具体情况会自动显示不同的窗口。

情况 1：无映像存在。一键备份 C 盘(见图 9-20)。

情况 2：有映像存在。一键恢复(来自硬盘)(见图 9-21)。

(5) 当 Windows 和 DOS 下都无法运行“一键 GHOST 硬盘版”时，就需要使用一键 GHOST 的光盘版、优盘版或软盘版。

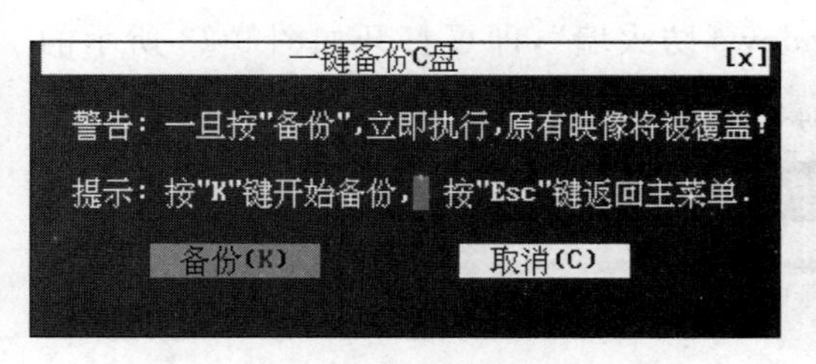

图 9-20 无映像存在时的显示窗口

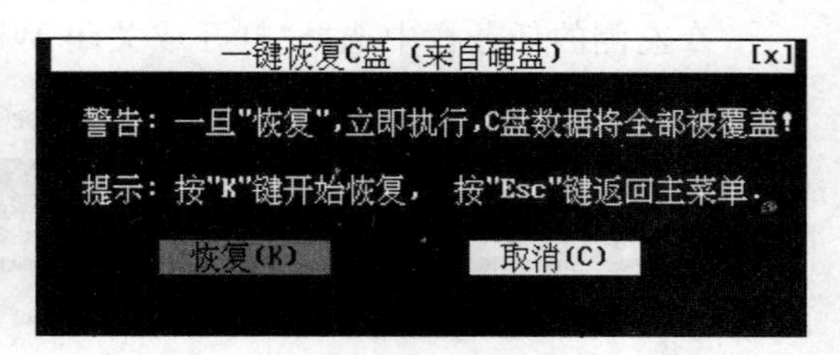

图 9-21 有映像存在时的显示窗口

9.3 网络安全

9.3.1 防火墙技术

防火墙有助于提高计算机的安全性。Windows 防火墙将限制从其他计算机发送到你的计算机上的信息，这可以更好地控制计算机上的数据，并针对那些未经邀请而尝试连接到你的计算机的用户或程序(包括病毒和蠕虫)提供一条防御线。

下面的示例以 Windows 7 操作系统为例，介绍 Windows 防火墙的基本配置。

【示例 7】 Windows 防火墙的基本配置。

1. 启用和关闭 Windows 防火墙

依次选择"开始"→"控制面板"→"系统和安全"→"Windows 防火墙"，如图 9-22 所示，可以看出，私有网络和公用网络的配置是完全分开的。

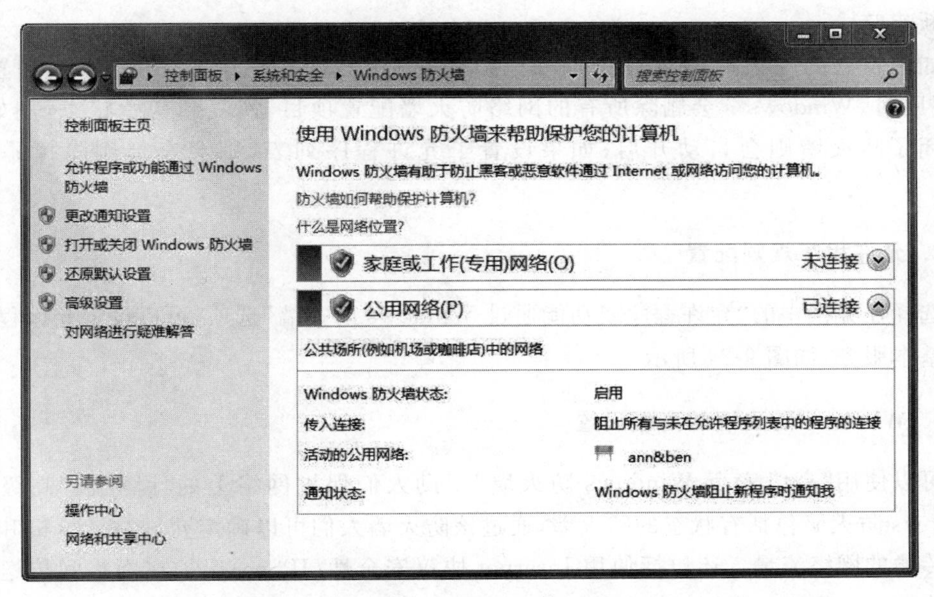

图 9-22 Windows 防火墙

在左侧的任务栏中选择“打开或关闭 Windows 防火墙”，即可打开如图 9-23 所示的窗口。

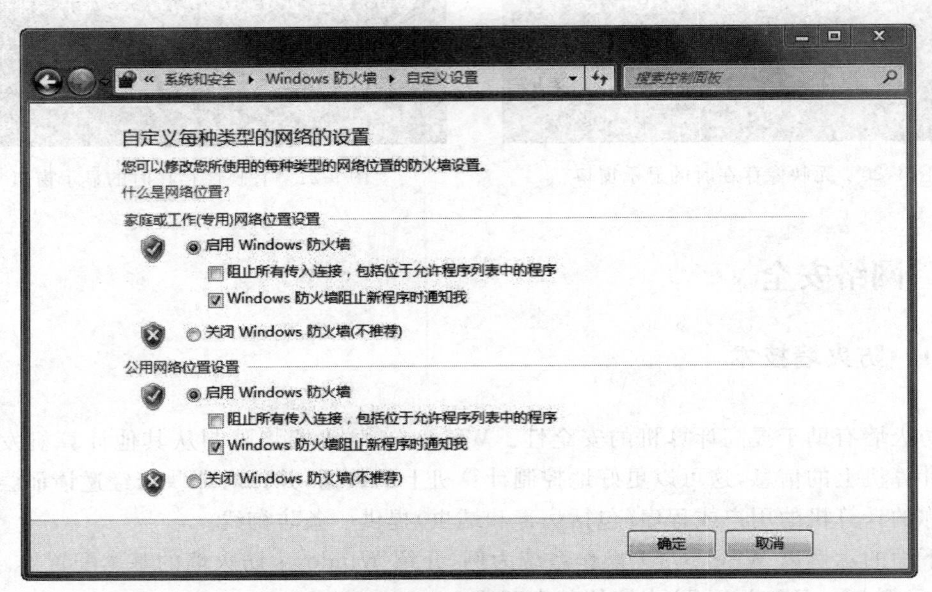

图 9-23　打开或关闭 Windows 防火墙

在启用 Windows 防火墙时还有两个选项，建议不勾选“阻止所有传入连接，包括位于允许程序列表中的程序”复选框，否则可能会影响允许程序列表里的一些程序使用，另一个选项“Windows 防火墙阻止新程序时通知我”对于个人日常使用需要勾选，方便随时作出判断响应。

如果自己的防火墙配置有点混乱，可以使用左侧任务栏中的“还原默认设置”一项，还原时，Windows 7 会删除所有的网络防火墙配置项目，恢复到初始状态，例如，如果关闭了防火墙则会自动开启；如果设置了允许程序列表，则会全部删除掉添加的规则。

2. 允许程序规则配置

选择任务栏中的“允许程序或功能通过 Windows 防火墙”选项，可以设置允许程序列表或基本服务，如图 9-24 所示。

3. Windows 防火墙的高级设置

可以使用“高级安全 Windows 防火墙”帮助人们保护网络上的计算机。高级安全 Windows 防火墙包括有状态的防火墙，通过该防火墙人们可以确定允许在计算机和网络之间传输的网络流量。还包括使用 Internet 协议安全性(IPSec)保护在网络间传送的流量的连接安全规则。设置窗口如图 9-25 所示。关于防火墙规则的具体设置方法，可以参见“Windows 防火墙高级设置”的帮助，在此不细述。

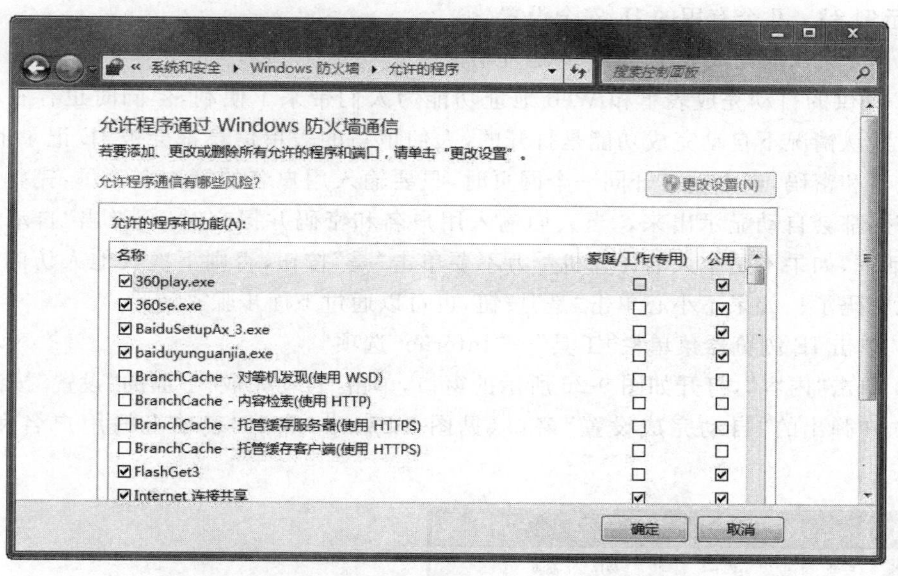

图 9-24　允许程序或功能通过 Windows 防火墙

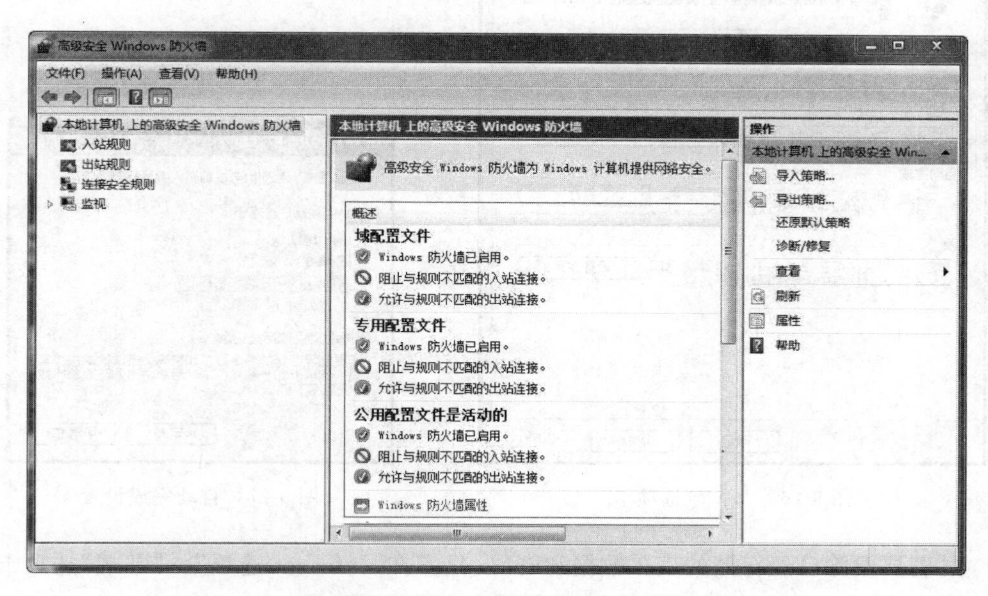

图 9-25　Windows 防火墙的高级设置

9.3.2　IE 的安全设置

浏览器是上网浏览网站的必备工具，目前用的最多的是微软公司的 IE 浏览器。首先建议将 IE 升级到最新版本，以防范新漏洞。在 IE 中有不少容易被人们忽视的安全设置，通过这些设置能够在很大程度上避免网络攻击。

【示例 8】 几个有用的 IE 安全设置。

(1) 清除自动完成表单和 Web 地址功能。

IE 提供的自动完成表单和 Web 地址功能为人们带来了便利,但同时也存在泄密的危险。默认情况下自动完成功能是打开的,人们填写的表单信息都会被 IE 记录下来,包括用户名和密码,当下次打开同一个网页时,只要输入用户名的第一个字母,完整的用户名和密码都会自动显示出来。当人们输入用户名和密码并提交时,会弹出"自动完成设置"对话框,如果不是个人的计算机千万不要单击"是"按钮,否则下次其他人访问就不需要输入密码了!如果不小心单击"是"按钮,也可以通过下面步骤来清除。

① 单击 IE 浏览器菜单栏"工具"→"Internet 选项"。

② 单击"内容",打开如图 9-26 所示的窗口,单击"自动完成"下面的"设置"按钮。

③ 在弹出的"自动完成设置"窗口(见图 9-27)中,取消"表单上的用户名和密码"选项。

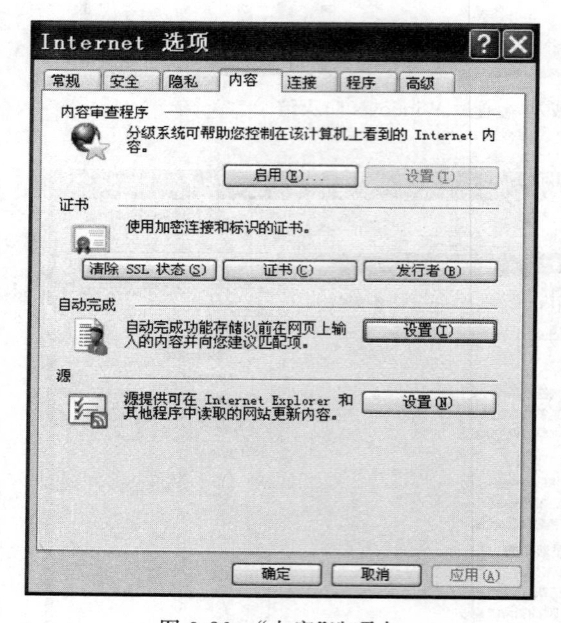

图 9-26 "内容"选项卡

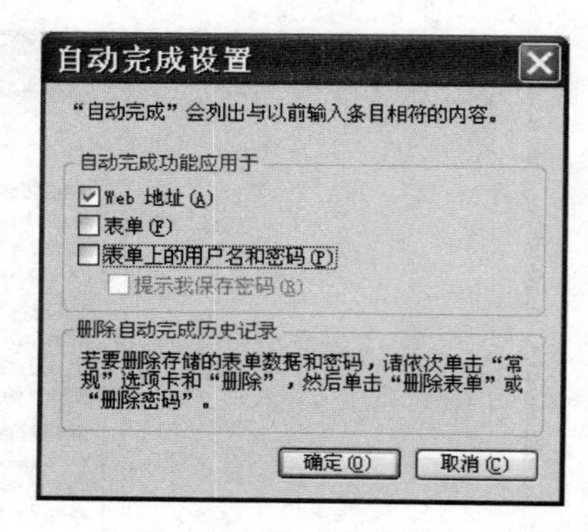

图 9-27 自动完成设置

④ 若要删除已经存储的表单数据和密码,只需在"Internet 选项"→"常规"选项卡中单击"删除"按钮,然后单击"删除表单"和"删除密码"即可。

(2) Cookie 安全

Cookie 是 Web 服务器通过浏览器放在你的硬盘上的一个文件,用于自动记录用户的个人信息的文本文件。有不少网站的服务内容是基于用户打开 Cookie 的前提下提供的。为了保护个人隐私,有必要对 Cookie 的使用进行必要的限制。

① 单击 IE 浏览器菜单栏"工具"→"Internet 选项"。

② 单击"安全"选项卡,选择"Internet 区域",单击"自定义级别"按钮。

③ 在"安全设置"对话框的 Cookie 区域,在"允许使用存储在您计算机的 Cookie"和

“允许使用每个对话 Cookie”选项前都有“提示”或“禁止”项，由于 Cookie 对于一些网站和论坛是必需的，所以可以选择“提示”。这样，当用到 Cookie 时，系统会弹出警告框，我们就能根据实际情况进行选择了。

④ 如果要彻底删除已有的 Cookie，可单击“常规”选项卡，在“浏览历史记录”区域，单击“删除 Cookie”按钮即可，如图 9-28 所示。

(3) 分级审查。

IE 支持用于 Internet 内容分级的 PICS (Platform for Internet Content Selection) 标准，通过设置分级审查功能，可帮助用户控制计算机可访问的 Internet 信息内容的类型。例如，只想让家里的孩子访问 www.sohu.com.cn 网站，可以如下设置。

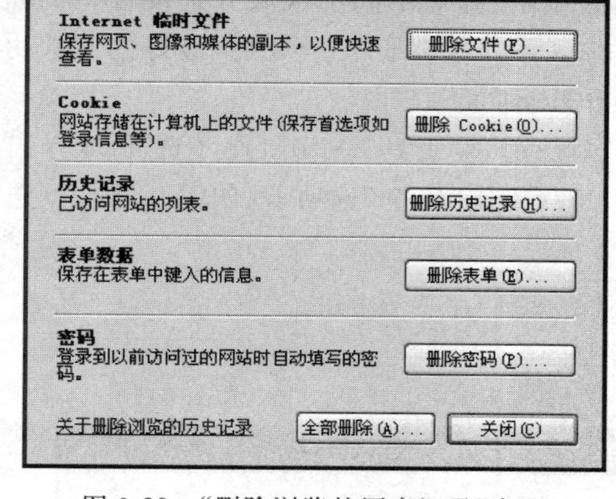

图 9-28 “删除浏览的历史记录”窗口

① 单击 IE 浏览器菜单栏“工具”→“Internet 选项”。

② 切换至“内容”选项卡，在“内容审查程序”区域中单击“启用”按钮。

③ 在弹出的“内容审查程序”窗口(见图 9-29)中，单击“分级”选项卡将“分级级别”调到最低，也就是零。

④ 单击“许可站点”选项卡(见图 9-30)，添加 www.sohu.com.cn，单击“始终”按钮将保存该网站。

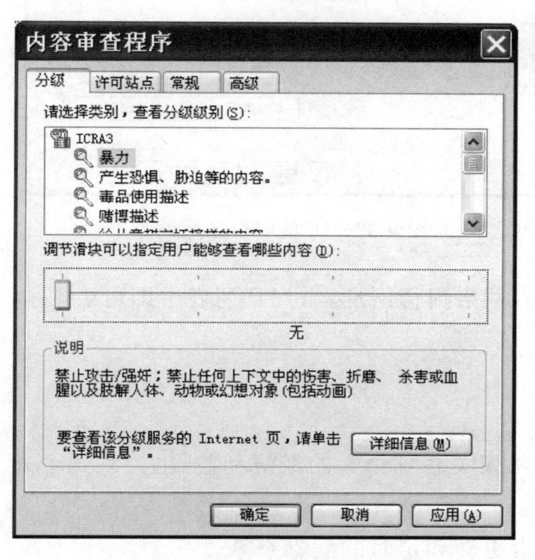

图 9-29 “分级”选项卡

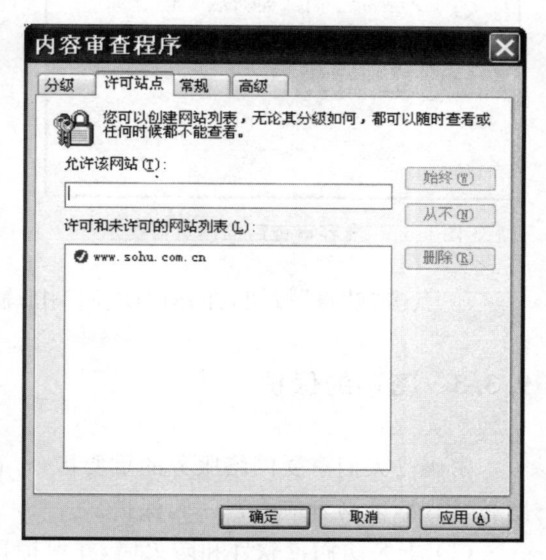

图 9-30 “许可站点”选项卡

⑤ 单击“确定”按钮创建监护人密码。重新启动 IE 后，分级审查生效。当浏览器在遇到 www.sohu.com.cn 之外的网站时，程序将提示“内容审查程序不允许您查看该站点”的提示(见图 9-31)，并不显示该页面。

(4) IE 的安全区域设置。

IE 的安全区域设置可以让你对被访问的网站设置信任程度。IE 包含了四个安全区域：Internet、本地 Intranet、可信站点、受限站点，系统默认的安全级别分别为中、中低、高和低。通过“工具”→“Internet 选项”菜单打开选项窗口，切换至“安全”标签页，建议每个安全区域都设置为默认的级别，然后把本地的站点，限制的站点放置到相应的区域中，并对不同的区域分别设置。例如网上银行需要 ActiveX 控件才能正常操作，而你又不希望降低安全级别，最好的解决办法就是把该站点放入“本地 intranet”区域，操作步骤如下。

① 通过“工具”→“Internet 选项”菜单打开选项窗口。

② 点击“安全”选项卡(如图 9-32)，点选“本地 Intranet”。

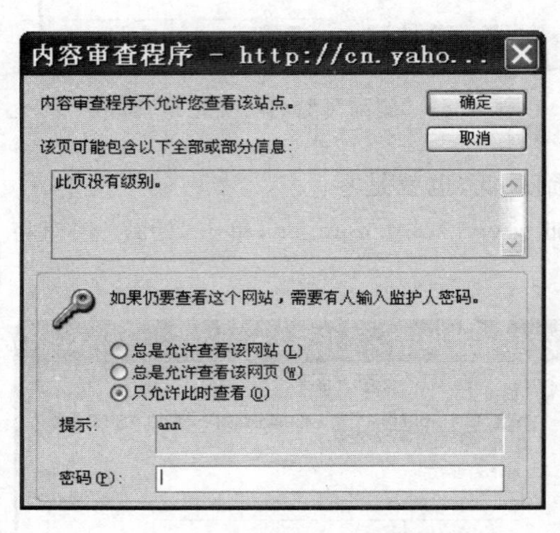

图 9-31 内容审查后的浏览器提示

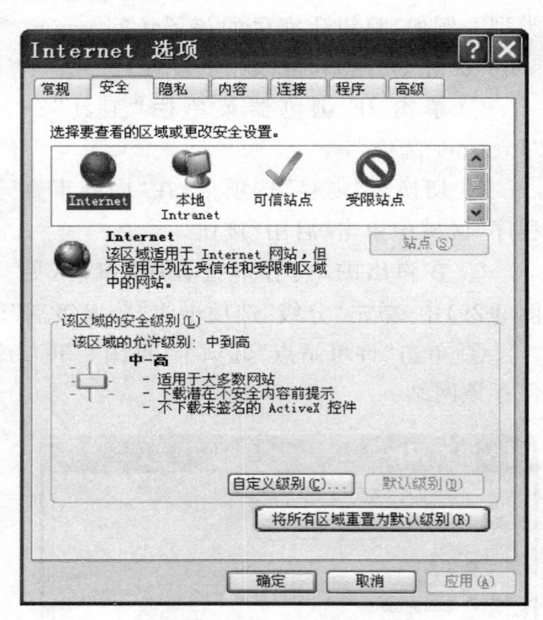

图 9-32 IE 的安全区域设置

③ 点击“站点”按钮，在弹出的窗口中，输入网络银行网址，添加到列表中即可。

9.3.3 密码的保护

密码是人们享受网络服务的重要指令，它不仅关系到个人的经济利益，也关系到个人隐私，因此，上网者应重视密码保护。

(1) 安装防病毒软件和防火墙，并保持日常更新和定时的病毒查杀。

(2) 使用 Microsoft Update 更新 Windows 操作系统，确保系统安全。

(3) 不要随意下载。建议去正规的网站下载，在网上随意搜索的资源可能暗藏病毒。下载后也要记得先查毒。

(4) 不要打开陌生的网址，即使是很熟的好友发送的，也要千万小心，因为很多病毒会伪装成好友发送消息。

(5) 不要把账号和密码明文保存在文档中,那样也是很危险的。

(6) 不要使用外挂,事实上很多外挂本身就是盗号的病毒。

(7) 定期更换密码,并且密码的长度要至少在6位数以上,使用数字和字母组合。

(8) 虽然家庭的计算机相对安全,但是我们建议绑定一款密码保护产品(例如:奇虎360保险箱、金山密保、瑞星账号保险柜、江民密保等),那样可以让你上网更加安全,以备不测。

9.3.4 无线网络安全

1. 无线网络安全现状

无线网络比有线网络更加容易受到攻击。目前无线网络的安全现状具有以下特点。

1) 广播性

无线网络的数据信息和广播一样,没有约束,在发射能力允许的情况下可向四面八方广播。如今,如果带着自己的便携无线接入设备,坐在汽车上环城一周,相信可以毫不费力地接入到许多无线网络中,其中有公司网络、校园网络等。

2) 穿透性

无线网络的数据信息可以穿透墙壁、天花板、地板等阻隔到达室外,这样就留下了入侵者不进入室内就可攻击、入侵、窃听网络信息的机会。

3) 兼容性

在无线局域网络的数据信号覆盖范围内,任何无线接收产品都可以接收到传输数据。而这些数据如果是以明文形式传输的,则无线局域网就毫无安全可言。

2. 无线网络安全基本手段

1) 服务集标识符(SSID)

通过对多个无线接入点AP(Access Point)设置不同的SSID,并要求无线工作站出示正确的SSID才能访问AP,这样就可以允许不同群组的用户接入,并对资源访问的权限进行区别限制。因此可以认为SSID是一个简单的口令,从而提供一定的安全,但如果配置AP向外广播其SSID,那么安全程度还将下降。由于一般情况下,用户自己配置客户端系统,所以很多人都知道该SSID,很容易共享给非法用户。目前有的厂家支持"任何(ANY)"SSID方式,只要无线工作站在任何AP范围内,客户端都会自动连接到AP,这将跳过SSID安全功能。

2) 物理地址过滤(MAC)

由于每个无线工作站的网卡都有唯一的物理地址,因此可以在AP中手工维护一组允许访问的MAC地址列表,实现物理地址过滤。这个方案要求AP中的MAC地址列表必须随时更新,可扩展性差,而且MAC地址在理论上可以伪造,因此这也是较低级别的授权认证。物理地址过滤属于硬件认证,而不是用户认证,只适合于小型网络规模。

3）连线对等保密(Wired Equivalent Privacy,WEP)

在链路层采用RC4对称加密技术,用户的加密密钥必须与AP的密钥相同时才能获准存取网络的资源,从而防止非授权用户的监听以及非法用户的访问。WEP提供了40b(有时也称为64b)和128b长度的密钥机制,但是它仍然存在许多缺陷,例如,一个服务区内的所有用户都共享同一个密钥,一个用户丢失钥匙将使整个网络不安全。而且40b的钥匙在今天很容易被破解,钥匙是静态的,要手工维护,扩展能力差。目前为了提高安全性,建议采用128b加密钥匙。

4）Wi-Fi保护接入(Wi-Fi Protected Access,WPA)

WPA是继承了WEP基本原理而又解决了WEP缺点的一种新技术。由于加强了生成加密密钥的算法,因此即便收集到分组信息并对其进行解析,也几乎无法计算出通用密钥。其原理为根据通用密钥,配合表示计算机MAC地址和分组信息顺序号的编号,分别为每个分组信息生成不同的密钥。然后与WEP一样将此密钥用于RC4加密处理。通过这种处理,所有客户端的所有分组信息所交换的数据将由各不相同的密钥加密而成。无论收集到多少这样的数据,要想破解出原始的通用密钥几乎是不可能的。WPA还追加了防止数据中途被篡改的功能和认证功能。由于具备这些功能,WEP中此前备受指责的缺点得以全部解决。WPA不仅是一种比WEP更为强大的加密方法,而且有更丰富的内涵。作为802.11i标准的子集,WPA包含了认证、加密和数据完整性校验3个组成部分,是一个完整的安全性方案。

5）中国无线局域网国家标准WAPI

WAPI(WLAN Authentication and Privacy Infrastructure)即无线局域网鉴别与保密基础结构,它是针对IEEE 802.11中的WEP安全问题,在中国无线局域网国家标准GB 15629.11中提出的WLAN安全解决方案。同时本方案已由ISO/IEC授权的机构IEEE Registration Authority审查并获得认可。它的主要特点是采用基于公钥密码体系的证书机制,真正实现了移动终端(MT)与无线接入点(AP)间双向鉴别。用户只要安装一张证书就可在覆盖WLAN的不同地区漫游,方便用户使用。是与现有计费技术兼容的服务,可实现按时计费、按流量计费、包月等多种计费方式。AP设置好证书后,无须再对后台的AAA服务器进行设置,安装、组网便捷,易于扩展,可满足家庭、企业、运营商等多种应用模式。

6）端口访问控制技术(802.1x)

该技术也是用于无线局域网的一种增强性网络安全解决方案。当无线工作站STA与无线访问点AP关联后,是否可以使用AP的服务要取决于802.1x的认证结果。如果认证通过,则AP为STA打开这个逻辑端口,否则不允许用户上网。802.1x要求无线工作站安装802.1x客户端软件,无线AP要内嵌802.1x认证代理,同时它还作为Radius客户端,将用户的认证信息转发给Radius服务器。802.1x除提供端口访问控制能力之外,还提供基于用户的认证系统及计费,特别适合于公共无线接入解决方案。

9.4 数字证书安全

9.4.1 数字证书的概念

1. 数字证书

数字证书是网络用户的身份证明,相当于现实生活中的个人身份证。

现实生活中,两个不相识的人见面,互相自我介绍,如果没有身份证,两人也许会相互信任,也许就不会相互信任。而有了身份证,双方彼此出示身份证,因为身份证上有照片、姓名等信息,还有发证机构的印章,这个身份证是双方公认的可信第三方公安部门发放的,可以证明身份的真实性,证明“你确实是张三”,“他确实是李四”。数字证书在网上正是起这个作用:用户 B 声称自己具有公钥 Kpkb,A 可以要求 B 出示数字证书,以证明 B 的公钥确实是 Kpkb,因为 B 的数字证书有 Kpkb 的信息。

数字证书由一个值得信赖的权威机构(证书颁发机构,简称 CA)发行,人们可以在交往中用它来鉴别对方的身份和表明自身的身份。

数字证书的格式一般采用 X.509 国际标准。

2. 数字证书的内容

数字证书一般包括:证书公钥、用户信息、公钥有效期限、发证机构的名称、数字证书的序列号、发证机构的数字签名。

一个典型的数字证书的信息如图 9-33 和图 9-34 所示。

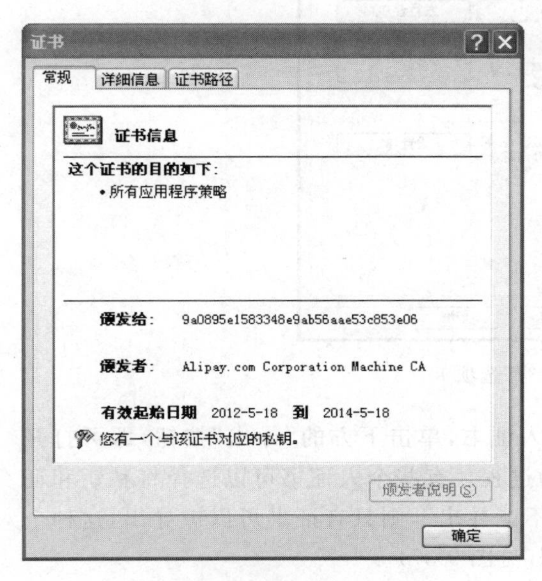

图 9-33 数字证书信息(一)

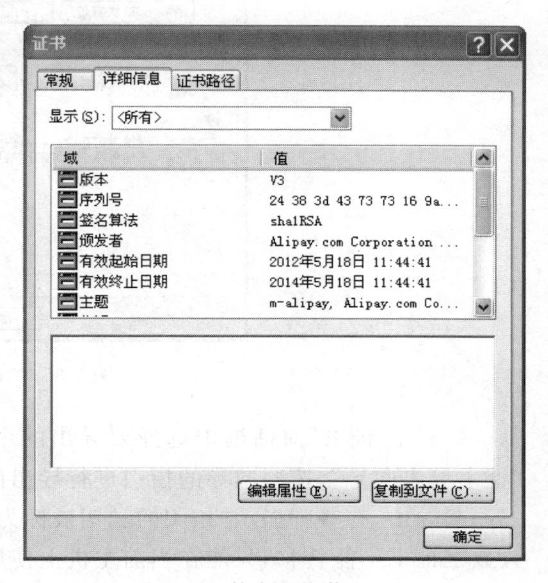

图 9-34 数字证书信息(二)

3. 数字证书的作用

与数字证书相对应有一个私钥，用数字证书中公钥加密的数据只有私钥能够解密，用私钥加密的数据只有公钥能解密。运用上述原理使用数字证书，可以建立一套严密的身份认证系统，从而保证如下 4 条。

(1) 信息除发送方和接收方外不被其他人窃取。

(2) 信息在传输过程中不被篡改。

(3) 发送方能够通过数字证书来确认接收方的身份。

(4) 发送方对于自己的信息不能抵赖。

9.4.2 数字证书的导出与转移

【示例 9】 数据证书的导出和转移。

(1) 依次选择 IE 浏览器的“工具”→“Internet 选项”→“内容”选项卡(见图 9-35)，单击“证书”区域下的“证书”按钮。打开如图 9-36 所示的对话框。

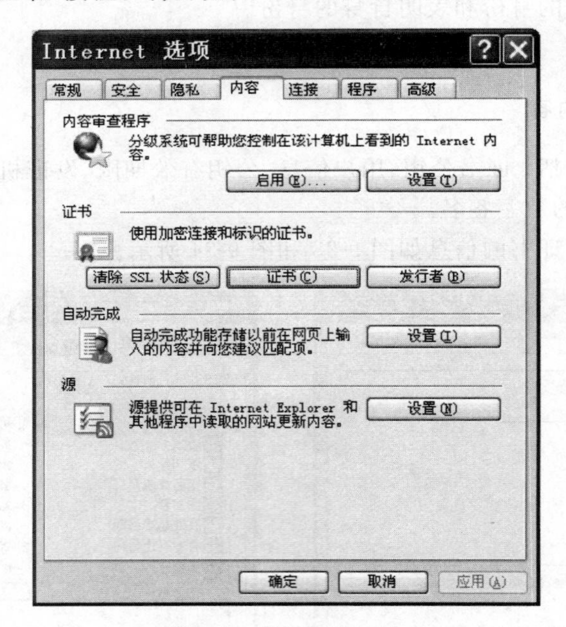

图 9-35 “内容”选项卡

(2) 在“证书”对话框中选择要导出的个人证书，单击下方的“导出”按钮，即可打开“证书导出向导”，按照向导的指引进行导出的过程。有些个人证书可以选择将私钥和证书一起导出，有些则提示“相关的私钥被标为不能导出”，则只有证书可以被导出，这种个人数字证书不能转移，只能在当前主机上使用(见图 9-37)。

(3) 在证书导出过程中，可以用不同的文件格式导出证书，在如图 9-38 所示的“导出文件格式”选择窗口中选择相应的格式，单击“下一步”按钮。

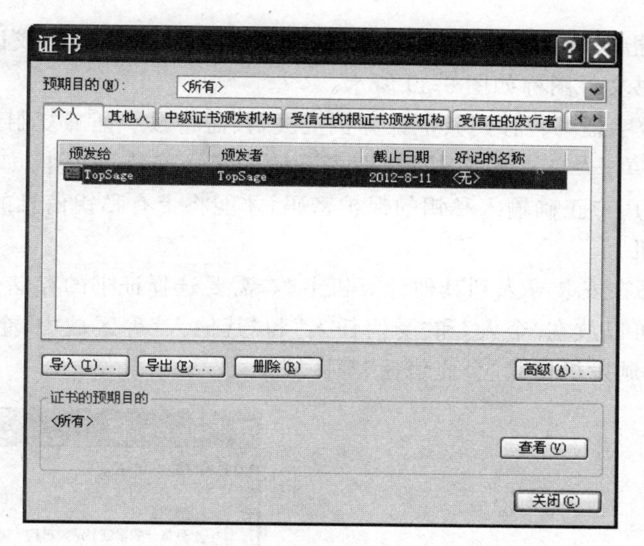

图 9-36 “证书”对话框

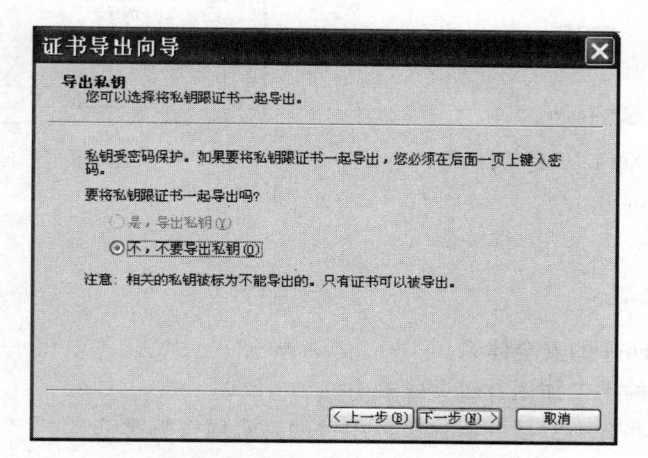

图 9-37 导出私钥选择窗口

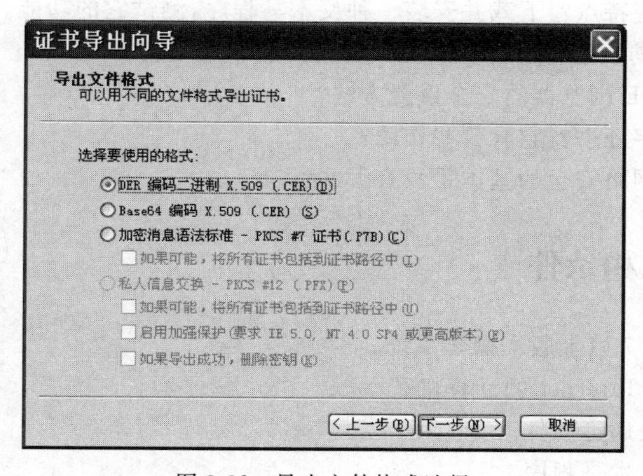

图 9-38 导出文件格式选择

(4) 接下来，指定要导出的文件名，单击“下一步”按钮，即可完成证书的导出工作。导出后的数字证书文件图标如图 9-39 所示。

(5) 如需把数字证书转移到其他计算机上去，只需将数字证书复制到其他计算机上，双击该证书文件，单击“安装证书”按钮，即可开始安装。安装过程中，如果数字证书带有私钥信息，还需要用户正确输入私钥的保护密码，才能将带有私钥信息的数字证书完整地转移到其他计算机上。

(6) 数字证书在安装导入到其他计算机上时，需要选择证书的存储位置(见图 9-40)。一般个人的证书可以放在“个人”和“受信任人”和“其他人”等区域中，企业证书一般放在“受信任的根证书颁发机构”、“企业信任”等区域中。

图 9-39 导出后的证书文件图标

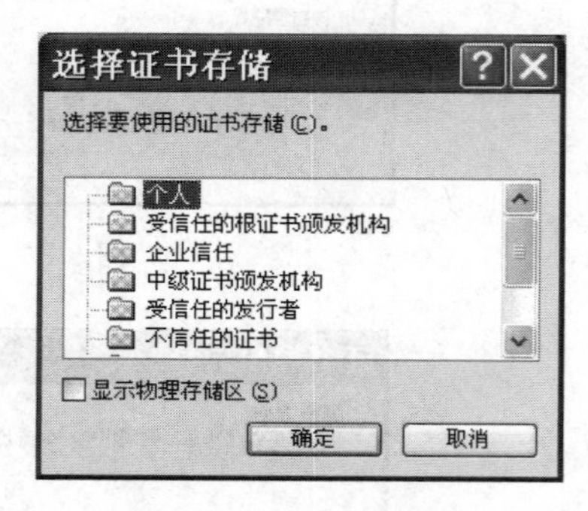

图 9-40 选择证书存储位置

习题

1. 简述 Internet 的安全体系。
2. 系统平台的手工加固有哪些常规方法？
3. 病毒有哪些分类？试分析你曾经中过的病毒属于哪类病毒。
4. 详细分析你所使用的反病毒软件的功能内容，测试它的检测速度、识别率和清除效果。
5. 木马有哪些特点？下载并安装一种反木马程序，测试它的功能。
6. Windows 防火墙都有哪些功能？如何开启和禁用它？
7. 简述几种 IE 浏览器的安全设置方法？
8. 什么是数字证书？它有哪些作用？
9. 目前无线网络安全的基本手段有哪些？

本章实训环境和条件

(1) Windows 7 以上版本操作系统。
(2) 能够连接 Internet 的计算机。
(3) 1～2 种反病毒软件。
(4) 1～2 种反木马程序。

（5）一键 GHOST 软件。

实训项目

1. 实训1：反病毒软件、反木马程序的安装和使用

1）实训目标

了解反病毒软件及反木马程序的工作机制。

熟悉1～2种反病毒软件及反木马程序的使用。

2）实训内容

（1）选择一种反病毒软件和一种反木马产品进行安装。

（2）分别将病毒库升级为最新。

（3）分别对本机进行全面扫描，并对扫描报告进行详细分析。

2. 实训2：配置 Windows 防火墙

1）实训目标

掌握 Windows 自带防火墙的配置方法

2）实训内容

（1）开启 Windows 防火墙。

（2）熟悉 Windows 防火墙的配置选项。

3. 实训3：系统备份及快速恢复

1）实训目标

掌握一键 GHOST 的快速备份和恢复方法。

2）实训内容

（1）安装一键 GHOST 软件。

（2）对本机 C 盘进行快速备份。

（3）对本机 C 盘进行快速恢复。

4. 实训4：数字证书的安装、导出及转移

1）实训目标

（1）了解主流的网上支付方法。

（2）掌握数字证书的申请、查看、导出和转移的方法。

2）实训内容

（1）到支付宝网站，申请一个免费支付宝账户。

（2）尝试申请支付宝数字证书。

（3）备份支付宝数字证书。

（4）查看和导出支付宝数字证书。

（5）转移支付宝数字证书到其他计算机。

第10章　网页制作与网站建设

基于网络目前发挥的重要作用，更基于网络将来的无限潜力，网站受到社会各个领域的重视。网站对人们的交流、沟通起着极其重要的作用。网站是由多个网页互相链接而成的整体，一些所见即所得的网页编辑工具软件的出现，使得网页制作非常简单。本章从网页的本质 HTML 语言谈起，讲述网站建设的基本流程，接着再详细讲解静态网页及动态网页的制作方法。

本章内容与要求

- 理解：网页的本质及基本构成。
- 了解：HTML 的定义及其标准。
- 了解：网页制作的基本工具。
- 理解：网站的定义及其组成。
- 理解：网站建设的一般流程。
- 掌握：网站策划及设计方法。
- 了解：常见网页版面布局形式。
- 掌握：使用表格布局或效果图布局的方法完成网页布局。
- 了解：色彩的基本知识及常见配色方案。
- 掌握：为网站设计合理的配色方案。
- 掌握：使用 Dreamweaver 制作静态网页并添加多种网页元素。
- 掌握：使用 Dreamweaver 建立基本的动态网站。

10.1　网站开发基础知识

10.1.1　网页

1. 网页的概念

网页是万维网(World Wide Web，WWW)上的基本文档，用超文本标记语言(Hyper Text Markup Language，HTML)书写。网页可以是网站的一部分，也可以独立存在。

网页可以通过浏览器查看，常用的浏览器有微软 IE(Internet Explorer)浏览器、火狐浏览器(Mozilla Firefox)、傲游(Maxthon)浏览器、Opera 浏览器、腾讯 TT 浏览器(Tencent Traveler)等。

2. 网页的本质

如果用 IE 浏览器浏览任意一个网页(见图 10-1)，在网页上右击，在弹出的快捷菜单中选择“查看源文件(V)”(注：某些浏览器版本中的菜单项为“查看源(V)”)即可打开，如图 10-2 所示。

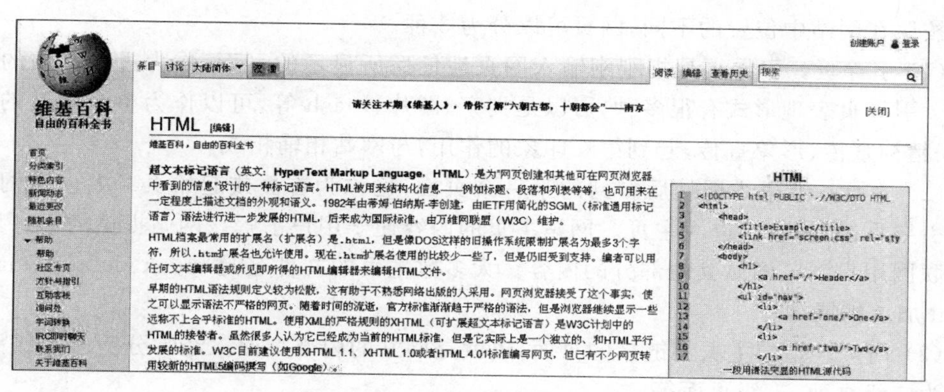

图 10-1　网页示例

```
http://zh.wikipedia.org/wiki/HTML - 原始源
文件(F)  编辑(E)  格式(O)
1   <!DOCTYPE html>
2   <html lang="zh-CN" dir="ltr" class="client-nojs">
3   <head>
4   <meta charset="UTF-8" /><title>HTML - 维基百科，自由的百科全书</title>
5   <meta name="generator" content="MediaWiki 1.23wmf10" />
6   <link rel="alternate" type="application/x-wiki" title="编辑本页" href="/w/index.php?
    title=HTML&amp;action=edit" />
7   <link rel="edit" title="编辑本页" href="/w/index.php?title=HTML&amp;action=edit" />
8   <link rel="apple-touch-icon" href="//bits.wikimedia.org/apple-touch/wikipedia.png" />
9   <link rel="shortcut icon" href="//bits.wikimedia.org/favicon/wikipedia.ico" />
10  <link rel="search" type="application/opensearchdescription+xml" href="/w/opensearch_desc.php"
    title="Wikipedia (zh)" />
11  <link rel="EditURI" type="application/rsd+xml" href="//zh.wikipedia.org/w/api.php?action=rsd" />
12  <link rel="alternate" hreflang="zh" href="/zh/HTML" />
13  <link rel="alternate" hreflang="zh-Hans" href="/zh-hans/HTML" />
14  <link rel="alternate" hreflang="zh-Hant" href="/zh-hant/HTML" />
15  <link rel="alternate" hreflang="zh-CN" href="/zh-cn/HTML" />
16  <link rel="alternate" hreflang="zh-HK" href="/zh-hk/HTML" />
17  <link rel="alternate" hreflang="zh-MO" href="/zh-mo/HTML" />
18  <link rel="alternate" hreflang="zh-SG" href="/zh-sg/HTML" />
19  <link rel="alternate" hreflang="zh-TW" href="/zh-tw/HTML" />
20  <link rel="copyright" href="//creativecommons.org/licenses/by-sa/3.0/" />
21  <link rel="alternate" type="application/atom+xml" title="Wikipedia的Atom feed" href="/w/index.php?
```

图 10-2　查看网页的“原始源”

“原始源”窗口中显示的内容称为 HTML 代码，它是由若干个 HTML 标记符及其相应的属性构成的一门网页编程语言。这些标记符是一些嵌入式命令，提供网页的结构、外观和内容等信息。浏览器利用这些信息来决定如何显示网页。

在浏览器的地址栏中，常见到 3 种类型的网页地址。

(1) 隐藏网页文件名：http://news.sina.com.cn/。

(2) 静态网页文件：网页 URL 的后缀是.htm、.html、.shtml、.xml 等静态网页的常见形式，例如，http://www.gov.cn/ldhd/2014-01/21/content_2572218.htm。

(3) 动态网页文件：以.asp、.jsp、.php、.perl、.cgi 等形式为后缀，或者在网址中有一个标志性的符号“?”。例如，http://www.ccopyright.com/cpcc/index.jsp 或者 http://www.google.cn/ig/china?hl=zh-CN。

无论哪种网页地址，在查看源文件时，都可以看到类似图 10-2 的源代码。这些源代码就是网页的本质。

3. 网页的基本构成

按照在网站中位置的不同,网页可以分为 3 种。

(1) 引导页。引导页是指刚刚输入网页地址后所显示的页面,作为进入网站的一个入口。引导页表现形式有很多种,可以是文字、图片、Flash 等,可以作为整个网站的理念宣传、精神宣传、形象宣传,起到第一印象的作用,与网站相辅相成。

(2) 主页。指进入网站后看到的第一个页面,也称为首页或起始页。大多数网站没设计引导页,而是直接进入主页。网站主页的内容便于用户了解该网站提供的信息,并引导互联网用户浏览网站其他部分的内容。大多数主页的文件名是 index、default、main 或 portal 加上扩展名。

(3) 内页。指与主页相链接的页面,也就是网站的内部页面。经常分为多个级别,分别称为二级页面、三级页面等。

一个普通主页的基本构成可以用图 10-3 来说明。

图 10-3 典型主页的基本构成

1) Logo(标志)

Logo 是代表企业形象或栏目内容的标志性图片,一般在网页的左上角。Logo 一般使用企业已有的徽标做一些简单的处理。

2) 导航栏

导航栏就是一组超级链接,用来方便地浏览站点。例如,典型的导航栏包含一些指向站点的主页和二级页面的超级链接。导航栏可以用按钮、文本或小图片来实现超链接,也有可以使用下拉菜单效果。导航栏在网页的设计中,直接关系到使用网页的便捷性,和整个网页的美观也有很大关系。在导航栏功能有限时,可以通过导航区更清晰地引导浏览者浏览网站。

3) Banner(横幅广告)

Banner 是用于宣传站内某个栏目或活动的广告,一般制作成动画形式,由于动画能够更多地吸引人的注意力，将宣传文字或广告内容简练地加在其中，起到宣传效果。

4）内容区

这是网页的主要部分，是网页内容的表现区。

5）版权信息区

版权区提醒浏览者，所观看的内容受版权保护。正确的格式应该是“Copyright 日期 by 所有者”，©通常可以代替 Copyright。关于网站的其他链接信息、备案信息等也会放置在这个区域内。

10.1.2 网站

1. 网站的概念

网站（Website）是指在因特网上，根据一定的规则，使用 HTML 等工具制作的用于展示特定内容的相关网页的集合。简而言之，网站是由多个网页互相链接而成的整体。网站是一种通信工具，就像布告栏一样，人们可以通过网站来发布自己想要公开的资讯，或者利用网站来提供相关的网络服务。人们可以通过网页浏览器来访问网站，获取自己需要的资讯或者享受网络服务。

许多公司都拥有自己的网站，其利用网站来进行宣传、发布产品信息、招聘信息等。随着网页制作技术的流行，很多个人也开始制作个人主页，这些通常是制作者用来自我介绍、展现个性的地方。也有以提供网络信息为盈利手段的网络公司，通常这些公司通过网站为人们提供生活各个方面的信息，如时事新闻、旅游、娱乐、经济等。

在因特网的早期，网站只能保存单纯的文本。经过多年的发展，当万维网出现之后，图像、声音、动画、视频，甚至 3D 技术开始在因特网上流行起来，网站也慢慢地发展成我们现在看到的图文并茂的样子。通过动态网页技术，用户也可以与其他用户或者网站管理者进行交流。

2. 网站的组成

网站由域名（Domain Name，俗称网址）、网站源程序和网站空间三部分组成。

域名经常以 www.xxx.cn 这样的形式出现。域名是因特网查寻信息及互相联系的地址信息。网站空间由专门的独立服务器或租用的虚拟主机承担；网站源程序则放在网站空间里，表现为网站前台程序和网站后台程序。

3. 网站设计的原则

网站设计的真正意图在于把适合的信息传达给适合的观众。设计者应先理解设计的基本结构，进而去掌握他们，要设计出精彩的多媒体网站，需要考虑以下 3 个方面的问题。

1）确定内容

（1）网站需要传递的最重要的消息是什么？

（2）哪一种多媒体方式能最有效地说明它？

(3) 在信息列表中,哪个信息需要特别关注?

(4) 哪个信息需要反复强调?

(5) 实现这个方法的最好途径是什么?

(6) 这个消息与其他部分怎样平衡?

2) 确定内容最好的表现形式和用户

(1) 什么样的访问方式将使用户的数目最多?

(2) 他们将使用什么样的计算机?

(3) 他们是家庭用户还是办公用户?

(4) 他们用的是什么浏览器?

(5) 用以选择文件格式、软件、插件和浏览器支持的最小配置是什么?

3) 确立一个创造性、有效的设计方案

(1) 要考虑带宽的问题。

(2) 要注重色彩的搭配问题。

(3) 要考虑适应不同浏览器、不同分辨率的情况。

(4) 要让浏览者容易找到要找的东西,使网页内容便于阅读。

(5) 站点内容要精、专、及时更新。

(6) 提供交互性。

(7) 简单即为美。

针对不同的用户群,有不同的服务方向,但有一点是可以肯定的:需要恰当的设计——"没有好的或坏的设计,只有是否合适、是否恰当的设计",这成为目前网站设计的基本原则。

10.2 网站开发相关技术

10.2.1 网页技术性元素

1. HTML 的定义

HTML 是 WWW 的描述语言。

(1) 超(Hyper):是相对于线性(Linear)来说的。在很久以前,那时计算机程序还是线性运行的,当计算机程序执行完一个动作以后,转向下一行,这行结束后,继续下移,依次类推。但 HTML 则不同,可以在任何时候跳转到任何地方。

(2) 文本(Text):意味着它是自解释的(self-explanatory)。

(3) 标记(Markup):指的是如何处理文本。对文本做标记的方式,与在文本编辑程序里将文本加粗,或者将一行话设为标题或列表项目类似。

(4) 语言(Language):HTML 就是一种语言。

设计 HTML 语言的目的是为了能把存放在一台计算机中的文本或图形与另一台计算机中的文本或图形方便地联系在一起,形成有机的整体,人们不用考虑具体信息是在当前计算机上还是在网络的其他计算机上。只需使用鼠标在某一文档中单击一个图标，Internet 就会马上转到与此图标相关的内容上去，而这些信息可能存放在网络的另一台计算机中。

如果要制作网站，学习 HTML 是不可避免的。即使用 Dreamweaver 等网页编辑工具来制作网站，了解基本的 HTML 知识也会在网站制作过程中倍感轻松，并有利于制作出更好的网站。

2. HTML 的基本结构

一个 HTML 文件包含以下几个最基本的标记符。

```
<html>
<head>
<title>网页标题</title>
</head>
<body>
网页主体部分
</body>
</html>
```

在 HTML 源代码中，标记符经常是成对出现的。每一个标记符都有特定的功用。

(1) <html>和</html>标记是用来说明在它们之间的文本属于 HTML 文件，浏览器从<html>标记开始执行，当遇到</html>标记时，将会停止执行。

(2) <head>和</head>标记是用来说明在它们之间的文本都属于 HTML 文件的文件头。它仅定义 HTML 文件需要特殊处理的一些预先说明，并不在浏览器中显示。

(3) <title>和</title>标记是用来说明在它们之间的文本是该文件的标题，此标题显示在浏览器最上方的标题栏中。如果要把页面添加到浏览器的"收藏夹"中，该文档的标题便会成为"收藏夹"中的项目名称。

(4) <body>和</body>标记是用来说明在它们之间的文本是 HTML 文件的主体部分，也是整个 HTML 文件最重要的部分。它所包含的内容显示在浏览器的页面显示窗口里。

HTML 语言发展很快，早期的 HTML 文件并没有规定如此严格的结构，为保持对早期 HTML 文件的兼容性，现在流行的浏览器也支持不按上述结构编写的 HTML 文件。

3. 网页标准与 W3C

编写 HTML 文件的方式多种多样，同时，浏览器也可以以多种不同的方式来理解 HTML。这就是为什么某些网站会在不同的浏览器上显示出不同效果的原因。为了解决这一问题，HTML 发明人 Tim Berners-Lee 创办了万维网联盟（World Wide Web Consortium，W3C），致力于制定通用的 HTML 标准。

HMTL 标准目前已经发展到 HTML 5.0 版和 XHTML 2.0 版。占据市场较大份额的 IE 浏览器有自己特有的元素，但它也支持 W3C HTML 标准。同样地，其他的浏览器，比如 Mozilla、Opera 和 Netscape 等，都是既有自己特有的元素，也同时支持 W3C HTML 标准。

如何告诉浏览器你所编写的 HTML 支持的是哪种标准呢？具体做法是采用文档类型声明。文档类型声明应写在 HTML 文档的开头部分。例如：

```
<!DOCTYPE html PUBLIC "-//W3C//DTD XHTML 1.0 Strict//EN"
    "http://www.w3.org/TR/xhtml1/DTD/xhtml1-strict.dtd">
<html xmlns="http://www.w3.org/1999/xhtml" lang="en">
<head>
<title>网页标题</title>
</head>
<body>
<p>网页内容</p>
</body>
</html>
```

除了要给出文档类型声明以外(上例中第一行，它告诉浏览器这个文档是 XHTML)，还需要在 HTML 标签中加入一些信息，也就是添加两个属性 xmlns 和 lang。xmlns 是 XML-Name-Space(XML 名称空间)的缩写，其值固定为 http://www.w3.org/1999/xhtml。lang 属性用于指定当前文档所使用的语言，其值采用 ISO 639 标准中列出的世界各国语言代码。通过 HTML 文档头部的文档类型声明，浏览器可以知道如何读取和显示此 HTML 文件。

在编写网页程序时，只要遵循 W3C 标准来编写 HTML，就能够确保网页在所有浏览器上显示的一致性。因此，编写标准的 HTML 非常重要。

10.2.2 网页制作工具

网页的制作是一个系统工程，涉及以下几方面的工作。

(1) 版式设计与内容组织。

(2) 页面制作。

(3) 图像的设计与制作。

(4) 动画的设计与制作。

(5) 网页特效的实现。

(6) 多媒体元素(音频、视频等)的表现。

每一方面的工作都有许多工具软件可以选择。下面，介绍一些主流的网页制作和辅助制作工具。

1. 主流工具

制作网页可以使用一些常用的文字编辑软件来编写网页源代码，如记事本、写字板，但这要求编写者对 HTML 语言非常熟悉，并且编写过程非常烦琐耗时。还可以使用

Word 等应用软件来自动生成网页，但这种方式产生的网页源代码会产生很多废码，使网页运行效率大大降低。

HTML 技术的不断发展和完善，随之产生了众多网页编辑器，从网页编辑器基本性质可以分为所见即所得网页编辑器和非所见即所得网页编辑器（原始代码编辑器），两者各有千秋。所见即所得网页编辑器的优点就是直观，使用方便，容易上手，在所见即所得网页编辑器进行网页制作和在 Word 中进行文本编辑不会感到有什么区别。

一些主流的网页制作工具能够自动快速生成源代码，并呈现所见即所得的网页效果，使得网页制作的工作变得简单、高效。现在主流的网页编辑软件是 Dreamweaver。

2. 辅助工具

1）图像制作工具

（1）Photoshop

平面图形工具首推 Photoshop，它广泛地应用于印刷、广告设计、封面制作、网页图像制作、照片编辑等领域，其强大的功能足以完成各种平面图形的处理、加工等操作。

（2）Fireworks

Fireworks 是专门为网页制作人员设计的一种图形设计和处理软件，它既是一个位图编辑器，又是一个矢量绘图程序。它能够自由地导入各种图像文件，识别矢量文件中绝大部分的标记和 Photoshop 文件中的层，它还可以方便地制作 GIF 动画。

2）动画制作工具

（1）Gif Animator

Gif Animator 是 Ulead（友立）公司出版的动画 GIF 制作软件，内建的 Plugin 有许多现成的特效可以立即套用，可将 AVI 文件转成动画 GIF 文件，而且还能将动画 GIF 图片最佳化，能为放在网页上的动画 GIF 图像“减肥”，以便让人能够更快速地浏览网页。

（2）Flash

Flash 是当今 Internet 上最流行动画作品（如网上各种动感网页、Logo、广告、MTV、游戏和高质量的课件等）的制作工具，并成为事实上的交互式矢量动画标准。

3）特效制作工具

（1）JavaScript 网站资源

想使用 JavaScript 特效来提升网页的吸引力，可以自己手工编写 JavaScript 脚本程序，但这对于一般网页制作人员似乎难度过高。Internet 上有许多免费的 JavaScript 特效开源代码资源，可以方便地为网页提供“页面特效类”（例如，字符从空中掉下来……）、“时间日期类”（例如，时钟加在背景上……）、“图形图像类”（例如，图片翻滚导航……）等多种类别的特效。

（2）Java Applet 生成工具——Anfy

Java 最初奉献给世人的就是 Applet，随即它吸引了全世界的目光，Applet 运行于浏览器上，可以生成生动美丽的页面，进行友好的人机交互，同时还能处理图像、声音、动画等多媒体数据。Java Applet 是用 Java 语言编写的一些小应用程序，这些程序是直接嵌入到页面中，由支持 Java 的浏览器解释执行能够产生特殊效果的程序。这一类型的生成工具例如 Anfy。

4) 多媒体制作工具

随着网络带宽的不断提高，音频、视频等多媒体内容被更多地放到网页上来，尤其是随着一些视频分享、视频点播网站的兴起，多媒体视频制作工具也越来越多地被应用。Adobe Premiere、Ulead 公司的会声会影等都是主流的多媒体视频编辑工具，用 Flash 制作的 FLV 影片目前在网上的应用也非常广泛。

(1) Movie Maker。

微软公司的 Movie Maker 简单易学，使用它制作视频短片充满乐趣。通过简单的拖放操作，精心地筛选画面，然后添加一些效果、音乐和旁白，视频短片就可以初具规模。

(2) Adobe Premiere

Adobe Premiere 目前已经成为主流的视频编辑工具，它为高质量的视频提供了完整的解决方案，是一款专业非线性视频编辑软件。

5) 其他工具

(1) 菜单制作工具。

WebMenuShop 是一款用于快速建立 JavaScript 网页菜单的软件。几乎不需要任何 JavaScript 编程知识，就可以使用它很轻松地制作形式多样的网页菜单，并可以很方便地保存菜单的定制方案，在网页中应用专业级的浮动层菜单。WebMenuShop 主界面如图 10-4 所示。图 10-5 则是利用 WebMenuShop 制作出的菜单示例。

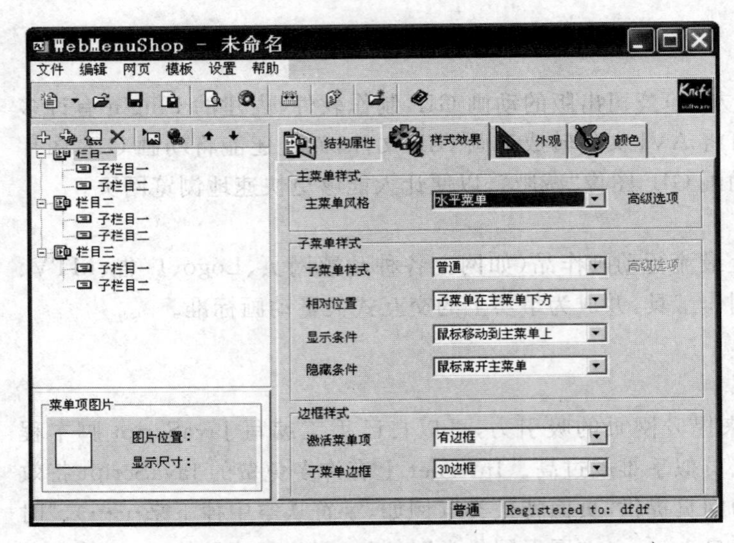

图 10-4 WebMenuShop 主界面

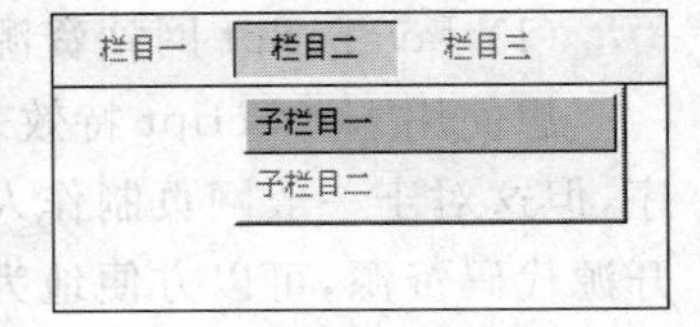

图 10-5 菜单示例

(2) Banner 图片制作工具。

并不是每个网页制作人员都是美工，有些图像处理工作可以借助一些专门的网上工具来完成，如“我拉网”上就可以在几秒钟之内免费制作出具有专业水准的 Banner 广告条，使网页制作人员的工作更快捷、高效。

10.3 网站建设流程

虽然每个网站在内容、规模、功能等方面都各有不同，但是有一个基本设计流程可以遵循。大到门户网站（如 sina、sohu），小到一个微不足道的个人主页，都要以基本相同的步骤来完成。首先是前期策划，然后是定义站点结构，再创建界面，接下来是技术实现和完善，最后是站点的发布和维护。这几个阶段完整地结合在一起，直到完成整个站点的工作。网站的建设流程如图 10-6 所示。

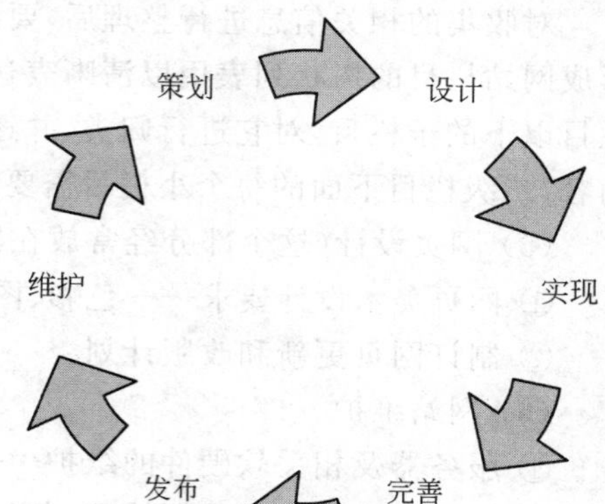

图 10-6 网站建设流程

10.3.1 网站策划

1. 网站策划的主要内容

要进行网站的整体设计，策划是第一步。网站策划就是通过客观、科学的方法，借助策划学的知识，依托互联网的相关技术和行业知识，对一个网站从构思到建设再到推广运营而提出的一条龙的整体建设思路和实现方法，以保证这个网站能够顺利完成并且健康成长。

2. 网站策划书的撰写

每个网站的情况不同，网站策划书也是不同的。在网站建设前期，要进行市场分析，形成书面报告，对网站建设和运营进行有计划的指导和阶段性概述。网站策划书一般可以按照下面的思路来进行整理。

(1) 建设网站前的市场分析。

① 目前行业的市场分析（目前市场的情况调查分析、市场有什么样的特点和变化、目前是否能够并适合在因特网上开展业务等）。

② 市场的主要竞争者分析（竞争对手上网情况及其网站规划、功能作用等）。

③ 公司自身条件分析（包括公司概况、市场优势，可以利用网站提升哪些竞争力，建设网站的能力，即费用、技术、人力等）。

(2) 建设网站的目的。

① 为什么要建立网站（企业的需要还是市场开拓的延伸）？

② 网站功能（根据公司的需要，确定网站的功能）。

③ 网站的目标（确定网站应达到的目标和作用，面向群体）。

(3) 网站技术解决方案。

① 服务器——自建、租用虚拟主机或主机托管。

② 操作系统——UNIX、Linux 还是 Windows Server。分析投入成本、功能开发、稳

定性和安全性等。

③ 网站安全措施，防黑、防病毒方案。

④ 相关程序开发——网页程序 ASP、JSP、CGI、数据库程序等。

(4) 网站内容规划。

对收集的相关信息进行整理后，要找出重点，结合网站定位来确定网站的栏目内容，形成网站栏目的树状列表用以清晰表达站点结构。对于比较大的网站，还需要确定二级栏目以下的子栏目，对它进行归类，并逐一确定每个二级栏目的主页面需要放哪些具体的内容，二级栏目下面的每个小栏目需要放哪些内容。

(5) 网页设计(这个部分经常放在网站设计阶段进行)。

① 网页美术设计要求——色彩、图片应用、版面规划等。

② 制订网页更新和改版计划。

(6) 网站维护。

① 服务器及相关软硬件的维护——对可能出现的问题进行评估，确定响应时间。

② 数据库维护——数据管理、备份、灾难恢复等。

③ 内容维护——内容的更新、调整等。

(7) 网站测试。

在网站发布前要进行周密的测试，以保证正常浏览和使用。

① 服务器——稳定性、安全性等。

② 程序、数据库测试。

③ 网页兼容性测试——浏览器、分辨率等。

④ 其他测试。

(8) 网站的发布与推广。

① 发布的公关、广告活动。

② 搜索引擎登记。

③ 其他推广活动。

(9) 网站建设日程表。

各项规划任务的开始完成时间、负责人等。

(10) 费用明细。

列出各项事宜所需费用清单。

以上为网站策划书中应该体现的主要内容，根据不同的需求和建站目的，内容也会增加或减少。在建设网站之初一定要进行细致的规划，才能达到预期建站目的。

10.3.2 网站设计

网站设计主要是对网站前台页面进行设计。前台就是浏览者能够看到的那部分，也就是网页。

对于不同类型的网站，前台设计情况可能略微不同。

(1) 门户网站。门户网站设计主要是简单，界面友好，要追求网页打开速度。门户网站的首页通常是比较简单同时具备一点独特的风格，在不影响网页速度的前提下保留个性与独到。

(2) 企业网站。企业网站的范围很广，涉及各个领域。但它们的共同之处就是以宣传为主。企业宣传自己的目的都是为了提升企业形象，希望有越来越多的人能关注自己的公司和产品，以获得更大的发展。企业宣传网站的设计就要根据企业所处的行业，结合自身特点，传达企业最新最全的信息。

(3) 个人网站。个人网站通常是两种形式，一种是爱好型的非盈利网站，这种网站通常采用大量的图片来追求炫目的感觉。一种是个人门户型网站，和门户型网站的设计属于一类。

10.3.3 代码实现

网站代码编程是网站安全的基础，一个好的程序可以使网站受到攻击而产生不良后果的问题大大减少，代码实现需要专业的编程技术，一般来说网站流行的编程语言有JSP、ASP、.NET和PHP等。

无论选择哪种网站编程语言，都可以实现网站的基本功能。通常情况下网站都具有这些基本功能系统：新闻发布系统（信息发布系统）、产品发布系统、会员管理系统、广告管理系统、流量统计分析系统等。

10.3.4 网站测试与完善

网站的设计和编程全部做完之后，要对网站进行测试和上传。首先应该将网站上传到网站空间，然后对网站进行测试，同时也是对网站空间进行测试。一般来说，网站测试需要进行的就是网站页面的完整程度，网站编程代码的繁简程度和完整性，网站空间的链接速度和网站空间的加压测试承受度。

10.3.5 网站发布

网站建设完成后，需要将它发布在Internet或Intranet上供访问者访问。发布网站需要有3个必备条件。

(1) 编写好的网站（如果是动态网站，需要事先导出数据库，并确保服务器支持此数据库的导入和连接）。

(2) 服务器空间（需要知道服务器的域名或IP地址）。

(3) FTP客户端工具（需要知道FTP上传的用户名和密码）。

在计算机连接上因特网之后，打开FTP客户端工具。在地址栏里输入服务器域名，并提供正确的用户名和密码，然后单击“连接”，就可以访问服务器，并且将已经建设好的网站上传到发布空间里了。如果是动态网站，还需要将数据库正确导入，并改写数据库连接参数，才可以正常发布。

10.3.6 后期更新与维护

对网站进行数据库填充,对网站内容和版式进行实时维护和及时更新。

10.3.7 宣传与推广

网站的推广可以说是网站建设中尤为重要的一部分,具体的推广方式至少包括两种。

1. 免费推广方式

(1) 友情链接。和其他网站做友情链接,最好找比自己 PR(全称为 PageRank,网页排名)值高的网站来做。

(2) 登录免费搜索引擎。让搜索引擎都收录你的网站,这样你的网站就可以在互联网上被其他企业或者个人查找到。

(3) 论坛广告。到各个论坛去发广告宣传网站。

(4) 群发推广。用 QQ 群发软件,或者邮件群发软件来进行推广。

(5) 病毒式推广。这个推广方法通常在推广前要下大功夫,制作出一些比较吸引人的东西来进行网络化传播,如图片、程序代码、常用软件等。

(6) 加入导航网站。加入导航网站对推广有好处,不过有一些比较有名的导航网站登录需要花费。

2. 付费推广方式

(1) 搜索引擎关键词。在比较著名的搜索引擎做关键词推广。

(2) 活动宣传。如果你做的是一些比较大的门户网站,那么可以选择做一些活动宣传这样的推广,比如说免费会员月等。

(3) 网络广告。做网络广告,在流量比较大的网站上做广告宣传。

(4) 传统宣传方式。虽然互联网发展越来越快,但是传统的宣传方式现在还是占主导地位,所以通过电视广告、广播、宣传册等宣传,对网站的推广效果很明显。

10.4 制作静态网页

10.4.1 网页版面布局

1. 版面的基本构成

网页版面的布局需要协调空间构成(平面构成和立体构成)和时间构成(静和动)的种种关系,顺应视觉感受,才能够打动观看者的视觉,得到想要的效果。

版面的基本构成要素是点、线、面。

(1) 点。在网页中，一个 Logo，一个按钮，一个文字都可以视为点。点有集中视线、紧缩空间、引起注意的功能。两个点相距不远而且形状不等时，一般由小向大看。近距离的点引起面的感觉。当点占据不同的空间时，它所引起的感觉是不同的。居中引起视觉集中注意；上下引起跌落感；左上或右上引起不安定感；下方中点产生踏实感；左下或右下增加了动感。

(2) 线。网页中的几个按钮或者几个文字的排列可以形成线。线又分为直线和曲线。直线给人以速度、明确而锐利的感觉。直线又分为斜线、水平线及垂直线。水平线代表平稳、安定、广阔，具踏实感；垂直线则有强烈的上升及下落趋势，可增加动感；斜线造成视觉的一种不安定。曲线则优美轻快，富于旋律。

(3) 面。圆形表现运动及和谐美；矩形单纯而明确；平行四边行有向一方运动的感觉；梯形最稳定，令人联想到山；正方形表现一种稳定的扩张；正三角形表现平稳的扩张；倒三角形有不安定的感觉。

2. 页面尺寸的确定

页面尺寸和显示器大小及分辨率是有关系的，网页的局限性就在于人们无法突破显示器的范围，而且因为浏览器也将占去不少空间，留下页面范围变得越来越小。一般分辨率在 800×600 的情况下，页面的显示尺寸为 780×428 像素；分辨率在 1024×768 的情况下，页面的显示尺寸为 1007×600，分辨率越高页面尺寸越大。

当前的网页设计者面临的问题之一就是用户计算机屏幕显示分辨率的差异，无法只按照一个模式设置页面的宽度，特别对于宽屏用户来说更为烦恼。

使用 17 寸普通屏幕的用户正在加速减少，而 17、19 寸宽屏用户正在逐步增加，这给网页设计师的一个考验是，不能只考虑 1024×768 分辨率的用户，要想想大屏幕宽屏用户，即 1280×800、1440×900、1280×1024 这 3 个分辨率的用户的浏览体验。

在 19 寸宽屏下，如果网站页面全文显示，铺满整屏，那么阅读的时候，眼睛需要从左转到右，才能阅读完一行，屏幕越大，这种效果越明显；因此，一个让用户大量阅读的网站，为了照顾好读者的眼睛，在大屏幕宽屏下不应该全屏铺开的显示文字内容。

在 1024×768 分辨率下，打开某公司网站主页时，会发现内容是全屏显示的，如图 10-7 所示。但是，在 1280×800 分辨率下打开同样的主页时，会发现这时屏幕左右两边各留出了一块空白，如图 10-8 所示。

现在的网页设计的行业标准是 950 至 960 像素宽度，这个宽度是人眼在不转动的情况下能看到的极限，以上举例说明所用的某公司网站主页的宽度就是 960 像素。

在网页设计过程中，要注意向下拖动页面是唯一给网页增加更多内容(尺寸)的方法，但最好不要让访问者拖动页面超过三屏。如果要在同一页面显示超过三屏的内容，那么最好建立页面内部链接，方便访问者浏览。

3. 常见版面布局形式

网页页面从水平方向上一般分成网页顶部、网页中部和网页底部三大部分。其中网页中部以左、中、右三分栏或左、右二分栏布局较为常见。这种分栏结构是一种开放式框

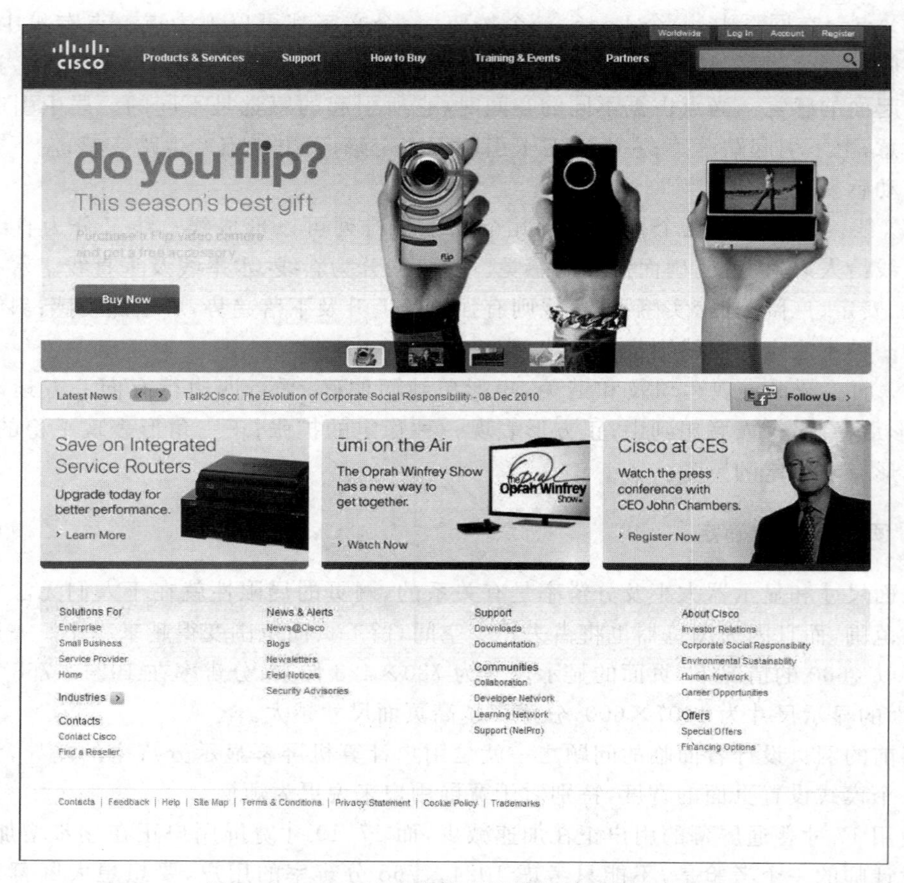

图 10-7　1024×768 分辨率下某公司网站的主页

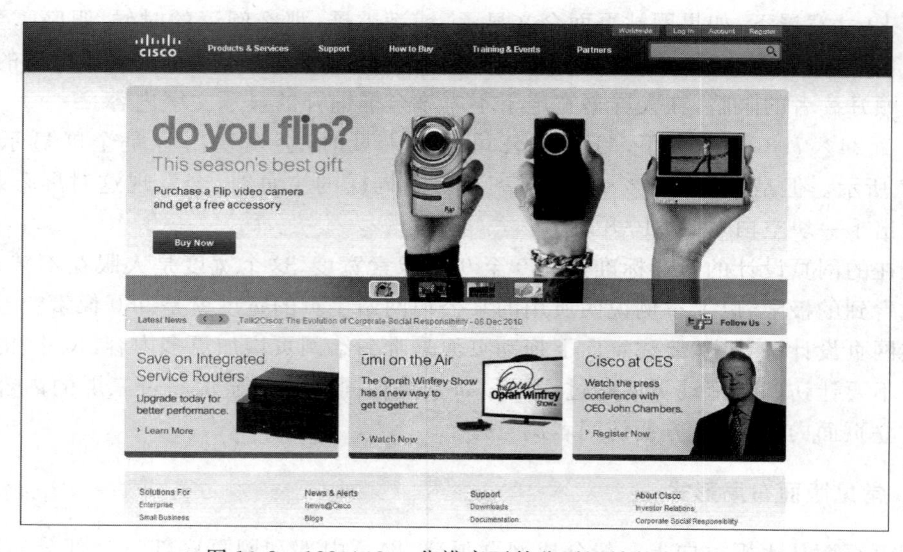

图 10-8　1280×800 分辨率下某公司网站的主页

架结构，它的用途很广，通常适合于信息流量较大，更新较快，信息储备很大的站点，如门户网站、资讯类网站。分栏结构中，三分栏最为常见，除此以外还有二分栏、四分栏、五分栏等情况，它们是以具体分栏列数命名的，超过五分栏的结构十分少见。下面，介绍几种常见的版面布局形式及示例。其实网页的版面还有许许多多别具一格的布局，关键在于适合的创意和设计。

1）二分栏型

这种版式页面顶部为横条网站标志和广告横幅，下方左面为主菜单，右面显示网页内容，如图 10-9 所示。因为导航主菜单背景较深，整体效果类似英文字母 T，所以也称之为“T 字型”布局。这是网页设计中用的最广泛的一种布局方式。这种布局的优点是页面结构清晰，主次分明。缺点是规矩呆板，需要在细节色彩上加强。

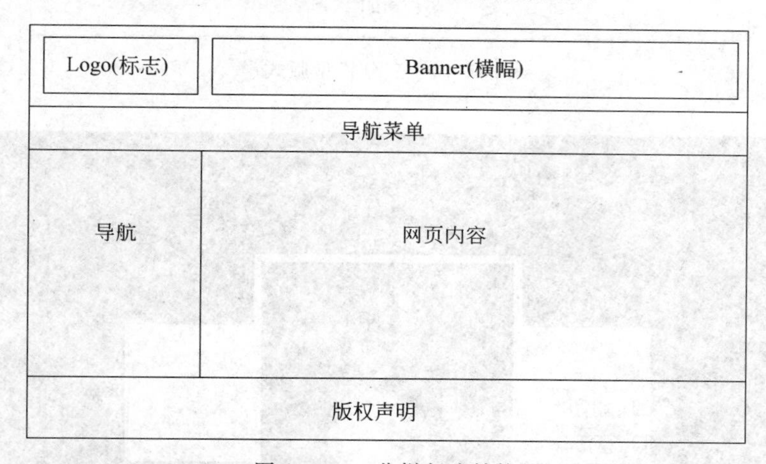

图 10-9 二分栏版式结构

二分栏型版式在网页宽度标准为 950 像素的情况下，左右分栏的宽度一般为 320 像素和 620 像素，版块元素之间距为 10 像素。

2）三分栏型

三分栏型（见图 10-10）是一些大型网站所喜欢的类型，即最上面是网站的标志和横幅广告条，接下来是网站的主要内容，左右分列两小条内容，中间是主要部分，与左右一起罗列到底，最下面是网站的一些基本信息、联系方式、版权声明等。

3）POP 型

POP 引自广告术语，是指页面布局像一张宣传海报，以一张精美图片或一个 Flash 作为页面的设计中心。常用于时尚类站点，优点是漂亮、吸引人；缺点就是速度慢。典型的 POP 型版式的主页如图 10-11 所示。

4. 网页布局方法

1）利用表格布局

使用表格排版是现在网页的主要布局形式。通过表格可以精确地控制各网页元素在网页中的位置。在 Dreamweaver 中有一个“布局模式”，用户可以在布局模式下在网页中

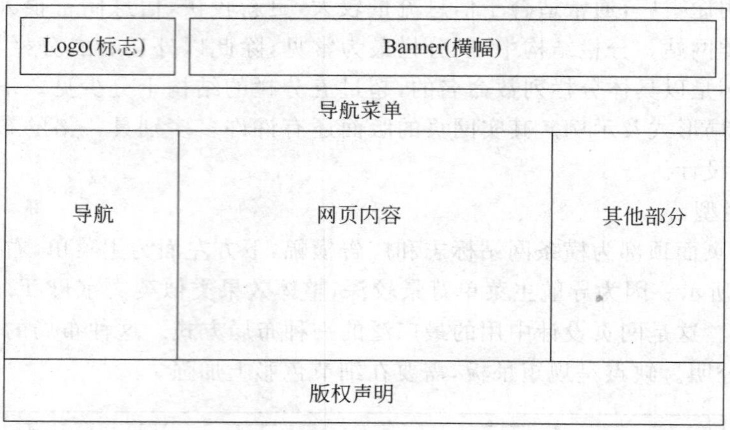

Logo(标志)	Banner(横幅)	
导航菜单		
导航	网页内容	其他部分
版权声明		

图 10-10 三分栏型版式

图 10-11 POP 版式网站示例

直接插入布局表格。利用布局模式对网页定位非常方便，但生成的表格比较复杂，一般只应用于中小型网站。下面通过一个示例的制作，介绍利用表格来布局的方法。

【示例 1】 利用表格进行网页布局。

(1) 在 Dreamweaver 的站点中新建一个网页文档，将插入栏切换到“布局”类别，即可展开如图 10-12 所示的布局选项。

图 10-12 布局模式

(2) 单击“表格”按钮，即可通过插入多行多列的表格进行网页的布局(见图 10-13)。插入表格后，可以利用单元格的“拆分”、“合并”、“插入行/列”、“删除行/列”等菜单选项进行表格的编辑和调整。

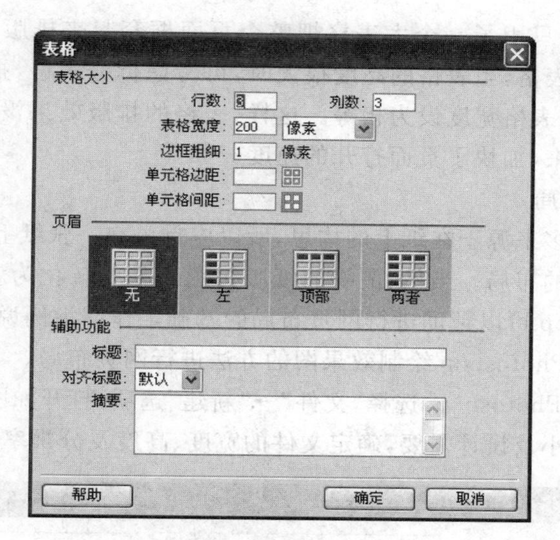

图 10-13　插入表格

(3) 例如,二分栏式版面布局应该添加一个如图 10-14 所示的表格,如果需要,在某些单元格中还需要嵌套一些表格,以方便进行网页元素的摆放。

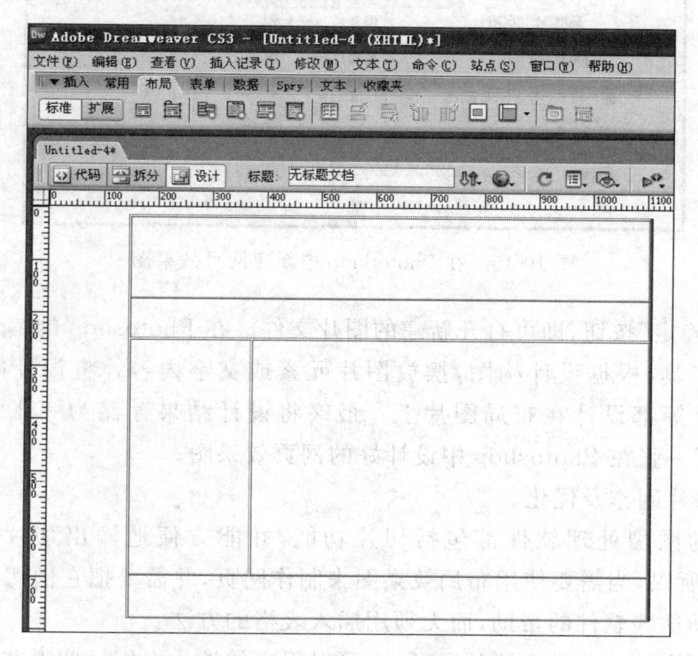

图 10-14　二分栏式的表格布局方法

利用表格布局时,要注意页面打开速度的问题。访问网站打开一个网页页面时,浏览器并不是接受了所有内容再显示整个页面,而是把部分接受的内容先显示给访问者。这样,访问者在整个页面完全打开之前也有内容可以看,避免了过长的等待。但使用了表格以后,浏览器一般是等整个表格的内容都接收到以后才显示这个表格里的内容。假设有一个比较长的页面，而只用了一个大表格把整个页面框套起来排版，显示速度就会比较慢。解决方法是拆分表格，当表格的高度很大时，可考虑拆分表格，把一个表格拆成若干个表格，注意拆分后的表格宽度设为相等。这样，表格的排版效果没变，但显示时各小表格的内容逐渐显示出来，加快了页面打开的速度。

2）利用效果图布局

一个好的设计大多来源于在纸上的构思，所以应首先在一张纸上进行网页构图，以便自由地构造一个粗略的布局。当然，最终的纸版构图还是要转化为实质的网页。在这个转化过程中，Photoshop 可以帮助进行网页布局的基础工作。举例说明如下。

【示例 2】 利用 Photoshop 绘制效果图的方法进行网页布局。

（1）打开 Adobe Photoshop，选择"文件"→"新建"选项，打开如图 10-15 所示的窗口，根据主流显示器的大小及设计需要，确定文件的宽度、高度及分辨率等信息。

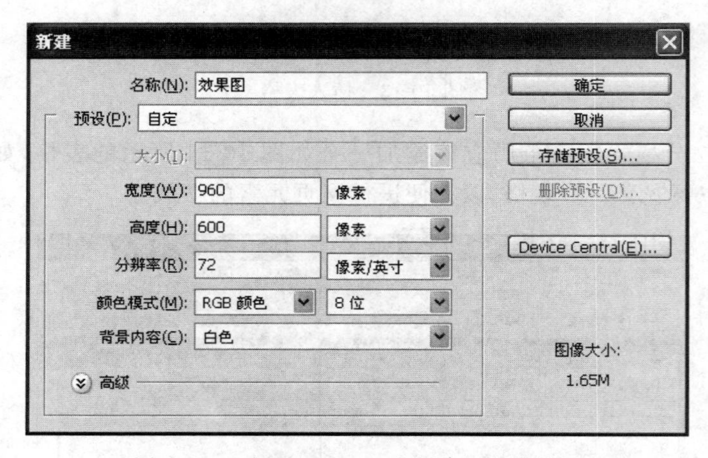

图 10-15 在 PhotoShop 中新建网页效果图

（2）单击"确定"按钮，即可打开新建的图片文件。在 Photoshop 的编辑窗口中，利用各种图像处理工具，根据设计构图，摆放图片元素或文字内容。将设计好的文字导航、Logo、版权信息等都设计在布局图片上。最终将设计结果存储为一张 jpg 格式图片。图 10-16 显示了一张在 Photoshop 中设计好的网页效果图。

（3）网页切片制作及优化。

几乎所有的图像处理软件都包括切片功能，并能方便地输出切片和包括切片的 HTML 文件。所以，当需要使用布局效果图来制作网页，并需要把它们切成多个图片（切片）时，可以借助这些软件的帮助，而无须用插入表格的方法。

切图是网页设计中非常重要的一环，它可以很方便地为人们标明哪些是图片区域，哪些是文本区域。另外，合理的切图还有利于加快网页的下载速度、设计复杂造型的网页以及对不同特点的图片进行分格式压缩等优点。

在 Photoshop 中选择切片工具。在要进行切割的图片上"切"出每个切割区域，可以看到每个切割区域都会带上一个数字标签，如图 10-17 所示。

（4）依次执行"文件"→"存储为 Web 所用格式"，在弹出的"存储为 Web 所用格式"

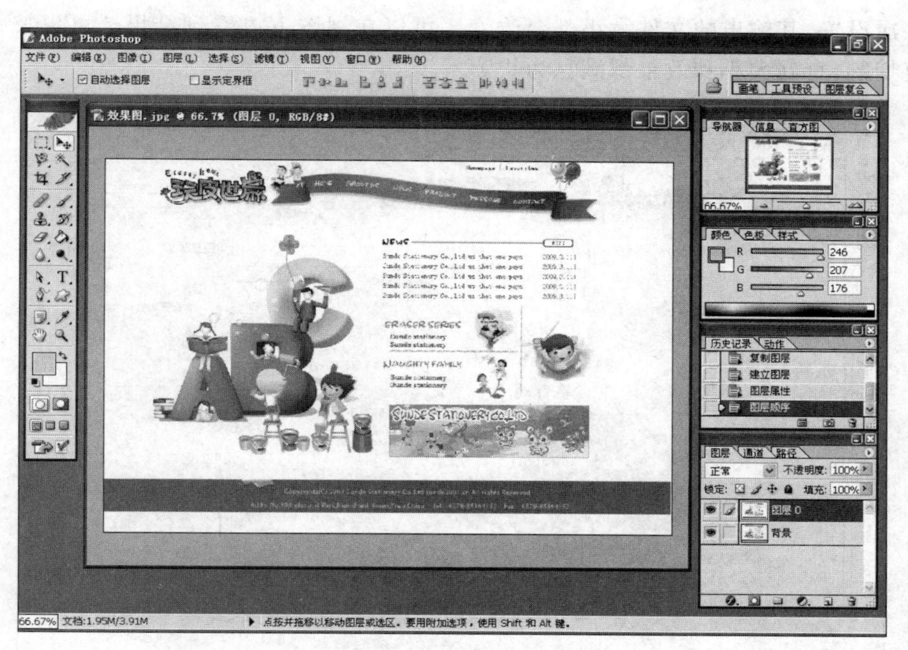

图 10-16　示例网页效果图

图 10-17　使用 Photoshop 切片

对话框中，可以单击上方的视图标签，可以切换优化格式视图（见图 10-18）。然后单击左边工具条中的切片选择工具，在任一选定的切割的视图中单击切片，此时选中的切片变色，表示已经选中。设置最终输出的每个切片是以什么类型的文件保存（gif 或 jpg）。每进行一次设置，其输出的文件大小都会改变。可以在视图下方看到结果。可以按个人需要反复切割，直到大小和效果都满意为止。

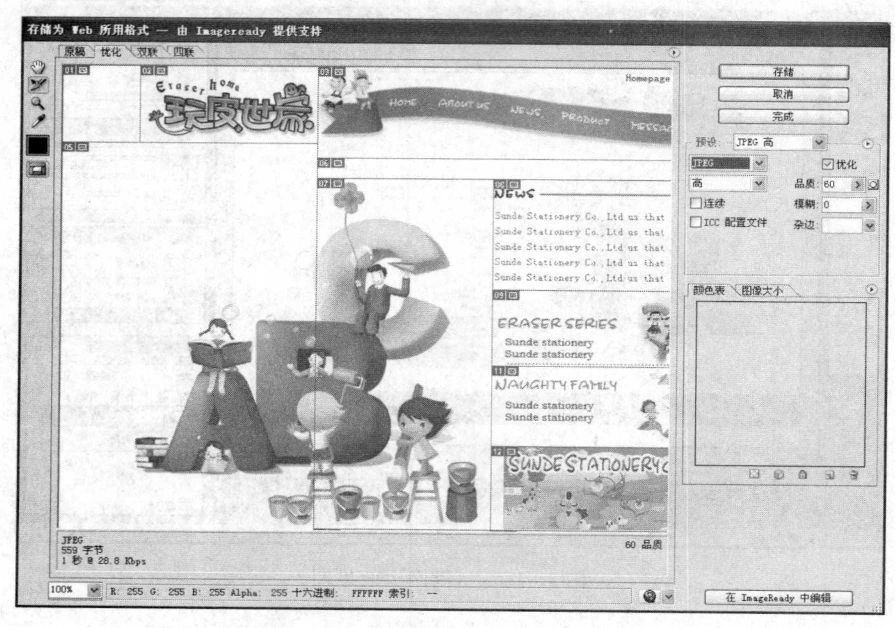

图 10-18　切片优化视图

（5）切片优化完成后，单击图 10-18 窗口右上角的“存储”按钮，在弹出的“将优化结果存储为”对话框中，将保存类型选择为“HTML 和图像（*.html）”（见图 10-19），并选择网站文件夹的路径，便可将包括 HTML 文件和对应的切片图形文件，都保存到网站文件夹中了（见图 10-20）。默认状态下，切片存放在 images 文件夹里。

图 10-19　“将优化结果存储为”窗口

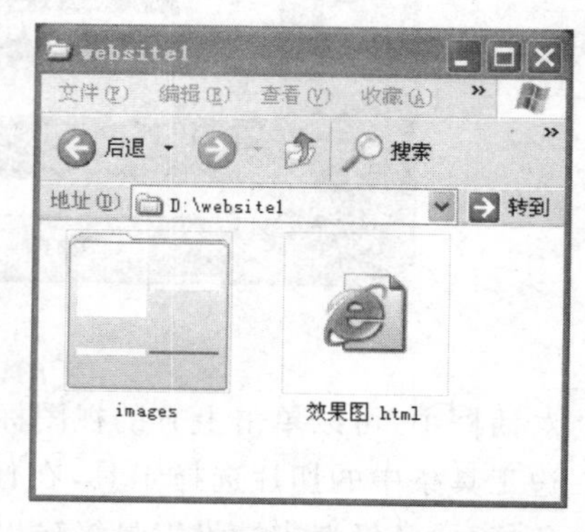

图 10-20　优化存储后的网站文件

(6) 打开网站文件夹中存放的 HTML 文件,可以看到所有的切片都放置在了设计好的位置上,而下载速度也比以前整张大图片时快了许多,如图 10-21 所示。这种布局方式更加方便快捷,能够快速达到设计效果,在已经形成基本框架的 HTML 文件上再进一步完成部分区域的后续制作,替换掉原来切片所占用的区域,即可最终完成网页的制作。

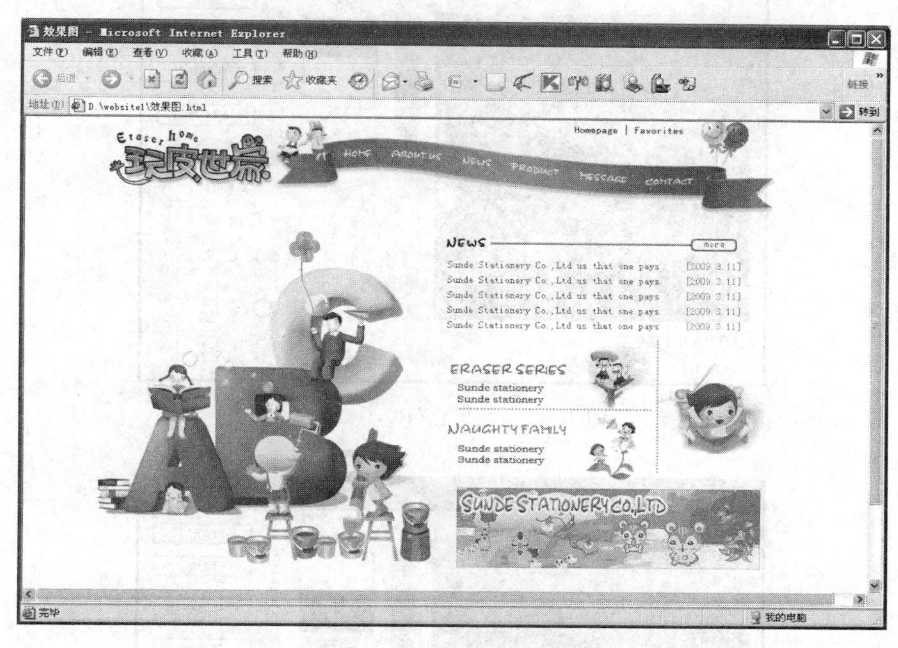

图 10-21 切片后的网页示例

10.4.2 网页配色原理

1. 色彩的基本概念

自然界中的颜色可以分为非彩色和彩色两大类。非彩色指黑色、白色和各种深浅不一的灰色,而其他所有颜色均属于彩色。任何一种彩色都具有"色相(H)"、"饱和度(S)"和"明度(B)"3 个属性。非彩色只有明度特征,没有色相和饱和度之分。

(1) 色相(Hue)也称为色泽,是颜色的基本特征,反映颜色的基本面貌。

(2) 饱和度(Saturation)也称为纯度,指颜色的纯洁程度。

(3) 明度(Brightness)也称为亮度,体现颜色的深浅。

计算机屏幕的色彩是由 RGB(红、绿、蓝)3 种色光所合成的,而人们可通过调整这 3 个基色就可以调出其他颜色,在许多图像处理软件中,都有提供色彩调配的功能,可以输入三原色的数值来调配颜色,也可以直接根据软件提供的调色板来选择颜色。在计算机中,RGB 的所谓"多少"就是指亮度,使用整数来表示。

通常情况下,RGB 各有 256 级亮度,用数字表示为 0~255。RGB 色彩共能组合出约 1678 万种色彩(即 256×256×256=16 777 216)。对于单独的 R 或 G 或 B 而言,当数值为 0 时，代表这种颜色不发光；如果为 255，则该颜色为最高亮度。

各种颜色的 R、G、B 值如图 10-22～图 10-27 所示。

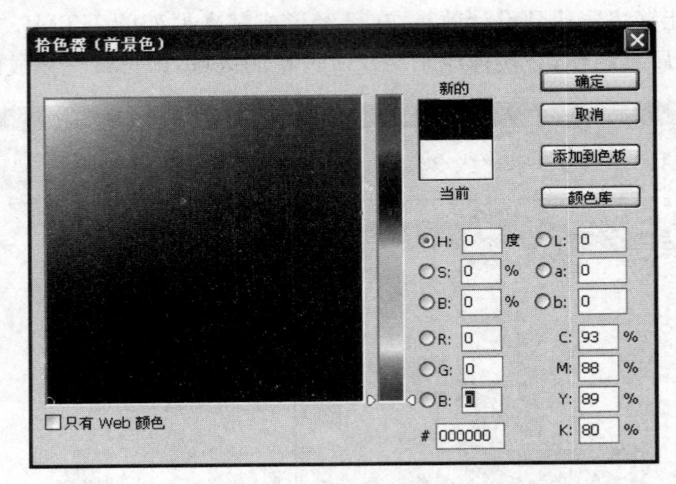

图 10-22　纯黑色(R0,G0,B0)

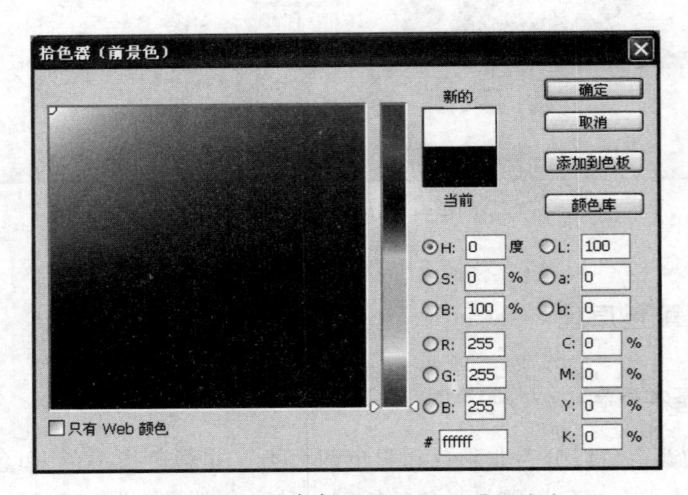

图 10-23　纯白色(R255,G255,B255)

RGB 模式是显示器的物理色彩模式。这就意味着无论在软件中使用何种色彩模式，只要是在显示器上显示的，图像最终就是以 RGB 方式显示给用户。

2. 网页色彩的组成

网页色彩由主颜色、副颜色、点缀色组成。

(1) 主颜色也称为主色调，是网页的主要颜色，常常用作标题的颜色。主颜色起到显示网页整体基调和风格的作用，通常不超过 2 种颜色。

(2) 副颜色在网页中是辅助主颜色的次要颜色，将用于正文，或者也可用作背景。通常为 1～3 种颜色。

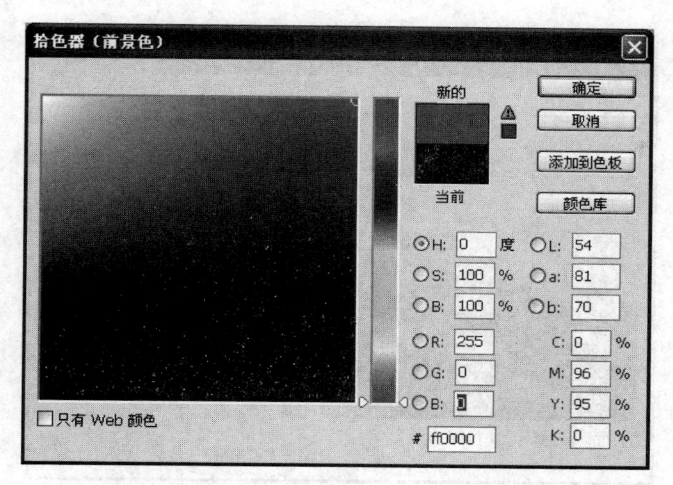

图 10-24　纯红色(R255,G0,B0)

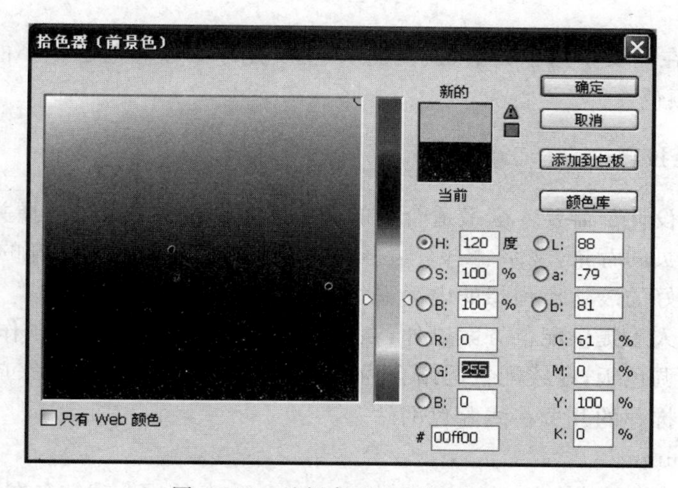

图 10-25　纯绿色(R0,G255,B0)

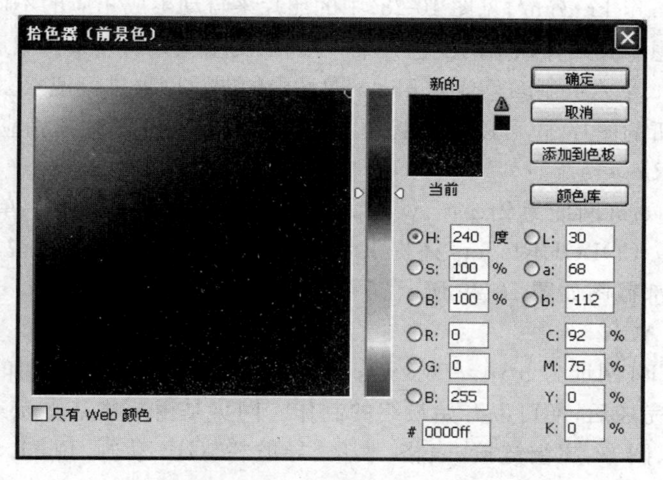

图 10-26　纯蓝色(R0,G0,B255)

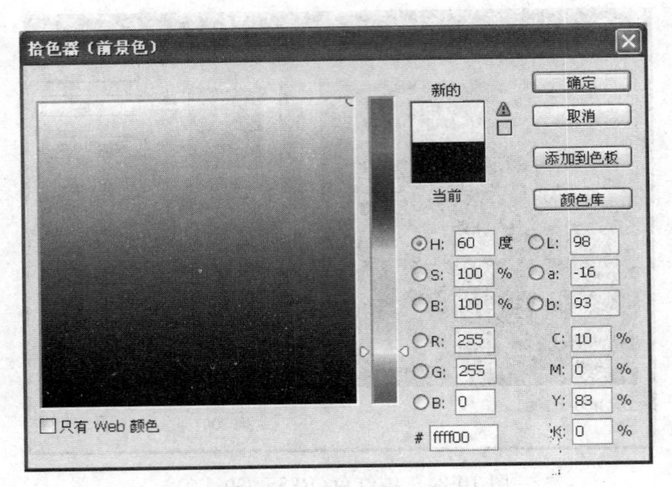

图 10-27　纯黄色(R255,G255,B0)

(3) 点缀色在网页中用于突出、强调显示，主要用于 Logo、范围较小的按钮、标签等，通常为 1～2 种颜色。

3. 网页配色技巧

每个网站的设计都需要一套最适合它的配色方案，配色方案的选择关系整个网站的成功与失败。网页的背景、文字、图标、边框、超链接等，应该采用什么样的色彩，应该搭配什么色彩才能最好的表达出预想的内涵呢？

除了由专业人士提供配色方案以外，在线配色方案网站会对设计工作带来很大帮助。配色方案也称为调色板，在线配色网站会为你提供各种风格的调色板来应用于不同风格的网站。以下是推荐的几个在线配色网站。

1) Color Hunter

Color Hunter(网址为 http://www.colorhunter.com/)使用全球知名在线相册 Flickr(网址为 http://www.flickr.com/，见图 10-28)中的照片来自动生成相应的不同调色板，也就是配色方案。如果想寻找某种风格的配色方案，可以在网站上方的搜索区域进行相应的搜索。通过输入 tag 名称、十六进制颜色值或 Flickr 网站中的图片网址进行搜索。如果在你的计算机里有想进行分析的图片，也可以上传上去，然后可以得到这张图片的相应配色。

2) COLOURlovers

COLOURlovers(网址为 http://www.colourlovers.com/)既提供单一颜色，又提供成套的配色方案。COLOURlovers 还提供各种配色的花纹图案，可以说对网页设计者有极大帮助。其局部截图如图 10-29 所示。

3) COLORJACK

COLORJACK(网址为 http://www.colorjack.com/)的局部截图如图 10-30 所示。

当网站设计完成后，便可以开始最终的制作。网页是由一些基本元素构成的，这些基本元素包括文本、图像、超级链接、表格、表单、导航栏、GIF 动画、Flash 动画、框架、媒体播放器等。接下来讲解在 Dreamweaver 中如何在网页中使用这些基本元素。

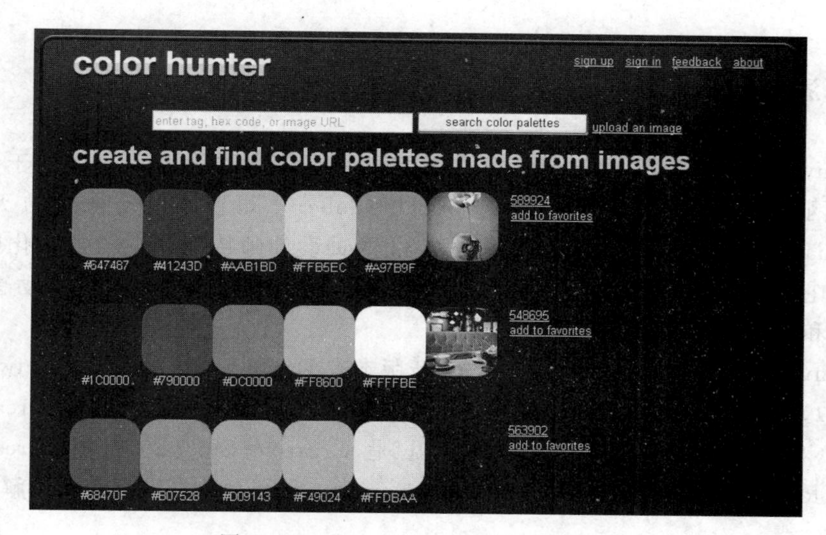

图 10-28 Color Hunter 网站局部截图

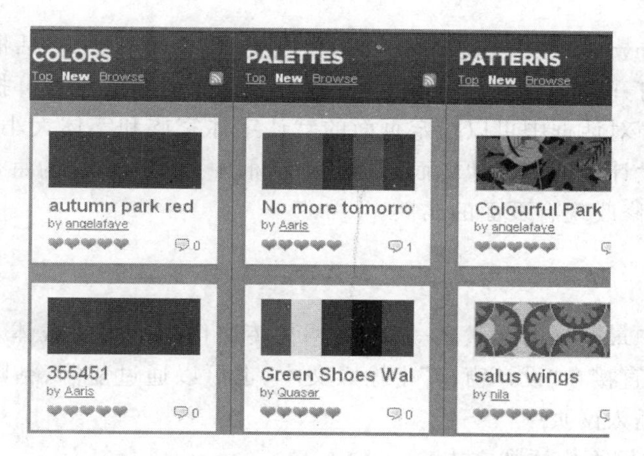

图 10-29 COLOURlovers 网站局部截图

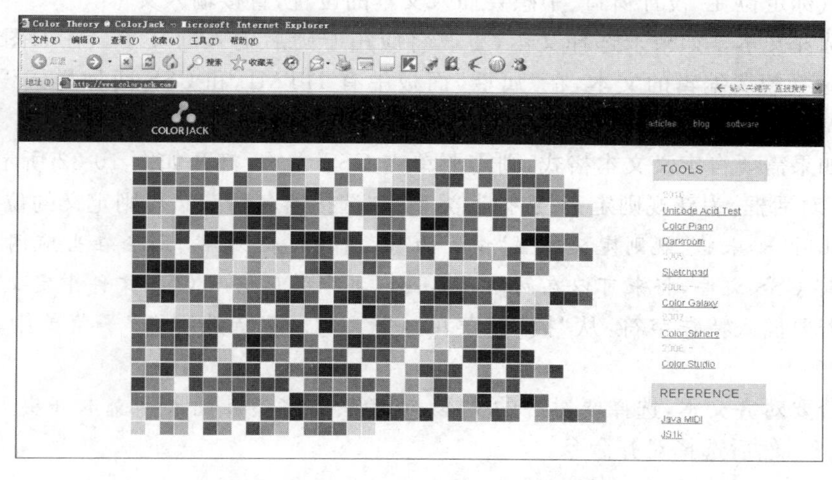

图 10-30 COLORJACK 网站局部截图

10.4.3 添加网页元素

Dreamweaver 原是美国 Macromedia 公司开发的集网页制作和管理网站于一身的所见即所得网页编辑器，2005 年 12 月 5 日，Adobe 公司以 34 亿美元的天价收购 Macromedia。Dreamweaver 是第一套针对专业网页设计师特别开发的视觉化网页开发工具，利用它可以轻而易举地制作出跨越平台限制和跨越浏览器限制的充满动感的网页。它有 Mac 和 Windows 系统两种版本。

Dreamweaver 在并入 Adobe 之前的较新版本有 Dreamweaver mx、Dreamweaver mx 2004 (7.01)、Dreamweaver 8.0。并入 Adobe 之后，又依次出现了 Adobe Dreamweaver CS、CS2、CS3、CS4、CS5、CS6。CS 的意思是 Creative Suit，2013 年，Dreamweaver Creative Cloud(CC)发布。本书以 Dreamweaver CS4 为开发工具进行实例讲解。

1. 设置页面属性

对于在 Dreamweaver 中创建的每一页，可以使用“页面属性”对话框更改页面公共属性。具体方法是打开 Dreamweaver 菜单栏“修改”→“页面属性”，即可打开“页面属性”对话框。“页面属性”对话框中可以指定页面的默认字体家族和字体大小、背景颜色、边距、链接样式及页面设计的许多其他方面。在此对话框中可以为创建的每个新页面指定新的页面属性，也可以修改现有页面的属性。

2. 添加文本

文本是网页中最基本的元素之一，也是网页传递信息的重要载体。在 Dreamweaver 中插入文本，可以直接在“设计窗口”中输入文本，也可以通过复制、粘贴或导入的方式从其他来源将文本插入网页中。

【示例 3】 在网页中添加文本。

(1) 鼠标定位在“设计窗口”中想要插入文本的位置，直接输入文本。

(2) 选择文本。如果未选择文本，更改将应用于随后输入的文本。在如图 10-31 所示窗口中选择想要编辑的文本，在“属性”面板中有 HTML 和 CSS 两种样式设置方式。HTML 中能够在“格式”的下拉菜单中选择系统设定的标题格式或段落格式。

(3) 如果需要自定义文本格式，则需要单击 CSS 方式，打开如图 10-32 所示的“新建 CSS 规则”对话框，为新规则定义“选择器类型”、“选择器名称”和“规则定义的位置”。

注：此时，如果将“规则定义位置”设置为“新建样式表”文件，则会在当前网页之外建立一个外部 CSS 文件，将来可以在网站的其他网页中引用这个 CSS 文件中定义的样式。

(4) 若要插入特殊字符，从“插入”菜单→HTML→“特殊字符”子菜单中选择字符名称。

(5) 若要对齐文本，选择要对齐的文本，或者只需将指针插入到文本开头。选择“格式”→“对齐”，然后选择对齐命令。

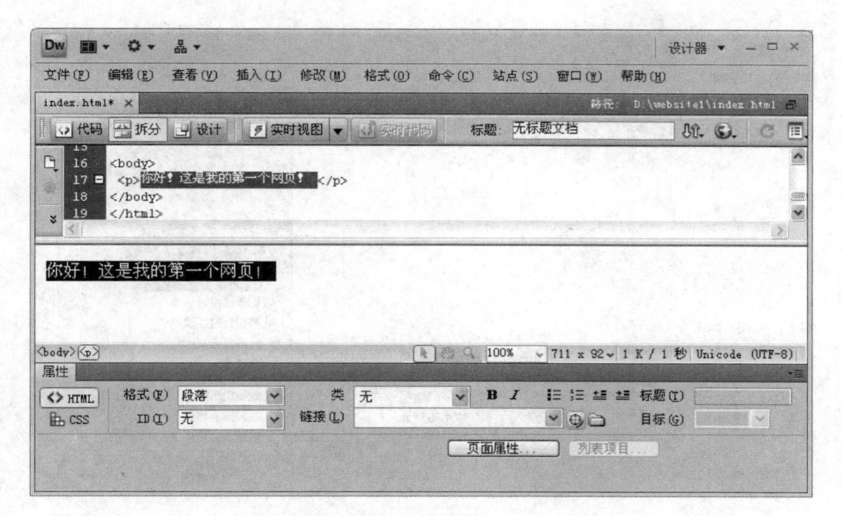

图 10-31 插入文本并设置文本格式

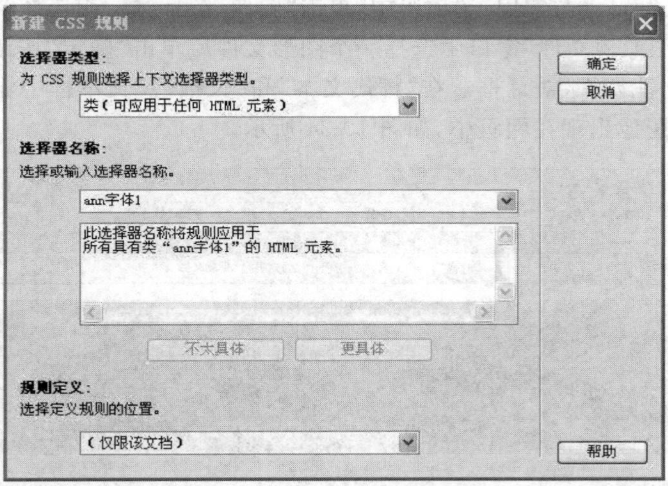

图 10-32 “新建 CSS 规则”对话框

3. 添加图像

在将图像插入网页时，Dreamweaver 自动在 HTML 源代码中生成对该图像文件的引用。为了确保此引用的正确性，该图像文件必须位于当前站点文件夹中。如果图像文件不在当前站点中，Dreamweaver 会询问是否要将此文件复制到当前站点中。

还可以插入一些其他的图像对象。例如，“鼠标经过图像”可以在网页中设置一张原始图像，当鼠标经过它时，它可以变换成另外一张图像，并且还可以在按下鼠标时，前往另一个URL 地址。在“常用”选项组中，可以选择多种形式的图像对象（见图 10-33）应用于网页中。

【示例 4】 在网页中添加图像。

(1) 在“设计窗口”中，将插入点放置在要显示图像的地方。

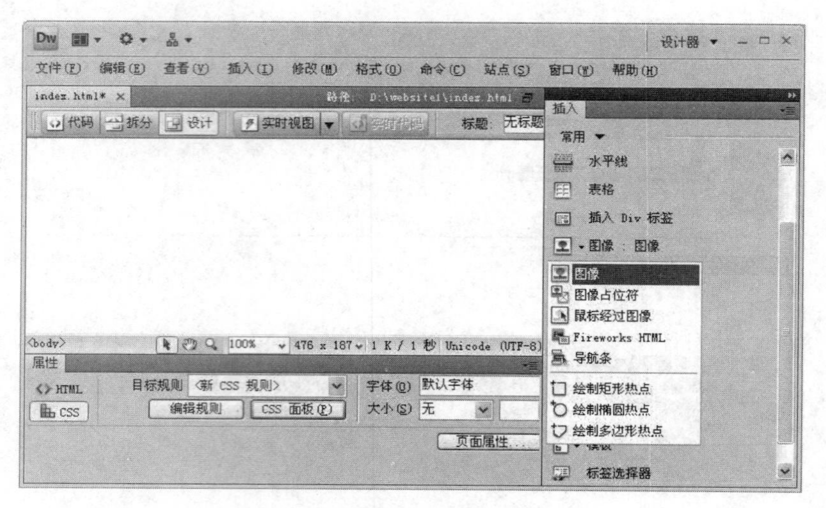

图 10-33　常用的图像对象

(2) 在“插入”面板的“常用”选项组中，单击“图像”图标（或选择菜单“插入”→“图像”）。在“选择图像源文件”窗口中选择一个图形文件后单击“确定”按钮。而后，会显示“图像标签辅助功能属性”对话框。在“替代文本”和“长描述”文本框中输入值，然后单击“确定”按钮。该图像出现在网页中，如图 10-34 所示。

图 10-34　在网页中插入图像

(3) 根据需要，可以在“属性”面板中设置该图像的属性。包括设置图像的宽、高、超链接、热点地图等。

4. 添加超级链接

Dreamweaver 提供多种创建超文本链接的方法，可创建到文档、图像、多媒体文件或可下载软件的链接，也可以建立到文档内任意位置的任何文本或图像(包括标题、列表、表、层或框架中的文本或图像)的链接。从作为链接起点的文档到作为链接目标的文档之间的文件路径对于创建链接至关重要。

每个网页都有一个唯一的地址，称为统一资源定位器(URL)。不过，当创建本地链接(即从一个文档到同一站点上另一个文档的链接)时，通常不指定要链接到的文档的完整URL，而是指定一个始于当前文档或站点根文件夹的相对路径。有3种类型的链接路径。

(1) 绝对路径(例如，http://www.macromedia.com/support/dreamweaver/contents.html)。

(2) 文档相对路径(例如，dreamweaver/contents.html)。

(3) 站点根目录相对路径(例如，/support/dreamweaver/contents.html)。

建议用户最好使用相对路径，这样做方便网站的移植，与绝对路径相比，相对路径能确保网页的链接在网站移动到其他计算机后能够保持连通。

【示例5】 在网页中添加超级链接。

(1) 将插入点放在文档中希望出现超级链接的位置，或者选择想要建立超级链接的文本作为链接源。

(2) 选择"插入"→"超级链接"(或者在"插入"面板的"常用"选项组中，单击"超级链接")，出现"超级链接"对话框，如图10-35所示。

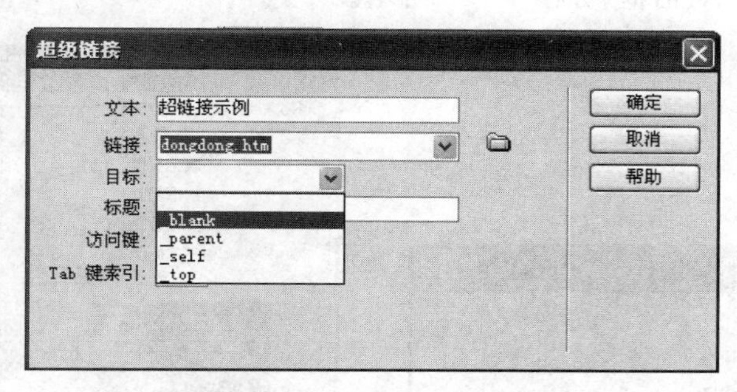

图10-35 "超级链接"对话框

(3) "文本"中需填写链接文字的内容;"链接"中设置链接的目标地址;"目标"中分别有4个取值：_blank(新窗口)、_parent(父级窗口)、_self(链接所在窗口)、_top(顶级窗口)，分别表示目标文件在哪个窗口打开。

(4) 单击"确定"按钮，完成文本超级链接的设置。

(5) 若要为图像设置超级链接，可以在"设计窗口"中选择链接源图像，在下方的"属性"面板的"链接"文本框中选择目标文件即可。

(6) 若要在一张图像上面设置若干热点区域，形成像"地图"一样的多区域图像，单击不同的热点区域可以链接到不同的目标地址。需要在如图10-36所示图像"属性"面板的左下角，选择不同的区域形状，在图像上面画出若干区域，并分别设置其链接目标。

(7) 若要插入电子邮件链接，只需将插入点放在"设计窗口"中希望出现电子邮件链接的位置，选择"插入"菜单→"电子邮件链接"，即可设置电子邮件链接。

(8) 当超级链接的目标文件是IE浏览器不能直接打开的文件时，会弹出"文件下载"

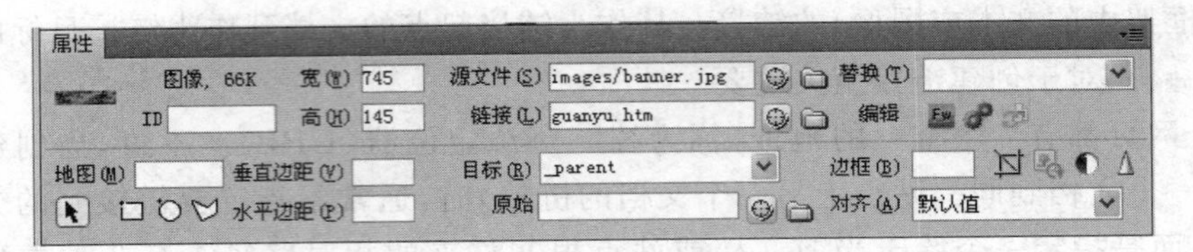

图 10-36　图像的“属性”面板

对话框(见图 10-37)，提示用户将目标文件下载到本地计算机后，再用其他应用程序将其打开。

5. 添加表格

表格是用于在 HTML 页上显示表格式数据以及对文本和图形进行布局的强有力的工具。表格由一行或多行组成，每行又由一个或多个单元格组成。

【示例 6】 在网页中添加表格。

(1) 在“设计窗口”中，将插入点放在需要表格出现的位置。如果文档是空白的，则只能将插入点放置在文档的开头。

(2) 选择“插入”菜单→“表格”(或者在“插入”面板的“常用”选项组中，单击“表格”按钮)，即会出现“表格”对话框，如图 10-38 所示。

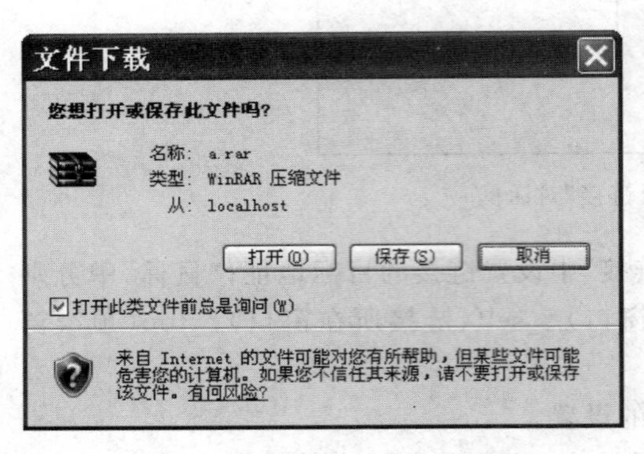

图 10-37　“文件下载”对话框

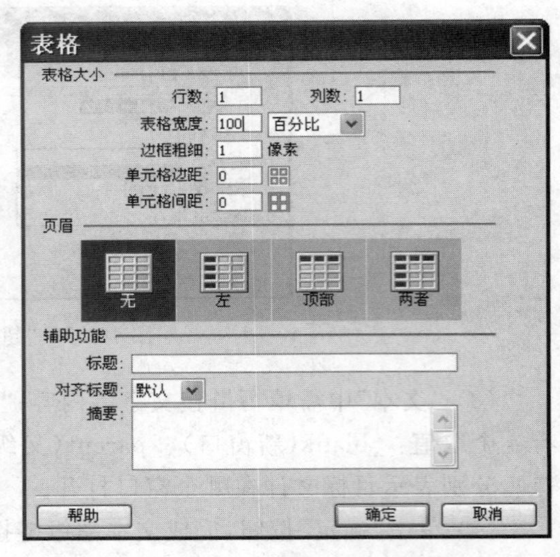

图 10-38　“表格”对话框

(3) 完成对话框。单击“确定”按钮，表格即出现在网页中。

(4) 若要查看和设置表格或表格元素的属性。需要先选择表格、单元格、行或列。在“属性窗口”中，单击右下角的展开箭头，查看所有属性。根据需要更改属性。

(5) 若要添加和删除行及列，请使用“修改”→“表格”或列标题菜单。单击一个单元格。选择“修改”→“表格”→“插入行”或“修改”→“表格”→“插入列”。在插入点的上面出现一行或在插入点的左侧出现一列。单击列标题菜单，然后选择“左侧插入列”或“右侧插入列”。

(6) 若要合并表格中的两个或多个单元格，选择连续行中形状为矩形的单元格。选择“修改”→“表格”→“合并单元格”。

(7) 若要拆分单元格，单击单元格，选择“修改”→“表格”→“拆分单元格”。在“拆分单元格”对话框中，指定如何拆分单元格。

(8) 若要在表格单元格中嵌套表格，单击现有表格中的一个单元格，选择“插入”→“表格”，即会出现“插入表格”对话框。完成对话框，单击“确定”按钮。该表格即出现在现有表格中。

6. 添加表单

在网页中经常需要用户向网站服务器提交某些资料，这时，就需要用“插入”面板中的“表单”这一类对象来实现表单的制作。它包含多个表单项，如文本字段、复选框、单选按钮等。

当然，表单必然是与服务器进行数据交互的，因此必须要有动态网页程序支持。

【示例7】 在网页中添加表单。

如图10-39所示的表单示例只是一个静态表单的制作过程，并未起到真正的表单作用。如果要制作如图10-39所示的简单用户登录表单，具体方法如下所述。

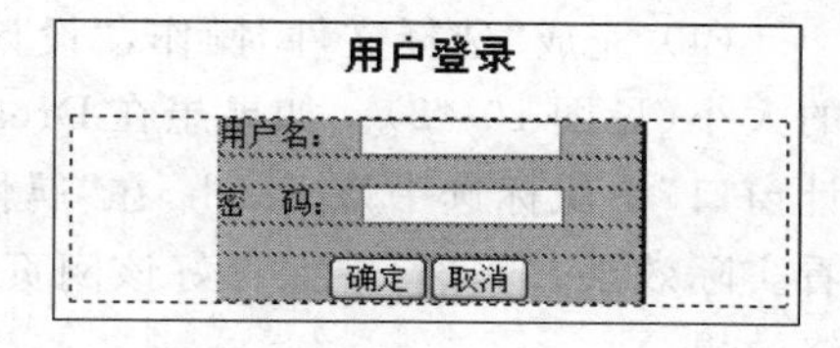

图10-39　表单示例

(1) 在网页中插入文本“用户登录”，并设置文本属性。

(2) 为了使表单中的内容排列规整，需要由表格来定位。在网页中适当插入表格：5行1列，宽度为176像素，适当设置背景颜色。

(3) 分别在表格的内容行插入相应的文本及表单项。这里用到了“文本字段”和“按钮”两种表单项。

(4) 在每一个表单项的“属性”对话框中分别设置其属性。

7. 添加多种媒体

可以将以下媒体文件合并到网页中，这些媒体文件包括Flash SWF文件或对象、Shockwave影片、QuickTime、AVI、Java Applet、ActiveX控件以及各种格式的音频文件。

【示例8】 在网页中添加Flash对象。

在网页中插入Flash对象(即SWF文件)媒体的具体方法如下。

(1) 将插入点放在“设计窗口”中希望插入该对象的位置。

(2) 在“插入”栏的“常用”类别中，单击“媒体”按钮，并选择要插入的对象类型的按钮(见图10-40)。或者选择“插入”菜单→“媒体”子菜单中选择适当的对象。

(3) 在大多数情况下，将显示一个对话框，可以从中选择源文件并为媒体对象指定某些参数，也可以不用指定。如果要插入的对象是Flash的SWF文件，需要在如图10-41所示的“选择文件”对话框中选择文件，单击“确定”按钮。

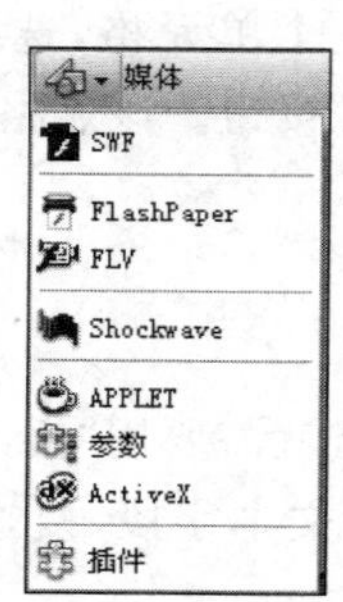

图 10-40 “媒体”中的对象内容

图 10-41 在“选择文件”对话框中选择媒体文件

(4) 完成“选择文件”操作，“设计视图”窗口中即可看到 Flash 文件已经占用了相应的大小(见图 10-42)。如果想在 Dreamweaver 中查看 Flash SWF 文件的效果，可以在“设计窗口”中鼠标选中该 Flash，在“属性”窗口中单击“播放”或“停止”按钮，查看或停止查看实际效果。当然，在保存好该网页后，也可以通过浏览器查看插入 Flash 之后网页的最终效果。

图 10-42 插入 Flash 对象后的“设计窗口”

另外，还可以通过不同方式和使用不同格式将视频添加到 Web 页面。视频可被用户下载，或者可以对视频进行流式处理以便在下载它的同时播放它。

【示例 9】 在网页中插入视频播放插件。

(1) 将插入点放在“设计窗口”中希望插入视频播放插件的位置。

(2) 在“插入”栏的“常用”类别中，单击“媒体”按钮，并选择要插入的对象类型为“插件”，或者选择“插入”菜单→“媒体”子菜单中选择“插件”。

(3) 插入完成后，“设计窗口”中会出现播放插件的占位符，如图 10-43 所示，在“设计窗口”中适当调整其大小。

(4) 插入完成后，可以保存该网页，在浏览器中查看效果，可以看到如图 10-44 所示的结果。

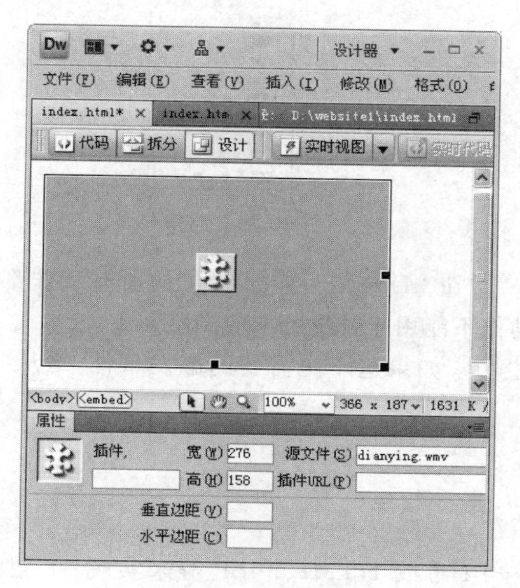

图 10-43　插入“插件”

图 10-44　在浏览器中查看视频效果

注意：根据用户浏览器中播放插件安装的情况不同，用户看到的效果也各有不同，有些时候，由于用户的浏览器中没有安装某种播放插件，会导致该视频无法正常播放。

8. 添加 JavaScript 行为

Adobe Dreamweaver CS4 的“行为”设置可以将 JavaScript 代码放置在网页文档中，以允许访问者与 Web 页进行交互，从而以多种方式更改页面或引起某些任务的执行。行为是事件和由该事件触发的动作的组合。在“行为”面板中，可以先指定一个动作，然后指定触发该动作的事件，从而将行为添加到页面中。

【示例 10】　在网页中添加 JavaScript 行为。

(1) 在页上选择一个元素，例如，一个图像或一个链接。

(2) 若要将行为附加到整个页，在“文档”窗口底部左侧的标签选择器中单击<body>标签。

(3) 选择“窗口”→“行为”，打开“行为”面板，如图 10-45 所示。

(4) 单击“+”按钮并从“动作”弹出菜单中选择一个动作，如图 10-46 所示。

(5) 菜单中灰显的动作不可选择。它们灰显的原因可能是当前文档中缺少某个所需的对象。当选择某个动作时，将出现一个对话框，显示该动作的参数和说明。

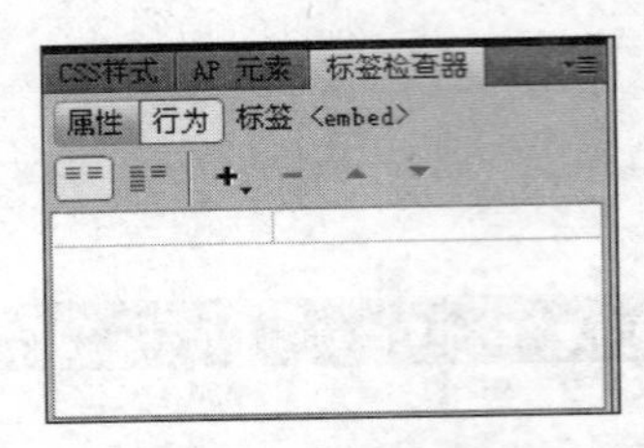

图 10-45 “行为”面板

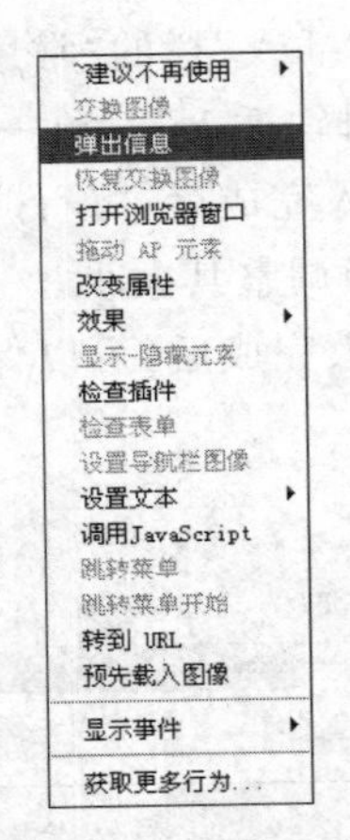

图 10-46 动作列表

(6) 为该动作输入参数，然后单击“确定”按钮。Dreamweaver 提供的所有动作都可以用于 4.0 和更高版本的浏览器中。某些动作不能用于较早版本的浏览器中。

触发该动作的默认事件显示在“事件”栏中。如果这不是需要的触发事件，请从“事件”弹出菜单中选择另一个事件。

10.5 制作动态网页

动态网页使用 HTML＋ASP、HTML＋PHP 或 HTML＋JSP 等来实现。一般以.asp、.jsp、.perl、.php、.cgi 等形式为后缀。动态网页与静态网页相比有如下特点。

(1) 动态网页需要 Web 应用服务器支持其编译运行，并将编译结果提交给浏览器来显示，只用 IE 浏览器是无法显示出动态代码的运行结果的。

(2) 动态网页以数据库技术为基础，大大降低了网站维护的工作量。

(3) 采用动态网页技术的网站可以实现更多的功能，如用户注册、登录、搜索等，这些是静态网页做不到的。

10.5.1 建立动态站点

Adobe Dreamweaver CS4 能够支持 ASP、JSP、PHP 等主流服务器端动态脚本文件，这里以较常用的 ASP 为例来简要说明，数据库则选择 Access 2010。运行环境为 Windows 7＋IIS＋Access 2010。

1. 安装和配置 Web 服务器(IIS)

若要运行 Web 应用程序，必须安装和配置 Web 服务器。以下讲解由 Windows 7 下的 IIS 作为 Web 服务器，Web 服务器的配置和管理方法，在此不再赘述。在配置过程中，把 IIS 中的默认 Web 站点的 TCP 发布端口改为 8080(见图 10-47)。这样，在访问此网站时就需要用特殊端口号方式访问，访问地址应写为“http://网站服务器 IP:8080”。并且把网站主目录定义在 C:\inetpub\wwwroot\，主页文件设置为 index.asp（见图 10-48）。

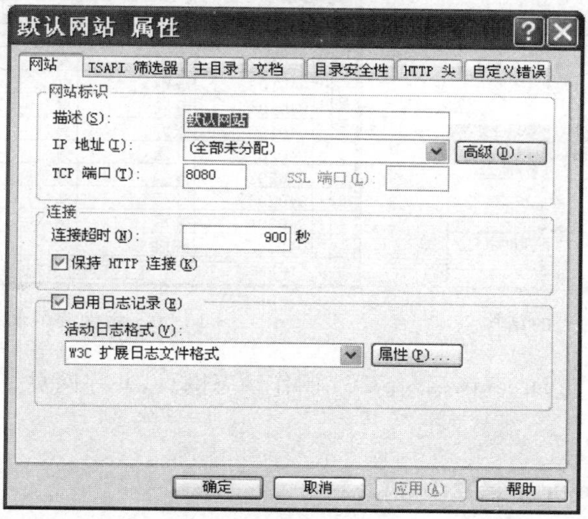

图 10-47 默认网站属性 窗口

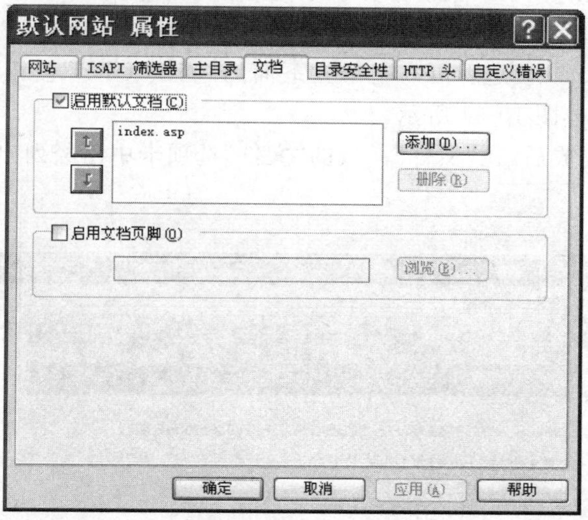

图 10-48 "文档"选项卡

所有选项卡设置完成后，点击"确定"按钮，结束 IIS 的配置工作。

2. 用 Access 2010 建立数据库和数据表

动态网页需要基于数据库技术，因此，构建动态网页前需要设计和建立起科学合理的数据库表，我们选用微软公司的 Access 2010 作为数据库管理系统平台，建立了一个 college.mdb 的数据库，数据库文件存储在网站根文件夹下。并在此数据库中建立起一个名为表对象 student，表的结构如图 10-49 所示。在表中输入一些模拟的示例数据，如图 10-50 所示。

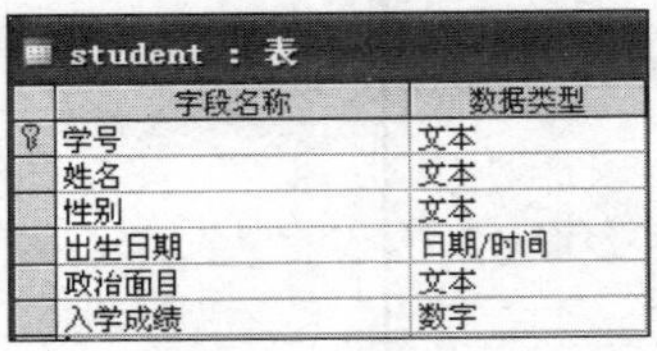

student : 表

	字段名称	数据类型
🔑	学号	文本
	姓名	文本
	性别	文本
	出生日期	日期/时间
	政治面目	文本
	入学成绩	数字

图 10-49　示例表的结构

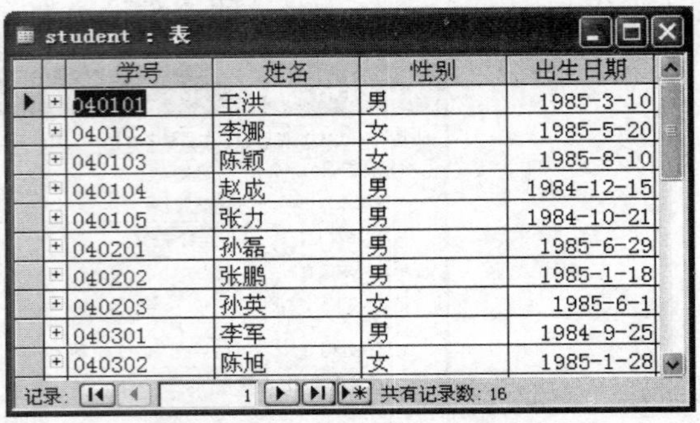

student : 表

学号	姓名	性别	出生日期
040101	王洪	男	1985-3-10
040102	李娜	女	1985-5-20
040103	陈颖	女	1985-8-10
040104	赵成	男	1984-12-15
040105	张力	男	1984-10-21
040201	孙磊	男	1985-6-29
040202	张鹏	男	1985-1-18
040203	孙英	女	1985-6-1
040301	李军	男	1984-9-25
040302	陈旭	女	1985-1-28

记录: 1 共有记录数: 16

图 10-50　示例表的部分记录

下面，利用 Adobe Dreamweaver CS4 制作动态网页，并在网页上显示所有 student 表中的记录内容。

3. 在 Dreamweaver 中建立动态站点

运行 Adobe Dreamweaver CS4，在“文件”面板的“文件”选项卡中执行“管理站点”→“新建站点”命令，弹出定义站点向导，依次设定站点名称为“动态网站示例”；服务器脚本类型为“Asp VBScript”；本地编辑和测试地址为 http://localhost:8080/；站点根目录为 C:\inetpub\wwwroot\，设定后可马上单击下面的“测试 URL”按钮测试一下，几个主要步骤分别如图 10-51～图 10-54 所示。

动态网站定义完成后，在“文件”面板的“文件”选项卡中已经列出了网站的目录结构，如图 10-55 所示。

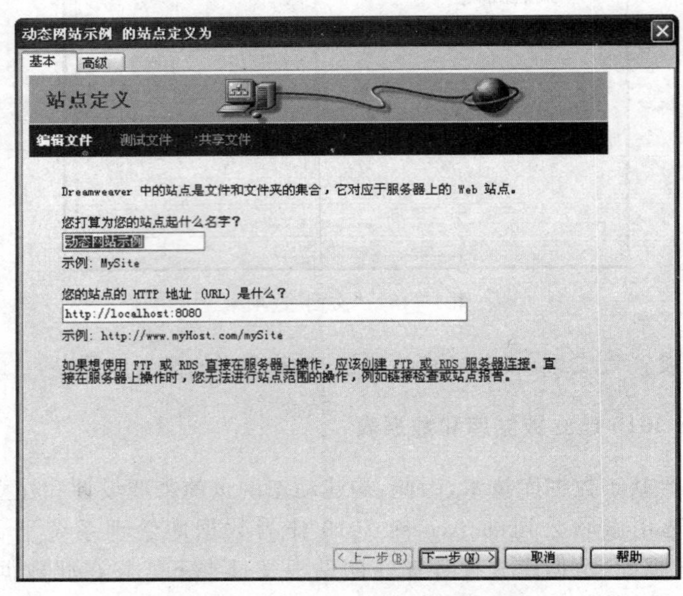

图 10-51　站点定义“编辑文件第 1 部分”

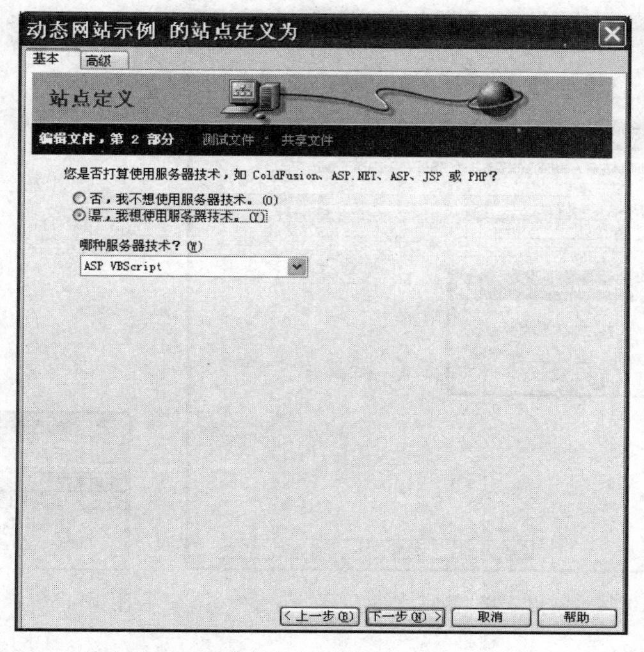

图 10-52 站点定义“编辑文件第 2 部分”

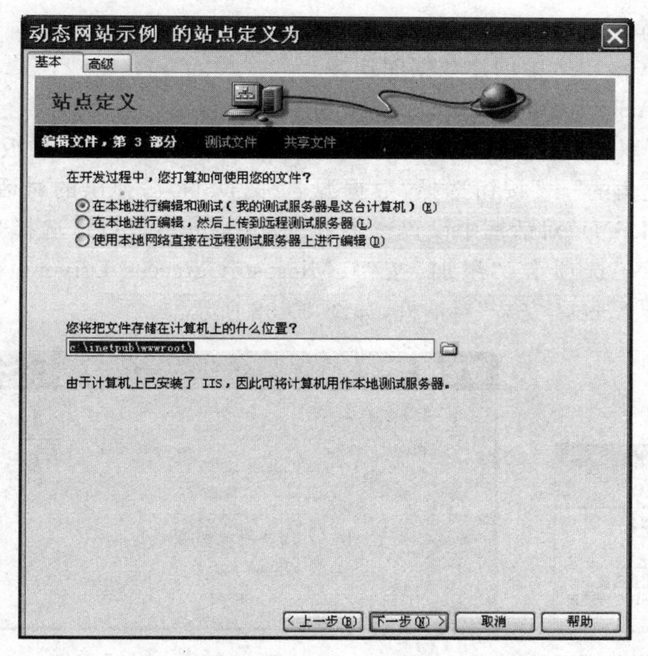

图 10-53 站点定义“编辑文件第 3 部分”

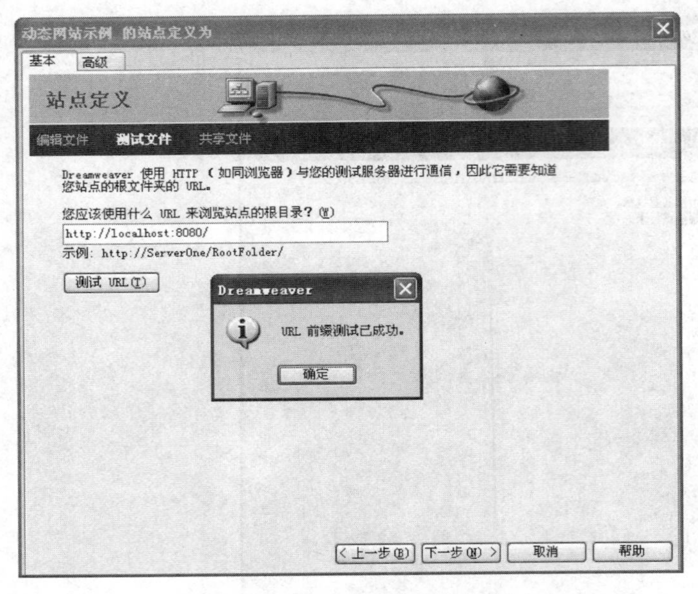

图 10-54 站点定义“测试文件”

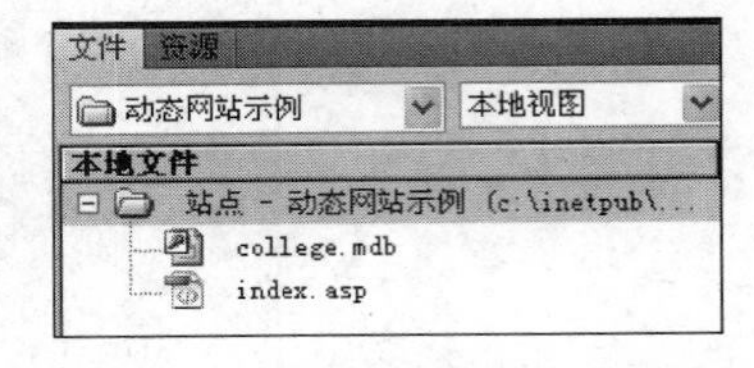

图 10-55 示例动态网站定义完成

4. 连接数据库

若要将数据库与 Microsoft Active Server Page(ASP)应用程序一起使用，需要在 Adobe Dreamweaver CS4 中创建数据库连接。

【示例 11】 ASP 程序连接 Access 数据库。

(1) 在站点下双击打开 index.asp，选择“窗口”菜单下的“数据库”面板(见图 10-56)。

(2) 单击左上角的“+”按钮选择“数据源名称(DSN)”，弹出的对话框如图 10-57 所示，“数据源名称(DSN)”对话框中设置连接名称为 example，然后，选择“定义”按钮，依次选择“System DSN”选项卡、“添加”按钮、Microsoft Access Driver(*.mdb)，就出现“ODBC Microsoft Access 安装”对话框，如图 10-58 所示。

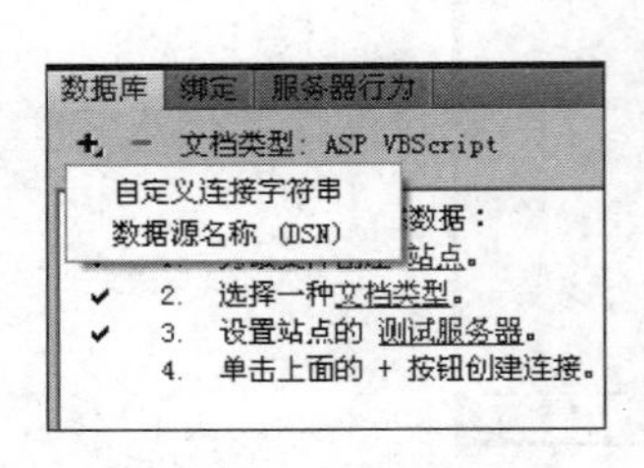

图 10-56 “数据库”面板

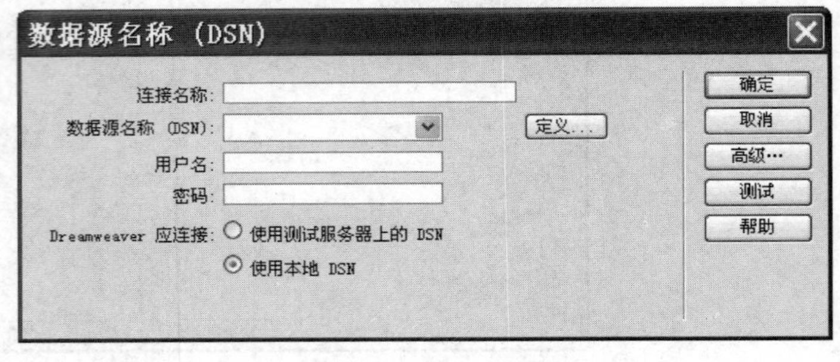

图 10-57 DSN 设置窗口

(3) 在数据源名栏中输入你自定义的数据源名称，本示例用 college 作为数据源名，单击数据库栏中的“选择”按钮，找到已经预先创建的数据库文件 C:\inetpubwwwroot\college.mdb。确认后回到 DSN 设置对话框，连接名称栏即显示 college，连接成功。这时

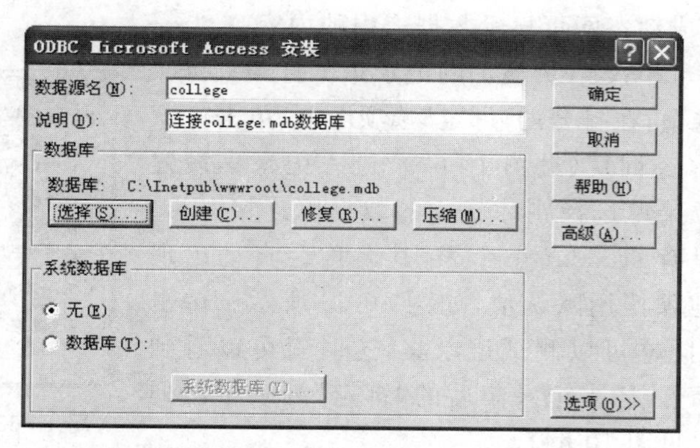

图 10-58 “ODBC Microsoft Access 安装”对话框

单击右侧的“测试”面板可以测试连接是否成功,如图 10-59 所示。

(4) 数据库连接完成后,“数据库”选项卡中已列出了刚刚定义好的连接名称 link_college,站点目录下也增加了 Connections 文件夹和相应的 dsn 文件,如图 10-60 所示。

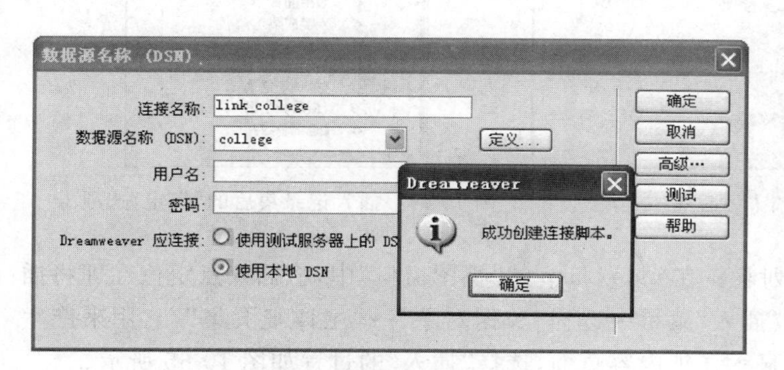

图 10-59 数据源连接测试

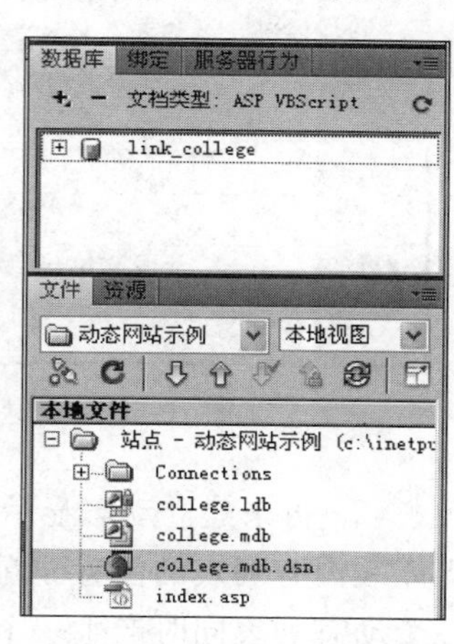

图 10-60 完成数据库连接

10.5.2 生成动态页

在 Adobe Dreamweaver CS4 中建立好数据源和数据连接后,可以非常方便地完成自动生成动态页的工作,例如,“记录集分页”、“主详细页集”、“插入记录”、“更新记录”、“删除记录”页面等,具体包括图 10-61 中列出的动态页种类。

如果想在 index.asp 中使用自动生成的方法,形成“主详细页集”页面,在页面中显示出 college.mdb 数据库中 student 表的所有记录信息。具体实现方法如下所述。

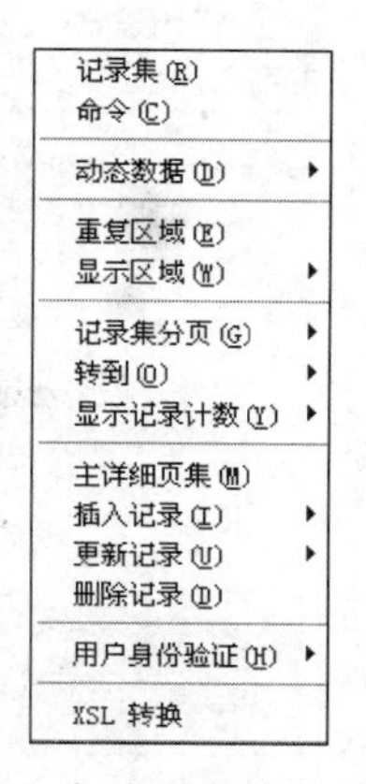

图 10-61 自动生成动态页的种类

【示例 12】 生成动态网页显示数据表中的内容。

(1) 建立想在 index. asp 页显示的记录集。打开“窗口”菜单，选择“绑定”选项，在打开的“绑定”选项卡上，单击“＋”按钮，选择“记录集(查询)”(见图 10-62)，进入记录集设置对话框，在连接下拉菜单选择刚才建立的数据库连接 link_college，因为其中只有 student 一个表，其名称会自动出现在“表格”栏中，其他项使用默认值，如图 10-63 所示。单击右侧的“测试”按钮同样可以测试记录集，这时就可以看到 student 表中的记录了，插入记录集后的“绑定”列表中已列出了建立的记录集(见图 10-64)。

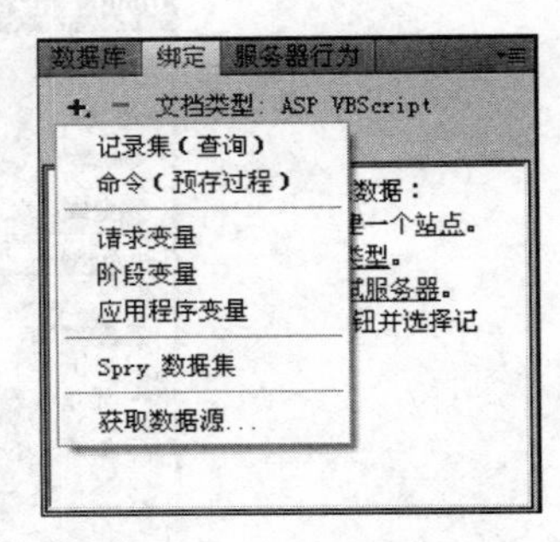

图 10-62 “绑定”选项卡

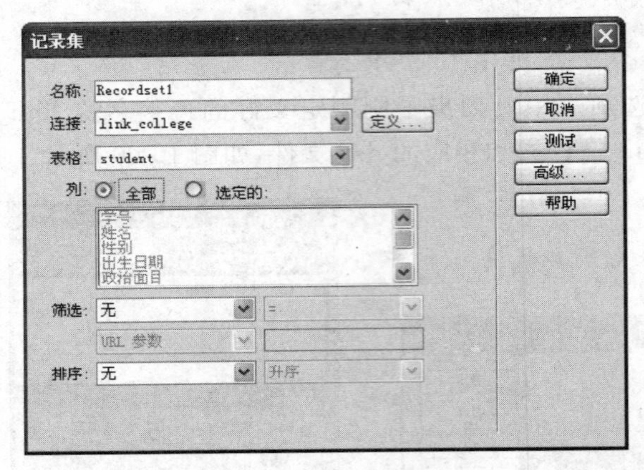

图 10-63 “记录集”对话框

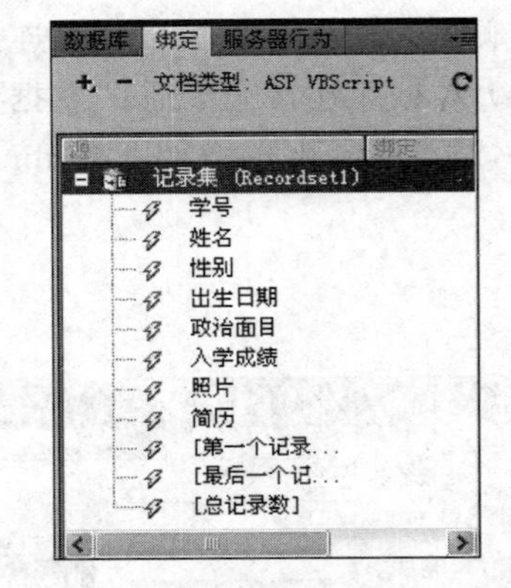

图 10-64 插入记录集后的“绑定”选项卡

(2) 再来建立动态显示列表。在 index. asp 的“视图窗口”中，将插入点定位在即将插入库表内容列表的位置。在“插入”菜单中选择“数据对象”→“主详细页集”，它用来产生一个动态列表同时产生一个显示详细内容页面，选择“插入”的过程如图 10-65 所示。

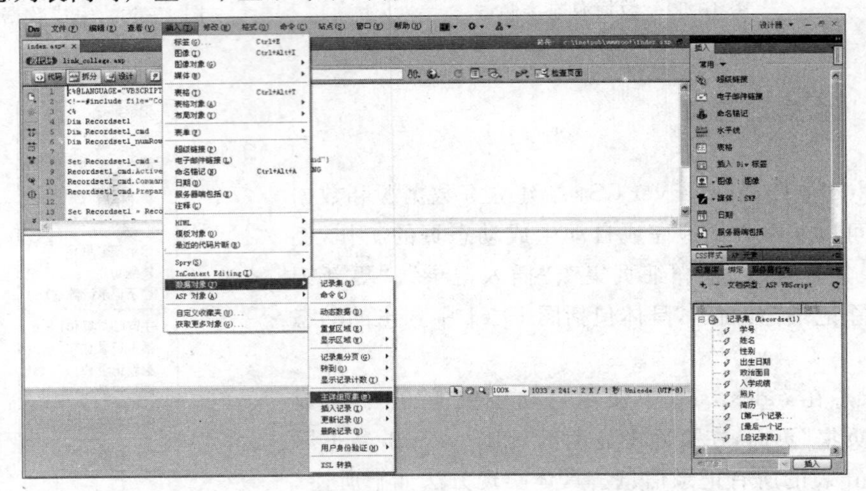
图 10-65 插入“数据对象”——“主详细页集”

（3）随即打开如图 10-66 所示的“插入主详细页集”对话框。

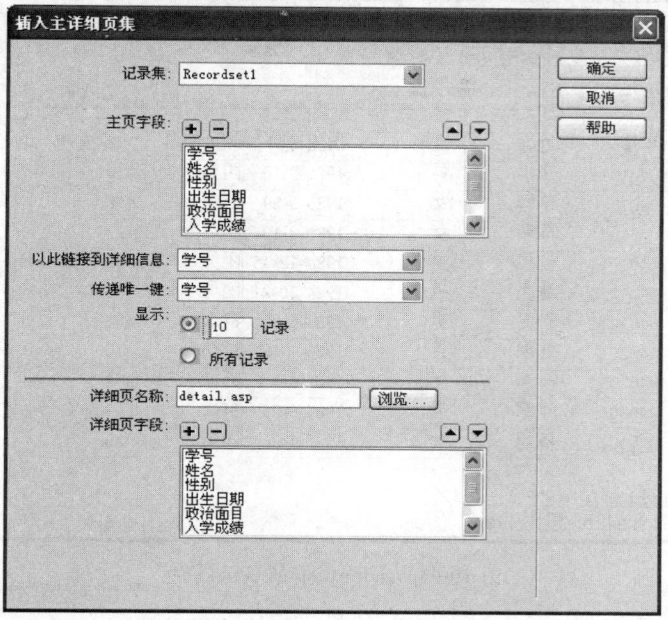

图 10-66　“插入主详细页集”对话框

（4）在主页面中可以根据需要选择想要显示的字段，对于不需要的字段可以单击“－”按钮删除它们，详细页面名称栏选择一个新建的详细页文件 detail. asp。确认后，同时在详细页面 detail. asp 和 index. asp 生成相应的动态表单。在“拆分视图”下，可以看到两个文件中都自动生成了动态代码（见图 10-67）。对两个文件进行保存后，可以在浏览器中查看到最终效果（见图 10-68）。当然，可以通过网页美化使它们更美观。

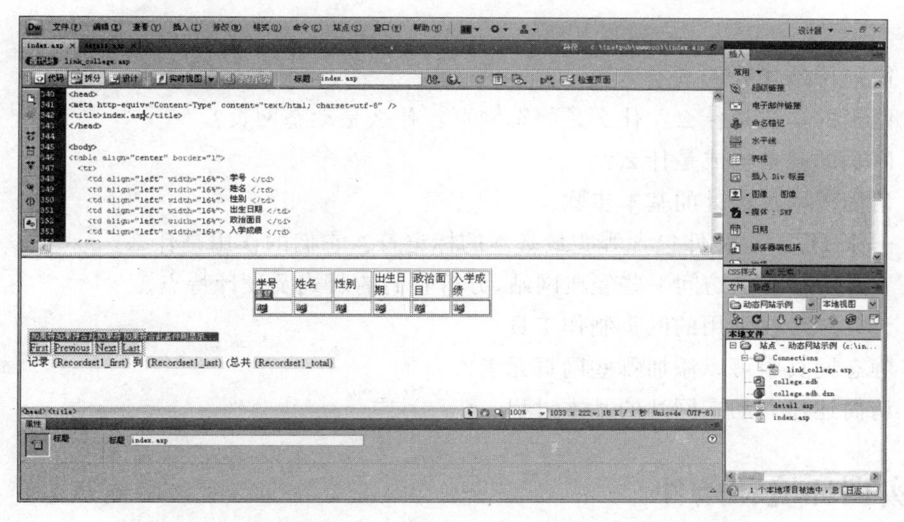

图 10-67　完成自动插入动态代码后的 index. asp 的拆分视图

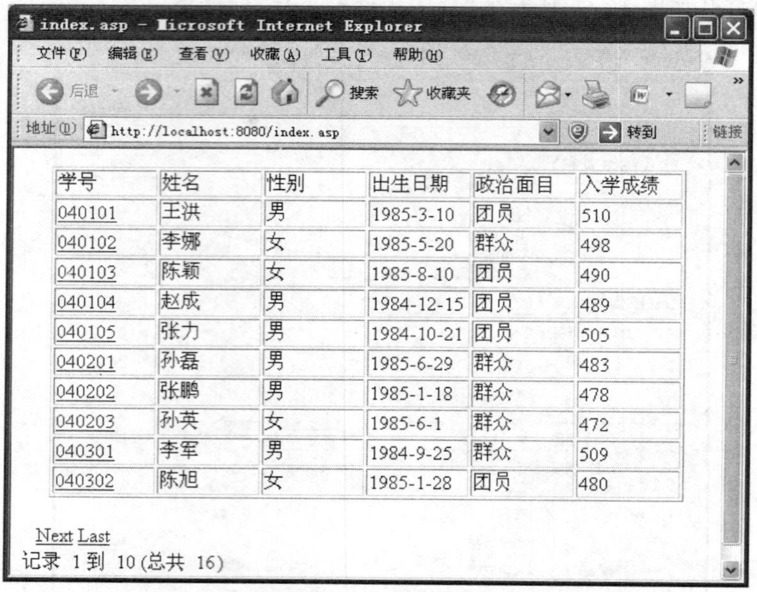

学号	姓名	性别	出生日期	政治面目	入学成绩
040101	王洪	男	1985-3-10	团员	510
040102	李娜	女	1985-5-20	群众	498
040103	陈颖	女	1985-8-10	团员	490
040104	赵成	男	1984-12-15	团员	489
040105	张力	男	1984-10-21	团员	505
040201	孙磊	男	1985-6-29	群众	483
040202	张鹏	男	1985-1-18	群众	478
040203	孙英	女	1985-6-1	群众	472
040301	李军	男	1984-9-25	群众	509
040302	陈旭	女	1985-1-28	团员	480

Next Last
记录 1 到 10 (总共 16)

图 10-68 index. asp 的显示效果

除了完成以上示例的记录列表页以外，Adobe Dreamweaver CS4 可以带领人们轻松地建立查询页和查询结果页；建立添加记录页；建立记录编辑页；建立删除页。

Adobe Dreamweaver CS4 为人们提供了动态网站设计和相关应用"一站式"服务，甚至不用写一行代码、编一句脚本，人们也可以轻松开发动态网站了。其他动态数据对象，如插入记录页、更新记录页、删除记录页等，实现方法都与此类似，读者可按此方法完成。

习题

1. 简述网站建设的基本流程。
2. 网页的本质是什么？什么是静态网页？什么是动态网页？
3. 网页的基本构成是什么？
4. 请简述网页设计的基本步骤。
5. 一个 HTML 文件包含哪些最基本的标记符？它们的作用是什么？
6. 在 Internet 上访问一些经典网站，分析它们的版式及设计特点。
7. 请列举现在常用的网页制作工具。
8. 静态网页中可以添加哪些网页元素？
9. 请简述建立动态网站的基本过程。

本章实训环境和条件

(1) 操作系统平台要求：Windows 7 或更高版本，IE 8.0 或以上版本的浏览器。

（2）软件需求：Dreamweaver CS6 或其他版本；其他网页制作辅助软件（例如，Photoshop、Flash、Fireworks 等）；Access 2010（或其他数据库产品）。

实训项目

1. 实训1：网站策划

1）实训目标

（1）了解网站设计的一般流程。

（2）掌握网站策划书的撰写方法。

2）任务描述

学生自由组合，3～4 名学生为一组，形成网站策划小组，策划建立某一网站，选题不限。

同组同学分工合作，对网站策划过程中的市场分析、内容规划、技术解决方案、维护更新计划等环节进行调研、讨论，共同形成一份完整的“网站策划书”。

建议的网站类型有某企业宣传网站、某电子商务网站、某旅游类网站、某网络教学类网站、某游戏网站、某教育机构网站、某博客类网站等。

2. 实训2：网页的布局和配色

1）实训目标

（1）熟练掌握网页版面布局的基本方法。

（2）掌握网站配色的基本方法。

2）实训内容

利用本章所学的方法，为实训一所策划网站的主页进行版面布局和配色方案的设计。每个学生独立设计自己的布局和配色方案，由小组讨论并选择出最佳方案。

3. 实训3：使用 Dreamweaver 建立静态网站

1）实训目标

（1）掌握 Dreamweaver 静态站点的建立流程。

（2）熟悉各种网页元素的添加和编辑。

2）实训内容

（1）使用“站点管理”向导建立新站点，依次设置站点选项。

（2）建立科学合理的网站文件结构。

（3）通过各种网页元素的使用，对各个网页进行设计和制作。

（4）建立合理的网站导航，测试网站中各个栏目的连通性。

4. 实训4：使用 Dreamweaver 建立动态网站

1）实训目标

（1）掌握 IIS 服务器的安装与配置方法。

(2) 掌握 Dreamweaver 动态站点的建立流程。

(3) 掌握 Dreamweaver 生成动态页的方法。

2) 实训内容

(1) 安装和配置 IIS 组件。

(2) 在 IIS 上配置和发布动态网站。

(3) 在 Dreamweaver 中新建动态站点。

(4) 为动态站点建立数据源,连接数据库。

(5) 自动生成“主详细页面”、“添加记录”、“编辑和修改记录”等动态页。

第 11 章 Internet 中流行的服务与应用

许多过去在科幻小说里出现的情节，现在已经慢慢成为现实。Internet 是不断发展的，谁也无法预料，明天的 Internet 将会是什么样子。随着服务内容的扩展，Internet 改变了人们的信息获取模式、交际模式、办公模式、商务模式等，不断会有新的 Internet 服务被开发出来，也不断会有旧的服务被淘汰。本章介绍日常使用的 Internet 基本服务及它们的应用，通过这些人们离不开的基本服务形式及它们的运行机制，我们可以了解并展望更加快捷多样的 Internet 应用形式。

本章内容与要求

- 了解：论坛、博客、网络社区、即时通信等网上交流形式。
- 理解：流媒体服务的工作原理。
- 了解：流媒体服务器的安装与配置。
- 了解：视频网站的主要技术方案。
- 了解：典型的移动互联应用。
- 了解：远程教育的主要形式。
- 了解：下一代主要的 Internet 技术。

11.1 论坛、博客与网络社区

11.1.1 BBS 论坛

BBS(Bulletin Board System)即电子公告板系统。

传统的 BBS 基于 Telnet 终端服务，以文字交流为主，需要使用专门的 BBS 客户软件来登录(如 NetTerm、Cterm 等)。随着 Internet 的发展，BBS 逐步迁移到 Web 平台，成为基于 Web 的 BBS，通过浏览器来访问，也有人将这类 BBS 称为网络论坛。

BBS 论坛具有等级制度，由站长负责管理，每个讨论区设立一个或多个版主，负责管理讨论区。普通用户登录到 BBS 站点，可以发帖子、发邮件、传送文件，还可以聊天。安装各类插件后，论坛可以提供更多的服务，如视频播放、音频播放和日记等。

基于 Web 的论坛通常采用脚本语言编写，如 ASP、PHP 和 Perl，以及其他 CGI 程序，但需要 Web 服务器支持。由于论坛的文章需要保留一段时间，因此一般需要用到数据库。由于使用脚本语言编写的现成论坛程序非常多，其中不少是免费的，而且还提供源代码，可根据需要来选择。当然，如果用于商业用途，就需要购买商业版。

11.1.2 博客与微博

博客(Blog)又称为网络日志、部落格或部落阁等，是一种通常由个人管理、不定期张贴新的文章的网站。博客上的文章通常根据张贴时间，以倒序方式由新到旧排列。许多博客专注在特定的课题上提供评论或新闻，其他则作为个人的日记。一个典型的博客结合了文字、图像、其他博客或网站的链接，及其他与主题相关的媒体。能够让读者以互动的方式留下意见，是许多博客的重要要素。大部分的博客内容以文字为主，还有一些博客专注于艺术、摄影、视频、音乐、播客等各种主题。博客是社会媒体网络的一部分。

博客形式综合了多种原有的网络表现方式，作为一种社会交流工具，博客已经渐渐超越 E-mail、BBS、ICQ(IM)，成为人们之间更重要的沟通和交流方式。

微博是微型博客的简称，是新兴起的一类开放互联网交流服务，简单地说就是你每天在微博网站上随时写上一两句话，告诉你的好友你正在做什么事情或是有什么感想。这是一种新型的交流方式，与电子邮件和网上聊天等沟通交流方式都不相同。微博最大的特点就是集成化和开放化，用户可以通过手机、IM 软件(Gtalk、MSN、QQ、Skype)和外部 API 接口等途径向自己的微博发布消息。微博的另一个特点还在于这个“微”字，一般发布的消息只能是只言片语，像 Twitter 这样的微博平台，每次只能发送 140 个字符。

11.1.3 网络社区

网络社区也称为社交网站。随着网络的兴起与成熟，网络社区已经成为了人们维护朋友关系、结交新朋友的重要手段。

2004 年，哈佛大学学生 Mark Zuckerberg 创办了 The Facebook。短短几年间，Facebook 已经风靡全球，成为拥有上亿注册用户的网络社区类网站。便捷的交友方式、有趣的小游戏、方便的联系更多朋友、时尚的页面风格，使得网络社区这种网络应用形式迅速成长。

随着 Facebook 的成功，也有相当一批类似的网络社区网站紧随其后。许多本土化特色的网络社区(如开心网、人人网等)也具有相当大的地域优势。

网络社区是一种能将用户和用户周围的人联系在一起的社交网站。用户建立自己的档案页，其中包括照片和个人兴趣；用户之间可以进行公开或私下留言；用户还可以加入其他朋友的小组。用户详细的个人信息只有同一个社交网络(如学校或公司)的用户或被认证了的朋友才可以查看。

11.2 流媒体服务

随着 Internet 的发展，网络带宽的不断增加，以流媒体技术为主导的网络多媒体业务发展很快，为 Internet 业务发展带来新的机遇，对人们的社会生活将产生深远的影响。

流媒体具有传输速率高、数据同步、稳定性高等特性，是实现网络音频和视频传输的最佳方式，可广泛用于电子商务、新闻发布、在线直播、网络广告、视频点播、多媒体远程教学、远程医疗、网上广播电台和实时视频会议等网络信息服务领域。

11.2.1 流媒体技术概述

1. 流媒体技术的基本概念

目前在网络上播放多媒体信息主要有两种方式：一种是非实时方式，即将多媒体文件下载到本地磁盘之后，再播放该文件；另一种方式是实时方式，直接从网上将多媒体信息逐步下载到本地缓存中，在下载的同时播放已经下载的部分，这就是流媒体技术。采用流媒体技术的目的就是要提高多媒体在网上实时播放的质量和流畅程度。

多媒体数据量非常大，如果在网上采用传统的文件下载方式，由于受网络带宽的限制，即使经过压缩处理，也要占用用户的大量的磁盘空间，让用户花费大量的等待时间。而采用实时播放方式，由媒体服务器根据用户请求，向用户计算机连续、实时地传送多媒体信息，用户不必等到整个文件全部下载完毕，即可进行播放，在播放的同时，文件的剩余部分将在后台从服务器内继续流向用户计算机，这样既节省了用户的磁盘空间，又避免用户不必要的等待。常见的流媒体文件格式有ASF、WMV、RM、RA等。

2. 流媒体播放方式

从用户参与的角度来看，流媒体播放方式分为两类。

(1) 点播。指用户主动与服务器进行连接，发出选择节目内容的请求，服务器应用户请求将节目内容传输给用户。

(2) 广播。指媒体服务器主动送流数据，用户被动接收流数据的方式。在广播过程中，客户端只能接收流，不能控制流。

从服务器端传输数据的方式来看，流媒体播放分式可以分为3种。

(1) 单播。客户端与媒体服务器之间需要建立一个单独的数据通道，即从一台服务器发送的每个数据包只能传送给一个客户机。

(2) 多播。多个客户端可以从服务器接收相同的流数据，即所有发出请求的客户端共享同一流数据，从而节省带宽。

(3) 广播。将数据包的单独一个副本发送给网络上的所有用户。这种方式是不管用户是否需要，都进行广播传输，会浪费网络资源。

3. 流媒体服务器产品的选择

流媒体服务是新兴的网络业务，吸引了众多厂商的参与，也涌现了许多优秀的产品和解决方案。主要产品包括RealNetworks公司的Helix Platform、微软公司的Windows Media、Apple公司的Darwin Streaming Server等。以上通用的流媒体解决方案以通用性和适用性见长，更适合用户二次开发。

随着宽带网的建设，面向社区范围的专业视频点播服务发展很快，这种服务对音频和视频的播放质量要求相当高，一般要选用专门的视频点播产品，如远古的WebVOD、美萍VOD点播系统等。

下面，以示例形式具体介绍Windows Media Service服务器的配置方法。

【示例1】 Windows Media Service流媒体服务器的配置。

(1) 在Windows Server的控制面板“添加或删除程序”窗口中添加组件“Windows Media服务”(见图11-1)，安装过程中需要提供操作系统的安装程序文件。

(2) 组件安装完成后，Windows Media服务会自动启动。此时，依次单击“开始”→“程序”→“管理工具”→Windows Media Services，即可打开Windows Media Services的

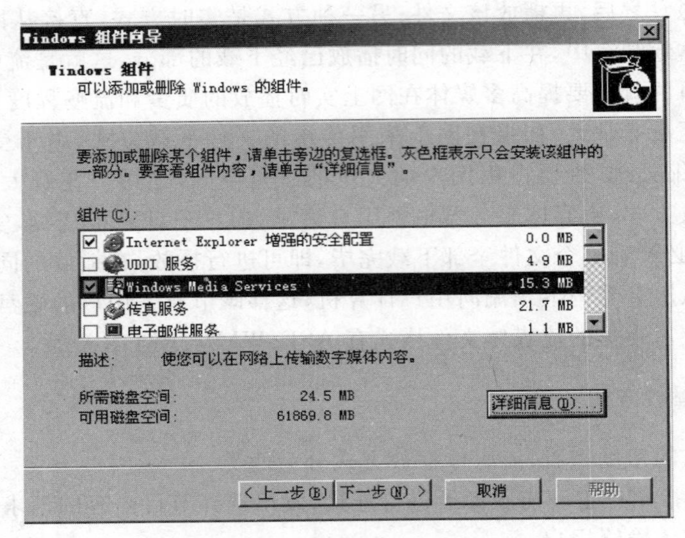

图 11-1 添加 Windows Media 服务组件

管理平台。

(3) 展开 Windows Media Services 服务器管理平台左侧的"发布点"，即可看到有两种发布点已经启动。单击"<默认>(点播)"发布点，在右侧窗口中可以通过"监视"选项卡监视客户端的点播情况。在"源"选项卡下可以看到默认内容源目录 C:\WMPub\WMRoot 下的所有发布内容。在如图 11-2 所示"源"选项卡窗口下方，单击"测试流"工具图标，即可打开如图 11-3 所示的"测试流"窗口，查看发布的内容。

图 11-2 "点播"发布点的管理

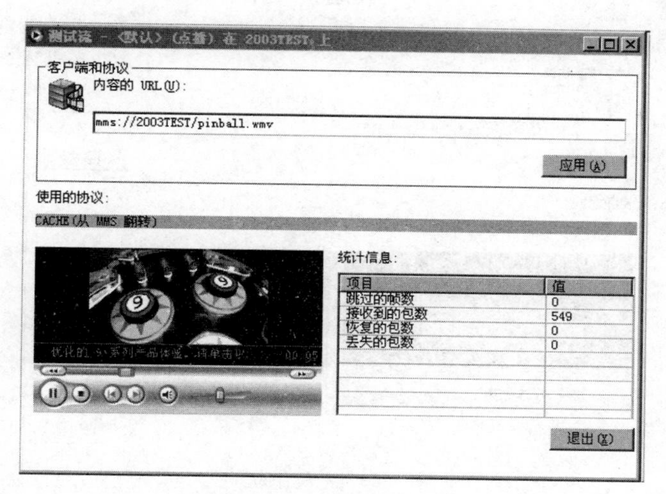

图 11-3 “测试流”窗口

(4) 同样，通过单击“广播”发布源中的发布内容(见图 11-4)，也可以单击“测试流”工具图标，打开如图 11-5 所示的窗口，查看发布的内容。

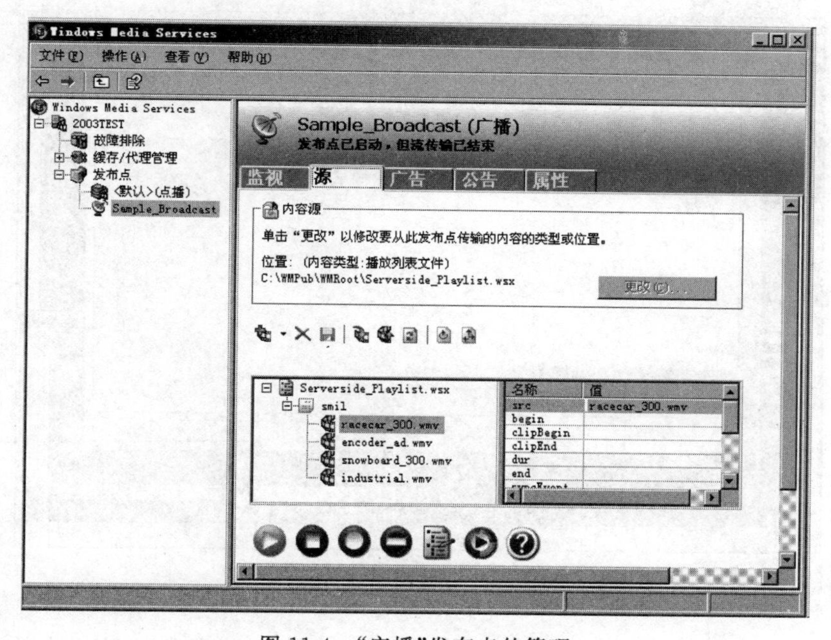

图 11-4 “广播”发布点的管理

(5) 如果需要制作节目，需要安装 Windows Media 编码器 WMEncoder.exe。安装完成后，依次单击“开始”→“程序”→Windows Media→“Windows Media 编码器”，打开如图 11-6 所示的“新建会话”窗口，通过选择“自定义会话”、“广播实况事件”、“捕获音频或视频”、“转换文件”、“捕获屏幕”中任意一种会话向导，并通过配套使用必需的音视频设备，即可以制作多种形式的发布内容。

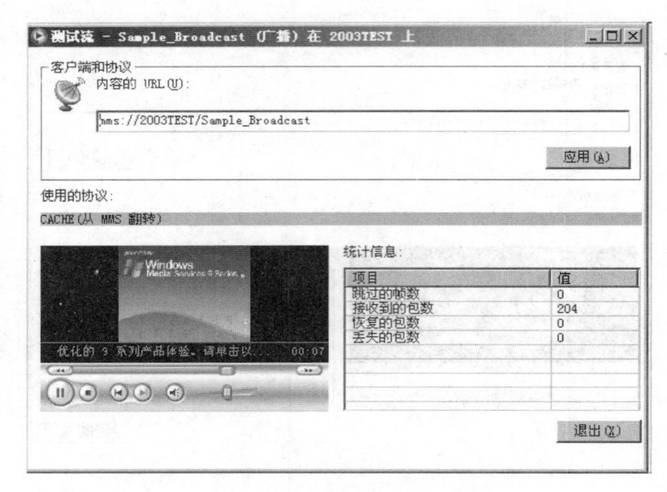

图 11-5　测试广播内容

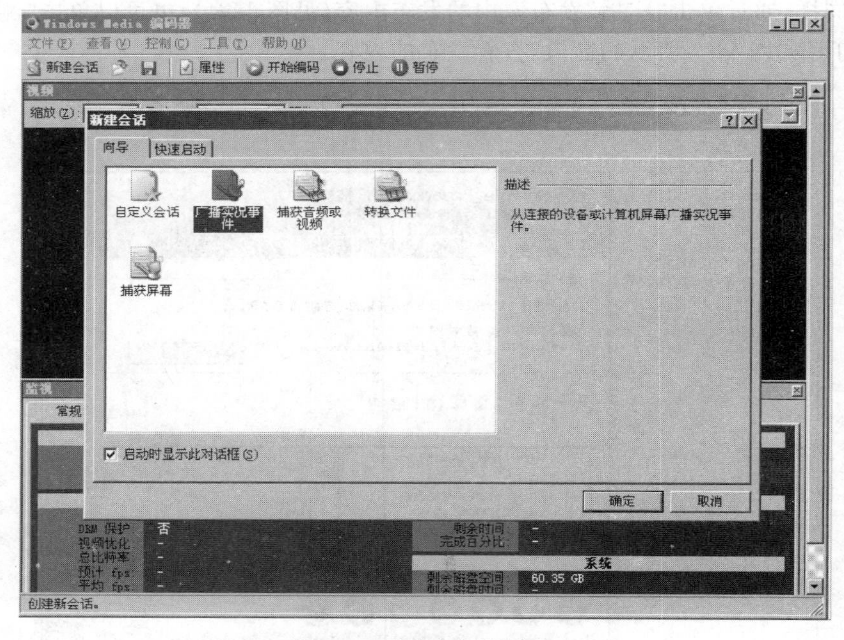

图 11-6　“新建会话”窗口

(6) 在客户端访问流媒体服务器，观看节目时，在浏览器的地址栏中输入节目的 URL 地址，就可以调用 Media Player 播放器，播放用户想要点播的节目，或者流媒体服务器正在广播的节目。

在配置服务器的“点播”发布点时，可以由流媒体服务器自动创建一个 htm 文件，并将其作为网站主页发布在 IIS 或 Apache 等 Web 服务器上，这样，就可以用 http://流媒体服务器 IP 地址或域名的方式，打开网站主页，单击网页上的超链接，可以直接进行流媒体播放。

4. 流媒体应用系统的组成

流媒体文件经过采集、制作、压缩之后进行发布，如果是文件数量和数据量小，可以选择Web服务器，使用的是HTTP，这时服务器的功能表现得不够强大，相对比较单一。

如果是文件数量和数据量大，应该选择微软媒体服务器(Microsoft Media Server, MMS)协议或实时流传输协议(Real Time Streaming Protocol, RTSP)、实时消息传输协议(Real Time Messaging Protocol, RTMP)等协议，这些协议具有优化流媒体、索引化、进程管理及事件记录的功能，另外还能有效地为每个用户分配带宽、限制最大的用户数及运行状况报告功能，所以可以更方便地发挥流媒体技术的优势。

一般而言，流媒体系统大致包括几个部分：转档/转码工具(Encoder)用于压缩转档；服务器(Server)管理并传送大量多媒体内容；编码器(Scripter)可整合多媒体，并以互动方式呈现；播放器(Player)在用户端的PC上呈现串流的内容；另外，还有许多不同的多媒体制作工具(Content-creation Tool)。

11.2.2 视频网站

在宽带、P2P和流媒体技术广泛应用的基础上，Internet视频网站逐渐兴起，并有愈演愈热之势。网络视频借助多媒体形式弥补了传统网络文字、语音、图片传播方式的单一性、枯燥性，被广大网民接受、追捧。

1. 视频网站的主要技术方案

1) CDN网站加速技术

视频转化处理和播放速度是决定用户体验的最关键要素，也是视频网站最重要的技术性能指标，没有这些强大的技术性能做保障，一切社区、分享功能就成了空中楼阁。视频网站如YouTube、优酷网、新浪视频、56网等都通过CDN技术进行视频内容分发。CDN(Content Delivery Network)即内容分发网络，通俗理解就是网站加速。网友制作或上传视频到CDN网络，CDN网络将这些视频分发到分布于全国各地IDC(Internet Data Center)机房中的点播服务上。用户则就近访问最近的点播服务进行视频体验。

2) Squid＋Apche方案

Squid、Apache都是源码开放的软件，可以进行二次开发。这种技术支持基于HTTP的点播服务。Squid主要的功能是反向代理。一般作为点播前端服务器使用。反向代理就是当用户访问Squid服务软件时，如果Squid没有此视频文件，则它会根据配置文件里设置的参数，到上行的数据中心去抓取文件，之后再返回给用户进行观看。举例说，当西安的用户访问优酷网时，优酷网发现访问来自西安的用户，则将此访问引导至优酷网在西安布置的Squid服务器，当Squid发现自己没有用户要的视频时，则它根据配置文件里设置的参数，到北京的数据中心的服务器抓取文件到自己本地，之后再返回视频文件给用户。当下次再有用户访问相同的视频时，本地已经存在了，就直接返回视频给用户。

3）Windows Media Service 方案

Media Service 支持 MMS、RTSP 控制协议。这种协议服务的点播业务，当用户访问时，用户可以拖动滚动条，可以进行暂停、终止等控制操作。

Windows Media 视频服务器系统包括 Windows Media Services 组件、Windows Media 编码器、Windows Media Player。

4）Adobe Flash Media Server 方案

Adobe 的 Flash Media Server 是一个多媒体应用平台，在这个平台上，可以实现多媒体流的点播、直播、交互等多种应用，由于 Adobe 公司在网络多媒体应用上的雄厚实力，以及 Adobe Flash Player 在网络上应用的广泛性，因此，FMS 成为诸多多媒体应用的服务器端主要应用平台。目前主流的视频搜索分享网站均采用 Flash 视频处理和流媒体播放技术，即无论用户上传何种格式的视频文件，都转化为 flv 格式，只要客户端安装了 Flash Player，就可以在线观看转化后的视频。Flash Server 支持 RTMP 控制协议。这种协议也支持用户拖动滚动条，可以进行暂停、终止等控制操作。

2. 视频网站的发展趋势

（1）原创内容会逐步增多。用户追求个性心态以及智能手机、摄像头等终端设备的普及，也为网络视频的发展注入了新的活力，可以预见随着用户参与积极性的提高，原创视频内容的比例会逐步增加，这也正是播客/视频分享类网站的核心价值所在。

（2）市场将重新洗牌。在目前盈利模式还未成熟的条件下，网站之间内容同质化、恶性竞争的现象使得大部分播客/视频分享类网站难以维持经营，市场将由数家行业领导者所控制。

（3）内容服务将呈现垂直化。平台运营商通过阶段性运营经验和对用户习惯的掌握，加上对自有优势资源的分析，一定会细化用户需求，提出更有市场竞争力的细分产品及平台，这对提高用户黏性至关重要，也为广告主的广告“精准”投放提供便利。

（4）进一步与传统媒体融合。加强合作渠道建立、促进与传统媒体和行业的融合是视频分享类平台发展的重要方向，更多的合作渠道和更多样化的产业环境均为其业务带来更多的发展机会。

（5）手机视频分享服务发展前景不明。2013 年以来，Twitter 旗下视频分享服务 Vine 已经跻身苹果 App Store 美国免费应用榜首位。Vine 可以方便用户拍摄 6s 的简短视频，然后分享到 Twitter 和 Facebook 上。在国内，爱摄汇、微拍和炫拍等手机视频分享 App 除了受带宽限制以外，内容审核将是一个大难题，微博中的纯文字内容审核已经使微博运营者耗费太多人力和物力，更别说视频内容的审核，移动视频分享之路远比国外艰难很多。

3. 使用视频分享和搜索服务

在完善的技术平台支持下，视频网站可以让互联网用户在线浏览、发布、分享和搜索视频作品。

【示例 2】 在视频网站上分享视频。

首先在视频网站(本例以优酷为例,网址为 http://www.youku.com)注册一个账号。登录后,进入用户的"视频管理"栏目,可以看到如图 11-7 所示的管理页面。页面上列出了已上传过的视频及其状态,可以通过单击"编辑"、"分享"和"删除"对其进行操作。

图 11-7 视频管理页面

单击页面中的"上传视频"将制作好的视频直接上传,上传时注意设计好标题、标签及视频分享的分类,如图 11-8 所示。

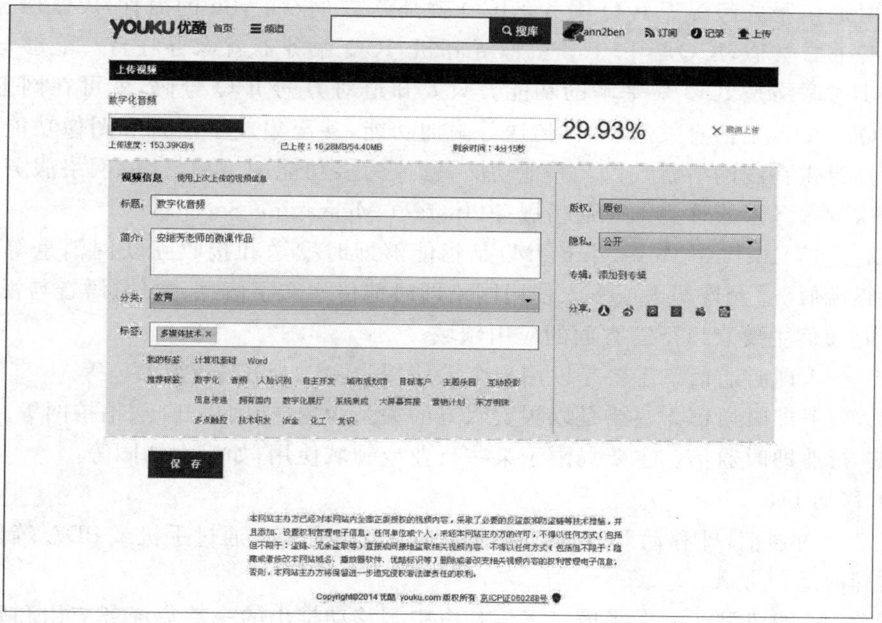

图 11-8 视频上传页面

视频上传后,需要进行转码和审核(见图 11-9),审核通过后,就能在网上共享。

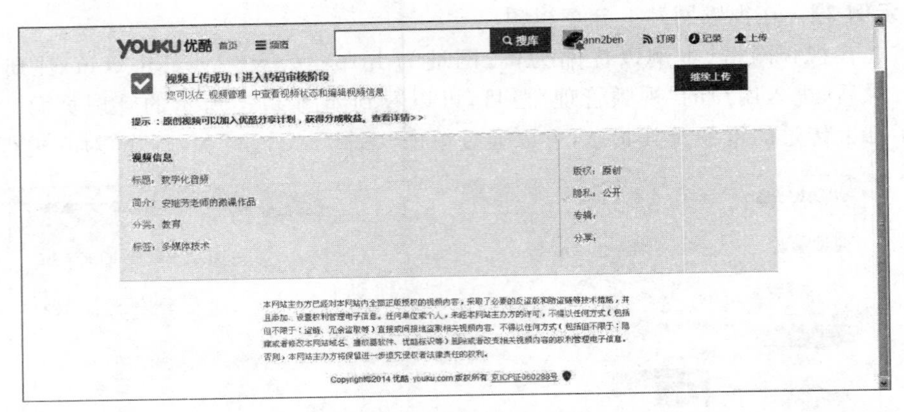

图 11-9　转码审核阶段

11.3　Internet 中的流行服务与应用

11.3.1　移动互联应用

1. 典型应用——移动 IM

1）IM 的基本概念

即时通信服务起源于 ICQ 服务。ICQ 就是英文 I seek you 的简称，ICQ 服务与电信寻呼服务非常类似，ICQ 客户工具就像寻呼机，ICQ 服务器就像寻呼台。能够与对方通过网络实时联络是 ICQ 最基本的功能。只要知道对方的 ICQ 号码，就可在网上呼叫对方。ICQ 还提供了信息发送、文件传送等附加功能，甚至集成了语音和图像功能，有些还通过插件提供在线网络游戏以及其他功能，已成为多功能的、综合性的网络服务形式，于是又将这种服务形式称为即时通信服务（Instant Messaging Service）。

即时通信（Instant Messaging，IM）是指能够即时发送和接收互联网消息等的业务。是一个终端服务，允许两人或多人使用网络即时地传递文字信息、文件、语音与视频交流。

即时通信主要有以下三方面的应用领域。

（1）个人即时通信。主要是以用户个人使用为主，如 QQ、新浪 UC 等。

（2）商务即时通信。主要是以买卖双方的关系为主，如阿里旺旺、拍拍网等。

（3）行业即时通信。主要局限于某些行业或领域使用，如盛大圈圈等。

2）移动 IM

移动即时通信（即移动 IM）是指通信主体中至少有一方通过手机或 PDA 等移动终端实现的即时通信业务。

移动 IM 的典型产品是飞信。飞信是由中国移动推出的一款集商务应用和娱乐功能为一体的、基于手机应用以及手机与 Internet 深度互通的即时通信产品。

飞信的特色功能包括如下。

（1）PC、手机等多种终端选择，互连互通，无论身在何处均可登录与好友即时沟通，真正实现了PC与手机之间沟通的随意转换。

(2) 如果好友不在线,信息以短消息形式发到对方手机上,保证信息即时到达,沟通随时随地。

(3) 可以与手机好友(没有开通飞信业务的用户)之间实现短信互动,并具有群发短信功能。

(4) 使用飞信服务,无须再开通无线服务。

3) 新型移动IM

新型移动IM(微信、米聊等)建立在手机通讯录的基础上,较以往移动QQ、飞信等具有更强的用户黏性,并且克服了传统移动IM需要反复登录、只能发送文字、图片等缺点。

2. 典型应用二——移动游戏

1) 网络游戏的基本概念

网络游戏的英文名称为Online Game,又称为“在线游戏”,简称“网游”。指以互联网为传输媒介,以游戏运营商服务器和用户计算机为处理终端,以游戏客户端软件为信息交互窗口,旨在实现娱乐、休闲、交流和取得虚拟成就的具有可持续性的个体性多人在线游戏。

2) 网络游戏的形式

形式一:基于浏览器的游戏。也就是人们通常说到的网页游戏,又称为Web游戏,它不用下载客户端,简称页游。是基于Web浏览器的网络在线多人互动游戏,无须下载客户端,只需打开IE网页,10s即可进入游戏,不存在机器配置不够的问题,最重要的是关闭或者切换极其方便。其类型及题材也非常丰富,典型的类型有角色扮演、战争策略、社区养成、模拟经营、休闲竞技等。

形式二:客户端形式。这一种类型是由公司所架设的服务器来提供游戏,玩家们通过公司所提供的客户端来连上公司服务器以进行游戏,现称之为网络游戏的大都属于此类型。此类游戏的特征是大多数玩家都会有一个专属于自己的角色(虚拟身份),而一切角色资料和游戏资讯均记录在服务端。此类游戏大部分来自欧美以及亚洲地区,这种类型的游戏有World of Warcraft(魔兽世界)、穿越火线、EVE(冰岛)、战地(Battlefield)等。

3) 移动游戏

近几年来,随着手机游戏技术自身的日益成熟,手机游戏的巨大商机开始展现在人们面前。如今传统游戏产业的商家已经开始从家用机游戏、PC游戏等传统的游戏领域逐渐向手机游戏领域扩张,并尝试与手机游戏开发商和服务提供商进行更加紧密地合作,这一切都证明手机游戏市场已成为目前移动领域最具有活力的市场。手机游戏是国内移动互联网用户中最受欢迎的应用。

手机游戏需要具备一定硬件环境和一定系统级程序作为运行基础。常见的智能手机系统包括Android、IOS、Windows Phone和BlackBerry OS等。

3. 典型应用三——移动支付

1) 移动支付的基本概念

移动支付也称为手机支付,就是允许用户使用其移动终端(通常是手机)对所消费的商品或服务进行账务支付的一种服务方式。单位或个人通过移动设备、互联网或者近距离传感直接或间接向银行金融机构发送支付指令产生货币支付与资金转移行为，从而实现移动支付功能。移动支付将终端设备、互联网、应用提供商和金融机构相融合，为用户提供货币支付、缴费等金融业务。

移动支付主要分为近场支付和远程支付两种，近场支付是指用手机刷卡的方式坐车、买东西等，很便利；远程支付是指通过发送支付指令（如网银、电话银行、手机支付等）或借助支付工具（如通过邮寄、汇款）进行的支付方式，如掌中付推出的掌中电商、掌中充值、掌中视频等属于远程支付。目前支付标准不统一给相关的推广工作造成很多困惑。移动支付标准的制定工作已经持续 3 年多，主要是银联和中国移动两大阵营在比赛。数据研究公司 IDC 的报告显示，2017 年全球移动支付的金额将突破 1 万亿美元。强大的数据意味着今后几年全球移动支付业务将呈现持续走强趋势，而在其背后，是各方快马加鞭在该领域的跑马圈地。

2）移动支付技术的实现方案

目前移动支付技术实现方案主要有双界面 CPU 卡、SIM Pass、RFID-SIM、NFC 和智能 SD 卡。

（1）双界面 CPU 卡（基于 13.56MHz）。

双界面 CPU 卡是一种同时支持接触式与非接触式两种通信方式的 CPU 卡，接触接口和非接触接口共用一个 CPU 进行控制，接触模式和非接触模式自动选择。卡片包括一个微处理器芯片和一个与微处理器相连的天线线圈。具有信息量大、防伪安全性高、可脱机作业，可多功能开发，数据传输稳定，存储容量大，数据传输稳定等优点。

（2）SIM Pass 技术（基于 13.56MHz）。

SIM Pass 是一种多功能的 SIM 卡，支持 SIM 卡功能和移动支付的功能。SIM Pass 运行于手机内，为解决非接触界面工作所需的天线布置问题给予了两种解决方案：定制手机方案和低成本天线组方案。

（3）RFID-SIM（基于 2.4GHz）。

RFID-SIM 是双界面智能卡技术向手机领域渗透的产品。RFID-SIM 既有 SIM 卡的功能，也可实现近距离无线通信。

（4）NFC 技术（基于 13.56MHz）。

NFC 是一种非接触式识别和互联技术。NFC 手机内置 NFC 芯片，组成 RFID 模块的一部分，可以当作 RFID 无源标签来支付使用，也可以当作 RFID 读写器来数据交换和采集。

（5）智能 SD 卡。

在目前 SIM 卡的封装形势下，EEPROM 容量已经达到极限。通过使用智能 SD 卡来扩大 SIM 卡的容量，可以满足业务拓展的需要。

4. 典型应用四——移动定位

移动定位是指通过特定的定位技术来获取移动手机或终端用户的位置信息（经纬度坐标），在电子地图上标出被定位对象的位置的技术或服务。

定位技术有两种，一种是基于GPS的定位，另一种是基于移动运营网的基站的定位。基于GPS的定位方式是利用手机上的GPS定位模块将自己的位置信号发送到定位后台来实现移动手机定位的。基站定位则是利用基站对手机的距离的测算距离来确定手机位置的。后者不需要手机具有GPS定位能力，但是精度很大程度上依赖于基站的分布及覆盖范围的大小，有时误差会超过1km。前者定位精度较高。此外还有利用Wi-Fi在小范围内定位的方式。

11.3.2 远程教育

1. 远程教育的基本概念

远程教育(Distance Education or Distance Learning)是任何一种师生分离的、不能面对面组织的教学。从远程教育的定义可以看出它有下列三方面的内涵：学生与教师的分离，学生与学生的分离，利用传播媒体和传输系统组织教学。

从技术上讲，远程教育系统是建立在现代传媒技术基础上的多媒体应用系统，它通过现代的通信网络将教师的图像、声音和电子教案传送给学生，也可以根据需要将学生的图像、声音回送给教师，从而模拟出学校教育的授课方式；同时还可以利用现有的网络条件建立虚拟的班级，加强学生之间的交流。

概括地说，远程教育的优势在于它突破了时空限制，增加了学习机会，有利于扩大教学规模、提高教学质量、降低教学成本。学习者可以在自己方便的时间，适合的地点，按照自己需要的速度和方式，运用更加丰富的教学资源来进行学习。因此，从发展的眼光看，远程教育会成为学校教育的补充和扩展，同时会促进学校的教育改革。

2. 远程教育的主要形式

1) E-learning

E-Learning英文全称为Electronic Learning，中文译为“数字(化)学习”、“电子(化)学习”、“网络(化)学习”等。不同的译法代表了不同的观点：一是强调基于因特网的学习；二是强调电子化；三是强调在E-Learning中要把数字化内容与网络资源结合起来。三者强调的都是数字技术，强调用技术来改造和引导教育。在网络学习环境中，汇集了大量数据、档案资料、程序、教学软件、兴趣讨论组、新闻组等学习资源，形成了一个高度综合集成的资源库。

E-Learning的应用最早出现在1999年，主要应用有耶鲁大学、哥伦比亚大学、斯坦福大学和杜克大学的开源系统Sakai；MIT的开源系统Moodle；普林斯顿大学、宾夕法尼亚和芝加哥大学的Blackboard商业系统；北京大学和中山大学、北京联合大学所应用的Blackboard系统。图11-10所示为Blackboard网上学堂的课程页面。

2) 网络教育

网络教育经常用来表示“现代远程教育”，是成人教育学历中的一种(成人教育学历还有自考，成人高考中的函授、夜大，广播电视大学)。是指使用电视及互联网等传播媒体的

图 11-10　北京联合大学 BlackBoard 网上学堂示例

教学模式，它突破了时空的界限，有别于传统需要安坐于课室的教学模式。使用这种教学模式的学生，通常是业余进修者。由于不需要到特定地点上课，因此可以随时随地上课。学生亦可以通过电视广播、互联网、辅导专线、课研社、面授（函授）等多种不同方式互助学习。是现代信息技术应用于教育后产生的新概念，即运用网络技术与环境开展的教育。招生对象不受年龄和先前学历限制，为广大已步入社会的群众提供了学历提升的机会。

3）开放教育资源

开放教育资源（Open Educational Resources，OER）这个术语是在 2002 年的一次联合国教科文组织会议上被采纳的，意思指通过信息与传播技术来建立教育资源的开放供给，用户为了非商业的目的可以参考、使用和修改这些资源。

目前，人们经常应用的开放教育资源的定义是指免费开放的数字化材料，教育工作者、学生以及自主学习者可以在他们的教学、学习和研究中使用和再次使用。这里的资源包含 3 个部分。

（1）学习内容。完整的课程、课件、内容模块、学习对象、论文集和期刊。

（2）工具。有助于开发、使用、重复使用及传递学习内容的软件，包括内容的搜索与组织、内容与学习管理系统、内容开发工具和在线学习社区。

（3）实施资源。促进材料公开发布的知识产权许可，最佳实践的设计原则和本地化内容。

OER 的典型项目包括 MIT 的 OCW（Open Course Ware）项目、耶鲁大学的 Open Yale Courses 项目、斯坦福大学的 Stanford Engineering Everywhere（SEE）项目、国内的网易公开课（见图 11-11）、国家精品课程等（见图 11-12）。

4）MOOC

顾名思义，“慕课”（MOOC）中的 M 代表 Massive（大规模），与传统课程只有几十个或几百个学生不同，一门 MOOC 课程动辄上万人，最多达 16 万人；第二个字母 O 代表 Open（开放），以兴趣导向，凡是想学习的，都可以进来学，不分国籍，只需一个邮箱，就可注册参与；第三个字母 O 代表 Online（在线），学习在网上完成，不受时空限制；第四个字

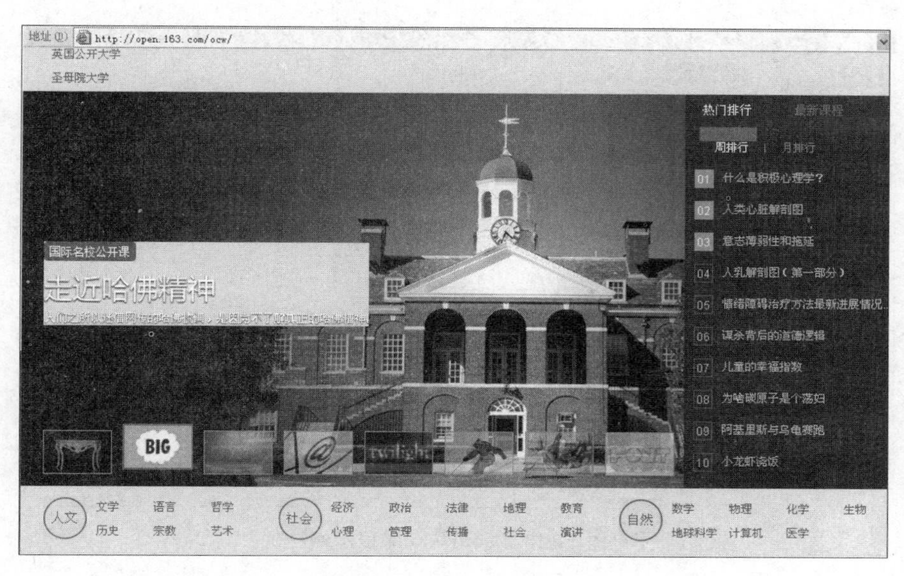

图 11-11　网易公开课

图 11-12　国家精品课程资源网

母 C 代表 Course,就是课程的意思。

MOOC 是新近涌现出来的一种在线课程开发模式,它发端于过去的那种发布资源、学习管理系统以及将学习管理系统与更多的开放网络资源综合起来的旧的课程开发模式。通俗地说,慕课是大规模的网络开放课程,它是为了增强知识传播而由具有分享和协作精神的个人组织发布的、散布于互联网上的开放课程。

这一大规模在线课程掀起的风暴始于 2011 年秋天,被誉为“印刷术发明以来教育最大的革新”,呈现“未来教育”的曙光。2012 年,被《纽约时报》称为“慕课元年”。多家专门提供慕课平台的供应商纷起竞争,Coursera、edX 和 Udacity 是其中最有影响力的“三巨头”,前两个均进入中国。图 11-13 为 Coursera 的课程示例。

MOOC 是以连通主义理论和网络化学习的开放教育学为基础的。这些课程跟传统的大学课程一样循序渐进地让学生从初学者成长为高级人才。课程的范围不仅覆盖了广

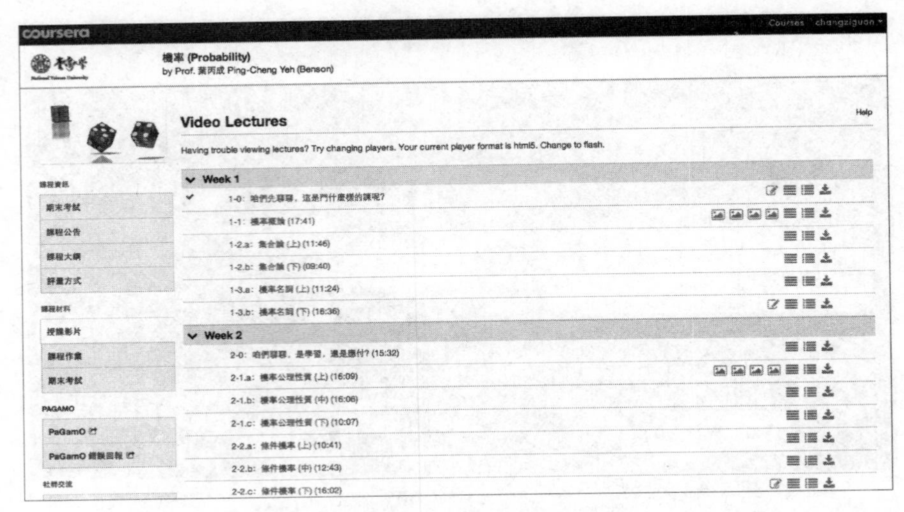

图 11-13　Coursera 课程示例

泛的科技学科，比如数学、统计、计算机科学、自然科学和工程学，也包括了社会科学和人文学科。慕课课程并不提供学分，也不算在本科或研究生学位里。通常，参与慕课的学习是免费的。然而，如果学习者试图获得某种认证的话，则一些大规模网络开放课程可能收取一定学费。

MOOC 课程不是搜集，而是一种将分布于世界各地的授课者和学习者通过某一个共同的话题或主题联系起来的方式方法。

尽管这些课程通常对学习者并没有特别的要求，但是所有的慕课会以每周研讨话题这样的形式，提供一种大体的时间表，其余的课程结构也是最小的，通常会包括每周一次的讲授、研讨问题，以及阅读建议等。每门课都有频繁的小测验，有时还有期中和期末考试。考试通常由同学评分(比如一门课的每份试卷由同班的 5 位同学评分，最后分数为平均数)。一些学生成立了网上学习小组，或跟附近的同学组成面对面的学习小组。

11.3.3　网络会议

网络会议可实现与同城乃至全世界的人共享文档、演示及协作。利用网络电话会议具备的因特网这一强大功能来举行网络会议，无须离开办公室。

网络会议系统是个以网络为媒介的多媒体会议平台，使用者可突破时间地域的限制通过互联网实现面对面般的交流效果。系统采用先进的音视频编解码技术，保证产品清晰的语音和视频效果；强大的数据共享功能更为用户提供了电子白板、网页同步、程序共享、演讲稿同步、虚拟打印、文件传输等丰富的会议辅助功能，能够全面满足远程视频会议、资料共享、协同工作、异地商务、远程培训以及远程炒股等各种需求，从而为用户提供高效快捷的沟通新途径，有效降低公司的运营成本，提高企业的运作效率。网络会议又称为远程协同办公，它可以利用互联网实现不同地点多个用户的数据共享。网络视频会议是网络会议的一个重要组成部分，而根据会议对软硬件的需求程度，大致可以将其分为硬件视频会议、软硬件综合视频会议、纯软件视频会议以及网页版视频会议 4 种形式。

硬件视频会议具有音视频效果好、稳定性高但造价昂贵且维护困难的特点，早期主要在政府部门、跨国企业中应用，随着软件视频会议的兴起，现在已经逐渐被软件视频会议所代替了。

软硬件综合视频会议结合硬件和软件的优势，但是也存在价格比较昂贵、维护困难的特点，应用范围不广。

软件及网页版视频会议是当前视频会议的主流趋势，也是未来的发展之一，目前已经被广泛应用在政府、军队、公安、教育、医疗、金融、运营商、企业等领域，是基于 PC 架构的视频通信方式，主要依靠 CPU 处理视、音频编解码工作，其最大的特点是廉价，且开放性好，软件集成方便。随着网络条件的提高、技术的进步，软件视频会议的稳定性、可靠性方面越来越好，已经可以媲美硬件视频系统，并以硬件的百分之一甚至更低的价格赢得了众多用户的青睐，正大规模普及开来。

11.3.4 在线购物

网上购物就是通过互联网检索商品信息，并通过电子订购单发出购物请求，然后填上私人支票账号或信用卡的号码，厂商通过邮购的方式发货，或是通过快递公司送货上门。国内的网上购物，一般付款方式是款到发货（直接银行转账，在线汇款）、担保交易（支付宝、百付宝、财付通等）、货到付款等。

根据权威调研机构对网上购物人群调查发现，目前国内较具影响力的购物网站有淘宝网、京东商城、八点商城、当当网、拍拍网、卓越网、VANCL、麦网、红孩子等。随着网上购物的流行及持续增长，还出现一大批导购网站。比如精品购物指南、我爱打折、名品导购、寻寻网等。在线购物业进入中国并成长 10 年之后，最近几年的快速增长成为其发展过程中的首次井喷。

传统在线购物已经使人们感受到了网络所带来的便利和乐趣，但它的局限性在于计算机携带不便，而移动购物则可以弥补传统网络购物的这种缺憾，可以让人们随时随地利用手机购买彩票、炒股或者购物，感受独特的手机购物体验。

从网络用户和移动电话的用户规模来看，移动电话远远超过了网络用户。因此，在线购物的范畴已扩大了很多。

11.3.5 网络电视

网络电视又称为 IPTV(Interactive Personality TV)，它基于宽带高速 IP 网，以网络视频资源为主体，将电视机、个人计算机及手持设备作为显示终端，通过机顶盒或计算机接入宽带网络，实现数字电视、时移电视、互动电视等服务，网络电视的出现给人们带来了一种全新的电视观看方法,它改变了以往被动的电视观看模式,实现了电视以网络为基础按需观看、随看随停的便捷方式。

从总体上讲,网络电视可根据终端分为 4 种形式,即 PC 平台、TV 平台、3G 平台和手机平台。

通过 PC 收看网络电视是当前网络电视收视的主要方式,因为互联网和计算机之间的关系最为紧密。已经商业化运营的系统基本上属于此类。基于 PC 平台的系统解决方案和产品已经比较成熟,并逐步形成了部分产业标准,各厂商的产品和解决方案有较好的互通性和替代性。

基于 TV 平台的网络电视以 IP 机顶盒为上网设备,利用电视作为显示终端。虽然电视用户大大多于 PC 用户,但由于电视机的分辨率低、体积大(不适宜近距离收看)等缘故,这种网络电视还处于推广阶段。

3G 平台是建立在网络电视的基础上自主研发的 3G 网络技术平台,融合了 3D 显示、纯光侧置技术、互动网络技术于一体的智能终端。

严格地说,手机电视是 PC 网络的子集和延伸,它通过移动网络传输视频内容。由于它可以随时随地收看,且用户数量庞大,所以可以自成一体。

11.4 下一代 Internet 技术

11.4.1 物联网

1. 物联网的基本概念

物联网(The Internet of things,IOT)是指将各种信息传感设备,如射频识别(RFID)装置、红外感应器、全球定位系统、激光扫描器等各种装置与互联网结合而形成的一个巨大网络,简而言之就是物物相连的互联网。其目的是让所有的物品都与网络连接在一起,方便识别和管理。

物联网被称为继计算机、互联网之后世界信息产业发展的第三次浪潮。

2. 物联网的特征

(1) 全面感知。利用 RFID、传感器、二维码等随时随地获取物体的信息。

(2) 可靠传递。通过各种电信网络与互联网的融合,将物体的信息实时准确地传递出去。

(3) 智能处理。利用云计算、模糊识别等各种智能计算技术,对海量的数据和信息进行分析和处理,对物体实施智能化的控制。

3. 物联网的结构

从技术架构上来看,物联网可分为 5 层。用图 11-14 来说明各层的关系及主要功能。

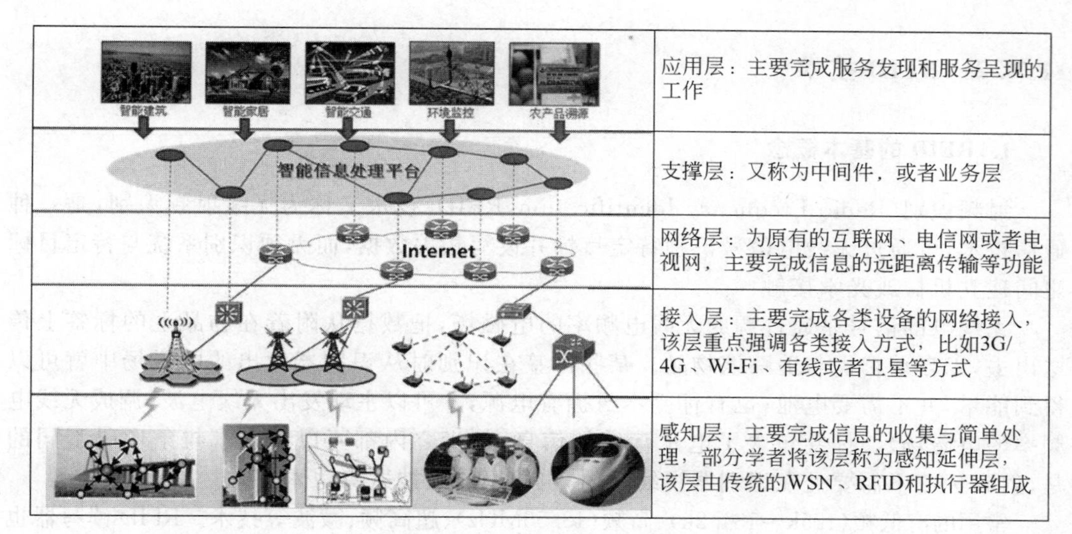

图 11-14 物联网结构示意图

4. 物联网的应用

在人们的生活中，有许多方面已经有了物联网的应用，例如，铁道部列车车厢管理，就是通过在每一节车厢（不管是客车、货车）均装置一个 RFID 芯片，在铁路两侧，相互间隔一段距离放置一个读写器。这样，就可以随时掌握全国所有的列车在铁路线路上所处的位置，便于列车的跟踪、调度和安全控制。

再如中国的第二代身份证，身份证内部含有 RFID 芯片。芯片可以存储个人的基本信息，需要时在读写器上一扫，即可显示出身份的基本信息。而且可以做到有效防伪，因为芯片的信息编写格式内容等只有特定厂家提供，伪造起来技术门槛比较高。

还有 ETC 不停车收费系统，也是典型的物联网应用。在很多高速公路收费站，现在都留有一个不停车收费系统，无人值守。车辆只要减速行驶不用停车即可完成信息认证、计费。国内较早在首都机场高速做了试点，目前在全国各地已经有很多地方做了尝试。因为很难对所有的车辆都进行安装识别芯片，所以通常很多地方同时保留了 ETC 和人工收费。

另外，很多的一卡通（比如，市政一卡通、校园一卡通）都可以归为较为简单的物联网应用。

物联网把新一代 IT 技术充分运用在各行各业之中，具体地说，就是把感应器嵌入和装备到电网、铁路、桥梁、隧道、公路、建筑、供水系统、大坝、油气管道等各种物体中，然后将“物联网”与现有的互联网整合起来，实现人类社会与物理系统的整合，在这个整合的网络当中，存在能力超级强大的中心计算机群，能够对整合网络内的人员、机器、设备和基础设施实施实时的管理和控制，在此基础上，人类可以用更加精细和动态的方式管理生产和生活，达到“智慧”状态，提高资源利用率和生产力水平，改善人与自然间的关系。毫无疑问，物联网时代的来临必将给人们的日常生活带来翻天覆地的变化。

11.4.2 RFID 技术

1. RFID 的基本概念

射频识别(Radio Frequency Identification,RFID)技术又称为无线射频识别,是一种通信技术,可通过无线电信号识别特定目标并读写相关数据,而无须识别系统与特定目标之间建立机械或光学接触。

无线电的信号是通过调成无线电频率的电磁场,把数据从附着在物品上的标签上传送出去,以自动辨识与追踪该物品。某些标签在识别时从识别器发出的电磁场中就可以得到能量,并不需要电池;也有标签本身拥有电源,并可以主动发出无线电波(调成无线电频率的电磁场)。标签包含了电子存储的信息,数米之内都可以识别。与条形码不同的是,射频标签不需要处在识别器视线之内,也可以嵌入被追踪物体之内。

常用的有低频(125k～134.2k)、高频(13.56MHz)、超高频、微波等技术。RFID 读写器也分移动式的和固定式的,目前 RFID 技术应用很广,如图书馆、门禁系统、食品安全溯源等。

2. RFID 的工作原理

RFID 技术的基本工作原理并不复杂:标签进入磁场后,接收阅读器发出的射频信号,凭借感应电流所获得的能量发送出存储在芯片中的产品信息(Passive Tag,无源标签或被动标签),或者由标签主动发送某一频率的信号(Active Tag,有源标签或主动标签),阅读器读取信息并解码后,送至中央信息系统进行有关数据处理。

以 RFID 卡片阅读器及电子标签之间的通信及能量感应方式来看大致上可以分成感应耦合(Inductive Coupling)及后向散射耦合(BackscatterCoupling)两种。一般低频的 RFID 大都采用第一种式,而较高频大多采用第二种方式。

阅读器根据使用的结构和技术不同可以是读或读/写装置,是 RFID 系统信息控制和处理中心。阅读器通常由耦合模块、收发模块、控制模块和接口单元组成。阅读器和应答器之间一般采用半双工通信方式进行信息交换,同时阅读器通过耦合给无源应答器提供能量和时序。在实际应用中,可进一步通过 Ethernet 或 WLAN 等实现对物体识别信息的采集、处理及远程传送等管理功能。应答器是 RFID 系统的信息载体,应答器大多是由耦合原件(线圈、微带天线等)和微芯片组成无源单元。

11.4.3 云计算技术

1. 云计算的基本概念

云计算(Cloud Computing)是由分布式计算(Distributed Computing)、并行处理(Parallel Computing)、网格计算(Grid Computing)发展来的,是一种新兴的商业计算模型。

云计算是一种资源交付和使用模式,指通过网络获得应用所需的资源(硬件、平台、软件)。提供资源的网络称为“云”。“云”中的资源在使用者看来是可以无限扩展的,并且可以随时获取。

“云”通常为一些大型服务器集群,包括计算服务器、存储服务器、宽带资源等,它可以将巨大的系统池连接在一起,由软件实现自动管理,提供各种IT服务。这种特性常被比喻为像水电一样使用硬件资源,按需购买和使用。

云计算的最终目标是将计算、服务和应用作为一种公共设施提供给公众,使人们能够像使用水、电、煤气和电话那样使用计算机资源。

2. 云计算的模式

云计算模式即为电厂集中供电模式。在云计算模式下,用户的计算机会变得十分简单,或许不大的内存、不需要硬盘和各种应用软件,就可以满足人们的需求,因为用户的计算机除了通过浏览器给“云”发送指令和接收数据外基本上什么都不用做便可以使用云服务提供商的计算资源、存储空间和各种应用软件。这就像连接“显示器”和“主机”的电线无限长,从而可以把显示器放在使用者的面前,而主机放在远到甚至计算机使用者本人也不知道的地方。云计算把连接“显示器”和“主机”的电线变成了网络,把“主机”变成云服务提供商的服务器集群。

在云计算环境下,用户的使用观念也会发生彻底的变化:从“购买产品”到“购买服务”转变,因为他们直接面对的将不再是复杂的硬件和软件,而是最终的服务。用户不需要拥有看得见、摸得着的硬件设施,也不需要为机房支付设备供电、空调制冷、专人维护等费用,并且不需要等待漫长的供货周期、项目实施等冗长的时间,只需要把钱汇给云计算服务提供商,人们将会马上得到需要的服务。

3. 云计算的主要服务形式

云计算还处于萌芽阶段,有庞杂的各类厂商在开发不同的云计算服务。云计算的表现形式多种多样,简单的云计算在人们日常网络应用中随处可见,比如腾讯QQ空间提供的在线制作Flash图片,Google的搜索服务,Google Doc,Google Apps等。目前,云计算的主要服务形式有SaaS(Software as a Service),PaaS(Platform as a Service)和IaaS(Infrastructure as a Service)。

1) 软件即服务(SaaS)

SaaS服务提供商将应用软件统一部署在自己的服务器上,用户根据需求通过互联网向厂商订购应用软件服务,服务提供商根据客户所定软件的数量、时间的长短等因素收费,并且通过浏览器向客户提供软件的模式。这种服务模式的优势是,由服务提供商维护和管理软件、提供软件运行的硬件设施,用户只需拥有能够接入互联网的终端,即可随时随地使用软件。这种模式下,客户不再像传统模式那样花费大量资金在硬件、软件、维护人员,只需要支出一定的租赁服务费用,通过互联网就可以享受到相应的硬件、软件和维护服务,这是网络应用最具效益的营运模式。对于小型企业来说,SaaS是采用先进技术的最好途径。

以企业管理软件来说,SaaS模式的云计算ERP可以让客户根据并发用户数量、所用功能多少、数据存储容量、使用时间长短等因素不同组合按需支付服务费用,既不用支付软件许可费用，也不需要支付采购服务器等硬件设备费用，也不需要支付购买操作系统、数据库等平台软件费用，也不用承担软件项目定制、开发、实施费用，也不需要承担 IT 维护部门开支费用，实际上云计算 ERP 正是继承了开源 ERP 免许可费用只收服务费用的最重要特征，是突出了服务的 ERP 产品。

2）平台即服务（PaaS）

把开发环境作为一种服务来提供。这是一种分布式平台服务，厂商提供开发环境、服务器平台、硬件资源等服务给客户，用户在其平台基础上定制开发自己的应用程序并通过其服务器和互联网传递给其他客户。PaaS 能够给企业或个人提供研发的中间件平台，提供应用程序开发、数据库、应用服务器、试验、托管及应用服务。

Google App Engine，Salesforce 的 force. com 平台，八百客的 800APP 是 PaaS 的代表产品。以 Google App Engine 为例，它是一个由 Python 应用服务器群、BigTable 数据库及 GFS 组成的平台，为开发者提供一体化主机服务器及可自动升级的在线应用服务。用户编写应用程序并在 Google 的基础架构上运行就可以为互联网用户提供服务，Google 提供应用运行及维护所需要的平台资源。

3）基础设施即服务（IaaS）

IaaS 即把厂商的由多台服务器组成的“云端”基础设施，作为计量服务提供给客户。它将内存、I/O 设备、存储和计算能力整合成一个虚拟的资源池为整个业界提供所需要的存储资源和虚拟化服务器等服务。这是一种托管型硬件方式，用户付费使用厂商的硬件设施。例如，Amazon Web 服务（AWS），IBM 的 BlueCloud 等均是将基础设施作为服务出租。

IaaS 的优点是用户只需低成本硬件，按需租用相应计算能力和存储能力，大大降低了用户在硬件上的开销。

4. 云计算的核心技术

云计算系统运用了许多技术，其中以编程模型、数据管理技术、数据存储技术、虚拟化技术、云计算平台管理技术最为关键。

1）编程模型

MapReduce 是 Google 开发的 Java、Python、C++ 编程模型，它是一种简化的分布式编程模型和高效的任务调度模型，用于大规模数据集（大于 1TB）的并行运算。严格的编程模型使云计算环境下的编程十分简单。MapReduce 模式的思想是将要执行的问题分解成 Map（映射）和 Reduce（化简）的方式，先通过 Map 程序将数据切割成不相关的区块，分配（调度）给大量计算机处理，达到分布式运算的效果，再通过 Reduce 程序将结果汇整输出。

2）海量数据分布存储技术

云计算系统由大量服务器组成，同时为大量用户服务，因此云计算系统采用分布式存储的方式存储数据，用冗余存储的方式保证数据的可靠性。云计算系统中广泛使用的数据存储系统是 Google 的 GFS 和 Hadoop 团队开发的 GFS 的开源实现 HDFS。

GFS即Google文件系统(Google File System),是一个可扩展的分布式文件系统,用于大型的、分布式的、对大量数据进行访问的应用。GFS的设计思想不同于传统的文件系统,是针对大规模数据处理和Google应用特性而设计的。它运行于廉价的普通硬件上,但可以提供容错功能。它可以给大量的用户提供总体性能较高的服务。

一个GFS集群由一个主服务器(Master)和大量的块服务器(Chunk Server)构成,并被许多客户(Client)访问。主服务器存储文件系统所有的元数据,包括名字空间、访问控制信息、从文件到块的映射以及块的当前位置。它也控制系统范围的活动,如块租约(lease)管理,孤儿块的垃圾收集,块服务器间的块迁移。主服务器定期通过HeartBeat消息与每一个块服务器通信,给块服务器传递指令并收集它的状态。GFS中的文件被切分为64MB的块并以冗余存储,每份数据在系统中保存3个以上备份。

客户与主服务器的交换只限于对元数据的操作,所有数据方面的通信都直接和块服务器联系,这大大提高了系统的效率,防止主服务器负载过重。

3) 海量数据管理技术

云计算需要对分布的、海量的数据进行处理、分析,因此,数据管理技术必须能够高效地管理大量的数据。云计算系统中的数据管理技术主要是Google的BT(BigTable)数据管理技术和Hadoop团队开发的开源数据管理模块HBase。

BT是建立在GFS、Scheduler、Lock Service和MapReduce之上的一个大型的分布式数据库,与传统的关系数据库不同,它把所有的数据都作为对象来处理,形成一个巨大的表格,用来分布存储大规模结构化数据。

Google的很多项目使用BT来存储数据,包括网页查询、Google Earth和Google金融。这些应用程序对BT的要求各不相同:数据大小(从URL到网页到卫星图像)不同,反应速度不同(从后端的大批处理到实时数据服务)。对于不同的要求,BT都成功地提供了灵活高效的服务。

4) 虚拟化技术

通过虚拟化技术可实现软件应用与底层硬件相隔离,它包括将单个资源划分成多个虚拟资源的裂分模式,也包括将多个资源整合成一个虚拟资源的聚合模式。虚拟化技术根据对象可分成存储虚拟化、计算虚拟化、网络虚拟化等,计算虚拟化又分为系统级虚拟化、应用级虚拟化和桌面虚拟化。

5) 云计算平台管理技术

云计算资源规模庞大,服务器数量众多并分布在不同的地点,同时运行着数百种应用,如何有效地管理这些服务器,保证整个系统提供不间断的服务是巨大的挑战。

云计算系统的平台管理技术能够使大量的服务器协同工作,方便进行业务部署和开通,快速发现和恢复系统故障,通过自动化、智能化的手段实现大规模系统的可靠运营。

5. 云计算技术发展面临的主要问题

尽管云计算模式具有许多优点,但是也存在一些问题,如数据隐私问题、安全问题、软件许可证问题、网络传输问题等。

(1) 数据隐私问题。如何保证存放在云服务提供商的数据隐私,不被非法利用,不仅需要技术的改进，也需要法律的进一步完善。

(2) 数据安全性。有些数据是企业的商业机密，数据的安全性关系企业的生存和发展。云计算数据的安全性问题解决不了会影响云计算在企业中的应用。

(3) 用户使用习惯。如何改变用户的使用习惯，使用户适应网络化的软硬件应用是长期而艰巨的挑战。

(4) 网络传输问题。云计算服务依赖网络，目前网速低且不稳定，使云应用的性能不高。云计算的普及依赖网络技术的发展。

11.4.4 无线传感器网络

1. 无线传感器网络的基本概念

无线传感器网络(Wireless Sensor Network，WSN)是一种由大量小型传感器所组成的网络。这些小型传感器一般称为 Sensor Node(传感器结点)或者 Mote(灰尘)。此种网络中一般也有一个或几个基站(称为 Sink)用来集中从小型传感器收集的数据。

无线传感器网络是当前在国际上备受关注的、涉及多学科高度交叉、知识高度集成的前沿热点研究领域。传感器技术、微机电系统、现代网络和无线通信等技术的进步，推动了现代无线传感器网络的产生和发展。无线传感器网络扩展了人们获取信息的能力，将客观世界的物理信息同传输网络连接在一起，在下一代网络中将为人们提供最直接、最有效、最真实的信息。无线传感器网络能够获取客观物理信息，具有十分广阔的应用前景，能应用于军事国防、工农业控制、城市管理、生物医疗、环境检测、抢险救灾、危险区域远程控制等领域。已经引起了许多国家学术界和工业界的高度重视，被认为是对 21 世纪产生巨大影响力的技术之一。

无线传感器网络是由部署在监测区域内大量的廉价微型传感器结点组成，通过无线通信方式形成的一个多跳的自组织的网络系统，其目的是协作地感知、采集和处理网络覆盖区域中被感知对象的信息，并发送给观察者。传感器、感知对象和观察者构成了无线传感器网络的三要素。

2. 无线传感器网络的组成

无线传感器网络主要由结点、网关和软件(见图 11-15)组成。空间分布的测量结点通过与传感器连接对周围环境进行监控。监测到的数据无线发送至网关，网关可以与有线系统相连接，这样就能使用软件对数据进行采集、加工、分析和显示。路由器是一种特别的测量结点，可以使用它在 WSN 中延长距离以及增加可靠性。

3. 无线传感器网络的主要应用

由于技术等方面的制约，无线传感器网络的大规模商业应用还有待时日，但是最近几年，随着计算成本的下降以及微处理器体积越来越小，已经为数不少的无线传感器网络开始投入使用。目前无线传感器网络的应用主要集中在以下领域。

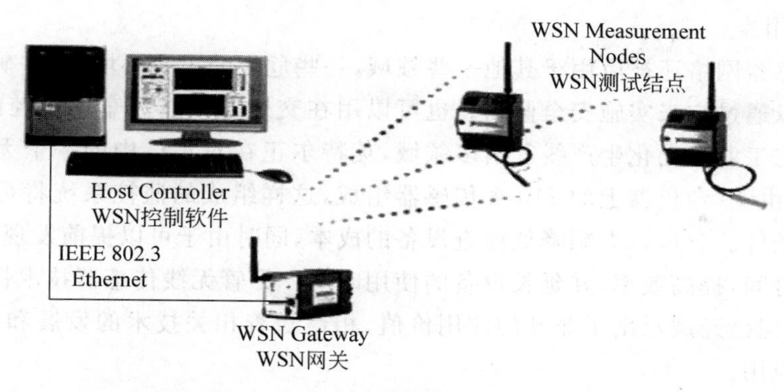

图 11-15　无线传感器网络的组成

1）环境的监测和保护

随着人们对环境问题的关注程度越来越高，需要采集的环境数据也越来越多，无线传感器网络的出现为随机性的研究数据获取提供了便利，并且还可以避免传统数据收集方式给环境带来的侵入式破坏。

2）医疗护理

无线传感器网络在医疗研究、护理领域也可以大展身手。罗彻斯特大学的科学家使用无线传感器创建了一个智能医疗房间，使用微尘来测量居住者的重要征兆（血压、脉搏和呼吸）、睡觉姿势以及每天 24 小时的活动状况。英特尔公司也推出了无线传感器网络的家庭护理技术。该技术是作为探讨应对老龄化社会的技术项目 CAST（Center for Aging Services Technologies）的一个环节开发的。该系统通过在鞋、家具以家用电器等家中道具和设备中嵌入半导体传感器，帮助老龄人士、阿尔茨海默氏病患者以及残障人士的家庭生活。利用无线通信将各传感器联网可高效传递必要的信息从而方便接受护理，而且还可以减轻护理人员的负担。

3）军事领域

由于无线传感器网络具有密集型、随机分布的特点，使其非常适合应用于恶劣的战场环境中，包括侦察敌情、监控兵力、装备和物资，判断生物化学攻击等多方面用途。

4）目标跟踪

DARPA 支持的 Sensor IT 项目探索如何将 WSN 技术应用于军事领域，实现“超视距”战场监测。美国加州大学伯克利分校的教授主持的 Sensor Web 是 Sensor IT 的一个子项目，原理性地验证了应用 WSN 进行战场目标跟踪的技术可行性，翼下携带 WSN 结点的无人机（UAV）飞到目标区域后抛下结点，最终随机布设在被监测区域，利用安装在结点上的地震波传感器可以探测到外部目标，如坦克、装甲车等，并根据信号的强弱估算距离，综合多个结点的观测数据，最终定位目标，并绘制出其移动的轨迹。虽然该演示系统在精度等方面还远达不到装备部队用于实战的要求，这种战场侦察模式目前还没有真正应用于实战，但随着美国国防部将其武器系统研制的主要技术目标从精确制导转向目标感知与定位，相信 WSN 提供的这种新颖的战场侦察模式会受到军方的关注。

5）其他用途

无线传感器网络还被应用于其他一些领域，一些危险的工业环境，如井矿、核电厂等，工作人员可以通过它来实施安全监测。也可以用在交通领域作为车辆监控的有力工具。此外还可用在工业自动化生产线等诸多领域，英特尔正在对工厂中的一个无线网络进行测试，该网络由40台机器上的210个传感器组成，这样组成的监控系统将可以大大改善工厂的运作条件。它可以大幅降低检查设备的成本，同时由于可以提前发现问题，因此能够缩短停机时间，提高效率，并延长设备的使用时间。尽管无线传感器技术目前仍处于初步应用阶段，但已经展示出了非凡的应用价值，相信随着相关技术的发展和推进，一定会得到更大的应用。

习题

1. 请简述目前流行的网上交流方式，并说明各自的特点。
2. 什么叫流媒体技术？它的播放方式有哪些？
3. 请简述视频网站的主要技术方案。
4. 现在典型的移动互联应用都有哪些？
5. 请描述你所体验过的远程教育形式。
6. 名词解释：物联网、RFID、云计算、无线传感器网络

本章实训环境和条件

（1）连通网络。

（2）操作系统平台要求：安装了 Windows Server 2008 的计算机作为服务器端，IE 8.0 或以上版本的浏览器；安装了 Windows 7 的计算机作为客户端。

（3）软件需求：Windows Server 2008 安装文件、Windows Media Services 2008 安装插件包（可以通过微软公司官方网站免费下载）、WMEncoder. exe（Windows Media 编码器）、Windows Media Player

实训项目

1. 实训1：流媒体服务器的配置和管理

1）实训目标

（1）了解流媒体服务器的工作方式。

（2）掌握流媒体服务器上点播和广播发布点的创建和管理方法。

2）实训内容

（1）需要通过微软公司官方网站免费下载 Windows Media Services 2008 安装插件包，进行独立安装。

(2) 发布点播节目,并从流媒体客户端测试发布的点播节目。

(3) 发布广播节目,并从流媒体客户端测试发布的广播节目。

(4) 安装 Windows Media 编码器,自行制作发布节目,并在点播发布点上发布,并从客户端测试发布的节目。

(5) 为制作的节目自动创建 htm 文件,并将其作为网站主页发布在 WWW 服务的 Web 站点上,从客户端用访问该网站,测试发布的节目。

2. 实训 2:在视频网站上分享视频

1) 实训目标

掌握在视频分享网站上传视频的方法。

2) 实训内容

(1) 在 http://www.youku.com 上注册用户账户。

(2) 制作个人视频文件。

(3) 上传视频。

参考文献

[1] 尚晓航.计算机网络技术基础[M]. 北京：清华大学出版社，2012.
[2] 尚晓航，安继芳，宋昊文. Internet 技术与应用教程[M]. 北京：清华大学出版社，2010.
[3] 尚晓航，马楠. 计算机网络与应用[M]. 北京：清华大学出版社，2011.
[4] 安继芳，李海建. 网络安全应用技术[M]. 北京：人民邮电出版社，2007.
[5] 尚晓航，安继芳. 网络操作系统管理——Windows 篇. 北京：中国铁道出版社，2009.
[6] 孙建华，安继芳，等. 动态网站构建实用教程[M]. 北京：科学出版社，2011.
[7] 尚晓航，等. 网络技术与应用[M]. 北京：机械工业出版社，2010.